L'Invisible Collège

22, rue Huyghens, 75014 Paris
ISBN : 2-84454-309-X
e-mail : contact@dervy.fr

Robert Lomas

L'INVISIBLE COLLÈGE

La *Royal Society*, la franc-maçonnerie et la naissance de la science moderne

Traduit de l'anglais
par Virginie et Arnaud d'Apremont

Éditions Dervy

204, boulevard Raspail

75014 Paris

À la mémoire du
Fr. Sir Robert Moray,
franc-maçon, scientifique et espion,
et du Dr John Hywel Roberts,
qui me communiqua l'amour de l'Histoire.

Sommaire

Le célèbre ouvrage de William Preston, *Illustrations of Masonry*, initialement publié à Londres en 1772, est l'une des sources de référence les plus inhabituelles utilisée pour cette recherche. La consultation de ce livre est difficile pour des maçons et quasi impossible pour des non-maçons. Donc, pour aider les lecteurs intéressés par la consultation des documents originaux, le texte a été rendu disponible sous la forme d'un livre électronique à l'adresse Internet suivante : http://www.robertlomas.com. Pour savoir comment obtenir votre code utilisateur afin d'accéder à l'*e-Illustrations of Masonry*, reportez-vous à la page 337.

Abréviations

AEC	Avant l'Ère Commune
EC	De l'Ère Commune
FRS	*Fellow of the Royal Society* (membre de la *RS*)
Ms.	Manuscrit
PRS	*President of the Royal Society* (président de la *RS*)
RS	*Royal Society*
UGLE	*United Grand Lodge of England* (Grande Loge Unie d'Angleterre)

Remerciements

Ce livre n'aurait jamais vu le jour sans une conversation fortuite que j'eus avec Norman McLeod, le Grand Secrétaire Adjoint de la *Grand Lodge of Antient Free et Accepted Masons of Scotland.* Au cours de celle-ci, il me posa la question test : « Qui fut le premier franc-maçon créé sur le sol anglais ? » Heureusement, j'en connaissais la réponse : « Sir Robert Moray. » Alors, rassuré, Norman poursuivit en me parlant abondamment de l'importance du rôle de Moray dans la *Royal Society* [Littéralement la Société royale] et il me narra avec éloquence les nombreux aspects de Sir Robert : scientifique, courtisan, espion et franc-maçon. Je voudrais remercier le Fr. Norman, ses collègues de la Grande Loge écossaise et Robert Cooper, le bibliothécaire de la Grande Loge, pour l'aide et les encouragements qu'ils m'ont dispensés dans le cadre des recherches pour cet ouvrage.

Je voudrais également remercier Jenny Finder et son équipe de bibliothécaires de la Bradford University School of Management, pour leur aide permanente et pour avoir chaleureusement et joyeusement répondu à mes requêtes étranges et inhabituelles concernant des livres perdus depuis longtemps.

La structure et la forme de cet ouvrage sont nées d'une série de discussions intéressantes avec mon éditeur, Doug Young, d'Headline, et avec mon agent, Bill Hamilton, de A.M. Heath, qui m'ont aidé à saisir l'importance et les conséquences à grande échelle des changements que la Société royale a mis en branle et ils ont transformé ma vague idée en entreprise concrète.

J'aimerais aussi remercier Jo Roberts-Miller, Ian Marshall, Alan Butler, Chris Turner et Hugh Morgan pour leur aide dans le long processus de conception et de préparation du livre pour sa publication.

Enfin, je remercie mon épouse et mes enfants pour leur encouragement permanent.

PROLOGUE

PAR UNE FROIDE JOURNÉE DE NOVEMBRE

L'une des choses les plus belles concernant la physique est sa quête permanente de règles simples pour décrire le comportement d'objets microscopiques élémentaires. Une fois découvertes, ces règles peuvent souvent être projetées proportionnellement afin de décrire le comportement des systèmes macroscopiques du monde réel[1].

Tim Berners-Lee, 1999.

Le grand homme maigre se dirigea vers la fenêtre et regarda dehors. La nuit précédente avait été extrêmement froide et, autour de son appartement, les pelouses étaient blanches de givre. En utilisant la chaleur de ses mains rugueuses de soldat posées sur la vitre, il fit fondre la glace qui se trouvait à l'extérieur de la fenêtre et il regarda vers l'est. Par-delà les jardins privés, il apercevait les toits du palais. La triste lueur grise du soleil d'hiver encore bas sur l'horizon, laissait difficilement espérer autre chose qu'une sombre journée hivernale. Mais, pensa-t-il, la pluie attendrait peut-être encore un peu.

Il n'était pas en mauvaise condition pour un homme de cinquante-deux ans. Il essayait de se maintenir en forme et de rester actif. Il tourna les yeux vers le cadran solaire qu'il avait récemment construit pour le roi au centre des pelouses, mais la lumière était trop diffuse pour projeter la moindre ombre. Pendant qu'il se tenait tremblant dans le froid de l'hiver de ce matin de novembre, il pensait à la réunion qu'il avait organisée pour l'après-midi même. Prenait-il un trop grand risque en réunissant ce

1. *Weaving the Web*, Tim Berners-Lee.

groupe d'hommes qui étaient des ennemis jurés depuis si longtemps ? Les liens créés par un unique intérêt commun suffiraient-ils à convaincre ces hommes, qui avaient tous tant souffert au cours de la récente guerre, de s'asseoir ensemble pour discuter ? Se faisait-il trop d'illusions en essayant de les persuader de travailler ensemble en harmonie, pour soutenir le roi nouvellement restauré ? Il secoua la tête pour écarter ses pensées.

Un bon soldat prépare sa stratégie de combat avant le début de l'assaut et cet homme était un bon soldat. Il savait qu'il valait mieux capturer une armée ennemie tout entière, plutôt que de la détruire. Il était conscient que combattre, conquérir, puis détruire ses vieux ennemis ne l'aideraient pas à atteindre ses buts. Il avait besoin de briser leur résistance sans combattre. Le temps était venu de mettre en pratique les leçons concrètes apprises au cours des années qu'il avait passées comme quartier-maître général [1], ingénieur civil dans les armées d'Écosse et de France. Il devait non seulement persuader ses adversaires de longue date de travailler avec lui, mais il devait aussi d'une manière ou d'une autre leur faire croire que c'était leur idée d'agir ainsi.

Comment pouvait-il y parvenir ? Peut-être pouvait-il parvenir à convaincre l'un des membres les plus extrêmes de l'opposition de présider la réunion ? Qui, se demanda-t-il, avait le plus à gagner ? L'homme qui avait en tous les cas incontestablement le plus perdu était Wilkins. Plus tôt, cette même semaine, il se rappelait avoir surpris le jeune clerc bavard de Lord Montagu en train d'en parler. Il racontait comment Wilkins, l'ancien principal démis du Trinity College, jadis beau-frère favorisé de Cromwell lui-même, en était maintenant réduit à prêcher pour glaner quelque menue monnaie ! Hébergé dans le logis étriqué d'un autre ecclésiastique destitué, cet ex-président du Collège de Wadham luttait pour survivre et il était condamné à faire le chapelain pour les juristes radins de Gray's Inn, l'un des quatre collèges d'avocats de Londres. Wilkins offrait un spectacle si affligeant qu'il commençait à attirer les voyeurs de Temple Church, juste pour se délecter de voir à quel point la famille du défunt lord protecteur pouvait être humiliée.

Oui, Wilkins serait flatté de se voir proposer de présider la réunion, car si cela lui était présenté de la bonne manière il considérerait cette suggestion comme un droit lui revenant. C'était comme cela qu'il fallait lui présenter la chose. Jouer avec la vanité de l'homme. Les arts de la diplomatie appris au service des Français avaient leur utilité, même dans le monde incertain de l'Angleterre de la Restauration.

---

1. N.D.T. Sorte de directeur de l'Intendance militaire.

Le martèlement des sabots et le bruit des roues d'une voiture s'arrêtant dans l'entrée juste en dessous de ses appartements le tirèrent de sa rêverie. Assez de plans et d'intrigues ! Le temps de l'action était venu. Le roi lui-même était prévenu ; ses partisans étaient déjà en route vers Bishopsgate – une grande artère de la City où se dressait le Gresham College. Tout ce qui restait à faire était de convaincre des hommes capables, presque détruits par les événements sanglants de la guerre civile, de travailler avec lui. En pensant à la tâche qui l'attendait, il sentit sa bouche s'assécher. Mais si la Grande-Bretagne devait survivre à la menace des Néerlandais, il devait réussir. Il inspira profondément et se détourna de la fenêtre.

Sir Robert Moray savait ce qu'il fallait faire et il savait comment il comptait s'y prendre. Il s'habilla soigneusement avec les tristes vêtements noirs qu'il affectionnait depuis la mort de son épouse. Cela faisait déjà près de dix ans qu'elle était morte. Il traversa les pelouses privées pour gagner les marches de pierre descendant vers la Tamise. Sur la rive, il héla un canotier et lui paya ses six pences pour se faire emmener de l'autre côté, non loin de la tour de Londres. Là il débarqua et remonta les rues étroites, encombrées et malodorantes de Bishopsgate jusqu'au havre tranquille du Gresham College.

Après avoir écouté une conférence de Christopher Wren sur l'astronomie, Sir Robert Moray rejoignit les appartements de Laurence Rooke, pour participer à la réunion à laquelle il pensait depuis si longtemps. Cette journée était le mercredi 28 novembre 1660. Je ne sais pas vraiment ce qu'il pensait et ressentait en cette froide matinée de novembre. Mais ce que je sais, c'est que, cet après-midi-là, il créa la science moderne !

L'Ordre scientifique né du chaos politique

Jusqu'ici, cette introduction n'a été qu'une pure spéculation, mais une spéculation fondée sur des faits. L'homme que je viens de décrire est un héros perdu de la science ! Il est responsable du développement remarquable de l'innovation scientifique au cours des quatre cents dernières années et ce livre est la chronique de la recherche que j'ai entreprise pour comprendre ce qu'il a fait et pourquoi il l'a fait.

Quand j'étais un jeune scientifique, j'ai appris que l'un des honneurs les plus éminents auquel pouvait prétendre un membre de la communauté scientifique était de devenir membre de la *Royal Society* (*Fellow of the Royal Society*, FRS). C'est la société scientifique la plus ancienne et la plus respectée du monde. La physique que j'étudiais pérennisait les noms de ses premiers membres. Consulter la liste de ceux-ci ressemblait à la lecture de l'index d'un manuel – la loi de Hooke, la loi de Boyle, la construction de Huyghens, les lois de Newton, le théorème de Leibniz, le mouvement brownien ; mais nous pourrions encore citer d'autres scientifiques de moindre notoriété tels que Christopher Wren, John Evelyn, John Wilkins, Elias Ashmole, John Flamsteed ou Edmund Halley.

Mais les hommes qui fondèrent cette société ne furent pas simplement les premiers scientifiques, ils étaient également les derniers sorciers. Ainsi Ashmole était astrologue et appartenait à une société de rosicruciens ; Newton étudiait les concepts alchimiques rosicruciens et a laissé des écrits à ce propos ; tandis que Hooke réalisait des expériences magiques avec des araignées et des cornes de licornes.

Les rosicruciens – qui empruntaient leur nom au symbole de la Rose-Croix – enseignaient l'harmonie magique des sphères qui affectait indirectement l'harmonie du monde. Cette musique éthérique émettait des vibrations étranges, invisibles, cosmiques qui influençaient le destin des humains, et ses conséquences pouvaient être devinées à partir de la position des étoiles dans le ciel. Les rosicruciens croyaient également que le feu pouvait servir de médium universel pour analyser la nature de la matière et que, dans les circonstances idoines, il pouvait transformer les métaux vils en or. Cependant, ils ont aussi prétendu pouvoir s'entretenir avec des démons et des anges ! Parmi les scientifiques de premier plan d'aujourd'hui, il n'y en a pas beaucoup qui admettraient s'adonner à de telles occupations ou recherches.

Donc, qu'est-ce qui put bien inciter un improbable groupe de rescapés des deux camps de la guerre civile à se rencontrer, à former la plus ancienne et la plus respectée des sociétés scientifiques du monde, puis à développer les outils de la science moderne ? Voilà la question qui m'a lancé dans cette quête pour comprendre comment la *Royal Society* était née. Je voulais savoir comment cette réunion d'ecclésiastiques et de politiciens avait eu l'idée d'interdire les discussions religieuses et politiques lors de leurs réunions. À une époque dominée précisément par la politique et la religion, cela semblait une chose aussi singulière que difficile à réaliser.

Quand j'ai commencé à lire des documents sur les circonstances troublantes de cet événement ayant changé la face du monde, je ne pus éviter de me poser ces questions. Avec le recul du temps et le poids d'une éducation scientifique, il semblait évident et inévitable que la science devait parvenir à repousser le mythe et la superstition. Cependant, en 1660, cette issue n'était pas aussi évidente. Seule une heureuse coïncidence permit-elle à tant de pères importants de la science moderne de se réunir en cette époque difficile et les inspira-t-elle pour développer une nouvelle logique positive.

Cinq mois seulement après le retour de Charles II sur le trône d'Angleterre, cette réunion de douze hommes fut l'acte de naissance de la science moderne. Rapidement, ils se donnèrent le nom de *Royal Society* [Société royale]. Que la méthode scientifique soit née de la communauté qui croyait en la magie est déjà un événement assez invraisemblable en soi. Mais si vous ajoutez que les douze membres fondateurs de cette *Royal Society* se répartissaient en nombre égal entre les deux camps de la brutale guerre civile anglaise, l'hypothèse qu'une telle réunion ait pu intervenir de manière fortuite semble non seulement peu probable, mais impossible.

Dans l'histoire des idées, on peut généralement remonter un sentier pour comprendre quand et où les idées sont apparues et comment elles se sont développées. Mais s'il faut en croire les récits traditionnels évoquant la formation de la *Royal Society*, le concept de la science expérimentale serait né simultanément et indépendamment dans les deux camps de la guerre civile. Puis – croyez-le ou non – au gré d'un intérêt commun pour des conférences publiques, tous les membres de ces deux groupes adverses se seraient retrouvés miraculeusement pour prendre le thé par un après-midi brumeux de novembre. Le reste, naturellement, appartient à l'histoire. Voici comment l'historien Sir Henry Lyons rapporte la chose :

> *Il y a trois siècles, au moment des guerres civiles, un petit groupe d'érudits, qui s'intéressait à l'expérimental – ou à la nouvelle philosophie comme on l'appelait alors – commencèrent à se réunir occasionnellement, peu après 1640 à Londres, pour discuter ensemble au domicile de l'un de leurs membres ou dans une taverne opportunément sise près du Gresham College où ils assistaient souvent à des cours professoraux... À l'heure de la Restauration de la monarchie en 1660, ceux qui se trouvaient à Londres reprirent leurs réunions qui avaient été beaucoup plus rares, voire interrompues en 1658, et d'autres qui se trouvaient à Oxford les rejoignirent. À la fin de la guerre, ceux-là et un certain nombre de leurs amis partageant des intérêts semblables décidèrent de se constituer en Société de Philosophes, ce qu'ils parvinrent à faire*[1].

Les rescapés d'une guerre civile ne semblent pas les personnes les plus susceptibles de lancer un nouveau club scientifique. Imaginez que vous veniez de survivre à la guerre du Kosovo qui opposa l'OTAN aux Serbes en 1999. Pensez-vous que vous auriez eu envie d'instaurer un dîner hebdo-

1. *The Royal Society 1660-1940 : A History of its Administration under its Charters*, Sir Henry Lyons, FRS.

madaire pour discuter des aspects ésotériques de l'astrophysique ? Pensez-vous que vous auriez eu envie d'inviter le fils de Slobodan Milošević à devenir votre mécène et protecteur ? Auriez-vous été heureux de régler une cotisation d'environ 1 000 £ plus un complément d'environ 100 £ par semaine pour aider à créer du matériel d'observation pour vos réunions hebdomadaires ? Auriez-vous insisté pour inviter des membres du camp adverse à se joindre à vos rencontres ? Ou n'est-il pas plus probable que vous vous seriez surtout attelé à préserver votre sécurité et celle de votre famille ? Vous auriez sans doute été trop occupé par la recherche de nouveaux revenus pour vivre et par la préservation de vos biens. Pourtant, c'est précisément dans de telles circonstances que la *Royal Society* de Londres est née.

En 1660, l'Angleterre se trouvait au lendemain d'une cruelle guerre civile. Après la mort d'Oliver Cromwell, le pays vacilla au bord d'un nouveau conflit, jusqu'à ce que la décision controversée fût prise d'inviter le roi à rentrer. Cependant, on lui fit promettre de se comporter correctement ! Dans cette atmosphère chaotique du Londres de la Restauration, la *Royal Society* fut formée. Une cotisation d'entrée extraordinairement élevée fut fixée ainsi qu'une cotisation hebdomadaire lourde qui devait être réglée que les membres assistent ou non à la réunion.

La citation de Sir Henry brosse le tableau délicieusement romantique d'un groupe de gentlemen scientifiques se rencontrant par hasard pour dîner et converser, alors qu'autour d'eux, et comme s'ils ne le remarquaient pas, l'Angleterre vivait certaines des pages les plus sanglantes de son histoire. Pendant la guerre, les fils avaient combattu leurs pères ; les frères avaient essayé de s'entre-tuer ; de grands domaines avaient été pillés et spoliés ; un roi avait été publiquement décapité ; et des princes royaux s'étaient enfuis en exil. Pendant douze années, le pays avait été gouverné au gré des caprices d'un dictateur militaire et seule la menace d'une nouvelle guerre civile avait convaincu le Parlement de restaurer le roi. Cependant, comme l'œil de l'ouragan, un espace de calme au milieu de ces tempêtes furieuses, nous sommes censés accepter que ces hommes instruits se sont assis tranquillement pour discuter de la meilleure façon de développer une nouvelle philosophie radicale de la science expérimentale. Mais seule une vision rétrospective idéale peut faire croire qu'il s'agit là d'une manière normale de se comporter.

Quand, en 1944, Sir Henry Lyons a écrit son histoire magistrale de la *Royal Society*, il voulait surtout rapporter *ce* qui s'était passé. Il y parvint d'une manière exemplaire. Mais il ne s'est pas posé la question qui m'a intéressé depuis que j'ai découvert les circonstances de la fondation de cette société savante : *Pourquoi* a-t-elle été créée ?

Ses fondateurs remirent en cause la plupart des prémices religieux et théologiques de l'époque. Pourtant ils sont parvenus à éviter les conflits avec les fanatiques extrémistes qui imposaient leurs vues à tout le reste de la société. Ayant réussi à ne pas se faire remarquer par les covenantaires [1], les niveleurs [2], les partisans de la Cinquième Monarchie [3], les papistes et les fidèles du *Livre des prières* [*Book of Common Prayer*], ils purent étudier des matières hérétiques telles que l'aspect pratique de la sorcellerie – et personne ne les contesta !

L'historien Arthur Bryant attribue à Charles II une passion pour la science expérimentale qui l'amena à inspirer la *Royal Society* :

> *Avec le retour du roi, qui avait lui-même peu de goût pour les formules religieuses abstraites et préférait tout tester en faisant appel à son bon sens aiguisé, la nouvelle génération eut la possibilité de montrer ce dont elle était capable. Peu après la Restauration, la* Royal Society *fut fondée au Gresham College et le roi devint son premier protecteur. Quand ses membres placèrent une araignée au milieu d'un cercle de cornes de licornes, et que l'insecte, au mépris de saintes croyances séculaires, « sortit du cercle » – comme les minutes de la société le recensent brièvement – quelque chose d'important se produisit* [4].

Cette évocation de l'intérêt personnel du roi est charmante, mais éminemment improbable. L'expérience que Bryant décrit fut une étape importante du passage de la magie à la science moderne, mais, malgré ce que suggère Bryant, ce ne fut en aucun cas le roi qui poussa à faire appel au bon sens commun.

« À l'heure des guerres civiles », ce n'était pas une mince prouesse pour les fondateurs de la *Royal Society* de parvenir à développer une philosophie scientifique empirique. Contraindre une araignée à l'aide de la corne d'une bête mythique (en réalité la corne était celle d'un rhinocéros) revenait à

1. N.D.T. Appartenant à la Ligue du Covenant, pacte conclu entre les presbytériens d'Écosse et les catholiques papistes pour résister à l'anglicanisme. Surtout hors d'Écosse, on les appelle également simplement presbytériens ou puritains.

2. N.D.T. En anglais, *Levellers*, mouvement républicain anglais le plus hostile à la monarchie, apparu en 1647. Ils réclamaient le renforcement des pouvoirs du Parlement, une plus grande représentation populaire, mais étant opposés à l'autoritarisme de Cromwell, ils furent durement réprimés par celui-ci.

3. N.D.T. Le Parti de la Cinquième Monarchie [*Fifth Monarchy*] faisait partie de ces groupes évangéliques plus radicaux que Cromwell dans leur relecture de la Bible. Ce parti pensait que le retour du Christ et l'Apocalypse étaient proches. Ainsi, son texte essentiel était le chapitre apocalyptique de Daniel (Daniel 7) et il voulait que l'Angleterre soit dirigée par un sanhédrin.

4. *Charles II*, Arthur Bryant.

pratiquer la sorcellerie au mépris de la bienséance. Sous le Long Parlement (1645-1647), à peine vingt-trois ans plus tôt, Matthew Hopkins, le chasseur de sorcières en chef [*Witchfinder general*], fit exécuter 200 vieilles femmes dont on disait qu'elles pratiquaient la sorcellerie. Au XVIIe siècle, la magie et les miracles faisaient partie de la vie quotidienne. La sorcellerie fournissait une explication acceptable à la malchance ou à la mauvaise fortune. L'historien George Trevelyan écrit qu'avant la Restauration « il aurait été difficile de trouver plus qu'une poignée d'hommes pour oser avouer publiquement leur incrédulité quant aux approuvances miraculeuses de la foi chrétienne, sous une forme ou une autre [1]. »

Pourtant en 1667, l'évêque Thomas Spratt, l'historien officiel de la *Royal Society*, s'exprimant au nom de ses fondateurs, écrivait que les anciens miracles des temps bibliques étaient des phénomènes privilégiés, des exemples exceptionnels de l'interférence de Dieu avec Sa création, qui avaient peu de chances de pouvoir se répéter. « Le cours des choses se déroule tranquillement dans son propre canal de causes et d'effets naturels », écrivit-il [2].

Les fondateurs de la *Royal Society* semblaient éviter les problèmes de foi en acceptant la conception de l'Église sur Dieu et l'âme, mais en s'interrogeant sur tout le reste. S'ils avaient développé ces conceptions et ces questionnements à l'époque de Matthew Hopkins, ils auraient dû se montrer très discrets faute de quoi ils auraient été persécutés. Mais pour que ces idées soient apparues pleinement constituées en 1660, il faut considérer qu'elles étaient en gestation depuis un temps considérable. À cette date, les membres de la *Royal Society* n'accordaient plus aucune créance à la sorcellerie et se moquaient publiquement « des miracles papistes », considérés comme des archétypes d'une croyance superstitieuse [3].

Comment se fait-il que personne n'ait remarqué la gestation de ces idées ? Pourquoi et comment, au cours des premières semaines de la Restauration, la science se libéra-t-elle soudainement du dogme étouffant de la croyance religieuse et de la superstition contraignante de la magie, pour ne plus jamais regarder en arrière ?

L'importance de ce changement d'attitude ne doit pas être sous-estimée. Au XVIIe siècle, la religion était en train de connaître une véritable révolution. Au cours des treize siècles précédents, l'Église avait systématiquement

1. *Illustrated English Social History, vol. II,* G. M. Trevelyan.
2. *The Royal Society : Concept and Creation,* Margery Purver.
3. *Illustrated English Social History : The Age of Shakespeare and the Stuart Period,* GM. Trevelyan.

établi une foi impériale, très lâchement liée aux enseignements du Christ, mais fortement soutenue par une théologie orale. Pour préserver sa puissance, l'Église a dû protéger sa théologie. Et pour maintenir leur dogme intact et pur, des ecclésiastiques furent activement formés aux méthodes dialectiques et rhétoriques connues sous le nom de déduction logique. L'Église contrôla toutes les universités existantes et fixa ainsi le programme éducatif. On en a la démonstration dans le traitement que réserva l'Église à la fameuse expérience de Galilée sur la pesanteur, réalisée, dit-on, à partir de la tour penchée de Pise. Ses résultats montrèrent que des corps de poids différents tombaient à la même vitesse, mais ses conclusions furent logiquement désapprouvées par les « penseurs » négatifs de l'Inquisition. On a du mal aujourd'hui à comprendre que l'on puisse utiliser la théologie pour réfuter l'observation empirique, mais c'est parce que notre façon de penser les événements physiques a changé au XVIIe siècle.

Le changement survint parce que le groupe d'hommes dont nous parlons se réunit à Londres et décida de créer une société pour étudier les mécanismes de la nature. Pour ne pas être distraits par le dogme, ces hommes interdirent les discussions religieuses ou politiques lors de leurs réunions. La science moderne expérimentale est sortie de ce groupe.

Il devait y avoir beaucoup plus de choses derrière cette histoire que ne le révélaient les documents et archives officiels superficiels, et c'est ce qui s'avéra. Ce livre raconte l'histoire de ma recherche du contexte politique, économique et religieux de la formation de la *Royal Society* et de ma découverte, en cours de route, des desseins cachés d'un homme, Sir Robert Moray. Mais avant de pouvoir espérer comprendre l'impact de la *Royal Society*, j'avais besoin de considérer le statut de la science avant cette réunion décisive du 28 novembre 1660.

CHAPITRE I

UN MONDE AVANT LA SCIENCE

Il y a environ 400 ans, une nouvelle forme de connaissance et de manière de faire, avec une efficacité sans précédent, apparut soudainement en Europe. C'est ce que nous connaissons maintenant comme la science.

Bryan Appleyard [1]

La science ne tombe pas sous le sens. Elle ne va pas de soi. Vos yeux vous indiquent qu'une chaise est un objet solide, compact, sur lequel vous pouvez vous asseoir en toute quiétude, mais la science vous dit que la matière de cette chaise est constituée d'une infinité de petites parties avec des espaces entre chacune d'elles. Vous pourriez tomber au travers de ces vides ! Mais vous vous asseyez sur la chaise et elle vous semble aussi solide qu'elle en avait l'air au premier regard. Pourtant, vous continuez de croire le scientifique qui vous explique que c'est principalement du vide, parsemé d'atomes, alors même que ces atomes en question sont beaucoup trop petits pour être visibles.

Si vous vous trouvez sur une plage de galets et que vous lancez des pierres vers la mer, vous vous attendez à ce que vos petits projectiles épousent une courbe avant de plonger dans les vagues. Vous ne vous attendez pas à ce que les cailloux partent en ligne droite pour disparaître à l'horizon. Pourtant la science vous dit que tous les objets continuent de se déplacer en ligne résolument droite avec une vitesse constante tant qu'une force n'agit pas sur eux. À moins que vous ne soyez astronaute, vous n'aurez pas l'occasion de voir ce phénomène de vos yeux, néanmoins, vous l'admettez comme vrai.

1. *Understanding the Present*, Brian Appleyard.

Si, dans la rue, vous étiez accosté par un inconnu qui vous proposait de transformer tous vos métaux vils en or, vous seriez quelque peu soupçonneux et vous penseriez avoir affaire à un truqueur ou à un dupeur. Pourtant quand les organismes chargés de la production de combustibles nucléaires transforment des morceaux d'uranium en plutonium destiné à l'armement, ce miracle n'est pour vous qu'un événement ordinaire.

Dans chacun de ces trois exemples, nous sommes disposés à croire en des choses assez différentes de ce que nos yeux peuvent observer. Et si nous le faisons, c'est que nous avons été élevés et conditionnés dans une société qui admet les explications scientifiques du monde.

La science est une manière de penser qui, non seulement, explique des événements observés, mais prévoit également des faits nouveaux dont on n'a peut-être même jamais rêvé. En 1687, Sir Isaac Newton avança une nouvelle théorie de la pesanteur. Celle-ci est encore utilisée aujourd'hui, par exemple, pour établir les orbites des satellites de télécommunication. Mais quand il rendit publiques ses idées, Newton contredisait deux des théories en vigueur à propos des comètes. La plus populaire voyait les comètes comme le signe d'avertissement d'un dieu en colère prévenant qu'il allait frapper les pécheurs et apporter le désastre. Une théorie moins populaire – et moins spectaculaire – avait été proposée par Johannes Kepler. Il disait que les comètes étaient des corps célestes qui traversaient les cieux en lignes droites. Maintenant, selon la théorie de Newton, certaines comètes se déplaçaient en hyperboles ou en paraboles, sans jamais revenir, alors que d'autres formaient des ellipses ordinaires ce qui leur permettait de réapparaître régulièrement. À cette époque, cela apparaissait comme une hypothèse extravagante. Cependant, l'astronome royal, Edmund Halley, utilisa la théorie de Newton pour observer une comète dans le ciel et pour prédire à la minute près son retour soixante-douze ans plus tard. Au moment précis prévu, la comète de Halley revint et, depuis lors, elle a été observée par des générations successives attentives. Le succès de la prévision d'Halley fit beaucoup pour que la science devienne une manière ordinaire de penser le monde.

Jusqu'au XVIe siècle, les individus pensaient que la magie était la seule manière d'expliquer le fonctionnement du monde. La reine Élisabeth Ire avait son magicien de cour qui s'appelait John Dee. Celui-ci se fit initialement remarquer par la sœur aînée d'Élisabeth, la reine Marie, quand il essaya de l'ensorceler et elle, à son tour, le fit emprisonner. Quand Dee fut libéré, il se lia à un autre alchimiste, Edward Kelly. Ils voyagèrent ensemble en Europe, partageant leurs épouses respectives et cherchant un élixir de vie éternelle. Dee prétendit finalement avoir trouvé cet élixir peu après son retour en Angleterre, alors qu'il se trouvait dans un état de grand dénuement.

Pour obtenir sa potion magique, il utilisa une méthode très différente de celle d'un pharmacologue moderne. Dee racontait qu'il travaillait avec un ange du nom d'Uriel, qui avait accès à toute la connaissance divine du monde. Une telle responsabilité ne pouvait être accordée à n'importe qui et Dee dut convaincre l'ange de partager sa connaissance. Il utilisait l'incantation suivante pour faire venir la créature angélique (je vous suggère de ne pas essayer ce charme chez vous au cas où il marcherait encore !) :

> *Facilius Sine Comparatiorne a Deo impetrandum foret, vel a bonis spiritbus, quicuid homini utile reputare.*

L'ange parlait sa propre langue. Il apprit à Dee à l'écrire et à la lire. Tout en délivrant au Dr Dee la recette de l'élixir de vie éternelle, l'ange lui révéla aussi que la Grande-Bretagne posséderait un vaste empire. Dee rapporta ces conversations dans différents manuscrits.

L'alchimiste fit aussi des démonstrations de lévitation magique en se servant d'une obsidienne provenant d'Amérique du Sud et d'une table magique sur laquelle était gravé l'alphabet énochien qu'utilisaient les anges. Ces objets se trouvent maintenant au British Museum, mais, hélas, ils semblent avoir perdu leurs vertus magiques !

Pourtant, en dépit des étranges collègues de recherche qu'il se choisissait et de sa prédilection pour les tours de magie, Dee était aussi un mathématicien tout à fait compétent. Il consolida sa position comme philosophe à la cour d'Élisabeth quand il démontra à la nouvelle reine qu'il était un véritable maître en astrologie élective. En utilisant la connaissance magique qu'il avait acquise à l'occasion de ses conversations avec des anges, il avait convaincu la princesse qu'il pouvait calculer la date la plus propice pour son couronnement, une date où les étoiles favoriseraient son règne. Ultérieurement, il conseilla à la reine de ne pas adopter le calendrier grégorien en se fondant sur des calculs complexes.

Les méthodes mathématiques et les observations astronomiques de Dee étaient à la pointe de la technologie élisabéthaine, mais il croyait fermement en la magie. Élisabeth mourut avant Dee : ostensiblement, l'élixir n'avait pas marché pour elle. Élisabeth, la reine vierge, ne laissa aucun héritier direct et la Couronne anglaise passa à la lignée des Stuart. Le nouveau roi, Jacques [James] Ier, congédia Dee. Ce dernier s'éteignit à son tour peu après et, jusqu'à ce jour, il est demeuré bel et bien mort : encore une triste victime de l'échec de son élixir de vie éternelle !

Mais, sous le règne des Stuart, la magie disparut elle aussi et la science prit sa place.

Winston Churchill écrivit ceci de Jacques, le premier roi Stuart d'Angleterre :

> *Il est venu en Angleterre avec un esprit fermé et un faible pour la morale. L'Angleterre était en sûreté, libre de s'occuper de ses propres affaires, et une classe puissante était maintenant désireuse de prendre celles-ci en main. Qui allait avoir le dernier mot en matière d'imposition ? Le roi se trouvait-il au-dessus de la loi ou pas ? Et qui allait dire ce qu'était ou non la loi ? La majeure partie du dix-septième siècle fut consacrée à la résolution de telles questions*[1].

Avant que des réponses n'apparaissent, ce questionnement entraîna guerres civiles et régicides. Quoi qu'il en soit, au milieu des batailles opposant le roi au Parlement, il apparaît que la science moderne semble jaillir soudainement. Pour quelle raison ? Aucune explication n'est avancée. On ne se demande jamais comment un pays qui brûlait vives au moins cent vieilles femmes par an, sur le simple soupçon qu'elles aient pu causer des maux en projetant « le mauvais œil », a pu donner naissance à un groupe exigeant de scientifiques éclairés.

La vieille croyance dans les forces magiques ne mourut pas instantanément, y compris parmi les fondateurs de la *Royal Society*. Nous la trouvons encore bien vivante pendant la guerre civile. En 1657, quand Christopher Wren – qui devait devenir l'un des fondateurs de la *Royal Society* – donna sa conférence inaugurale en tant que professeur d'astronomie au Gresham College, il expliqua que Londres était particulièrement favorisée par les « influences célestes des différentes planètes, en sa qualité de siège des arts mécaniques, du commerce et des sciences libérales ». Aucun astronome moderne n'irait suggérer l'existence d'influences célestes des planètes, et encore moins qu'elles pourraient affecter le devenir d'une ville et de ses sciences !

Même le roi, qui à ses heures perdues était devenu le mécène et le protecteur de la science moderne, trouva parfaitement normal de payer un astrologue pour identifier le moment idoine de la pose de la première pierre de la nouvelle cathédrale Saint-Paul, après le grand incendie de Londres ! Pourtant c'est bien à cette même époque que la science naquit.

---

1. *A History of the English-speaking Peoples, vol. II*, Sir Winston Churchill.

Le ciel, la religion et la connaissance éternels

Le mot « science » vient du latin, *scientia*, signifiant « savoir, connaissance ». La science moderne a deux fonctions principales : elle nous permet de connaître les choses et de les faire. Le succès de la science en tant que moyen de recherche de la vérité s'évalue au regard de sa capacité à nous permettre de faire face à notre environnement. De ce point de vue, la science moderne nous a considérablement permis d'améliorer notre niveau de vie. Maintenant, nous jugeons la science au regard de sa capacité à résoudre nos problèmes, parce que les règles de base ont changé au XVe siècle. Cependant, avant que la *Royal Society* ne change notre conception du monde, les philosophes pensaient qu'un précepte était vrai, qu'il était la véritable connaissance, du moment qu'un nombre suffisant de personnes le croyaient.

En 1589, quand Galilée exécuta sa fameuse expérience pour vérifier si les objets lourds tombaient plus rapidement que les objets légers, ses observations prouvèrent que les deux poids tombaient à la même vitesse. Pourtant, ces résultats furent dénoncés par l'Inquisition au nom du dogme, sans s'appuyer sur la moindre preuve. Le système de croyances qui permit cela découlait du dramatique mariage de la sagesse d'Aristote et de la certitude qu'avait l'Église de détenir la grande vérité du salut. Cette vérité de l'Église prétendait que Dieu avait créé le monde pour le bénéfice de l'homme et qu'il avait envoyé Son propre fils pour s'assurer que les hommes avaient compris Son message.

Mais qu'est-ce qu'Aristote – un philosophe grec mort des siècles avant la naissance de Jésus – pouvait avoir à faire avec la vérité chrétienne ? Cette question m'intriguait, aussi je décidai de l'approfondir en examinant comment cette conception du monde – soutenue par de nombreuses personnes au XVIe siècle – s'était développée.

Avant le XVIIe siècle, les individus croyaient que la Terre était le centre de l'Univers ; que le Soleil, les étoiles, et les planètes se déplaçaient circulairement autour d'elle ; que les étoiles étaient formées à partir d'un feu céleste inépuisable ; qu'elles se répartissaient dans tout l'Univers sur de grandes sphères de cristal transparent ; et que le monde avait été créé précisément à quatre heures et demi de l'après-midi, le jeudi 22 octobre 4004 avant l'ère commune (AEC).

Malgré sa mort en 332 AEC, c'est en partie parce qu'il était un auteur populaire et prolifique qu'Aristote intervient dans cette histoire. De nombreux exemplaires de ses écrits ont survécu à l'effondrement de l'Empire grec et furent rassemblés à Alexandrie par Ptolémée. Ces écrits ont joué un rôle important dans la culture arabe et, par la suite, ils furent rapportés en Europe par les croisés. Ainsi les écrits d'Aristote devinrent la base d'une redécouverte médiévale de l'enseignement classique.

Aristote a présenté ses vues sur la science dans deux livres, la *Physique* et le traité *Du Ciel.* Ses idées se fondaient sur deux phénomènes importants : le mouvement des animaux et celui des corps célestes. Les choses vivantes bougent, mais pas les mortes. Donc, il s'ensuit que tout mouvement est le résultat de l'action de la volonté, qu'elle soit animale ou divine. Ce constat lui inspira une conception du monde dominée par des causes et des objectifs. Toutes les choses situées au-dessus de la Lune sont incorruptibles et éternelles ; tandis que toutes les choses sises en dessous sont sujettes à création et à déclin. La Terre est le centre de l'Univers et elle se compose de quatre éléments : le feu, la terre, l'air et l'eau. Les étoiles, évoluant en cercles parfaits sur leurs sphères de cristal, sont constituées d'un cinquième élément céleste. Tout a un but et c'est la tâche du philosophe de découvrir celui-ci [1].

Nonobstant le fait que les professeurs d'études classiques se plaisent à louer la précision de ses observations, on ne peut pas toujours faire confiance aveuglément à Aristote. Il prétendait que les femmes avaient moins de dents que les hommes. S'il se maria deux fois, il n'eut apparemment jamais envie de regarder dans la bouche de ses épouses pour compter leurs dents. Peut-être avait-il peur qu'elles le mordent ! Elles auraient eu de bonnes raisons parce qu'ils croyaient aussi que les enfants étaient en meilleure santé s'ils étaient conçus quand soufflait le vent du nord. (J'ai une image burlesque de lui envoyant les madames Aristote successives dehors pour regarder la girouette quand elles se faisaient trop pressantes à son côté. Ou peut-être qu'il ne faisait même pas confiance à leurs instincts basiques et qu'il sortait lui-même vérifier – et à cette époque où l'on dormait nu, je ne peux m'empêcher de me demander si sa préparation à l'acte de conception survivait à l'exposition dévastatrice au vent froid du nord.) On trouve chez lui des affirmations encore plus incongrues : par exemple que la morsure d'une musaraigne enceinte était dangereuse pour les chevaux ; qu'un éléphant insomniaque pouvait être endormi en lui frottant les épaules avec un mélange de sel, d'huile d'olive et d'eau chaude ; ou qu'un homme mordu par un chien fou ne deviendra pas lui-même fou, mais que tous les autres animaux le deviendront.

1. *History of Western Philosophy,* Bertrand Russell.

En tant qu'observateur impartial, Aristote commit beaucoup d'erreurs, mais le christianisme n'avait pas de meilleure théorie à proposer pour expliquer la nature des étoiles. Le mythe chrétien ne pouvait simplement pas rivaliser avec la structure cohérente et logique de la splendide cosmologie d'Aristote. En tout cas, pas jusqu'en 1266. Cette année-là, Thomas d'Aquin écrivit sa grande Théorie théologique du Tout. Dans cette *Summa Theologiae* [*Somme théologique*], il admit et améliora les théories d'Aristote. Cependant, Aquin insista sur le fait que la cause de l'Univers était la volonté de Dieu que l'homme soit sauvé du péché et de l'enfer. Dieu aurait exécuté ce dessein grâce à l'intervention directe de Son fils, Jésus-Christ. Aquin conclut que la connaissance du monde ne pouvait être qu'une expression de la connaissance de l'amour et de la sagesse infinie de Dieu. Aucun humain ne pouvait remettre en question cette volonté divine puisque sa vérité n'était pas fondée sur une confirmation humaine, mais sur l'autorité même de Dieu. Une telle attitude n'encourageait pas le questionnement et tous les faits inopportuns qui ne se conformaient pas à la conception du monde de l'Église devaient être rejetés. Il s'ensuit donc que, si les faits ne s'adaptaient pas à cette théorie, alors cela signifiait que c'étaient ceux-ci qui étaient dans l'erreur, parce que l'on ne pouvait blâmer Dieu ! C'est sur cette base que l'Église justifia son traitement de Galilée !

La persécution de Galilée

En 1633, Galilée (dont on peut dire qu'il fut l'inventeur du télescope astronomique) se heurta à des questions théologiques. Il fut convoqué à Rome et forcé par l'Inquisition de faire la déclaration publique suivante :

> *Moi, Galilée, agenouillé devant vous, éminentissimes et révérendissimes cardinaux de la république universelle chrétienne, inquisiteurs généraux contre la malice hérétique, ayant devant les yeux les saints et sacrés Évangiles, que je touche de mes propres mains, je jure que j'ai toujours cru, que je crois maintenant et que, Dieu aidant, je croirai à l'avenir tout ce que tient, prêche et enseigne la sainte Église catholique, apostolique et romaine. Et j'ai reçu judiciairement du Saint-Office l'injonction d'abandonner l'opinion erronée selon laquelle le Soleil se serait trouvé immobile au centre du monde et la Terre ne se serait, elle, pas trouvée au centre du monde mais aurait bougé, et de ne plus affirmer, défendre ou professer de quelque manière, oralement ou par écrit, cette doctrine erronée.*

Les inquisiteurs généraux de la sainte Église catholique et apostolique témoignaient d'une foi totalement aveugle. Ils savaient que la Terre se trouvait immobile au centre de leur Univers ; et cette croyance – elle, bel et bien erronée – se dressait fermement face à une masse de preuves contraires émanant de leurs propres observatoires.

Conformément à la tradition juive, l'Église détermine Pâques comme le premier dimanche, après la première pleine lune, suivant l'équinoxe de printemps. Pour pouvoir fixer leurs calendriers ecclésiastiques, les chefs de l'Église devaient pouvoir prévoir les dates des pleines lunes de nombreuses années à l'avance. Le cycle lunaire est indépendant du calendrier solaire, ce qui fait de Pâques une fête mobile variant entre le 21 mars et le 23 avril, en fonction de la phase de la Lune et du jour précis de l'équinoxe de printemps.

Au XVe siècle, Cosme de Médicis, le souverain de Florence, demanda à un jeune dessinateur en pleine ascension, Ignatio Danti, de construire un observatoire solaire qui permettrait de prévoir la date de Pâques. Il consistait en un trou dans le toit d'un dôme concentrant les rayons du soleil qui allaient se projeter sur une échelle graduée disposée sur le sol du bâtiment. En lisant l'échelle, il était possible de connaître le jour exact des équinoxes. De tels observatoires solaires, appelés des *meridana*, furent construits dans de nombreuses églises. Le plus célèbre se trouve sous la coupole de la basilique Saint-Pierre de Rome[1].

L'observation systématique du déplacement des rayons du soleil le long de ces *meridana* montra rapidement que le Soleil ne tournait pas autour de la Terre selon une orbite parfaitement circulaire, contrairement à ce qu'Aristote et Aquin avaient enseigné. On pouvait clairement voir que la forme de la projection du Soleil changeait avec les saisons et passait d'un cercle à une ellipse. Pendant les mois d'hiver, quand le Soleil était bas dans le ciel, sa lumière frappait le trou selon un angle différent de celui des rayons estivaux plus élevés. D'après le dogme de l'Église, la Terre était fixe et le Soleil tournait autour d'elle selon un cercle parfait, puisque tout ce que faisait Dieu ne pouvait être que parfait. Pour que cela fût vrai, il aurait fallu que la forme de la projection solaire sur le *meridana* soit restée parfaitement circulaire. Ce n'était pas le cas !

Mais ce n'était pas tout ! Les gardiens sacerdotaux de ces observatoires avaient également noté que l'angle entre la Terre et le Soleil se modifiait légèrement avec le temps. (Nous appelons ce phénomène la précession et il est provoqué par une très infime oscillation de l'axe de la Terre.) Si vous

1. *The Sun in the Church,* John Heilbron.

suivez la logique de la confession forcée de Galilée, il n'y aurait qu'une explication acceptable à ce comportement. Pour soutenir leur foi, l'Église du XVIIe siècle et ses inquisiteurs généraux professaient publiquement une croyance selon laquelle l'Univers tout entier aurait dansé et tourné autour du trône immobile du pape !

Giovanni Cassini, un astronome du XVIIe siècle, découvrit plusieurs nouvelles lunes évoluant autour de Saturne, tandis qu'il travaillait pour son pape « immobile ». En combinant les données du *meridana* de Saint-Pierre avec ses propres observations télescopiques, il fut en mesure de prévoir les orbites précises de Mars et Vénus. Pour cela, il utilisa les techniques mathématiques qui supposaient que les planètes et la Terre se déplaçaient selon des orbites elliptiques autour du Soleil. Mais il n'osa jamais exprimer une opinion sur l'immobilité de la Terre. Peut-être ne voulait-il pas avoir à confesser publiquement ses erreurs [1] !

Ainsi, quand la science moderne naquit, la connaissance la plus affirmée et la plus importante était celle de Dieu, du diable, du ciel et de l'enfer. Si l'on se trompait à propos de ces questions de foi, on se condamnait à une damnation éternelle. Cette menace rendait naturellement les théologiens très prudents. La connaissance théologique ne pouvait être faillible : elle se situait au-delà de tout doute. La *Royal Society* prit racine dans cet environnement intellectuel. Ce n'était certes pas le climat le plus favorable pour permettre une attitude de questionnement ouverte concernant le fonctionnement et les œuvres de la nature !

Idées révolutionnaires

Si la science s'extirpa de la superstition et de la magie, ce fut surtout en donnant naissance aux technologies qu'elle endossa une très grande importance politique. La force des monarques Tudor était fondée sur la technologie de l'artillerie et l'utilisation de la poudre à canon. L'invention du compas de navigation permit à des bateaux de se diriger vers le Nouveau Monde, les Amériques. À partir de ce moment-là, la plupart des souverains ne s'intéressèrent principalement à la science que pour savoir dans quelle mesure elle allait accroître leurs armes de guerre ou augmenter la puissance de leurs forces militaires.

Au moment de la naissance de la *Royal Society*, la religion était encore

1. *The Sun in the Church,* John Heilbron.

un sujet important en Angleterre. L'une des principales causes de l'âpreté de la guerre civile fut la différence de doctrine entre les deux camps. Ce fut le désarroi qui régnait au sein des diverses factions religieuses qui permit au général Monck d'amener la Restauration. Toute forme de fanatisme peut conduire à une société intolérante. Si vous croyez avec ferveur en n'importe quelle idée religieuse, vous êtes prêts à faire face au martyre, vous pouvez endurer joyeusement de grandes difficultés et même accepter la mort joyeusement si elle vient rapidement. Vous pouvez faire des conversions, créer des armées, attiser la haine contre tout dogme que votre cause n'accepte pas, promouvoir très efficacement votre croyance tout en supprimant tout autre point de vue.

Le scientifique Richard Dawkins a dit ceci de la foi religieuse :

> *[La foi aveugle est]... assez puissante pour immuniser les individus contre toute inclination à la pitié, au pardon, au sentiment humain décent. Elle les immunise même contre la peur, s'ils croient honnêtement qu'une mort en martyr les enverra directement au ciel. Quelle arme ! En elle-même, la foi religieuse mérite un chapitre propre dans les annales de la technologie guerrière, sur le même pied que l'arc, les chevaux de combat, le char d'assaut et la bombe à hydrogène*[1].

Toute foi fanatique fait du mal. C'est particulièrement évident quand un groupe de fanatiques se bat contre un autre avec un comportement et une haine scandaleux. Bertrand Russell a cité l'exemple d'un de ses amis qui était un défenseur fanatique d'une langue internationale. Cet homme préférait l'ido à l'espéranto et expliquait à un Russell perplexe à quel point les locuteurs d'espéranto, en voulant promouvoir celui-ci comme langue internationale, se montraient dépravés et invraisemblablement mesquins.

Cette haine des concurrents devient souvent le trait le plus important d'une croyance fanatique. Certaines personnes dont la croyance religieuse enseigne d'aimer son prochain comme soi-même se réserve le droit de haïr quiconque refuse cette conception. Cette haine résulte de l'acceptation aveugle d'une croyance en se reposant exclusivement sur l'autorité qui la prône et sans admettre la moindre question relative aux raisons de l'adopter ou non.

En 1660, l'Église catholique soutenait déjà ce type de conception fanatique du monde depuis quatre cents ans. À travers son traitement de l'affaire Galilée, elle venait encore de démontrer qu'elle n'était pas prête à tolérer le

---

1. *The Selfish Gene,* Richard Dawkins.

moindre écart de sa vérité. Les puritains protestants d'Angleterre rejetèrent une partie du dogme extrême de l'Église catholique pour s'appuyer à la place sur la Bible. En revanche, dès qu'ils eurent remporté cette victoire, les protestants se mirent à se persécuter les uns les autres pour de petites déviations dans leurs interprétations de la volonté de Dieu.

L'exemple le plus extrême de cette attitude est sans doute la tentative avortée de Cromwell d'établir un Parlement des Saints, en 1653.

Celui-ci fut connu sous le nom de Parlement de Barebone, d'après le nom de l'un de ses membres les plus radicaux Praisegod Barebone [1]. Après sa violente dissolution du Parlement croupion, Cromwell invita les églises indépendantes de chaque comté à choisir les candidats idoines qui pourraient être membres du Parlement. Il demanda des « personnes craignant Dieu et d'une loyauté et d'une honnêteté reconnues [2] ». Parmi les listes soumises, cent cinquante membres furent retenus et convoqués le 4 juillet à Whitehall.

Cette expérience de gouvernement fut un désastre absolu. Le Parlement de Barebone alla jusqu'à essayer de supprimer le droit coutumier et de lui substituer la loi mosaïque. Cromwell dit de ce Parlement : « J'aurais volontiers laissé mon administration entre les mains de mes saints, si le Seigneur le voulait, mais il ne doit pas en être ainsi. Professant tous des jugements différents et chacun étant essentiellement attaché à propager sa propre vision, l'esprit de bonté qui devrait être le fait de tous n'est en réalité quasiment témoigné par aucun. » Un point critique fut atteint quand ce Parlement essaya d'éradiquer l'Église d'État que soutenait Cromwell. Finalement, le Parlement de Barebone fut contraint de s'auto-dissoudre et cette coterie belliqueuse de fanatiques religieux fut remerciée.

Avec la clairvoyance que donne le recul du temps, il est manifeste que la règle la plus avisée que les fondateurs de la *Royal Society* adoptèrent fut l'exclusion de toute discussion religieuse ou politique. Ainsi, ils supprimèrent simultanément les deux principaux sujets qui auraient pu les amener à se quereller. Mais à l'époque, au regard du contexte, cette idée dut paraître étrange voire contre nature. D'où leur vint-elle ? Pour le découvrir, je savais qu'il me fallait étudier plus attentivement les circonstances précises du commencement de la *Royal Society*.

1. N. D. T. Un marchand de cuir de Fleet Street. Littéralement, son nom signifie Prie-Dieu Os-nu.

2. *Oliver Cromwell,* John Buchan.

L'histoire traditionnelle de la *Royal Society*

Comme je l'ai déjà mentionné, dans l'introduction à son histoire de la *Royal Society*, Sir Henry Lyons ne trouve pas étonnant que moins de six mois après son retour d'exil, le roi Charles II ait activement soutenu la formation d'une société qui, à première vue, n'aurait pas dû représenter un grand intérêt pour lui. Sir Henry enregistre le soutien royal sans commentaires en écrivant :

> *En décembre, leur projet reçut l'approbation du roi Charles II et la promesse de son soutien, ce qui fut suivi quelques mois plus tard par sa permission d'utiliser le titre de* Royal Society. *C'est ainsi que la Société naquit modestement*[1].

La *Royal Society* de Londres est l'association la plus ancienne et la plus réussie au monde de scientifiques expérimentaux. Si nous bénéficions d'une bonne qualité de vie aujourd'hui, nous le devons à la *Royal Society* qui a modifié l'attitude du public à l'endroit de la science et de la technologie.

Au cours des mois qui précédèrent la formation de la Société, l'Angleterre traversa une période de grands troubles. On crut même un moment qu'une nouvelle guerre civile allait éclater, pourtant la première réunion de la Société rassembla des figures majeures des deux camps du conflit. Alors que j'essayais de comprendre ce qui s'était passé, ce fait m'apparaissait comme une véritable énigme.

La Société avait, avec une étonnante rapidité, attiré l'attention du nouveau roi, qui devait pourtant avoir bien des sujets pressants à l'esprit. Moins d'une semaine après cette première réunion, Charles II accorda sa bénédiction à la Société, bien que cette première rencontre ait été présidée par le beau-frère d'Oliver Cromwell, alors que le roi était bien connu pour sa haine du défunt lord protecteur, qui avait assassiné son père.

La *Royal Society* naquit de douze hommes disparates et mal assortis se réunissant par un froid après-midi de novembre dans les appartements du professeur de géométrie du Gresham College à Londres. À première vue, ils ne partageaient pas grand-chose en dehors d'une certaine richesse (pour pouvoir régler les cotisations) et une certaine curiosité pour les fonctionnements de la nature. Mais en commençant à étudier ces hommes, je découvris bientôt qu'ils constituaient deux groupes manifestes et que ces groupes n'avaient pas la moindre raison de s'intéresser l'un à l'autre et encore moins de se retrouver régulièrement pour des thés scientifiques. Mais pire encore,

---

1. *The Royal Society 1660-1940*, Sir Henry Lyons, FRS.

je m'aperçus que certains de ces hommes étaient loin d'être riches. Ces douze membres fondateurs différaient fortement en termes d'appartenance politique, d'expertise scientifique et de rang social. Ils formaient vraiment un très étrange mélange politique [1].

J'étais très intrigué. Qu'est-ce qui avait pu amener ces vieux ennemis à se réunir pour former une société scientifique ? Et qu'y avait-il de si intéressant dans les idées dont ils discutèrent lors de cette rencontre pour que, plus de trois cents ans plus tard, elles continuent d'inspirer les débats scientifiques du monde entier ? Avaient-ils besoin de distractions ? Étaient-ils en manque d'occupations et n'avaient-ils rien trouvé de mieux pour remplir leur temps libre ? Peut-être que le soir, ils n'avaient effectivement pas grand-chose pour s'amuser – après tout, la télévision n'avait pas encore été inventée. Je voulais vraiment savoir ce qui avait pu leur inspirer l'idée de changer le monde.

Dès que j'ai commencé à étudier ces hommes, je me suis demandé s'il serait possible de répondre à de telles questions, si longtemps après les faits. Mais, heureusement, dès cette première réunion, la Société tint un journal et ses premières pages étaient en mesure de me dire ce que ses fondateurs faisaient, à défaut de me dire pourquoi ils le faisaient :

> *Fidèles à l'habitude de la plupart d'entre elles, les personnes suivantes se retrouvèrent au Gresham College pour écouter la conférence de M. Wren, à savoir Lord Brouncker, M. Boyle, M. Bruce, Sir Robert Moray, Sir Paul Neile, le Dr Wilkins, le Dr Goddard, le Dr Petty, M. Ball, M. Rooke, M. Wren, M. Hill. Et dès la fin de la conférence, comme d'habitude, ils se retirèrent pour discuter. Parmi les sujets qui furent évoqués, on avança l'idée de fonder un collège pour la promotion de l'étude physico-mathématique. Et parce qu'ils se réunissaient fréquemment là ensemble, il fut proposé de réfléchir à une manière plus formelle et plus régulière pour débattre des différents sujets, et conforme à ce qui se fait dans d'autres pays, où il existe des associations de volontaires au sein d'académies, pour l'avancement de divers savoirs, afin de faire quelque chose susceptible de promouvoir ici la philosophie expérimentale.*
>
> *À cette fin, il fut convenu que cette compagnie pérenniserait cette rencontre hebdomadaire le mercredi, à 3 heures de l'après-midi, dans la chambre de M. Rooke du Gresham College ; et pendant les vacances, dans la chambre de M. Ball au Temple ; et pour défrayer les dépenses occasionnelles, chacun des membres devrait à son entrée s'acquitter d'un droit de dix shillings, puis de payer un shilling par semaine, qu'il soit présent ou absent, tant qu'il voudra entretenir une relation avec cette compagnie. Lors de cette réunion, le Dr Wilkins fut*

1. *The Royal Society and its Fellows 1660-1700 : The Morphology of an early scientific institution,* Michael Hunter.

nommé président, M. Ball trésorier, et M. Croome, bien qu'absent, fut nommé secrétaire.

Et finalement, afin de pouvoir évaluer au mieux le nombre de membres élus que devrait compter cette Société, on souhaita dresser une liste des noms des personnes connues des présents, jugées de bonne volonté et idoines pour les rejoindre dans leur projet, et qui, si elles le désiraient, pourraient être admises prioritairement[1].

Cela semblait assez simpliste. Un groupe de gentlemen se serait rencontré par hasard en assistant régulièrement à des conférences publiques à Londres. Et ils auraient tellement apprécié les discussions autour de la science qu'ils auraient constitué une société scientifique pour se distraire. La plupart d'entre eux avaient de l'argent, donc ils fixèrent le droit d'adhésion à dix shillings et la contribution hebdomadaire pour leur distraction à un shilling (ce qui équivaudrait environ aujourd'hui à 1 000 livres de droit d'entrée et à 100 livres par semaine de contribution). On était loin d'un divertissement bon marché ! Et il n'était fait aucune mention des milieux politiques très différents de ces douze hommes.

Conclusion

Avant l'établissement de la *Royal Society*, la science était totalement dominée par la religion et écrasée au nom d'arguments théologiques. Le climat général était à la superstition et la plupart des individus croyaient en la magie. L'Église exerçait un monopole sur la pensée qu'aucun fait ne pouvait contrebalancer, car elle connaissait la vérité de Dieu. Tout expérimentateur qui contredisait les conceptions de l'inquisiteur général était déclaré hérétique et subissait les châtiments en conséquence.

Au milieu du XVIIe siècle, cette attitude changea totalement et, dès ce moment-là, la science moderne commença à se développer. Le changement se produisit vers la fin de l'une des périodes les plus sanglantes de l'histoire britannique, moment peu favorable pourtant à encourager la contemplation philosophique. Les personnes impliquées provenaient des deux camps de la guerre civile et, à première vue, il s'agissait d'un groupe d'individus très peu susceptibles de se réunir socialement pour s'amuser à étudier la science expérimentale. Pourtant ces hommes provoquèrent un profond changement qui se développa pour former notre société scientifique moderne.

1. *The Royal Society 1660-1940*, Sir Henry Lyons, FRS.

Qui étaient ces hommes ? D'où tirèrent-ils leurs idées révolutionnaires ? C'étaient les questions suivantes auxquelles il me fallait répondre. Aussi je décidai de réunir autant d'informations que possible sur chacun de ces douze fondateurs.

Chapitre II

LES FONDATEURS DE LA *ROYAL SOCIETY*

> *À l'époque de sa fondation, la* Royal Society *incarna une nouvelle philosophie et une nouvelle attitude scientifique ; et sa reconnaissance rapide par la monarchie restaurée de Charles II – qui lui donna sa charte royale en 1662 –, témoigna d'une nouvelle attitude de la part de la monarchie. Non seulement le patronage accordé par la monarchie Stuart à la recherche scientifique était quelque chose de nouveau en soi, mais il était aussi surprenant, d'un point de vue politique* [1].
>
> H. R. Trevor-Roper

Ainsi, qui étaient exactement ces hommes qui fondèrent la *Royal Society* ? Sir Henry Lyons avait dit qu'ils étaient tous des auditeurs réguliers des conférences du Gresham College, donc j'allais peut-être pouvoir trouver des preuves de cela.

Le très révérend John Wilkins

L'homme qui présida cette première réunion fut donc le révérend John Wilkins. Né en 1614 à Fawsley, dans le Northamptonshire, il était le fils d'un orfèvre d'Oxford et le petit-fils d'un curé de campagne, John Dodd. Il connut lui-même une belle carrière ecclésiastique. Avant sa mort, en 1672, il était évêque de Chester.

Wilkins fut un rescapé remarquable. Dès les prémices de la guerre civile,

1. Margery Purver, *The Royal Society : Concept and Creation.*

le jeune Wilkins se présenta comme un grand partisan du Parlement. Il fut récompensé. Le 12 avril 1648 (après que Charles Ier s'est rendu aux Écossais à Newark), il fut nommé directeur du Wadham College, d'Oxford. Ce poste était vacant, parce que le Parlement avait congédié son précédent détenteur pour ses sympathies royalistes. Onze ans après, Wilkins obtint du lord protecteur, Oliver Cromwell, une décision spéciale le relevant « de l'interdiction de se marier » qui était une condition de son poste. Dès que cette dispense lui fut accordée, il épousa Robina, la sœur de Cromwell.

Dans tous les livres concernant Wilkins et la *Royal Society*, il est rarement fait mention de son épouse. Les quelques auteurs qui se réfèrent à son mariage laissent entendre tacitement qu'il se maria par amour et vécut heureux ensuite. Le seul commentaire du Dr E. J. Bowen à propos de l'épouse de Wilkins dans un long récit biographique des fondateurs de la *Royal Society* est typique :

> *En 1656, il épousa Robina, une sœur du protecteur qui lui accorda une dispense au regard des statuts du College qui interdisaient au directeur de se marier*[1].

Cette brève mention laisse le lecteur se faire une image romantique d'un universitaire célibataire tombé amoureux et cherchant à obtenir une adaptation de la loi, afin de pouvoir épouser la femme de ses rêves. Pourtant, il est difficile d'imaginer qu'il s'agit d'un mariage d'amour, parce que Robina était une veuve de soixante-deux ans. Son précédent mari était Peter French, le chanoine de la Christchurch d'Oxford. Elle avait une fille, Elizabeth French, presque du même âge que Wilkins.

À la mort de son mari, elle devait quitter sa maison de fonction attachée à la Christchurch et chercher un autre endroit pour vivre. Ostensiblement libre, Mme French avait en outre un excellent parent, ce qui compta assurément plus que son âge ou son allure sexuelle quand Wilkins se demanda si elle pouvait faire une épouse convenable.

D'un autre côté, Wilkins lui-même n'était pas le type d'homme à faire se pâmer les dames. Célibataire excentrique de 42 ans, il était volontiers enclin à faire des blagues et avait pas mal d'habitudes de vieux garçon. Et il aimait particulièrement les bons dîners avec ses amis hommes. (À la date du 10 juillet 1654, John Evelyn notait dans son journal : « Soupé de manière magnifiquement plaisante à Wadham Hall, invité par mon excellent et très cher ami le Dr Wilkins, directeur du lieu. »)

1. *The Royal Society, Its Origins and Founders*, éd. Sir Harold Hartley.

Les écrits de Wilkins le présentent comme un homme s'intéressant à des sujets très divers. Il conçut des chars à voile, parla des différentes manières d'aller vers la Lune et de créer un jardin avec une statue « hantée ». Et il fit tout ceci avant même de penser à courtiser une Robina vieillissante. La statue possédait un tube partant de sa bouche et courant jusqu'à un point plus éloigné du jardin. Quand Wilkins promenait ses amis, comme John Evelyn, dans son jardin, il faisait discrètement un pas en arrière, dès qu'ils s'approchaient de la statue. Après s'être caché derrière un buisson, il se glissait hors de vue pour faire parler la statue *via* le tube. La consternation de ses amis l'amusait toujours. Evelyn racontait « qu'il [Wilkins] avait conçu une statue creuse dotée d'une voix qui murmurait des mots, grâce à un long tuyau dissimulé qui allait jusqu'à sa bouche, tandis que quelqu'un se trouvant à bonne distance pouvait parler dedans. La première fois, c'était assez surprenant ». Le talent de Wilkins à créer une statue lui susurrant des mots doux dut vraiment impressionner la vieille Mme Robina French. Elle l'épousa dès que son frère eut donné son consentement !

Manifestement, les enfants et les délices du lit conjugal ne faisaient pas partie des ambitions prioritaires de Wilkins. John Evelyn n'avait aucun doute concernant les vraies motivations du mariage avec Robina. Le 10 janvier 1656, Evelyn écrivit dans son journal intime :

> *J'ai entendu le Dr Wilkins prêcher dans Saint-Paul devant le lord maire, en montrant que l'obéissance était préférable au sacrifice, etc. C'était une personne très obligeante, mais il a épousé la sœur du protecteur, pour préserver les universités contre le commandant et les soldats sacrilèges et ignares, qui auraient volontiers détruit tous les lieux et les hommes qui entendaient enseigner.*

La date de la note d'Evelyn laisse entendre que immédiatement après leur mariage, l'heureux couple effectua les deux journées de voyage séparant Oxford de Londres, pour permettre à Wilkins de prêcher à Saint-Paul. Le comportement de Wilkins ne ressemble pas franchement à celui que l'on attend d'un jeune marié et il semble avoir eu peu d'opportunités pour consommer son nouveau mariage dans des conditions confortables. Pratiquait-il réellement ce qu'il prêchait et sacrifiait-il les délices conjugaux pour se montrer obéissant vis-à-vis de l'Église ?

Dans la semaine suivant son sermon de Saint-Paul, Wilkins partit avec Evelyn pour aller rendre visite à M. Barlow, un peintre ornithologiste et animalier réputé. Sa jeune épousée ne l'avait pas accompagné [1]. Maintenant

1. *The Diary of John Evelyn*, éd. E. S. de Beer.

qu'elle avait retrouvé une maison sûre à Oxford, Robina ne voyait peut-être pas la nécessité de réclamer au docteur longtemps resté célibataire le moindre devoir conjugal. En fait, malgré son mariage, Wilkins ne parut pas diminuer en quoi que ce soit ces sorties nocturnes régulières avec ses amis. Le 12 avril 1656, il se rendit chez Evelyn pour dîner avec celui-ci, Robert Boyle et un certain nombre de gentlemen. Ensuite, Wilkins et ces derniers se rendirent à Londres pour aller voir Sir Paul Neile, qui était réputé pour ses créations de magnifiques lunettes de haute qualité. Wilkins resta un mois avec lui et il était toujours son hôte, un mois plus tard, quand Evelyn arriva à son tour à Londres. La nouvelle Mme Wilkins n'était manifestement pas possessive et ne s'accrochait pas désespérément à son époux.

Quelles que furent les motivations du mariage de Wilkins, celui-ci aida assurément sa carrière. L'un des derniers actes de Cromwell avant sa mort fut d'ordonner au Parlement de nommer son beau-frère principal du Trinity College, de Cambridge. Cette nomination fut confirmée par le neveu de Robina, Richard Cromwell, qui devint brièvement protecteur à la mort de son père.

Hélas, les projets de promotion rapide de Wilkins s'envolèrent, quand Charles II revint sur le trône. L'éditeur anonyme des *Œuvres mathématiques et philosophiques* [*Mathematical & Philosophical Works*] de Wilkins, publiées en 1708, dit ceci de ses infortunes pour l'année 1660 :

> *Après la restauration du roi Charles II, il fut renvoyé et se retrouva prédicateur de l'honorable société de la Gray's Inn, [en résidant] dans le logement du D^r^ [Seth] Ward*[1].

Samuel Pepys, célèbre lui aussi pour son journal et qui devait plus tard jouer un rôle important dans la *Royal Society*, fit la connaissance de Wilkins le dimanche 25 novembre 1660. Pepys était allé écouter Wilkins prêcher au temple de la Gray's Inn. Il écrivit dans son journal qu'il s'était rendu dans cette église « pour entendre l'ancien principal du Trinity College, qui avait été démis de son poste par le roi[2] ». Ainsi, quand Wilkins présida cette réunion cruciale du mercredi 28 novembre, il se trouvait dans une situation très difficile. Pour les hommes les plus cultivés de Londres, il était un objet de curiosité. Il avait perdu ses titres, il n'avait plus de domicile et on l'avait chassé de son dernier poste à Cambridge.

Réduit à partager le logis de Seth Ward, Wilkins dut avoir du mal à

1. *The Mathematical & Philosophical Works of the Right Rev. John Wilkins.*
2. *The Shorter Pepys*, éd. Robert Latham.

réunir le montant assez substantiel de la cotisation permettant d'appartenir à la nouvelle Société.

Alors que pouvais-je découvrir à propos de Seth Ward, le colocataire forcé de Wilkins ? Pendant la guerre civile, Ward avait eu une carrière particulièrement en dents de scie. S'il était partisan du Parlement, il était parvenu à agacer Cromwell. Un an après la nomination de Wilkins au poste de directeur du Wadham College, Ward avait hérité de la chaire savilienne [1] d'astronomie. C'est ainsi que Wilkins et Ward devinrent des amis intimes et, en mai 1654, coécrivirent même un ouvrage : le *Vindiciae Academiarian.* Il s'agissait d'une défense vigoureuse des droits des anciennes universités à être les seules dispensatrices de l'éducation universitaire. Ils défendirent avec ferveur les droits et privilèges d'Oxford et de Cambridge, en arguant du fait qu'aucune autre n'était nécessaire ou désirable [2].

Si Ward fut nommé principal du Jesus College, d'Oxford, en 1657, il se heurta bientôt à la mauvaise volonté d'Oliver Cromwell et fut rapidement démis de son poste. On comprend maintenant peut-être mieux pourquoi John Wilkins décida d'épouser la sœur de Cromwell, peu après la publication de *Vindiciae Academiarian.* S'il n'avait pas fait son entrée au sein de la famille de Cromwell, son attaque de la politique éducative supérieure du protecteur aurait pu lui causer beaucoup plus de torts.

Ward coécrivit plus tard avec le mathématicien John Wallis [3] une condamnation de Thomas Hobbes [4]. Après la mort de Cromwell, Ward devint le directeur du Trinity College d'Oxford, avant d'être de nouveau démis de son poste, cette fois par Charles II, en août 1660. Il eut la chance d'obtenir une charge de prêtre prébendé à Londres [5] et d'être ainsi en mesure d'héberger Wilkins, son camarade réfugié comme lui. Bien que Ward fût un mathématicien et un astronome de valeur, il n'assista pas à la réunion du 28 novembre 1660. Il attendit même une bonne année pour devenir membre [*Fellow*, littéralement « compagnon »] de la *Royal Society*, le 18 décembre 1661, juste avant d'être nommé évêque d'Exeter [6].

1. N. D. T. Du nom d'Henry Saville (1549-1622), un érudit universitaire anglais qui consacra une partie de sa fortune à la création de deux chaires à l'université d'Oxford, l'une d'astronomie et l'autre de géométrie.

2. *Science & Education in the Seventeenth Century,* Allen G. Debus.

3. Qui joua lui aussi un rôle majeur dans la fondation de la *Royal Society.*

4. N. D. T. *In Th. Hobbesii philosophiam exercitation,* Oxford, 1656.

5. *Dictionary of National Biography*, éd. Sidney Lee. [N. D. T. Précisément, il devint recteur de Saint-Laurent, à Londres.]

6. *The Royal Society and its fellows 1660-1700 : The Morphology of an early scientific institution*, Michael Hunter.

Cependant, il faisait partie des quarante-et-une personnalités qui avaient été citées comme membres potentiels lors de cette première réunion, donc Wilkins n'avait pas oublié son ami et bienfaiteur.

Le journal de la *Royal Society* indique ceci à la date du 5 décembre 1660 :

> *Sir Robert Moray a rapporté de la cour l'information selon laquelle le roi aurait été informé de l'objet de la réunion. Il l'a approuvé et serait disposé à l'encourager*[1].

Il s'agit là de l'événement surprenant, d'un point de vue politique, auquel Trevor-Roper fait allusion dans la citation qui ouvre le présent chapitre. Charles II se montra raisonnablement tolérant concernant ce qui s'était passé pendant la guerre. Mais il y avait une chose sur laquelle il n'était absolument pas disposé à fermer les yeux, c'était le rôle de Cromwell dans la mort de son père, Charles Ier. L'encyclopédie Encarta de Microsoft rapporte froidement les faits suivants :

> *Après la restauration de Charles II en 1660, le corps de Cromwell fut exhumé et pendu comme celui d'un traître ; sa tête fut plantée au bout d'une pique et exhibée au-dessus de Westminster et son corps fut enterré au pied du gibet*[2].

Le roi avait accumulé une telle rancune qu'il était prêt à mutiler le cadavre d'Oliver Cromwell. Il avait aussi chassé le beau-frère de Cromwell du Trinity College, pour le remplacer par un homme de son choix. Pourtant, maintenant ce même roi offrait librement son appui et son encouragement à une entreprise spéculative, présidée par l'homme qu'il venait de chasser de Cambridge. Cela n'avait pas vraiment de sens.

Son mariage avec Robina avait aidé Wilkins quand Cromwell était au pouvoir, mais, désormais, ses liens étroits avec la famille du défunt protecteur n'étaient plus un atout, loin s'en fallait. Je découvris plus tard que, heureusement pour Wilkins, la vieille dame était opportunément morte avant son déménagement à Londres.

Mais que pouvais-je découvrir sur les autres « auditeurs réguliers » des conférences scientifiques du Gresham College ?

---

1. *The Royal Society 1660-1940*, Sir Henry Lyons, FRS.
2. *Cromwell, Oliver*, Encyclopédie Microsoft ® Encarta ® 97. © 1993-1996 Microsoft Corporation.

Le vicomte William Brouncker

Brouncker est lui aussi une énigme. Sir Harold Hartley, un autre historien de la *Royal Society*, se pose lui-même la question : « Pourquoi fut-il [Brouncker] choisi comme premier président de la *Royal Society* plutôt que John Wilkins, John Wallis, Robert Boyle ou Sir Robert Moray[1] ? » Puis il évite d'y répondre, en se contentant de remarquer avec le recul du temps : « Les services dévoués et efficaces qu'il rendit à ce haut poste au cours des premières années de la Société démontrent la sagesse de ce choix. »

John Evelyn, l'un des membres du premier conseil de la *Royal Society*, explicite pourquoi William Brouncker fut nommé président quand il rapporte dans son journal à la date du 20 août 1662 :

> *Ce jour, je fus admis et j'ai prêté serment au sein du présent conseil de la Royal Society, ayant été nommé dans la patente originelle de Sa Majesté comme devant appartenir à ce conseil, pour administrer la Société et créer les lois et statuts qui ont contribué à son établissement et à son développement : à cette fin, nous consacrons maintenant une partie de chaque mercredi matin jusqu'à ce que tout soit fini. Monseigneur le vicomte Brouncker (cet excellent mathématicien, etc.) étant aussi, par la volonté de Sa Majesté notre fondateur, notre premier président.*

Ainsi nous avons la réponse à la question de Sir Harold : Brouncker fut le premier président parce que le roi voulut l'avoir à ce poste. Naturellement, ceci pose une autre question. Pourquoi le roi voulut-il avoir Brouncker dans cette position d'autorité ? En effet, dans la charte du 22 avril 1663, Charles alla même jusqu'à préciser :

> *Nous avons choisi, nommé, constitué et créé notre bien-aimé et fidèle vicomte William Brouncker comme premier et présent président de la Royal Society.*

Il est manifeste que Charles n'avait pas le moindre doute quant à l'identité de celui qu'il voulait voir devenir responsable de la *Royal Society*. J'espérais que la raison de ce choix allait apparaître clairement à mesure que mes recherches avanceraient, car à ce stade, je n'en comprenais pas les motifs.

Brouncker était un royaliste qui avait courbé la tête pendant la période du Protectorat. Il avait occupé son temps à traduire en anglais les théories de

1. « William Viscount Brouncker, PRS » in *The Royal Society, Its Origins and Founders*, éd. Sir Harold Hartley.

Descartes sur la musique[1]. Il était également un mathématicien de valeur. Il avait étudié avec John Wallis, le détenteur de la chaire savilienne de géométrie d'Oxford, qui, je le savais, était aussi un ami de John Wilkins[2]. Signataire de la déclaration de 1660[3], Brouncker joua son rôle dans la Restauration : il fut désigné comme membre du Parlement de Convention au titre de Westbury.

Pour s'assurer que le roi restauré fut bien conscient de sa fidélité, Brouncker fit cadeau à Charles d'une petite embarcation de plaisance. Il avait lui-même dessiné ce bateau avec des lignes radicalement novatrices et il l'avait fait réaliser par un célèbre constructeur de navires de l'époque. Il expliqua qu'il offrait ce présent au roi « pour marquer sa restauration sur le trône d'Angleterre[4] ».

Il devint donc le premier président de la *Royal Society*. Immédiatement après, il fut nommé commissaire de la marine. Il s'agissait d'une désignation importante parce qu'une guerre navale avec les Hollandais se profilait à l'horizon. Cependant, il ne s'agissait pas d'une tâche facile. La marine anglaise souffrait alors de corruption, d'un manque de discipline et d'un grave manque d'argent. Au même moment, Samuel Pepys devint commis des actes de la marine. Pendant de nombreuses années, les deux hommes œuvrèrent de concert pour améliorer les choses.

Finalement, je n'avais peut-être pas réussi à découvrir pourquoi Brouncker était devenu le premier président de la *Royal Society*, mais je savais maintenant pourquoi il lui avait été si facile d'assister à cette première réunion. En sa qualité de membre du Parlement, il n'était pas étonnant qu'il se fût trouvé à Londres ce 28 novembre 1660. Seulement, qui l'avait invité ? Ce n'était certainement pas Wilkins puisque les deux hommes appartenaient aux camps opposés. Tandis que Brouncker venait de récupérer un peu de pouvoir politique, Wilkins était discrédité et sur la touche.

1. N. D. T. Traduction du *Musicae Compendium*.

2. N. D. T. Dans son *Commercium epistolicum* (publié en 1658), Wallis publia aussi des lettres de Brouncker sur des sujets scientifiques.

3. N. D. T. Par laquelle le général Monck était déclaré restaurateur des lois et des privilèges de la nation.

4. « William Viscount Brouncker, PRS » in *The Royal Society, Its Origins and Founders*, éd. Sir Harold Hartley.

Le très honorable Robert Boyle

Le participant cité ensuite est Robert Boyle. Il avait trente-trois ans quand il assista à cette réunion du 28 novembre 1660. Boyle avait passé la majeure partie de la guerre civile à écrire des brochures théologiques au fin fond du Dorset. Au début du Protectorat, il partit pour l'Irlande, mais, en 1653, John Wilkins lui écrivit pour l'inviter à revenir et à s'installer au Wadham College d'Oxford, où il pourrait poursuivre ses études de la nature et de la science. Boyle vint donc à Oxford, en 1654. Il avait la réputation d'être un physicien extrêmement compétent et il donna son nom à la loi qui relie la pression d'un gaz à son volume.

Boyle résida à Oxford jusqu'en 1668, date à laquelle il déménagea pour Londres. S'il voulait être un auditeur régulier des conférences du mercredi après-midi au Gresham College, il devait aussi être un grand voyageur. Se rendre au Gresham College, dans Bishopsgate à Londres, représentait pratiquement un voyage aller-retour de 200 km pour lui, sa maison jouxtant le pub des Trois Fûts (*Three Tuns*), à Oxford. Avec plus d'une journée de cheval à chaque fois, il ne lui serait pas resté beaucoup de temps pour quoi que ce soit d'autre. Aussi il paraît raisonnable de considérer que Boyle n'assista pas de manière régulière aux conférences du mercredi après-midi. Il montait parfois à Londres pour résider chez sa sœur à Chelsea. C'est là, notamment, que John Evelyn lui rendit visite le 7 septembre 1660. Cependant, la conférence de Christopher Wren l'intéressa apparemment suffisamment pour l'inciter à entreprendre le périple et quelqu'un dut lui parler de la réunion pour l'encourager à venir. De qui pourrait-il s'agir ? Wilkins est assurément un candidat possible, car Boyle l'avait bien connu à Oxford. Le nom de Boyle se trouvait également sur la liste des personnes invitées à rejoindre la Société après la première réunion. Mais puisqu'il était présent à cette réunion initiale, pourquoi les autres avaient-ils besoin de lui écrire ?

Alexander Bruce, comte de Kincardine

Boyle ne fut certainement pas invité par le suivant sur la liste, l'Écossais Alexander Bruce. Alexander était le plus jeune frère d'Edward, le premier comte de Kincardine. Ce dernier avait été fait comte par Charles Ier en 1647. La famille Bruce avait soutenu les Stuart tout au long de la guerre civile et après la tentative avortée de Charles II, en 1650, pour chasser Cromwell,

Alexander fut contraint de fuir la Grande-Bretagne et d'aller s'installer à Brême. Il y resta jusqu'en 1660, quand il entendit parler du projet de Restauration. Il se rendit immédiatement à La Haye pour rejoindre Charles II qui s'apprêtait à partir pour Londres. Alexander Bruce regagna la capitale anglaise avec l'entourage de Charles et s'établit à Charing Cross. Les informations que j'ai découvertes au sujet de Bruce proviennent principalement d'une longue série de lettres – quelques cent vingt ! – que Sir Robert Moray lui écrivit entre 1657 et 1673. Le principal contenu scientifique de ces correspondances concerne l'exploitation du charbon et la construction des montres, deux sujets qui intéressaient Bruce.

L'évêque Gilbert Burnet, qui l'a bien connu, a décrit Alexander comme :

> *[...] le plus sage et le plus digne des hommes de son pays, parfait pour diriger n'importe quelle affaire, sauf les siennes. À cause d'une mauvaise orientation et de son amour du public, il les a négligées et les a conduites à la ruine. Il s'agissait pour l'essentiel d'horlogerie et d'exploitations minières, notamment de charbon et de sel, qui requéraient beaucoup de soin. Il était très capable, car il avait poussé loin son étude des mathématiques et il était un grand maître dans le domaine de la mécanique. Il pensait lentement, parlait encore plus lentement, mais la profondeur de son jugement s'exprimait dans tout ce qu'il disait ou faisait* [1].

À son retour d'exil, la santé de Bruce n'était pas très bonne et il demeura à Londres pour se remettre jusqu'en 1662. Cette année-là, il hérita du titre de son frère et retourna vivre dans le Culross, en Écosse. Une série de conférences scientifiques le mercredi après-midi semblait exactement le genre de choses susceptibles de le distraire pendant sa convalescence. Il est donc tout à fait raisonnable de le considérer comme un candidat probable pour le rôle d'« auditeur régulier », au moins après la Restauration. Ou peut-être qu'il avait été invité par son vieil ami intime, Sir Robert Moray ?

Sir Robert Moray

Le fondateur suivant mentionné sur la liste, Sir Robert Moray, était lui aussi écossais. Son année de naissance est incertaine, mais il s'agissait du 10 mars 1608 ou 1609. Il fit ses études à l'université de Saint-Andrews et il

1. *History of my own Times*, Gilbert Burnet, éd. O. Airey.

servit dans la garde écossaise de Louis XIII en 1633 [1]. Vers la fin de la vie du cardinal de Richelieu, Moray devint son favori et l'historien Patrick Gordon dit de sa relation avec Richelieu :

> *Donc, cherchant l'homme idoine pour son dessein parmi le grand nombre de gentilshommes écossais qui hantaient la cour de France, il en choisit un, Robert Moray, homme doté de qualités aussi diverses que rares, et très capable d'accomplir le projet du cardinal* [2].

Le « projet du cardinal », c'était de l'espionnage ! En 1638, l'assemblée générale des covenantaires d'Écosse s'était rebellée contre Charles Ier. En mai suivant, Charles perdit la première guerre des Évêques et dut faire des concessions aux Écossais. Tout en l'élevant au grade de lieutenant-colonel de la Garde écossaise, troupe d'élite du roi Louis, Richelieu confia à Moray une mission et l'expédia en Écosse. Il était censé recruter de nouveaux soldats écossais, mais il admit également qu'il avait pour objectif d'aider ses compatriotes dans leur conflit avec Charles, en créant des problèmes à l'Angleterre.

En 1640, Moray fut nommé quartier-maître général de l'armée covenantaire. Il aurait été chargé de dessiner les plans de camps et de fortifications, domaine dans lequel sa connaissance des mathématiques et de la topographie devait être extrêmement importante. Avec l'armée écossaise, il fit route au sud en direction de la Tyne et joua son rôle dans la défaite de l'armée anglaise du comte de Stafford, à Newcastle.

Après que Charles Ier eut accepté l'instauration du presbytérianisme en Écosse, le roi fut accusé de complicité dans la tentative d'enlèvement du marquis d'Argyll. Les Écossais se retournèrent contre lui et exigèrent qu'il paie l'entretien de leur armée à Newcastle. En 1643, Moray agit comme officier de liaison entre l'armée covenantaire et Charles Ier, qui avait sa cour à Oxford. Il dut se montrer performant dans son travail, puisque, le 10 janvier 1643, Charles le fit chevalier. Au cours de cette période, alors qu'il œuvrait en tant que négociateur entre Charles, les Écossais et les Français, il semble avoir développé une étroite amitié tant avec le souverain qu'avec son fils, le prince de Galles.

Peu après, Sir Robert retourna en France et fut élevé au grade de colonel de la Garde écossaise. Mais il eut l'infortune de se faire capturer par le duc de Bavière, alors qu'il menait son régiment au combat le 24 novembre 1643.

1. « Sir Robert Moray », D. C. Martin, in *The Royal Society, Its Origins and Founders*, éd. Sir Harold Hartley.

2. *Short Abridgement of Britane's Distemper*, Patrick Gordon.

Il resta emprisonné pendant dix-huit mois. Pendant ce temps, il étudia le magnétisme jusqu'à sa libération le 28 avril 1645, après que les Français eurent décidé de payer sa rançon de 16 500 £[1].

Juste avant que cette rançon eût été payée et que Moray pût rentrer à Paris, Charles fut vaincu à Naseby. Le cardinal Mazarin, successeur de Richelieu, envoya alors Moray à Londres. Il fit partie de la délégation diplomatique française dont le travail consistait à soutenir les délégués écossais qui, eux-mêmes, avaient été désignés par le Parlement d'Édimbourg pour négocier avec le roi. Ainsi Moray fut impliqué dans les longues et difficiles négociations entre le roi vaincu et ses vainqueurs.

Quand ces discussions échouèrent et que Charles s'enfuit à Newark pour se réfugier auprès de l'armée covenantaire, Moray eut encore une fois des rapports étroits avec le roi. Le 24 décembre 1646, il organisa l'évasion de Charles vers la France. Sir Robert avait payé un navire qui devait se tenir prêt à l'embouchure de la Tyne. Le roi était enfermé à Newcastle. L'évêque Gilbert Burnet parle de cet épisode :

> *Sir Robert Moray devait accompagner le roi là-bas [à l'embouchure de la Tyne] sous couvert d'un déguisement. Tout se déroula comme prévu : le roi enfila son déguisement et descendit les escaliers dérobés avec Sir R. Moray. Mais Sa Majesté, craignant qu'il soit difficilement possible de passer tous les postes de garde sans être découvert et jugeant qu'il serait très inconvenant d'être pris en pareil équipage, changea d'avis et rebroussa chemin*[2].

Burnet prétendait avoir entendu cette histoire de la bouche même de Sir Robert. Toute l'histoire de la guerre civile aurait pu être différente, si le plan de Moray avait réussi et que Charles avait pu gagner la France. Mais il ne devait pas en être ainsi. Quand le roi fut vendu à Cromwell, pour le prix des paies de retard de l'armée covenantaire, il fut amené à Londres pour être jugé sous l'inculpation de trahison. Quant à Moray, il se hâta de retourner en France.

Après l'exécution de Charles Ier et à la requête du comte de Lauderdale, Moray engagea des négociations qui conduisirent Charles II en Écosse pour être couronné roi des Écossais, à Scoon [si vous recherchez la ville sur une carte, son orthographe moderne est Scone] en 1650[3]. Avec l'aide d'une armée écossaise, Charles entreprit de reprendre l'Angleterre à Cromwell, mais sa campagne échoua à la bataille de Dunbar et, après s'être caché

1. *The Origins of Freemasonry,* David Stevenson.
2. *History of my own Times,* Gilbert Burnet, éd. O. Airey.
3. *The Royal Society, Its Origins and Founders,* éd. Sir Harold Hartley.

un moment dans un chêne, le roi se sauva en France. Quant à Moray, il demeura en Écosse.

Peu après la fuite de Charles II, Moray épousa Sophia Lindsey, la très belle sœur du comte de Balcarres. En juillet 1652, les jeunes mariés rentrèrent à Édimbourg pour la naissance de leur premier enfant, mais également pour contribuer à l'organisation d'un soulèvement destiné à ramener Charles sur le trône d'Angleterre. Mais aucun des deux ne devait voir le jour. Victime d'un accouchement trop long et douloureux, Sophia mourut en couches, le 2 janvier 1653, avec son enfant mort-né. Et les Écossais furent de nouveau vaincus par Cromwell, à la bataille du loch Garry, en juillet 1654. Cette fois, Moray fut accusé d'avoir trahi le roi, mais il fut lavé de cette accusation après avoir écrit directement au souverain pour clamer son innocence. Moray revint en France. Il ne devait jamais se remarier. Dans la suite de sa vie, il fut décrit comme un « célibataire ayant les femmes en horreur [1] ». Manifestement aucune autre femme n'avait jamais pu combler le vide béant laissé dans sa vie par la mort de Sophia.

En 1655, Moray était donc de retour à Paris. À quarante-six ans, il était désormais trop vieux pour la Garde écossaise. Il démissionna de son poste et, après avoir passé une année à Bruges, il se retira à Maastricht où il consacra son temps à l'étude de la science et à sa longue correspondance avec Alexander Bruce. En septembre 1659, il regagna Paris pour retrouver Charles et participer aux négociations avec Monck qui voulait restaurer le Stuart sur le trône d'Angleterre.

Quand le roi revint en Angleterre, fin juin 1660, Moray demeura encore quelques semaines à Paris. Lorsqu'il partit à son tour pour Londres, en août [2], le souverain l'accueillit chaleureusement. « Sa Majesté reçut Robert Moray en l'étreignant avec force et en lui serrant longuement la main [3]. » Charles trouva immédiatement à Sir Robert une maison de faveur à titre gracieux dans le parc du palais de Whitehall. Un dessin de Whitehall en 1680, en possession de la *London Topographical Society*, montre que le logement de Sir Robert était une petite maison située juste derrière la Horse Guards Gate avec vue sur le jardin privé. L'emplacement de cette maison était exactement à l'opposé de l'endroit où se trouve aujourd'hui la Dover House sur Whitehall.

---

1. *Athena Oxonienses,* éd. Anthony Wood.
2. *The Royal Society 1660-1940,* Sir Henry Lyons, FRS.
3. *The Royal Society, Its Origins and Founders,* éd. Sir Harold Hartley.

C'est de cette maison que Sir Robert partit, ce 28 novembre 1660, pour se rendre au Gresham College. Cela faisait trois mois qu'il vivait à Londres, après avoir passé dix ans en exil. Pendant toute cette période, il lui aurait été difficile d'être un auditeur régulier des cours du Gresham College. Alors j'étais maintenant très curieux de découvrir pourquoi il avait décidé d'assister à cette première réunion ce jour-là. Mais je me demandais aussi comment un espion français avait pu faire la connaissance du beau-frère d'Oliver Cromwell, et encore plus comment il avait pu être invité à une réunion où se trouvaient tant de parlementaristes contrariés, qui, unanimement, avaient précisément élu ce beau-frère de Cromwell pour être leur premier président !

Sir Paul Neile

Sir Paul Neile est le cinquième sur la liste des fondateurs. Il naquit en 1613 et fut un courtisan de Charles Ier. En remerciement des services rendus en qualité d'huissier de la Chambre privée du souverain, il fut fait chevalier en 1633. En 1640, il devint membre du Parlement au titre de Ripon pendant la brève durée du Parlement court. Mais sous le règne de Cromwell, Neile vécut très sagement dans la plus grande discrétion près de Maidenhead, en affichant profil bas. Il demeura presque invisible et l'on a que très peu de traces et d'éléments le concernant avant que les registres de la *Royal Society* ne rapportent certaines de ses activités. Il est manifeste qu'il fut un scientifique amateur dont la compétence s'exprima particulièrement dans le domaine du polissage des verres optiques pour les télescopes. Ce fut cet intérêt spécifique pour la production d'optiques de haute qualité qui mit en relation le courtisan alors en disgrâce et le puissant directeur du Wadham College. En vérité, Neile avait atteint un tel niveau d'excellence en matière de polissage des lentilles que John Wilkins préféra passer sa lune de miel avec Sir Paul, à simplement discuter des procédés de polissage, qu'avec sa jeune épouse. Au regard de l'âge de Robina Cromwell, c'était peut-être finalement une sage option.

En juillet 1660, le roi rétablit Neile dans sa position d'huissier de la Chambre privée. Ceci explique pourquoi Neile se trouvait à Londres le 28 novembre suivant. Il avait consacré son exil à Maidenhead à faire des télescopes et avait permis à Christopher Wren de les utiliser pour faire des observations de la planète Saturne. Dès que Neile fut de retour à la cour, il devint un intermédiaire privilégié entre le roi et la Société et il avait en outre l'avantage d'être l'ami de Wilkins, certes politiquement disgracié, mais scientifiquement utile. Je ne pus découvrir qu'un seul élément d'information important sur Neile : il fut un des fondateurs de la Hudson Bay Company[1] et avait des intérêts dans la marine marchande.

Je ne pouvais quand même pas m'empêcher de me demander qui avait pu inviter Neile. Il aurait pu s'agir de Wren, puisqu'ils se connaissaient, mais Neile résidait aussi au palais de Whitehall quand il servait le roi et, par conséquent, il devait nécessairement connaître Sir Robert Moray. Mais n'était-ce pas tout simplement son vieil ami John Wilkins qui l'avait encouragé à venir assister à la réunion ?

Le docteur Jonathan Goddard

En poursuivant ma liste des fondateurs, je tombai ensuite sur le docteur Jonathan Goddard. C'était un médecin, qui avait obtenu son doctorat de médecine à Cambridge en 1643, à l'âge de vingt-six ans. Il fut nommé professeur de physique (un vieux terme pour médecine qui donnait aussi physicien pour médecin et que l'on retrouve dans l'anglais moderne *physician* avec ce même sens de médecin) au Gresham College, en 1655, mais, à cette époque, il était principal du Merton College d'Oxford. En d'autres termes, Goddard gagnait sur les deux tableaux. Obtint-il ce poste parce qu'il était le médecin personnel d'Oliver Cromwell, me demandai-je ? En tous les cas, il laissa passer trois années avant de se rendre réellement au Gresham College, tout en ayant conservé un statut de professeur *in absentia* au sein de ce dernier. Il continua d'habiter à Oxford et à toucher son traitement de principal, jusqu'à sa destitution brutale par Charles II. Pendant son séjour à Oxford, Goddard fut l'ami tant de Wilkins que de Ward. Mais quand Charles purgea la petite cité universitaire des parlementaristes, Goddard décida que c'était le bon moment pour redevenir professeur et il déménagea pour venir vivre dans son logement de fonction au Gresham College.

Plusieurs des premières réunions de la Société eurent précisément pour cadre ses appartements à Gresham. Ce collège était très important au moment de la formation de la *Royal Society*. Aussi je décidai d'en savoir plus à son propos. L'historien Gerald Weld a effectué un examen complet des premiers livres de minutes de la *Royal Society*. Il a lui aussi noté le rôle important du Gresham College et a dit de celui-ci :

1. N. D. T. Fondée par le prince Rupert et quelques riches Anglais, elle reçut du roi le droit exclusif du commerce dans le pays de la baie d'Hudson, dans ce qui allait devenir les États-Unis.

Il y a tout lieu de croire que les membres du collège furent très favorablement disposés à l'endroit de la jeune Société de Philosophes [1].

Je ne pouvais pas m'empêcher de me demander pourquoi tant de professeurs de Gresham soutinrent une Société « royale » si peu de temps après avoir été démis de leurs postes universitaires par le roi récemment restauré.

Le docteur William Petty

Le docteur William Petty a inventé les statistiques modernes. Il développa des techniques d'enregistrement et d'analyse des données d'événements politiques, impliquant de grands nombres de personnes (ce qui posa les bases des instituts modernes de statistiques). Né en 1623, il commença son éducation comme mousse avant de rejoindre la marine royale [*Royal Navy*]. Il conserva cet intérêt pour les bateaux et la marine tout au long de sa vie. Quand la première guerre civile éclata, Petty quitta l'Angleterre. Il alla à Paris étudier la médecine et la chimie et, pendant son séjour dans la capitale française, il rencontra Thomas Hobbes et René Descartes. Il rentra à Londres après la défaite du roi et se trouvait en bonne place quand le Parlement renvoya plusieurs titulaires des plus hauts postes universitaires pour les remplacer par ses propres partisans. Petty devint professeur au Brasenose College d'Oxford, puis docteur en médecine. En 1650, il obtint la chaire d'anatomie de Brasenose, tout en décrochant le poste de professeur de musique au Gresham College. Cependant, il obtint son vrai succès en prenant deux ans de congé sabbatique pour partir en Irlande en qualité de médecin-chef de l'armée de Cromwell. Il s'acquitta de ce travail excellemment bien, mais il montra également d'autres talents. Dès que l'armée du Commonwealth eut soumis l'Irlande, les terres saisies furent redistribuées et de nouveaux titres de propriété furent dressés. En décembre 1654, Petty proposa de réaliser un état des lieux complet de l'Irlande en moins de treize mois. Il y parvint brillamment et le relevé qu'il dressa (intitulé *Down Survey*, parce qu'il était basé dans le comté de Down pendant le temps de son travail) constitue toujours la base du cadastre d'une grande partie des propriétés foncières d'Irlande [2].

C'est pendant qu'il se trouvait en Irlande que le docteur Petty rencontra

1. *History of the Royal Society*, G. R. Weld.
2. *The History of the survey of Ireland, commonly called the Down Survey by D.W. Petty*, T. A. Larson.

Robert Boyle, qui de patient devint également son ami. Grâce à Petty, Boyle fit la connaissance du *Parliamentary High Table Group* [Groupe du tableau d'honneur parlementariste] (dont Wilkins et Ward). Il s'agissait d'universitaires ayant remplacé des royalistes et qui maintenant occupaient tous les hauts postes à Oxford. Petty réalisa d'énormes bénéfices grâce à son relevé cadastral de l'Irlande et devint riche. Toutefois il conservait ses postes *in absentia* à Oxford et au Gresham College et continuait de toucher ses deux traitements. À la fin des années 1650, Petty commença à s'intéresser activement à la conception de navires à voile performants. Il se mit à dessiner des bateaux à double coque (de type catamaran) qui avaient le potentiel pour surpasser très largement les navires de l'époque[1].

Petty fut le premier à utiliser les données statistiques à des fins politiques. Il mérite vraiment le titre de « père des statistiques modernes ». Mais comme il avait été un partisan si ardent du Parlement pendant la période du Commonwealth, il fut démis de sa vice-présidence du Brasenose College d'Oxford vers la fin de l'année 1660. Il partit habiter à Londres, en affichant profil bas comme les autres réfugiés. Le seul poste académique qu'il parvint à conserver à cette époque fut sa chaire de musique au Gresham College. Il n'est donc pas vraiment surprenant qu'il ait pu retrouver ses vieux collègues qui, eux aussi, avaient été évincés de leurs postes universitaires confortables par le roi restauré. Comme il résidait carrément au Gresham College, sa présence à la conférence de Wren du 28 novembre 1660 ne m'étonna pas. En revanche, je me demandais pourquoi il avait pu vouloir aider une Société « royale ». Il n'avait aucune raison d'aimer le souverain ou d'espérer obtenir son patronage.

M. William Ball

M. William Ball, scientifique amateur, soutenait la cause royaliste. De même qu'il désigna le premier président de la *Royal Society*, Charles II choisit aussi son premier trésorier et son choix se porta sur Ball. Avant la réunion du 28 novembre, ce dernier avait collaboré avec John Wallis pour l'étude des anneaux de Saturne. Je connaissais ce détail parce que, entre 1656 et 1659, Wallis écrivit une série de lettres à l'astronome et mathématicien néerlandais, Christiaan Huygens. Dans ces lettres, Wallis rapportait au

1. En 1662, son catamaran à voiles *Invention I* devait gagner une course contre le vapeur, entre Dublin et Holyhead.

Hollandais les résultats des observations de Ball [1]. Huygens devait ultérieurement mentionner le travail de Ball dans sa propre théorie sur la nature de Saturne et de ses satellites, intitulée *Brevis Assertio Systematis Saturni.*

Huygens rendit visite à Ball chez lui à Londres le 1er mai 1661. Le soir même, Ball donna un dîner pour célébrer le premier anniversaire de la lecture devant le Parlement de la déclaration de Breda de Charles II [2]. En acceptant cette proclamation, le Parlement avait pavé la voie du retour du roi qui put rentrer de La Haye en mai 1660. Sir Robert Moray, qui avait passé quelques années aux Pays-Bas, fut également invité au dîner.

William Ball fut le premier curateur [3] du magnétisme [*Curator of Magnetics*] de la Société. Thomas Birch [4] a beaucoup écrit sur les expériences magnétiques de Ball. Il a également noté que le 4 avril 1666 le journal des minutes indiquait :

> *Il fut ordonné à M. Oldenburg [alors secrétaire de la RS] d'écrire à M. Ball pour savoir ce qu'il avait réalisé en matière d'expériences magnétiques et pour lui demander de renvoyer les appareils magnétiques en sa possession, mais appartenant à la Société, qui en avait besoin* [5].

Cinq mois plus tard, Sir Robert Moray demanda au conseil de permettre à M. Ball de conserver une partie de l'équipement pour son usage personnel. Le coût de cet appareil était de dix-huit livres sterling. À cette époque, Ball avait déménagé pour aller vivre à Mamhead Estate, le domaine de son père, dans le Devon. Le conseil accéda à la requête de Sir Robert et Ball put ainsi poursuivre ses expériences magnétiques. Peu après, il réalisa les premiers essais d'une méthode que les archéologues modernes appellent la magnétostratigraphie. Il s'agit d'une méthode de confrontation de l'alignement des zones de la surface terrestre naturellement magnétiques à la direction du champ magnétique de la Terre [6]. Il avait découvert un affleurement de magnétite – un aimant naturel – dans le Devonshire et Robert Hooke, le curateur des expériences de la Société, lui avait suggéré d' « observer comment les pôles se positionnaient dans la Terre : étaient-ils

1. *The Royal Society, Its Origins and Founders,* Sir Harold Hartley.

2. La déclaration datait du 4 avril 1660 et elle promettait que, s'il était restauré, il garantirait, avec l'assentiment du Parlement, une amnistie totale, la liberté de conscience, l'établissement de tous les droits fonciers et le paiement à l'armée de tout l'argent qui lui était dû.

3. N. D. T. Administrateur.

4. Secrétaire de la *RS* de 1752 à 1755.

5. *History of the Royal Society,* Thomas Birch.

6. *Science-based Dating in Archaeology,* M. J. Aitken.

parallèles à l'axe de la Terre, parallèles à un méridien ou adoptaient-ils une autre forme observable à l'aide de l'aiguille que l'on enfonçait[1] ? » Un jour, Ball créa une aiguille magnétique de dix pieds de long pour comparer sa précision avec une boussole ordinaire.

Donc les éléments principaux que j'avais pu trouver sur Ball étaient les suivants : c'était un royaliste qui fréquentait l'un des universitaires parlementaristes majeurs, John Wallis ; c'était un scientifique amateur, s'intéressant à l'astronomie et au magnétisme ; ami intime de Sir Robert Moray, il avait à ce point impressionné le roi que celui-ci insista pour qu'il soit le premier trésorier de la *Royal Society*. Quoi qu'il en soit, sa présence à la réunion du 28 novembre était difficile à expliquer. Moray était le candidat le plus probable pour l'avoir invité, mais cela reposait la question : pourquoi Moray lui-même se trouvait-il là ?

M. Laurence Rooke

Laurence Rooke fut l'hôte de la réunion du 28 novembre. À cette époque, âgé de trente-huit ans, il était professeur de géométrie au Gresham College. Il avait obtenu son diplôme au King's College de Cambridge en 1643 et il s'était alors retiré trois ans à la campagne. Il semble ne jamais avoir joui d'une bonne santé. En fait, il ne fut même pas en mesure d'assister à sa propre cérémonie de remise du diplôme. Il partit habiter dans le Kent après l'obtention de son diplôme. Apparemment, cette retraite au bon air de la campagne le fortifia et, en 1650, il déménagea au Wadham College pour étudier sous la direction de John Wilkins et Seth Ward. À Oxford, il rencontra également Robert Boyle avec qui il travailla. Le fait qu'il fut accepté à Oxford laisse entendre qu'il était un partisan du Parlement, puisque tous les royalistes avaient été chassés des universités. Après deux ans passés là, il lui fut proposé un poste de professeur d'astronomie au Gresham College, poste qu'il conserva cinq années jusqu'à ce qu'il soit nommé, en 1657, professeur de géométrie au sein du même établissement.

Le principal centre d'intérêt de Rooke était la mesure des longitudes. Il voulait savoir comment trouver la position d'un navire en mer. Dans un premier temps, il pensa utiliser pour cela les observations de la Lune ou des mouvements des satellites de Jupiter. Il rédigea des papiers sur des méthodes d'observation des éclipses lunaires dans « l'optique géographique

1. « William Ball FRS », Angus Armitage, in *The Royal Society, Its Origins and Founders,* éd. Sir Harold Hartley.

de déterminer la longitude terrestre ». Rooke savait que le mouvement des ombres à la surface de la Lune pouvait être utilisé comme une horloge de précision. Les crêtes découpées des montagnes lunaires agissaient comme le style d'un cadran solaire et Rooke considéra que les divers cratères et crevasses pouvaient constituer l'échelle de cette horloge céleste. Comme la Lune était visible de partout à la surface de la Terre, l'instant du contact de l'ombre intervenait au même moment pour tous les observateurs. Rooke reconnut la Lune comme un cadran solaire géant suspendu très haut, bien en vue du monde entier. Tout ce dont on avait besoin pour connaître la longitude où le navire se trouvait, c'était de mesurer l'altitude d'une étoile de première magnitude et de la comparer à son altitude au même moment dans le port de départ.

Charles II fut si impressionné par cette idée qu'il réclama une démonstration pour en vérifier la réalité. Il demanda – instructions transmises par Sir Robert Moray – qu'un globe lunaire à grande échelle soit construit « reproduisant non seulement les zones claires et leurs différents degrés d'intensité, mais aussi les collines, les éminences et les cavités [1]. »

La maquette fut construite par Christopher Wren et présentée au musée privé du roi. Elle fut installée sur une plate-forme pivotante pour qu'elle puisse être illuminée et tournée afin de présenter toutes les phases de la Lune « avec toute la gamme des manifestations visuelles que pouvaient produire les ombres des montagnes et des vallées [2]. »

L'idée est ingénieuse et fonctionnera, si le ciel est assez clair pour permettre de voir la Lune en détail et si le navigateur est un astronome qualifié, connaissant parfaitement l'aspect extérieur de l'astre. En outre, celui-ci aura besoin d'éphémérides, c'est-à-dire de tables indiquant les positions des étoiles principales.

Cette invention montre en tous les cas que Rooke était un homme très pratique et parfaitement capable de développer des idées originales. Cependant, malgré cet esprit vif, il ne sut pas prendre soin de sa propre santé. Un jour qu'il rentrait chez lui sans manteau après avoir rendu visite à son protecteur, le marquis de Dorchester, il prit froid et mourut le 26 juin 1662.

Le problème sur lequel il travaillait au moment de sa mort prématurée, la détermination de la longitude en mer, était le plus important de l'époque. Il ne fut pas totalement résolu avant l'invention du chronomètre marin, près d'un siècle plus tard, en 1759. L'historien C. A. Ronan dit de Rooke :

1. *Voyages d'Angleterre*, B. de Monconys, éd. M. C. Henry.
2. *Sir Christopher Wren, A Biography*, H. H. Hutchinson.

Le travail de Rooke [...] fut oublié dès que le problème de la longitude fut résolu. En outre, si Rooke fut un excellent théoricien (et les commentaires des contemporains indiquent qu'il était bien considéré comme tel), il ne produisit aucune contribution majeure que ce soit en astronomie ou en mathématiques et il n'y a donc aucune raison manifeste de l'inclure dans les histoires de l'astronomie ou même simplement de la science[1].

Quelle triste épitaphe pour un homme qui fut tout près de résoudre le problème de la navigation des navires en mer près de cent ans avant Harrison. Si sa santé lui avait permis de vivre plus longtemps, l'histoire de la navigation aurait peut-être été très différente et la perte du *HMS Association* et de ses trois navires frères – qui se fracassèrent tout seuls contre les îles Scilly en 1707 – aurait pu être évitée[2]. Bien que faisant partie des fondateurs de la *Royal Society*, Rooke n'en devint jamais membre puisqu'il mourut avant l'octroi de la Première Charte.

Sir Christopher Wren

Mais qu'en était-il de Christopher Wren, l'homme qui réalisa le modèle réduit de la Lune pour démontrer très visuellement l'utilité de l'idée lumineuse de Rooke ? Wren était un maquettiste doué, un scientifique de talent et le meilleur architecte de sa génération. Sir John Summerson a dit de lui :

Il semble que l'énigme de la double maîtrise scientifique et architecturale de Wren n'en soit pas vraiment une. Ce jeune homme doté de dons exceptionnels, montrant un talent inné pour le dessin et la réalisation de maquettes, fut attiré au milieu d'un cercle d'hommes considérablement plus âgés que lui. Son esprit remarquablement élastique lui permettait de se mettre au niveau de la plupart d'entre eux dans leurs propres domaines quand, pratiquement à la moindre occasion, sa propension à l'expression visuelle pouvait se manifester[3].

Christopher Wren naquit le 20 octobre 1632, à East-Knoyle, un petit village à une vingtaine de kilomètres de Salisbury. Sa mère mourut alors qu'il n'avait que deux ans et l'année suivante, son père, également prénommé Christopher, fut nommé doyen [*Dean*] de Windsor et secrétaire [*Registrar*] de l'ordre de la Jarretière. Les premiers souvenirs du jeune Christopher durent être le cadre du château de Windsor et la fréquentation de ses

1. « Laurence Rooke », C. A. Ronan, in *The Royal Society, Its Origins and Founders*, éd. Sir Harold Hartley.
2. *Longitude,* Dava Sobel.
3. « Sir Christopher Wren PRS », Sir John Summerson in *The Royal Society, its Origins and Founders*, éd. Sir Harold Hartley.

occupants royaux. L'installation d'un garçon à peine plus âgé que lui-même en tant que prince de Galles et chevalier de la Jarretière l'impressionna certainement. En sa qualité de doyen de Windsor, son père participa à la cérémonie du 12 mai 1638 et je me demandais si le petit garçon de six ans avait rencontré celui qui allait devenir Charles II ou s'il se rappelait la pompe et la froideur de Charles Ier, alors qu'il conférait ces honneurs royaux à son fils de neuf ans.

Le prince Charles Louis, l'Électeur palatin en exil, demeurait également dans la doyenné [*Deanery*] de Windsor. Il essayait de convaincre Charles Ier de l'aider à récupérer son électorat. L'aumônier personnel de l'électeur était un jeune ecclésiastique qui est déjà apparu dans cette histoire : John Wilkins. À ce stade de la vie de Wren, lui et le révérend Wilkins appartenaient clairement au camp royaliste.

L'événement qui convainquit apparemment Wilkins qu'il ferait mieux de passer dans le camp du Parlement se produisit en 1642, alors que le jeune Christopher célébrait son dixième anniversaire. Une troupe de soldats *Têtes rondes*[1], emmenée par un certain capitaine Fogg, s'empara de la doyenné de Windsor et la mit à sac. La famille de Wren s'enfuit d'abord à Bristol, puis à Bicester, près d'Oxford. (Wilkins gagna Londres. Il ne prit plus le parti des royalistes jusqu'à ce que la réunion du 28 novembre et la Restauration lui forcent la main.)

Cependant, Christopher Wren senior demeura un partisan résolu du roi. D'abord, à Bristol, puis, en 1645, à Oxford après que Bristol fut tombé aux mains de Lord Fairfax. (Charles avait alors déplacé sa cour à Oxford.) Dans une volonté de tenir son fils à l'écart des hostilités, Christopher Wren senior l'envoya à l'école à Londres, où il étudia sous la direction du docteur Charles Scarborough[2]. À Londres, le jeune Christopher retrouva Wilkins, devenu partisan du Parlement. En récompense de ce soutien, Wilkins fut nommé principal du Wadham College d'Oxford. En 1650, âgé de dix-huit ans, Christopher Wren partit à son tour pour le Wadham College pour étudier sous la direction de Wilkins. Ce dernier devint le protecteur du jeune homme, aide dont il avait certainement besoin en ces temps difficiles. En 1647, le père Wren dut faire face à des accusations sérieuses portées par des puristes *Têtes rondes*. Ils disaient notamment que les décorations de l'église qu'il avait faite construire à East-Knoyle – où le jeune Christopher

1. N. D. T. *Roundheads*. Nom que l'on donna très tôt aux partisans du Parlement qui avaient la tête rasée, par opposition aux fidèles du roi, les *cavaliers*, qui avaient les cheveux longs.

2. *Brief Lives*, John Aubrey, éd. A. Powell.

était né – étaient trop chargées et papistes ! Wren senior fut sévèrement réprimandé et il perdit ses revenus, tandis que son fils prospérait à Oxford, sous la protection de Wilkins.

Christopher Wren se développa rapidement socialement et intellectuellement. En 1657, il devint professeur d'astronomie au Gresham College. En me plongeant dans une collection de documents divers de la famille Wren, publiée en 1750 par Stephen Wren, son petit-fils, je découvris que Christopher avait mené une vie tout à fait passionnante à Oxford. Et il rencontra là des personnes intéressantes !

Il devint un familier de la famille d'Elizabeth Claypole, nièce par alliance de Wilkins et fille d'Oliver Cromwell. Elle avait trois ans de plus que Christopher et était l'épouse de John Claypole, qui avait été maître de la cavalerie [*Master of Horse*] de Cromwell pendant les batailles contre Charles II de 1651. Claypole fut membre du Parlement en 1654 et 1656, ce qui dut le maintenir à Londres pas mal de temps. Élisabeth était également proche d'Oliver Cromwell. Elle était sa deuxième fille et, dit-on, sa favorite [1]. Un jour, alors que Wren dînait chez les Claypole, Cromwell arriva inopinément et se joignit aux convives. Le Protecteur parla très aimablement avec Wren. Il savait que l'oncle du jeune homme, Matthew, l'évêque d'Ely, un royaliste avéré, était emprisonné à la tour de Londres. Le petit-fils de Wren, Stephen, rapporta la conversation suivante entre Cromwell et le jeune Christopher :

> – *Votre oncle est depuis longtemps enfermé dans la tour.*
> – *C'est vrai, monsieur, répondit Wren, mais il supporte son tourment avec patience et résignation.*
> – *Il peut sortir s'il le veut, fut la réponse inattendue de Cromwell.*
> – *Votre Grandeur me permet-elle de lui répéter ceci en votre nom ? demanda Wren.*
> – *Oui, vous le pouvez, répondit Cromwell* [2].

L'évêque Wren n'accepta pas l'offre de Cromwell, car il refusait de jurer allégeance à la République. Il demeura dans la tour jusqu'à la Restauration qui le libéra.

Stephen Wren énumère aussi les centres d'intérêts et les activités de son grand-père, pendant son séjour à Oxford. Parmi ceux-ci on trouve :

---

1. *Dictionary of national Biography*, éd. Sidney Lee.
2. *Parentalia or Memoirs of the Family of the Wren*, Stephen Wren. [N. D. T. Cet ouvrage serait en réalité dû au propre fils du grand Christopher Wren, lui-même prénommé Christopher et écrivain. Son fils Stephen se serait chargé de le terminer et de le publier.]

> *La question de savoir si la Lune est solide; découvrir si la Terre bouge; de nouveaux modes de navigation; des moyens probables de produire de l'eau douce en mer; le meilleur moyen de trouver la longitude et de l'observer en mer; la voilure d'un vaisseau de guerre; construire des forts marins, des môles, etc.; inventer des moyens de mieux créer et fortifier les ports, pour désensabler et sonder la mer; rester longtemps sous l'eau; la navigation sous-marine; des techniques plus faciles pour chasser la baleine; de nouveaux codes chiffrés; une boussole pouvant fonctionner dans un carrosse ou à la main d'un cavalier; une nouvelle technique de rame*[1].

Cette liste montre un grand intérêt pour les domaines de la guerre navale et de la navigation en général.

Quand Laurence Rooke fut promu professeur de géométrie au Gresham College, en 1657, il laissa vacante la chaire d'astronomie de ce même établissement. Christopher Wren en hérita. Pour marquer cette promotion, Sir Paul Neile, vieil ami de la famille Wren depuis Windsor et la cour de Charles Ier, offrit au jeune professeur un nouveau télescope plus grand que ceux qu'il avait déjà[2]. Wren l'utilisa efficacement pendant les quatre années qu'il passa à Gresham. Étrangement, Wren quitta ce collège, en 1661, pour prendre la chaire savilienne d'astronomie à Oxford. C'était le poste dont Seth Ward avait été évincé par Charles II à peine douze mois plus tôt. Il est manifeste qu'à cette date, le souverain avait décidé de pardonner à Wren sa fréquentation de Cromwell et de sa famille, mais il est vrai qu'Élisabeth était morte depuis trois ans et que le jeune homme n'avait plus de contact avec son mari. Charles se souvenait peut-être du camarade de jeux de son enfance. Et si tel fut le cas, Wren se retrouva en position de rendre à Wilkins la protection que celui-ci lui avait accordé à Oxford.

La présence de Wren à la réunion du 28 novembre n'avait rien d'étonnant, puisque c'était lui qui venait de donner la conférence à laquelle tous les autres avaient assisté. Il aurait été tout à fait naturel de l'inviter à cette petite rencontre d'après cours. Ce qui était plus intrigant dans le cas de Wren, c'est que les autres membres lui écrivirent après la réunion pour lui demander de les rejoindre. Pourquoi avaient-ils besoin de le faire, s'il avait assisté à la rencontre ? Était-il parti avant que les présents ne passent à l'objet réel de leur réunion et si oui, pourquoi ?

1. *Parentalia or Memoirs of the Family of the Wren*, Stephen Wren.
2. *Lives of the Gresham Professors*, J. Ward.

M. Abraham Hill

Enfin il me fallait considérer la dernière personne de la liste, M. Abraham Hill. Il semblait très curieux qu'on ait pu le choisir pour faire partie des fondateurs de la *Royal Society*. Il était à peine âgé de vingt-cinq ans, mais au début de l'année 1660, ses deux parents étaient morts en lui laissant une certaine fortune. Il n'avait pas besoin de travailler pour vivre et, comme il n'avait pas bénéficié d'une éducation universitaire, il paraissait vouloir profiter des cours publics offerts par le Gresham College.

C'était un auditeur assidu des conférences de Wren et, par conséquent, il devait être très naturellement invité aux discussions suivant les cours. Il fut certainement passionné par les premières procédures expérimentales de la nouvelle Société, participant à de nombreuses commissions et assistant les membres les plus érudits lors de différentes expériences [1]. Quand William Ball quitta son poste de trésorier de la *Royal Society*, en 1663, Abraham Hill le remplaça. En mars 1665, Sir Robert Moray utilisa le sens des affaires de Hill. Celui-ci dut gérer, au nom de la Société, la demande formelle de patente relative à une nouvelle conception de montres et d'horloges utilisables en mer pour déterminer la longitude, demande faite au roi Charles II. Comme l'obtention d'une patente était une procédure onéreuse, un certain nombre d'autres inventions furent incluses. Elles concernaient plusieurs sortes de voitures, une corne à poudre, un appareil pour préparer le chanvre et différents types de fusils et de pistolets [2].

Hill fut davantage un homme d'affaires qu'un scientifique. Sir Robert Moray semble avoir identifié cela chez lui et il encouragea Hill à s'occuper de la plupart des activités financières de la Société, travail pour lequel le jeune homme se révéla excellent. Il finit même par s'intéresser aux théories de l'argent et de la finance et, plus tard, il devint le contrôleur de l'archevêque de Canterbury.

Conclusion

Les douze fondateurs originels de la *Royal Society* se divisaient principalement en deux groupes. La moitié d'entre eux était des royalistes

1. « Abraham Hill, FRS », R. E. Maddison, in *The Royal Society, its Origins and Founders,* éd. Sir Harold Hartley.

2. *Titles of Patents of Invention,* éd. B. Woodcroft.

qui avaient été exclus de la vie publique sous le règne de Cromwell et qui étaient rentrés à Londres pour obtenir de nouveaux postes du roi Charles II. La plupart des autres faisaient partie des universitaires parlementaristes qui avaient pris le contrôle des universités sous Cromwell, mais qui avaient été évincés de quasiment tous les postes au retour de Charles, sauf du Gresham College. Ajoutez à ces deux groupes un jeune homme indépendant et riche qui avait décidé de suivre un processus d'auto-éducation – encore une fois au Gresham College – et vous avez un tableau assez clair des fondateurs.

Mais comment deux groupes aussi radicalement différents parvinrent-ils à se rencontrer socialement et à décider alors de former une société scientifique ? Je ne parvenais absolument pas à répondre à cette question. En réalité, le mystère s'épaississait même plutôt. Deux des membres les plus jeunes – qui devaient devenir plus tard des scientifiques de première importance – semblaient avoir quitté la réunion avant que la discussion n'ait abordé la constitution d'une société et il fallut ensuite leur écrire pour savoir s'ils voulaient la rejoindre. Leurs dix aînés avaient-ils attendu le départ de leurs cadets pour oser discuter de leurs idées révolutionnaires sur une philosophie naturelle ?

Une chose était devenue très claire : un seul des fondateurs originels, Sir Robert Moray, semblait avoir une réelle influence sur le roi. Mais la présence de cet ex-espion français et agitateur monarchiste paraissait totalement incongrue parmi les puritains parlementaristes de Gresham. Comment s'était-il retrouvé là ?

Avant de pouvoir espérer comprendre ce qui s'était vraiment passé, je devais en savoir plus sur le contexte de cette première réunion. Je savais que les minutes de la rencontre indiquaient :

> *Et finalement, afin de pouvoir évaluer au mieux le nombre de membres élus que devrait compter cette Société, on souhaita dresser une liste des noms des personnes connues des présents, jugées de bonne volonté et idoines pour les rejoindre dans leur projet, et qui, si elles le désiraient, pourraient être admises prioritairement*[1].

Qui étaient les personnes que ces dix décideurs parmi les douze fondateurs jugèrent correctes et idoines ? C'était la question suivante que je me fixai. Peut-être qu'examiner le type d'individus qu'ils choisirent m'aiderait à comprendre leurs motivations.

1. *The Royal Society 1660-1940*, Sir Henry Lyons, FRS.

CHAPITRE III

HISTOIRES CONTRADICTOIRES

> *Une liste contenant les noms de quarante personnes fut donc préparée, et à chacune d'elles fut envoyée une invitation lui proposant de devenir membre de la nouvelle Société, en plus des douze qui avaient déjà décidé de tenir des réunions hebdomadaires régulières.*
>
> Sir Henry Lyons, FRS [1]

Le dernier acte de la première réunion de la *Royal Society* fut l'établissement d'une liste de personnes jugées dignes de devenir membres du nouveau groupe. Les minutes n'indiquent pas qui lança cette idée, mais il est clair qu'elle fut reçue avec enthousiasme. Ainsi, une liste de quarante noms fut dressée. Sir Henry Lyons dit de ce choix :

> *La réponse à cet appel fut très satisfaisante, car seules cinq personnes de la liste ne devinrent pas membres de la Société. Sur les trente-cinq candidats restants, dix-neuf peuvent être considérés comme des hommes de science, tandis que les seize autres incluaient des hommes d'État, des soldats, des historiens, des administrateurs et un ou deux écrivains* [2].

Une nouvelle fois, tout cela semblait très idyllique et bon enfant, mais en jetant un œil sur la liste présentée par Sir Henry, je retrouvai l'étrange mélange de royalistes et de parlementaristes. Il y avait John Wilde, l'un des piliers du Parlement croupion qui venait d'être renvoyé par Charles de son poste à l'Échiquier, les Finances anglaises, et William Brereton, commandant en chef de l'armée du Parlement dans le Cheshire. Tandis que du

1. *The Royal Society 1660-1940*, Sir Henry Lyons, FRS.
2. *Ibid.*

côté royaliste, on trouvait l'un des favoris de la nouvelle cour de Charles II, Thomas Povey, ainsi qu'Elias Ashmole qui, au regard des services rendus comme maître d'artillerie [*Master of Ordnance*], dans l'armée de Charles Ier, venait d'être récompensé par le poste de héraut d'armes de Windsor.

Un certain contentement rétrospectif semblait teinter le récit de Sir Henry. En passant scrupuleusement au peigne fin les minutes des premiers temps de la Société, il avait accompli un bon travail. Seulement, il considérait continuellement que le seul motif qui avait animé ces étranges amis politiques était de constituer un groupe de discussion scientifique. Je continuais de douter que cette motivation ait été assez forte pour réunir aussi harmonieusement des groupes si radicalement opposés.

Je décidai d'examiner tous les noms de la liste pour voir ce que je pouvais découvrir à propos de ceux qui ne m'étaient pas familiers. Et ce que je découvris ne fit qu'accroître mes doutes quant à leurs motivations.

Sur les quarante recrues proposées et listées lors de cette première réunion, dix étaient demeurées résolument neutres dans le conflit entre le roi et le Parlement. Je regardai aussi si le candidat était un universitaire ou s'il avait occupé un poste politique – et s'il n'en avait pas été récemment évincé. Tous les politiquement neutres étaient des universitaires en exercice. Deux, Daniel Whistler et William Croome, avaient été professeurs au Gresham College. George Bate fut successivement premier médecin à la cour sous Charles Ier, puis sous Cromwell, et enfin sous Charles II. On aurait difficilement imaginé plus neutre[1] ! Francis Glisson était professeur de médecine à Cambridge. George Smyth, George Ent et Nathaniel Henshaw étaient tous médecins en exercice et membres du Collège royal de médecine. John Austin appartenait au Saint John's College, de Cambridge, et Thomas Willis occupait la chaire sedléienne de philosophie naturelle à Oxford. Le dernier que je classai dans la catégorie des politiquement neutres était Christopher Wren. Dans son enfance, il avait probablement été un camarade de Charles II et il avait régulièrement dîné avec Cromwell et sa famille. S'il n'était pas neutre, il était au moins souple. Je continuais d'être intrigué par le fait qu'on ait cru bon d'envoyer à Wren une invitation formelle malgré sa présence à la première réunion. Mais je décidai de laisser de côté cette énigme, tandis que j'étudiais les autres éléments à ma disposition. Donc, étape suivante, je regardai combien de ces universitaires politiquement neutres avaient accepté l'invitation à rejoindre la nouvelle Société. Résultat : tous ! Seuls deux royalistes et un parlementariste l'avaient déclinée. (Les

1. N.D.T. Si ce n'est qu'il fut soupçonné d'avoir hâté par le poison la mort du Protecteur.

deux autres que mentionne Sir Henry, les docteurs Phrasier et A. Cowley, ce dernier également poète, se révélèrent être, après un examen plus attentif, Sir Alexander Frazier et Abraham Cowley, soit respectivement les membres 142 et 61 de la *Royal Society*.) Les deux royalistes étaient Henry Coventry, un courtisan de Charles II pendant son exil en France, et Thomas Rawlins, le graveur en chef de la monnaie royale. Le parlementariste qui avait refusé l'invitation était John Wilde, un membre de longue date du Parlement croupion. Évidemment, quand Charles le renvoya de son poste de premier baron de l'Échiquier, il décida de se retirer chez lui. Donc je n'avais trouvé que trois hommes sur les quarante de la liste originelle qui avaient refusé l'invitation à rejoindre la Société.

J'avais utilisé une excellente monographie, publiée en 1982 par Michael Hunter pour la *British Society for the History of Science* [Société britannique pour l'histoire de la science], pour examiner les éléments concernant les premiers membres. Hunter a dressé un inventaire complet de tous les membres, en anglais *Fellows* (étrange choix que ce titre de *Fellow* [littéralement, « compagnon »], n'est-ce pas ? Je notai de rechercher plus tard l'origine de ce titre désignant les membres élus). Il indique aussi qui a proposé qui, quand ils furent élus, s'ils étaient actifs ou non et s'ils payaient ou non leurs cotisations. Le premier membre listé était l'homme que Charles avait absolument voulu comme président, William Brouncker. Les onze premiers *Fellows* de la liste étaient les hommes présents lors de la réunion du 28 novembre 1660, avec, donc, le président voulu par le souverain en tête de liste[1]. Je considérai que l'ordre d'admission des membres devait être une bonne manière d'estimer l'importance que la Société prêtait à la personne concernée.

Le deuxième membre créé fut Robert Boyle, qui apparaît aussi sur la liste des quarante personnes à inviter prioritairement. Encore une fois et comme dans le cas de Wren, je me demandais pourquoi on avait eu besoin de faire une invitation séparée pour Boyle, alors qu'il était présent à la première réunion où cette liste avait été dressée. S'il était là, pourquoi lui écrivait-on ? Je rédigeai une autre petite note pour me faire penser à rechercher plus tard pourquoi on avait eu besoin d'écrire à Wren et Boyle, puis je retournai aux éléments que j'accumulais sur les membres originels.

Boyle était une recrue importante pour la société balbutiante. Il était le quatorzième enfant et le septième fils d'un comte de Cork extrêmement fécond et l'argent ne fut jamais un problème pour lui. À huit ans, il traversa

1. Des douze fondateurs, il ne manquait que Laurence Rooke décédé avant l'octroi de la Première Charte.

la mer d'Irlande pour aller étudier à Eton. À onze ans, il fit le tour de l'Europe avec un précepteur. Puis à l'âge mûr de quatorze ans, il visita l'Italie pour étudier, de première main, les travaux de Galilée, récemment décédé.

Son éducation privée le préserva de l'emprise des « vieux scolastiques », qui prônaient les vieilles conceptions rigides de l'Univers d'Aristote, et ses études en Italie montrent qu'au cours de ses années de formation il fut exposé à la science empirique de Galilée, plutôt qu'à la pensée théorique des ecclésiastiques qui contrôlaient tant les universités que l'Inquisition. Cependant, son « grand tour » ne fut pas entièrement exempt de toute influence religieuse. Tandis qu'il demeurait à Genève, il fut un jour surpris par une tempête terrible qui l'effraya tant qu'il devint extrêmement dévot, refusant dès lors d'avoir des relations avec des femmes ou de jurer[1]. Inutile de dire qu'il mourut célibataire et sans enfant, mais le temps qu'il économisa en se préservant du vin, des femmes et des serments, il le consacra à la science expérimentale. En 1645, il devint assez riche pour être indépendant et pour se procurer l'équipement nécessaire pour poursuivre ses expériences. Son père, qui s'était rarement abstenu de femmes et jamais de vin, mourut de ses excès en laissant au jeune homme de dix-huit ans un revenu régulier et important.

C'est à cette époque que Boyle déménagea pour Oxford et qu'il devint une relation de John Wilkins. Il commença aussi à être fasciné par les vides. À l'âge de trente ans, il avait déjà conçu et construit une machine pour pomper l'air. Boyle lui-même ne fut jamais vraiment un technicien, mais il employa comme serviteur et homme à tout faire un jeune homme de l'île de Wight, du nom de Robert Hooke. Boyle concevait les pompes et Hooke les réalisait et les faisait fonctionner. Les premières pompes à vide de Boyle étaient très capricieuses et, en réalité, Hooke semblait être la seule personne capable de les faire fonctionner correctement. Personne en dehors de lui, apparemment, ne pouvait parvenir à faire en sorte que le piston qui sortait l'air puisse fermer hermétiquement le dispositif. Cependant, avec l'aide de Hooke qui actionnait sa pompe à air, Boyle réussit une expérience dont Galilée n'avait pu que rêver. Il plaça un petit morceau de plomb et une plume à l'intérieur d'un tube de verre dont on avait pompé l'air. Le fil et la plume tombaient exactement à la même vitesse dans le tube sous vide. Sa renommée fut assurée quand Wilkins et ses amis, après avoir été les témoins de cette expérience, prirent l'habitude d'appeler un vide produit par une pompe, un « vide de Boyle » ou « vide boyléen » [*Boylean vacuum*].

Boyle eut également l'idée de placer à l'intérieur du tube une petite

1. *Biographical Encyclopaedia of Science*, I. Azimov.

pendule à tic-tac. Quand le récipient était plein d'air, on entendait très clairement l'horloge. Mais quand Robert Hooke manipulait la pompe capricieuse pour enlever l'air, on ne pouvait plus du tout entendre le tic-tac, alors que le mouvement du balancier indiquait que la pendule marchait toujours. Globalement, Boyle était une recrue utile pour la Société, en dépit de son refus radical de prêter serment, qui l'empêcha finalement de devenir président de la *Royal Society*.

Des quarante membres originels, vingt-quatre étaient universitaires, les seize restants occupant tous des positions politiques influentes. Dans son *Histoire de la Royal Society*, Sir Henry essaye de présenter ces politiciens sous le meilleur angle, mais définir Sir John Denham simplement en tant que poète serait un peu comme se contenter de définir Adolf Hitler comme peintre. L'affirmation est exacte, mais très incomplète. Sir John fut un conseiller majeur de Charles Ier. Il escorta la reine Henrietta Maria lors de sa fuite vers Paris et Charles Ier lui confia des instructions écrites qu'il devait remettre après son exécution à son fils Charles II, en 1649. Sir John dut rester en Hollande jusqu'en 1658, puis il rentra en Angleterre. Effectivement, il écrivit aussi de la poésie, mais ses liens étroits avec le roi expliquaient plus sûrement sa présence sur la liste des quarante. De la même manière, Sir Kenelm Digby s'intéressait à la chimie tout en étant un courtisan, mais il avait bâti sa renommée en qualité de brillant commandant de marine de Jacques Ier. Puis il passa plusieurs années, en France, comme chancelier de la reine Henrietta Maria, avant de revenir en Angleterre, en 1654, en tant qu'ambassadeur de celle-ci pendant deux années. En 1656, il fut de retour à Paris et y demeura jusqu'à la Restauration. Alors il regagna définitivement Londres.

Digby était une autre heureuse recrue pour le groupe, car il apportait avec lui un riche bagage pratique. Une fois que la Société fut établie, il fut rapidement affecté à une commission s'occupant de sujets intéressant la marine, secteur dans lequel il avait une grande expérience, mais ce n'était pourtant pas dans ce domaine que Digby avait espéré contribuer à la connaissance de la Société.

Sa collection de plantes et son intérêt pour la médecine curative étaient ses principales obsessions. Cependant, il faut avouer que ses idées concernant la médecine étaient moins admissibles que ses études sur le comportement des plantes. Il proposa, par exemple, de traiter toutes les formes de blessures à l'aide d'une application de « copperas [1] » ou « vitriol vert ». À

1. N. D. T. Nom donné au fer sulfaté vert ou couperose verte, également appelé mélantérite.

première vue, l'idée pouvait avoir un certain bien-fondé, car le sulfate de fer que désignent ces deux appellations possède des propriétés astringentes et antiseptiques, mais Digby envisageait d'appliquer l'antiseptique non pas sur la blessure mais sur l'arme qui l'avait causée ! Il appela ce « traitement » la poudre de sympathie[1]. Il persista à croire en cette poudre magique en dépit du fait qu'elle fût rarement efficace. Toutefois, en quelques occasions, il put se révéler un observateur attentif et consciencieux comme ses études du développement des embryons de poulet l'ont montré. Ces expériences furent beaucoup plus méthodiques et précises et permirent un début de compréhension du développement de l'embryon.

Cependant, ce fut comme collectionneur de plantes que Digby laissa son empreinte sur la science. Il avait noté que, dans certaines circonstances, ses plantes s'épanouissaient alors que, dans d'autres, ce n'était pas le cas. Il rassembla un certain nombre d'observations concernant les moments où les plantes poussaient vigoureusement ou non. Puis il constata que, s'il dispersait du salpêtre sur le sol autour des plantes, elles s'épanouissaient davantage. C'est peut-être ainsi qu'il en vint à penser que le sulfate de fer appliqué sur la blessure d'un patient pouvait aussi contribuer à générer une nouvelle peau. Cependant, ses dons d'observation s'exercèrent plus efficacement dans le domaine des plantes que dans celui des êtres humains. Il observa comment une graine se gonflait d'eau et donnait, grâce à cela, de nouvelles pousses et il compara ce phénomène au développement de l'embryon de poussin. Il constata que, selon les atmosphères, les plantes se développaient différemment et il en conclut que l'air lui-même contenait quelque chose qui avait une importance pour la croissance des plantes. Il fit quelques expériences de culture de plantes sous des cloches de verre hermétiques et réalisa que, sans un apport constant d'air frais, la plante ne pouvait pas se développer. Ses observations posèrent les fondations de notre compréhension moderne de la manière dont les plantes aspirent et transforment les substances nutritives et les gaz pour pousser.

Kenelm Digby publia ses deux grandes idées. Sa théorie sur le traitement des blessures ne vaut maintenant guère plus qu'une note de bas de page aussi anecdotique que distrayante dans l'histoire de la médecine, mais son *Discours sur la végétation des plantes* est considéré comme le premier traité scientifique sur l'horticulture.

La *Royal Society* allait mettre en pratique la connaissance des navires et de la navigation de Digby. En revanche, elle allait tourner en ridicules ses

1. N. D. T. Il y consacra même un ouvrage, publié en 1658, *De la guérison des blessures par la poudre de sympathie.*

théories médicales. Mais ses observations sur la végétation des expériences avec la pompe à air de Boyle, pour prouver l'in l'air sur la croissance des plantes.

On se souvient aujourd'hui d'Elias Ashmole comme de l'antiquai que Sir Henry décrit, mais à l'époque, comme je l'ai déjà signalé, il venait d'être fait héraut d'armes de Windsor et avait été auparavant un soldat royaliste. De prime abord, les raisons pour lesquelles nous devrions considérer Ashmole comme un scientifique peuvent sembler quelque peu étrange. Il était juriste et historien, le type de domaines qui relèverait aujourd'hui des Lettres et qui ferait de lui un littéraire. Mais il était également astrologue. Aujourd'hui l'astrologie n'est plus considérée comme une science. Depuis qu'Isaac Newton a expliqué comment le système solaire fonctionnait vraiment, on estime que l'astrologie n'est guère plus qu'une superstition. Cependant, ce n'était pas le cas en 1660. Avant la découverte des lois de l'astronomie par Newton, les astrologues prévoyaient les marées en fonction des phases de la Lune, comme la destinée de leurs clients. On jugeait l'astrologie suffisamment sérieuse pour être enseignée dans les universités. Au début de la guerre civile, Ashmole se trouvait au Brasenose College d'Oxford précisément pour étudier l'astrologie. À partir de mars 1645, le journal d'Ashmole commença à inclure les calculs astrologiques qu'il effectuait quotidiennement.

Josten, le biographe d'Ashmole, dit de l'astrologie de l'époque :

> *Jusqu'à ce que Sir Isaac Newton ait promulgué la loi de la gravitation universelle, l'astrologie fournissait la seule loi universelle reconnue. Même les quelques savants qui rejetaient l'* « *astrologie judiciaire*[2] » *– la branche de l'astrologie relative aux prédictions – en la qualifiant de superstition sans fondement, acceptaient les règles astrologiques comme code reliant les sphères célestes éternelles et incorruptibles au monde sub-lunaire corruptible par un système omniprésent de sympathies et d'antipathies*[3].

À la lumière de cet état d'esprit généralisé, qui voyait l'astrologie comme la seule science véritable, les étranges conceptions de Kenelm Digby sur

1. N. D. T. Terme qui désignait alors un historien généralement doublé d'un archéologue, mais qu'il faut entendre ici au sens strict de collecteur d'objets anciens, bien qu'Ashmole fût en outre historien. L'impressionnante collection d'antiquités et d'objets curieux qu'il rassembla au cours de sa vie fut léguée à l'université d'Oxford et depuis appelée le *Musée ashmoléen* (*Ashmolean Museum*, dont il sera question plus loin au chapitre VII).

2. N. D. T. Opposée à l'époque à l'« astrologie naturelle », l'observation des astres, qui deviendra l'astronomie.

3. *Elias Ashmole, 1617-1692*, C. H. Josten.

la poudre de sympathie se comprennent peut-être plus facilement. On considérait comme une marque de savoir la compréhension des lois de l'astrologie et les calculs mathématiques requis pour trouver les règles de la mécanique céleste de Dieu étaient aussi complexes que ceux effectués par les proto-astronomes de l'époque. Toute la science des logarithmes et la première calculatrice à réglette coulissante, la règle à calcul, furent découvertes par l'un des principaux astrologues du moment, William Oughtred, en cherchant à simplifier le calcul des horoscopes.

Ashmole apprit à dresser un horoscope au Brasenose College, mais il continua à étudier la « science » sous la direction d'Oughtréd. Même l'Église était bien disposée vis-à-vis de l'astrologie, et quand, en 1647, William Lilly édita un manuel détaillé sur l'astrologie chrétienne, son statut universitaire fut assuré.

On considérait que les positions des corps célestes à l'heure de la naissance d'un enfant imprimaient sur l'âme de celui-ci les intentions de Dieu. Ainsi la position des étoiles pouvait être utilisée pour prévoir le caractère, les dons innés, la constitution physique et la destinée. Cependant, comme l'astrologue chrétien William Lilly s'efforça de le montrer, les étoiles n'étaient pas contraignantes et, dans la limite d'une certaine détermination, la volonté de l'homme demeurait libre. Le but de l'astrologie était de donner un aperçu des mécanismes cachés de la vie de manière à permettre d'harmoniser les actions d'un individu avec les influences célestes.

Ashmole dressait ses horoscopes quotidiens à l'aide d'un ensemble de tables astronomiques, connu sous le nom d'éphémérides. L'arithmétique était relativement complexe et Ashmole devint suffisamment expert en calculs, selon les critères de l'époque, pour être considéré comme un mathématicien. Il dressait ses horoscopes pour lui-même et pour des clients qui le rémunéraient pour ses conseils. Tous les jours il consultait les astres pour décider de ses actions (pour la journée). Il prévoyait le moment le plus favorable pour entreprendre telle ou telle tâche. Et il dressait des horoscopes pour répondre à des questions spécifiques : pour cela, il partait du principe que le moment où la question lui avait traversé l'esprit était le moment de naissance de celle-ci.

De nos jours, l'astrologie est au mieux considérée comme une sorte de distraction et au pire comme une vaine superstition. Mais en 1660, on pensait que les astrologues étaient de savants érudits. Ainsi Ashmole, en qualité d'astrologue respecté, était un « homme de science » au moment de son invitation.

Thomas Henshaw, que Sir Henry décrit comme un historien, avait servi pendant de nombreuses années sous le commandement de Sir Robert

Moray dans la Garde d'élite écossaise du roi de France. Il était le frère de Nathaniel Henshaw qui figure également sur la liste. Parmi les « politiques » sollicités, quatorze sur les seize étaient royalistes et beaucoup avaient une grande influence à la cour du roi Charles II. Les deux parlementaristes proposés étaient John Wilde, le membre du Parlement croupion qui déclina l'invitation, et William Brereton qui fut un officier supérieur de la *New Model Army* de Cromwell avant de s'intéresser à la philosophie naturelle.

Le tableau semblait tout à fait clair. Quand la liste fut dressée à la fin de la première réunion, elle était constituée par un certain nombre d'universitaires politiquement neutres, mais bien placés dans les universités et l'Église ; quelques universitaires parlementaristes aigris mais de valeur, tombés en disgrâce après la Restauration ; d'autres universitaires royalistes qui avaient retrouvé leurs postes grâce au roi ; et un certain nombre de poids lourds politiques et militaires qui avaient maintenant de l'influence à la cour.

Je ne pouvais m'empêcher de me demander si tout cela avait été calculé. La structure du groupe laissait entendre qu'avoir été en relation avec Sir Robert Moray à la cour de Charles II, en France ou en Hollande, aidait à se retrouver sur la liste, surtout si l'on avait de l'influence dans la nouvelle cour anglaise. Il semble avoir existé un plan délibéré pour créer une mode, un engouement pour la science, parmi les courtisans riches de Charles II afin d'obtenir d'eux un soutien. En outre, il y avait apparemment une volonté délibérée de trouver un système pour soutenir les universitaires de valeur qui traversaient une période difficile. Et de plus, il y eut manifestement une intention claire de convaincre autant de médecins personnels de Charles (qui étaient aussi membres du Collège royal de médecine [*Royal College of Physicians*]) de rejoindre la Société.

En examinant la liste, j'avais noté que les liens avec deux individus en particulier étaient récurrents. Il s'agissait de Sir Robert Moray et de John Wilkins. Je décidai de re-parcourir la liste et de marquer ceux qui, à ma connaissance, avaient eu un contact – ou auraient pu en avoir un – avec Moray ou Wilkins. Par exemple, je savais que Lord Hatton était resté exilé à Paris pendant huit années au cours de la période où Moray servait dans la Garde écossaise du roi Louis, et se trouvait donc dans la même ville. En utilisant cette technique, un fascinant écheveau de coïncidences apparut. Pour seulement huit des quarante pressentis, je n'avais aucune connaissance de liens possibles avec l'un ou l'autre, mais sur les trente-deux restants, quatorze avaient été en contact avec Wilkins avant cette première réunion. Parmi ces derniers, treize étaient des universitaires et un seul était un « politique » : il s'agissait de Matthew Wren, l'oncle de Christopher, le protégé de Wilkins. Les dix-huit autres avaient été en contact avec Sir Robert Moray ou auraient eu l'opportunité de l'être. Sur ces dix-huit, dix étaient des personnages influents de la cour de Charles. Concernant les huit autres, tous universitaires, cinq étaient des médecins de Charles et de sa famille. À cette époque, Moray vivait dans une maison de faveur à titre gracieux dans le parc du palais de Whitehall.

La totalité de ceux qui avaient été en contact avec Wilkins ou Moray devinrent membres. Il semblait prudent d'étudier l'ordre dans lequel la Société avait transformé les individus pressentis de la liste en membres admis (*Fellows*). En utilisant le numéro de membre (*Fellow number*) comme indice de priorité, on remarque clairement qu'après les universitaires les plus importants, la priorité suivante fut les « politiques » influents. Mais je réalisai soudain qu'un autre facteur avait une influence : ceux qui s'intéressaient aux domaines navals et maritimes venaient toujours dans les premiers de leurs catégories, donc leur appartenance devait être jugée prioritaire elle aussi.

Un intermédiaire bien préparé

Le 5 décembre 1660, les minutes de la Société montrent que :

> *Sir Robert Moray a rapporté de la cour l'information selon laquelle le roi aurait été informé de l'objet de la réunion. Il l'a approuvé et serait disposé à l'encourager.*

Cela ne faisait qu'une semaine à peine que la toute première réunion s'était déroulée ! Dans son *Histoire*, Sir Henry considère que les universitaires auraient utilisé Sir Robert pour faire avancer leurs desseins scientifiques :

> *Les maîtres d'œuvres du projet avaient maintenant la voie libre pour mettre en place la Société qu'ils avaient planifiée et il était éminemment souhaitable que ses buts et sa constitution ne puissent pas éveiller de soupçons dans l'esprit des autorités. Sur ce point, Sir Robert Moray fut en mesure de rendre d'inestimables services car il était non seulement familier du roi, mais il avait sa confiance. Par conséquent, il était l'émissaire le plus idoine pour amener à la connaissance du souverain ce que les philosophes avaient fait et ce qu'ils se proposaient de faire en organisant leur Société. Et c'est ce qu'il fit sans délai*[1].

1. *The Royal Society, 1660-1940*, Sir Henry Lyons, FRS.

Je commençais à me demander qui s'était servi de qui ? Soit Sir Robert était extrêmement désireux de faire plaisir à ces nouveaux amis parlementaristes, soit il avait déjà préparé le terrain.

Au cours de cette deuxième réunion, les membres sollicités acceptèrent d'être liés par une obligation de soutenir la société et ses objectifs. La formulation était la suivante :

> *Nous, dont les noms sont écrits ci-dessous, consentons et acceptons de nous retrouver hebdomadairement (sauf empêchements graves), pour discuter et débattre de la promotion de la science expérimentale. Chacun de nous règlera un shilling par semaine, pour le défraiement des frais occasionnels. À tout moment, si l'un ou plusieurs d'entre nous estiment opportun de se retirer, après en avoir avisé la Compagnie lors d'une réunion, ils seront libérés de cet engagement pour l'avenir.*

À la fin de cet engagement furent apposées les signatures de la plupart des participants à la première réunion, la majorité de la liste des quarante et soixante-treize autres noms. Ce soudain enthousiasme pour la Société amena celle-ci à établir des conditions d'adhésion.

Le 12 décembre les règles suivantes furent entérinées. Elles disaient que : « Personne ne serait admis au sein de la Société sans examen préalable, à l'exception de ceux justifiant d'un statut de baron ou supérieur à celui-ci. » Ils convinrent également que les « professeurs de mathématiques, de physiques et de philosophie naturelle des deux universités publiques, auront ce même privilège conjointement avec les membres du Collège de médecine ; ils paieront comme les autres leur droit d'admission et la contribution hebdomadaire ; ils assisteront à la réunion hebdomadaire quand ils auront l'occasion de se trouver à Londres. »

Je remarquai avec intérêt que l'un des premiers membres à être examinés au titre de ce nouveau règlement et à être jugé admissible fut Sir Kenelm Digby, l'amiral devenu courtisan.

En mars 1661, la jeune société avait déjà instauré un système de comité directeur élisant chaque mois un président. De ce moment jusqu'à l'octroi de la Première Charte qui fit de Brouncker le président permanent, un certain nombre d'individus se succédèrent à ce poste. Le premier président désigné en fonction de ce nouveau règlement fut Sir Robert Moray. Celui-ci occupa neuf mois ce poste pendant la période de gestation de la Société. Wilkins fut élu cinq fois et Boyle et Brouncker une fois chacun. Moray avait-il utilisé Wilkins pour rassurer les « têtes rondes » contrariées, avant de récupérer ultérieurement un rôle plus ostensible ? S'il présidait régulièrement les réunions, comme le montre sa correspondance avec Huygens[1], Moray consacrait aussi énormément de temps à la commission qui préparait la Charte Royale.

Toutefois, il était difficile de trouver un quelconque lien entre Wilkins et Moray. L'*Histoire* de Sir Henry suit une ligne qu'il est à mon sens difficile d'accorder avec les faits. Il prétendait que deux groupes distincts de philosophes naturels, appartenant chacun, aux deux camps opposés de la guerre civile, auraient décidé de constituer la *Royal Society* pour poursuivre des desseins scientifiques. Selon ce scénario, Sir Robert Moray aurait été utilisé par Wilkins pour fonder une société scientifique. Mais dès la première réunion, il semble que c'était plutôt Moray qui tenait les rênes. Wilkins était en disgrâce, évincé de son poste universitaire, grappillant quelques subsides pour vivre grâce à ses prêches itinérants et squattant un lit chez Seth Ward. Ses efforts pour reconstruire sa vie devaient lui prendre tant de temps qu'il ne devait pas lui en rester beaucoup à consacrer à l'établissement d'une société philosophique, *a fortiori* onéreuse. Quel que soit l'angle sous lequel j'abordais les faits, Sir Robert Moray apparaissait comme la force motrice, mais quel élément pouvait le relier à Wilkins et aux universitaires récemment destitués ? Et comment l'intérêt pour les sujets maritimes et navals venait-il s'intégrer dans ce scénario ? Les liens de Moray avec les royalistes tout juste rentrés d'exil étaient évidents. Il fallait que j'en sache plus sur le groupe dans lequel s'intégrait Wilkins. Pour cela j'avais deux sources majeures d'informations à ma disposition : une série de lettres écrites par le jeune Robert Boyle à propos d'un « Collège invisible » [*Invisible College*], et le compte-rendu par John Wallis de réunions antérieures à la *Royal Society* et supprimé ensuite.

À la recherche du Collège invisible

Les premières allusions de Robert Boyle à ce qu'il appelait le Collège invisible se trouvent dans une série de lettres écrites à son ancien précepteur Isaac Marcombe, à Paris, en octobre 1646[2]. Un commentaire en particulier attira mon attention :

> *Le plus beau de l'affaire, c'est ce que les pierres angulaires du Collège invisible (ou philosophique pour utiliser le nom qu'ils se donnent) font maintenant et*

1. *The Origins of Freemasonry*, David Stevenson.
2. *The Royal Society : Concept and Creation,* Margery Purver.

qu'ils m'honorent de leur compagnie, au point que je regrette les circonstances pressantes qui hâtent mon départ [1].

Boyle avait dix-huit ans quand il écrivit cette lettre. Le terme « Collège invisible » était le sien pour désigner un groupe d'hommes qui se réunissaient régulièrement pour discuter de ce qu'il décrivait comme :

[...] la philosophie naturelle, la mécanique et l'agriculture, selon les principes du Collège philosophique, qui n'estime pas la connaissance, mais en tant que telle a tendance à l'utiliser [2].

Boyle croisa la route de ces hommes à Londres entre 1646 et 1647. Dans une lettre à Francis Tallents, du Magdalene College de Cambridge, il en dit plus à propos de ces « pierres angulaires du Collège invisible » :

Des hommes d'un esprit si étendu et si curieux, que la philosophie scolaire n'est que le moindre des champs de leur connaissance ; des génies si humbles et si ouverts, qu'ils ne dédaignent pas d'écouter le plus modeste d'entre eux qui peut donner son opinion au même titre que les autres ; des personnes qui s'efforcent de déstabiliser les esprits bornés, en pratiquant une charité si étendue qu'elle touche tout ce qui peut être appelé homme, et que rien moins qu'une bienveillance universelle peut satisfaire. Et en vérité, ils sont si soucieux du bon usage des choses, qu'ils se préoccupent du bien-être de toute l'humanité [3].

Ces allusions avaient pour moi une résonance particulière. J'étais conscient que d'autres auteurs s'étaient demandé si la *Royal Society* n'avait pas pu être l'organisation qui avait donné naissance à la franc-maçonnerie. Le terme « pierre angulaire » est utilisé par les francs-maçons et a une importance spécifique au cours de la cérémonie d'admission d'un nouveau membre en Loge. Pendant le rituel (que l'on appelle Initiation), le nouveau membre – appelé Candidat – est placé dans l'angle nord-est de la Loge et alors on lui adresse le discours suivant :

Frère... il est usuel à la construction de tout édifice imposant et majestueux de poser la première pierre ou pierre de fondation dans l'angle nord-est du bâtiment. Vous, nouvel initié en maçonnerie, êtes placé dans la partie nord-est de la Loge, pour figurer cette pierre angulaire, et, à partir de cette fondation posée ce soir, puissiez-vous donner naissance à un édifice, parfait en tout point et honorable pour le bâtisseur.

---

1. *Robert Boyle, Works,* Thomas Birch.
2. *Ibid.*
3. *Ibid.*

Ainsi, tout homme devenant franc-maçon a participé à un rituel dans lequel il a joué le rôle d'une pierre angulaire. Les francs-maçons peuvent se reconnaître entre eux et s'identifier les uns les autres en utilisant des citations de ce rituel. Tous les rituels de la franc-maçonnerie possèdent des formulations orales intangibles, impliquant souvent une série de questions-réponses qui doivent être totalement et parfaitement mémorisées. Tout franc-maçon peut prendre n'importe quelle question du rituel et s'attendre à ce que son interlocuteur, s'il est franc-maçon, puisse donner la réponse correcte. Souvent un franc-maçon pourra reconnaître un autre initié grâce aux « paroles de maçon », des phrases curieuses introduites dans le discours normal. Dans ces lettres, Robert Boyle emploie des formulations maçonniques pour décrire les membres de ce qu'il appelle le « Collège invisible ». L'égalité d'opinion et l'esprit de charité qu'il mentionne ont une résonance maçonnique. Mais d'abord, pour les lecteurs non-maçons, il me faut expliquer l'objet du deuxième degré de la maçonnerie, que l'on appelle le degré de Compagnon *(Fellow-craft)*. Quand on remet au Compagnon son tablier particulier, qui porte un insigne distinctif brodé, on prononce des paroles qui lui expliquent l'objet du degré :

> *Frère... l'insigne dont on vous a investi indique que l'on attend de vous, en tant que Compagnon, que vous étudiiez les sciences et les arts libéraux, afin de pouvoir au mieux accomplir votre devoir de maçon et estimer à leur juste mesure les œuvres merveilleuses du Créateur tout-puissant.*

Le nouveau Compagnon est alors conduit vers une autre partie de la Loge où on lui délivre le discours suivant :

> *Vous vous présentez maintenant comme un Compagnon maçon juste et droit... au degré inférieur, vous avez eu la possibilité de vous familiariser avec les principes de vérité et de vertu morales. Et maintenant, à ce degré, vous allez pouvoir poursuivre votre recherche sur les sentiers cachés de la nature et de la science.*

Finalement, alors que le nouveau Compagnon achève le rituel du deuxième degré, on lui fournit une nouvelle information :

> *En tant que Compagnon, vous pouvez, dans nos assemblées privées, livrer vos sentiments et vos opinions sur les sujets qui sont régulièrement présentés, sous la surveillance d'un Maître expérimenté. Par ce privilège, vous pouvez améliorer vos pouvoirs intellectuels, vous qualifier pour être un membre utile de la société et, en frère habile, vous efforcer d'exceller dans le bon et le grand.*

Au cours du rituel d'Initiation, on demande au candidat de donner ce qu'il veut par charité. On prononce le discours suivant pour insister sur l'importance de la charité :

Dans une certaine mesure, je vais mettre vos principes à l'épreuve, en vous invitant à manifester cette vertu qui peut à juste titre être qualifiée de trait distinctif du cœur d'un franc-maçon : je veux dire la charité. Je crois que je n'ai pas besoin ici de m'étendre sur son excellence ; il ne fait aucun doute que vous l'avez déjà ressentie et exprimée ; il suffit ici que je dise qu'elle a l'approbation du ciel et de la terre.

Toutes les allusions de Boyle à ce Collège invisible expriment ces sentiments maçonniques. Dans une lettre à Samuel Hartlib, Boyle utilise encore une fois une analogie maçonnique, la construction d'un temple vivant de l'intellect :

Et dès lors, vous ne dédaignez pas l'ouvrier le plus ordinaire désireux de poser quelques pierres pour la construction de votre collège[1].

Il est peu probable que Boyle lui-même ait été franc-maçon. Il refusa de devenir président de la *Royal Society*, parce que cela impliquait de prêter un serment, ce qu'il se refusait de faire. Et de la même façon, il n'aurait jamais pu devenir maçon sans prêter serment, donc, s'il utilisait les terminologies et les idées maçonniques, c'est qu'il les avait acquises de quelqu'un d'autre. Alors son Collège invisible était-il vraiment une Loge primitive de francs-maçons ?

La première histoire complète de la Royal Society fut éditée en 1667. Elle fut écrite par Thomas Spratt, sous la direction de Brouncker, Moray, Wilkins et Evelyn. Comme l'historienne, Margery Purver l'a souligné, on peut considérer qu'il s'agit là de la version définitive que les fondateurs de la Royal Society voulaient laisser concernant son origine. Margery Purver dit ainsi de l'*Histoire* de Spratt :

Jamais la Royal Society *ne supervisa autant la documentation d'une publication que pour cette* Histoire. *Et cette surveillance fut effectuée par ceux-là même qui avaient été choisis du fait de leur connaissance personnelle des faits. Cela montre que Spratt ne parlait pas en son nom, ni au nom de quelque personne privée, mais en celui de la* Royal Society *en tant qu'institution,*

1. *Robert Boyle, Works,* Thomas Birch.

> *qui considérait ce livre comme un projet particulier, le premier récit public et exhaustif de son origine, de sa politique et de ses activités*[1].

Spratt raconte que l'origine de la *Royal Society* fut une série de réunions qui se tinrent dans les appartements de John Wilkins à Oxford entre 1648 et 1659[2], mais John Wallis, qui devint le professeur savilien de géométrie d'Oxford en 1649, donna une autre version dans une lettre.

Wallis était un mathématicien qui bâtit sa renommée en étudiant d'infimes intervalles de temps. Il posa les bases d'un nouveau type de mathématiques appelé calcul et qu'Isaac Newton développa afin d'analyser les orbites des planètes. Wallis s'intéressa à un autre problème : il se demanda ce qui se passait quand vous aviez besoin de diviser un nombre très petit par un autre nombre tout aussi minime. Le plus petit nombre possible est le zéro, mais on ne peut pas vraiment diviser zéro par zéro. Donc Wallis se demanda jusqu'à quel point on pouvait se rapprocher de zéro avant que les calculs n'aient plus aucun sens ?

Wallis ne parvint jamais tout à fait à répondre à cette question, honneur qui revint à Newton, mais il développa une grande partie des idées fondamentales qui inspirèrent ce dernier. Quand Newton disait qu'il « se tenait sur les épaules de géants », on peut considérer qu'au moins une de ces épaules de géant appartenait à John Wallis. À propos de celui-ci, Newton déclara : « Au début de mes études mathématiques, dès que je tombai sur les travaux de notre estimé compatriote, le docteur Wallis, j'eus l'inspiration d'ouvrir l'intégrale en découvrant la série, grâce aux calculs intermédiaires de laquelle, il exposait la surface du cercle et l'hyperbole[3]. » Cette « ouverture de l'intégrale » inspirée permit à Newton de découvrir les principes de bases sous-tendant la science des fusées d'aujourd'hui.

De son côté, Wallis eut l'idée d'étudier le problème de l'arithmétique des intervalles de temps infimes quand il rencontra l'astrologue William Oughtred, inventeur de la règle à calcul. Wallis raconta que son premier manuel de mathématiques fut le livre d'Oughtred, *Clavis Mathemiticae.* Dans ce livre, Oughtred développait des idées de méthodes pour prévoir les positions des planètes dans le ciel. Il voulait améliorer ses prévisions astrologiques, mais n'avait aucune technique mathématique à utiliser pour prévoir de petits mouvements orbitaux. Il savait pourtant que ces mouvements se produisaient à cause des changements d'azimut et de la déclinaison

---

1. *The Royal Society : Concept and Creation,* Margery Purver.
2. *A History of the Royal Society,* Thomas Spratt.
3. *The Royal Society, Its Origins and Founders,* éd. Sir Harold Hartley.

des planètes. Il pouvait s'en rendre compte à l'œil nu. Mais il avait besoin de quelque chose pour l'aider à exécuter des calculs compliqués nécessaires à la compréhension de ce qui se passait. La calculatrice qu'il inventa fut la règle à calcul ou règle logarithmique, avec une réglette coulissante.

Wallis était un excellent mathématicien avec un don inné pour repérer ou identifier des systèmes. Cela lui fut fort utile pendant la guerre civile, quand il travailla comme déchiffreur de codes pour Cromwell, et il fut récompensé par son poste de professeur savilien à Oxford.

Il semble incroyable que Wallis, un scientifique, l'auteur du premier livre sur l'algèbre [1], le penseur qui inspira à Newton la résolution du problème de prédiction du mécanisme de l'Univers, l'homme qui posa les règles de base de la notation algébrique – qui tourmentent encore les écoliers d'aujourd'hui – ait pu tenir son savoir scientifique d'un astrologue ! Cela nous montre simplement à quel point la science s'est développée dans le monde d'aujourd'hui, quand on voit que deux domaines comme l'astrologie et la physique, jadis considérés comme des aspects d'un même sujet, sont désormais vus comme deux choses radicalement différentes. Dans sa jeunesse, cependant, Wallis se mêlait aux astrologues, aux alchimistes et aux théologiens universitaires et dans une brochure écrite en 1678, six ans après la mort de John Wilkins et cinq ans après celle de Sir Robert Moray, il écrivait :

> *Vers 1645, alors que j'habitais à Londres (à un moment où, du fait de nos guerres civiles, les études universitaires étaient largement interrompues dans nos deux universités), à côté des conversations que j'avais avec divers éminents théologiens sur des sujets théologiques, j'eus l'opportunité de faire la connaissance de différentes personnes de valeur, pleines de curiosité quant à ce qui touchait à la philosophie naturelle et à d'autres domaines du savoir humain ; particulièrement à ce qui a été appelé la nouvelle philosophie ou philosophie expérimentale. D'un commun accord, plusieurs d'entre nous se réunissaient hebdomadairement à Londres un certain jour à une certaine heure, sous peine d'une certaine amende, en s'acquittant chaque semaine d'une contribution pour les frais des expériences, et en ayant convenu entre nous de certaines règles pour traiter et discuter de telles matières. Au nombre de ceux-ci, il y avait le docteur John Wilkins (devenu ensuite évêque de Chester) alors chapelain du prince Électeur palatin à Londres ; le docteur Jonathan Goddard, le docteur George Ent, le docteur Glisson, le docteur Merret (tous docteurs en médecine), M. Samuel Foster, alors professeur d'astronomie au Gresham College, M. Theodore Haak (un Allemand du Palatinat, résidant alors à Londres, qui je pense fut le premier à suggérer ces réunions et à fournir la première occasion) et beaucoup d'autres.*

1. *Treatise of Algebra*, John Wallis.

Ces réunions se tenaient parfois chez le docteur Goddard dans Wood Street (ou dans quelque endroit convenable proche), lorsqu'il avait chez lui un opérateur pour polir les verres des télescopes et des microscopes; parfois dans un endroit commode (La Tête de Taureau [The Bulls' Head]) *dans Cheapside, et (pendant les périodes scolaires) au Gresham College, à l'occasion des cours de M. Foster (qui y était alors professeur d'astronomie). Et après la conférence, nous nous retrouvions parfois dans les appartements de M. Foster ou, à l'occasion, dans d'autres lieux peu distants.*

À l'exclusion des sujets politiques et religieux, nous discutions et considérions différentes recherches philosophiques... Vers l'année 1648-1649, une partie de notre compagnie ayant migré vers Oxford (d'abord le docteur Wilkins, nommé par le Protecteur, principal du Wadham College, puis moi et, peu après, le docteur Goddard), notre groupe se divisa. Ceux de Londres continuèrent de s'y réunir comme avant (et nous avec eux, quand nous avions l'opportunité de nous trouver à Londres). Et ceux d'entre nous qui étaient à Oxford se réunissaient avec le docteur Ward (alors évêque de Salisbury, le docteur Ralph Bathurst (maintenant président du Trinity College d'Oxford), le docteur Petty (devenu Sir William Petty), le docteur Willis (alors éminent médecin à Oxford) et divers autres. Nous continuâmes de tenir de telles réunions à Oxford et de populariser là ces études[1].

Ce qui est particulièrement remarquable dans ce récit, c'est la mention incidente de règles qui régissaient la conduite des réunions décrites. Wallis explique clairement que les sujets religieux et politiques étaient proscrits lors de ces réunions. Les mots « sous peine d'une certaine amende » [*under certain penalty*] sont les termes mêmes utilisés sur les convocations de beaucoup de Loges maçonniques modernes. À ce moment-là, il n'existait qu'une seule organisation qui interdisait les discussions religieuses ou politiques lors de ses réunions, des réunions qui avaient pour objet de discuter des mystères cachés de la nature et de la science. Et cette organisation, c'était la franc-maçonnerie.

Selon Sir Henry Lyons :

Très sagement; les philosophes furent heureux de suivre les lignes sur lesquelles ils avaient travaillé depuis plusieurs années en attendant le moment où une organisation plus formelle pourrait être créée en toute sécurité[2].

Mais le scénario que Wallis décrit, celui de réunions régulières d'un groupe londonien qui se fractionne pour former partout de nouveaux

1. *A Defence of the Royal Society*, John Wallis.
2. *The Royal Society 1660-1940,* Sir Henry Lyons, FRS.

groupes, correspond précisément à l'organisation de la franc-maçonnerie à l'époque. Au moins deux des douze membres fondateurs présents à la première réunion étaient enregistrés comme francs-maçons : les frères Sir Robert Moray et Alexander Bruce étaient tous les deux membres de la Loge d'Édimbourg[1]. En outre, l'un des hommes présents sur la liste des quarante membres proposés était lui aussi un franc-maçon bien connu, le frère Elias Ashmole. La franc-maçonnerie était-elle le lien qui expliquait comment Sir Robert Moray était entré en contact avec le groupe de Wilkins ?

Conclusion

La liste des membres proposés, qui fut dressée par les fondateurs lors de leur deuxième réunion, présentait des caractéristiques très semblables à celle du groupe fondateur. Elle puisait dans les deux camps de la guerre civile et presque tous les noms suggérés acceptèrent de rejoindre la Société. Une large majorité de la liste était connue soit de John Wilkins, soit de Robert Moray. Aucun de ceux qu'ils connaissaient ne déclina l'offre.

La première *Histoire* officielle de la *Royal Society* fut écrite par Thomas Spratt, sous le contrôle de Wilkins et Moray. Elle affirmait que le projet avait été ébauché lors d'une série de réunions hébergées chez Wilkins, à l'époque où il vivait à Oxford. Cependant, deux des premiers membres, Robert Boyle et John Wallis, avancent des éléments différents. Tous deux parlent d'autres groupes antérieurs à la Société et utilisent des symboles et des idées caractéristiques de la franc-maçonnerie pour décrire ces réunions.

S'il faut en croire Wallis et Boyle, il existait donc des groupes se réunissant sous des conditions maçonniques et utilisant le symbolisme maçonnique dans leurs discussions.

Tout le groupe de Wilkins avait des liens avec le Gresham College et ses professeurs. Aussi je décidai qu'il me fallait en savoir plus à propos de Sir Thomas Gresham et de son héritage. Cependant, on avait toujours considéré traditionnellement que le groupe de Wilkins avait suivi les enseignements de Francis Bacon. Bacon avait-il des liens avec la franc-maçonnerie ?

Il semblait évident que j'allais devoir approfondir l'hypothèse d'un lien maçonnique entre Wilkins et Moray. Je savais qu'il ne m'était pas encore possible de proposer un motif pour les actions de Moray. Mais peut-être

1. Sir Robert avait été initié à Newcastle en 1641.

qu'une étude plus attentive de ce qui était arrivé à la franc-maçonnerie sous les Stuart me fournirait une réponse.

Mais d'abord, je devais en apprendre davantage sur l'importance de Francis Bacon dans les événements ayant conduit à la formation de la *Royal Society*. Avait-il le moindre lien avec la franc-maçonnerie de l'époque ?

Chapitre IV

LE SAINT PATRON DES POULETS CONGELÉS

[Bacon] témoigna d'un incroyable aveuglement quant à l'important travail scientifique réalisé à son époque... Il ignora même le brillant travail de son propre docteur, William Harvey, sur la circulation du sang... [Il] rejeta avec dédain la théorie de Gilbert sur le magnétisme, en la traitant de fantaisie occultiste... [Il] méprisa Copernic et ignora Kepler et Galilée. Néanmoins, le degré de respect dans lequel les générations suivantes de scientifiques britanniques l'ont tenu ne fait aucun doute.

Anthony Quinton[1]

Lors de l'une de ses réunions, John Wilkins présenta à la Société la toute première copie de *l'Histoire de la Royal Society*, de Thomas Spratt à peine terminée. Sur le frontispice de cette copie de présentation, il y avait une gravure de John Evelyn. Sous ce tableau, Wilkins avait noté : « Présenté à la *R. Society*, de la part de l'auteur, par le docteur John Wilkins, 10 Octobre 1667. »

La gravure d'Evelyn traduit l'importance que les fondateurs de la *Royal Society* attachaient à Francis Bacon. L'illustration montre une pièce surplombant un paysage lointain. À l'arrière de la salle, on voit une véranda ouverte sous une coupole. À travers les deux fenêtres de gauche, on aperçoit un panorama rural, alors qu'à travers celle de droite, on distingue au loin le Gresham College. Le premier plan de la véranda est constitué par une arche et deux piliers. De la clef de voûte de l'arche pendent les armoiries données par Charles II à la Société.

---

1. *Francis Bacon*, Anthony Quinton.

Le sol de la salle elle-même est un échiquier noir et blanc. Du côté gauche, il y a une étagère, contenant une bibliothèque de la connaissance. Sur le rebord de l'étagère, on remarque un diplôme sur lequel est posé un sceptre royal. Des outils sont accrochés aux murs de la pièce : quatre compas, trois équerres (des moyens de contrôler un angle droit), deux fils à plomb. En outre, on voit un télescope, une horloge à long coffre, une petite horloge marine (montée dans une clef de voûte), deux globes et divers pilons et mortiers.

Juste en dessous de la clef de voûte de l'arche et au centre du pavement noir et blanc, un buste de Charles II se dresse sur une colonne. Un ange ailé tient une couronne de laurier au-dessus de la tête de Charles. À gauche du roi est assis William Brouncker, alors président de la Société. Il montre du doigt l'inscription sur le pilier, qui déclare Charles fondateur et protecteur royal de la Société. À droite du buste, on reconnaît Francis Bacon. Il a autour du cou un collier au bout duquel pend un bijou formé d'une paire de clefs croisées. Dans sa main gauche, il tient une bourse, ornée des armoiries royales, et de sa main droite, il montre les outils accrochés sur le pilier derrière lui. Sous son portrait, une inscription le décrit comme la source d'inspiration de la Société.

Quand je vis cette gravure pour la première fois, je fus stupéfait par l'utilisation de tant de symboles que j'aurais qualifiés, si je les avais vus sur un tableau plus moderne, de maçonniques. Peut-on dire qu'il s'agit d'une pure coïncidence que John Evelyn ait tant utilisé un symbolisme encore en usage dans la franc-maçonnerie aujourd'hui ?

Je décidai d'interpréter ce que, en ma qualité de franc-maçon, je pouvais voir dans cette image. Le premier élément, c'est le dallage maçonnique au premier plan. Il vient vers l'observateur si bien qu'il ne peut être ignoré. Tous les maçons connaissent le dallage en échiquier noir et blanc de la Loge : « Le pavé mosaïque est le beau revêtement du sol de la Loge, qui, du fait qu'il soit un échiquier bicolore, attire notre attention sur la diversité des objets qui peuplent et ornent la création, les choses animées comme les inanimées. »

Ensuite on voit donc quatre compas et trois équerres, outils qui sont décrits dans le rituel maçonnique : « Le compas et l'équerre, quand ils sont réunis, règlent nos vies et nos actions. Le compas appartient au Grand Maître en particulier et l'équerre à toute la maçonnerie. » Les quatre compas sont placés en évidence alors que les équerres sont plutôt en arrière-plan.

Le sceptre (ou sa forme séculaire, la masse) posé sur un diplôme, sur le rebord de la bibliothèque, indique deux choses : la connaissance, c'est le pouvoir, d'une part, et, d'autre part, il rappelle une déclaration entendue au premier degré de la maçonnerie : « À toutes les époques, les monarques ont été les promoteurs de la maçonnerie et ils n'ont jamais jugé indigne de leur condition d'échanger le sceptre contre la truelle. »

La salle a trois piliers, deux pour l'arche et un soutenant le buste de Charles. Quand ils sont reliés, on dit que les deux piliers arrière représentent la stabilité. Le rituel explique : « Car Dieu dit, dans la force j'établirai ma maison pour qu'elle se dresse fermement à jamais. » Les armoiries de la nouvelle Société sont suspendues à la clef de voûte de cette arche de stabilité qui scelle fermement cette dernière. Le piédestal qui soutient le buste de Charles est positionné là où le pilier d'Énoch serait placé dans un chapitre maçonnique de *Royal Arch* [ou plus rarement en français *Sainte Arche royale de Jérusalem*]. Le rituel maçonnique indique que ce pilier est l'une des deux colonnes dressées par le patriarche Énoch et sur lesquelles il grava les secrets de toutes les sciences quand le monde fut menacé par un grand déluge. La franc-maçonnerie explique que le pilier fut trouvé dans une chambre souterraine secrète quand un site fut dégagé en vue de la construction du temple de Salomon. En plaçant Charles sur le piédestal d'Énoch, on entend le représenter en tant que sauveur de la science et de la civilisation contre les forces du chaos.

Enfin, il y a la position des trois personnages. L'emplacement des officiers d'une Loge de francs-maçons est très scrupuleusement contrôlé. Comme le Grand Maître, Charles est placé à l'est, avec la lumière du soleil levant dans le dos. Brouncker se trouve sur le siège du Premier Surveillant, tandis que Bacon occupe le siège du Passé Maître Immédiat [*Immediate past master*] [1].

Naturellement je me rendais compte que la présence de tout ce symbolisme maçonnique pouvait n'être qu'une coïncidence, mais avec au moins trois francs-maçons notoires parmi les premiers membres de la Société, il pouvait également être là de manière tout à fait délibérée.

Parallèlement, on relevait aussi un certain symbolisme non maçonnique. Brouncker désigne Charles en tant que patron (dans le sens de protecteur) et se soumet à lui. Bacon tient une bourse nouée qui porte un sceau royal et il pointe du doigt vers l'obscurité se trouvant sur la droite de la gravure. Et en arrière-plan, on peut voir le bâtiment du Gresham College, montrant l'endroit où la Société avait vu le jour.

---

1. N.D.T. Comme le précise le *Dictionnaire de la franc-maçonnerie*, sous la direction de Daniel Ligou, PUF, Paris, 1987 : « Le Passé Maître Immédiat joue un rôle relativement important [dans le Rite Émulation anglo-saxon], beaucoup plus important que son homologue français, le "Vénérable d'honneur", qui n'existe pas réglementairement. »

L'*Histoire* de Spratt fait quelques allusions à ce que la Société entendait réaliser, allusions qui semblent faire écho au placement symbolique du buste de Charles sur le piédestal d'Énoch :

> *Si maintenant cette entreprise devait échouer [...] le monde serait non seulement privé de leurs recherches actuelles, mais il aurait de bonnes raisons de pleurer les travaux à venir... Ce serait la dernière grande tentative entreprise dans cette voie, si celle-ci devait se révéler inefficiente et donc, non seulement responsable de notre propre ignorance, mais des erreurs de tous ceux qui viendront après nous*[1].

Le symbolisme de la Société représentée en clef de voûte de l'arche de stabilité, et du roi comme sauveur des arts et sciences de la civilisation n'était peut-être pas fortuit, puisque cette idée se retrouve dans le corps même du livre. Mais le reste du symbolisme maçonnique était-il délibéré ?

Comme la citation d'Anthony Quinton placée en exergue de ce chapitre le rappelle, Bacon n'était pas le meilleur scientifique ou le meilleur philosophe de sa génération. Pourquoi était-il tenu en si haute estime par les fondateurs de la *Royal Society* ? J'avais besoin d'en savoir davantage sur l'homme, si je voulais répondre à cette question.

La vision d'une nouvelle Atlantide

Francis Bacon naquit le 22 janvier 1561 à York House, à proximité immédiate du Strand[2] à Londres. Son père, Sir Nicholas Bacon, était un ami de William Cecil[3], qui, au moment de la naissance de Francis, était en Écosse comme émissaire d'Élisabeth Ire. Cecil devait devenir le premier conseiller d'Élisabeth, avec le titre de Lord Burghley. Le père de Francis fut nommé *Lord Keeper* [garde du sceau royal] d'Élisabeth. Ainsi, dès son plus jeune âge, Bacon connut les plus éminents membres de l'*Establishment* anglais.

Il obtint son diplôme du Trinity College de Cambridge[4], à l'âge remarquablement précoce de quinze ans et trois mois. Son biographe, le docteur

1. *A History of the Royal Society*, Thomas Spratt.

2. N.D.T. Grande artère de Londres.

3. N.D.T. Cecil était aussi le beau-frère de Nicholas et l'oncle de Francis Bacon, car il avait épousé une sœur de Lady Anna Cooke, la mère de Francis.

4. N.D.T. Son oncle, William Cecil, était le chancelier de cette université et son père Nicholas y avait été élève.

William Rawley, dit de lui à cette époque : « Il en vint à éprouver de l'aversion pour la philosophie d'Aristote ; non pas à cause du manque de valeur de l'auteur, qu'il tiendra toujours en haute estime, mais pour l'inanité de la voie qu'il proposait [1]. » Le docteur Rawley, qui fut le chapelain et le secrétaire de Bacon dans les années de déclin de ce dernier, lui attribue peut-être une lucidité intellectuelle précoce que les éléments que l'on connaît de sa vie ne soutiennent pas.

À l'âge de seize ans, Francis Bacon fut admis à Gray's Inn [2], à Londres. À vingt et un ans, il était un avocat [*barrister*] qualifié [3]. Deux ans plus tard [4], il devient membre du Parlement au titre de Melcombe Regis et entame une carrière politique, d'abord sous Élisabeth Ire – qui ne semble pas avoir éprouvé de sympathie particulière pour lui – puis sous Jacques VI (Ier) sous le règne de qui il prospéra. Bacon fut fait chevalier quatre mois après le début du règne de ce dernier, mais il n'accéda pas à de hautes charges avant 1607, date à laquelle il devint *Solicitor General* [5]. Il avait déjà publié son livre *De l'avancement de la science* [6] en 1605, et, en 1610, il commença à jeter les grandes lignes de sa *Nouvelle Atlantide,* qui ne devait être éditée qu'après sa mort. Ce n'est qu'à l'âge de quarante-quatre ans qu'il donna l'impression d'avoir des idées sur la science, mais à partir de là, il écrivit à profusion. S'était-il révélé sur le tard ? Ou ne commença-t-il vraiment à s'intéresser à l'étude des sciences qu'après le début du règne de Jacques ?

Thomas Spratt n'avait quant à lui pas le moindre doute, quand il évoquait l'importance des idées de Bacon :

> *Avant tout, cela dut commencer par un examen strict et scrupuleux de cas particuliers ; à partir de là, il put dégager, avec une grande prudence, des règles générales. Mais cela n'avait pas été la partie la plus difficile de son parcours et il ne devait pas s'arrêter là : il devait exposer ces principes afin de découvrir de nouveaux effets dans toutes les variétés de la matière. Et ainsi les deux démarches devaient-elles avancer de concert et méthodiquement : de l'expérimentation à la démonstration, de la démonstration à l'expérimentation* [7].

1. *The Life and Works of Francis Bacon*, William Rawley.
2. N.D.T. L'un des quatre collèges d'avocats de Londres.
3. N.D.T. Il fallait normalement pourtant huit années pour devenir avocat et huit autres pour être juge.
4. N.D.T. En fait en 1586.
5. N.D.T. Conseiller juridique de la Couronne.
6. N.D.T. Exactement *Traité de la valeur et de l'avancement de la science divine et humaine [Of the proficience and advancement of learning divine and human].*
7. *A History of the Royal Society*, Thomas Spratt.

Abraham Cowley, l'un des hommes cités sur la liste des quarante premiers membres sollicités de la *Royal Society*, contribua à l'*Histoire* de Spratt sous la forme d'un poème qui reliait Bacon à Moïse :

Bacon, comme Moïse, nous guida enfin,
Il traversa le désert stérile,
S'arrêta à l'orée même
De la terre promise bénie,
Et du sommet de la montagne de l'Esprit Suprême,
Il le vit et nous le montra.

La comparaison avec Moïse est de nouveau intéressante. En effet, dans le rituel maçonnique de la *Sainte Arche Royale* [*Holy Royal Arch*], dont le symbolisme fut apparemment utilisé dans le frontispice, on explique au maçon de *Royal Arch*, appelé Compagnon, que Moïse fut l'un des trois premiers Grands Maîtres de la franc-maçonnerie qui tinrent leur première – ou sainte – Loge au sommet du mont Horeb.

La carrière de Bacon prospéra sous le règne de Jacques. À son tour, il devint *Lord Keeper* [garde du Sceau royal], puis *Lord Chancellor* [chancelier]. En 1618, il reçut le titre de Lord Verulam, avant de devenir, trois ans plus tard, vicomte de Saint-Albans. Mais soudain, en 1621, tout se mit à mal tourner. Ses actions passées le rattrapèrent. Il fut accusé de corruption et reconnut les charges. Ce procès et son issue furent un désastre personnel pour lui. Reconnu coupable, il fut condamné à rester enfermé dans la tour de Londres, tant qu'il plairait à Sa Majesté. Il fut chassé de la cour et du Parlement et condamné à 40 000 livres d'amende. Le roi Jacques le fit libérer de la tour après seulement trois jours [1], mais sa vie publique était terminée. Il dut vendre sa maison de Londres pour payer l'amende. Bacon se retira dans un logement moins cher et passa ses cinq dernières années à écrire. Il acheva sa monographie sur Henry VII, son *Historia Ventorum* [« Histoire des Vents »], en 1622, puis *Historic et Mortis* [« Histoire de la vie et de la mort »], l'année suivante. En 1623, il publia *De Augmentis* [2], une version considérablement augmentée de son livre, *De l'avancement de la science,* qu'il avait écrit dix-huit ans plus tôt.

Il avait achevé son *Novum Organum* [« Nouvel Organon » [3]], juste avant son désastre et, cherchant à se réconcilier avec Jacques, il envoya une copie

1. N.D.T. Bacon était tombé gravement malade et la plupart des proches du souverain avaient intercédé en sa faveur.

2. N.D.T. Précisément, *De dignitate et augmentis scientiarum.*

3. N.D.T. Par allusion à l'*Organon* d'Aristote, l'ensemble de ses ouvrages de logique.

du livre au roi. Celui-ci lui répondit en l'associant à une citation biblique bien connue. « Comme la paix de Dieu, il dépasse tout entendement », railla-t-il[1].

Par sa mort, Bacon fit encore une fois la preuve de son manque spectaculaire de talent pour l'expérimentation pratique. Il mourut en effet en infligeant d'indescriptibles indignités à une poule morte[2] ! De ce fait, il fut immortalisé comme le saint patron – officieux – des poulets congelés !

John Evelyn raconte l'histoire dans son journal :

> *Il [Bacon] faisait un tour en voiture avec le docteur Witherborne (un Écossais, médecin du roi) et se dirigeait vers Highgate. La neige recouvrait le sol. Soudain, mon seigneur se demanda si la chair ne pouvait pas se conserver dans la neige comme dans le sel. Ils décidèrent de réaliser l'expérience séance tenante. Ils sortirent de la voiture et pénétrèrent dans la maison d'une pauvre femme au pied de la colline de Highgate. Ils lui achetèrent une poule et lui demandèrent de la vider. Puis ils bourrèrent le corps de neige et mon seigneur s'y employa lui-même. La neige le refroidit, si bien qu'il tomba immédiatement très malade au point de ne pouvoir regagner son logement de Gray's Inn. Ils gagnèrent la maison du comte d'Arundell dans Highgate, où il fut installé dans un bon lit chauffé à la bassinoire, mais c'était un lit humide dans lequel personne n'avait couché depuis près d'un an[3], et il prit si froid qu'il fut emporté en deux ou trois jours par asphyxie[4].*

Francis Bacon mourut donc à l'âge de soixante-cinq ans en martyr de la cause des aliments congelés. Pensez à son sacrifice la prochaine fois que vous vous rendrez dans un supermarché et que vous verrez les produits enveloppés sous plastique, résultats de son ultime et fatale expérience !

Sa dernière œuvre, commencée au début du règne de Jacques, fut publiée à titre posthume. Elle était intitulée *La Nouvelle Atlantide* [*Nova Atlantis*]. Ce livre entamait une discussion sur la nature de la science qui a continué jusqu'à aujourd'hui. Mais que disait-il de si révolutionnaire ?

Bacon fut le premier auteur à suggérer qu'une découverte ne pouvait être scientifique que si elle s'appuyait sur les faits et non sur la théorie. En d'autres termes, il disait qu'en étudiant les mystères cachés de la nature et de la science, le philosophe naturel devait à la fois observer et expérimenter

---

1. *Francis Bacon,* Anthony Quinton.
2. N.D.T. Avec laquelle, en l'enfonçant dans la neige, il voulait faire des expériences sur la préservation des corps.
3. N.D.T. Il s'agissait *a priori* du lit de son hôte, mais celui-là se trouvait alors enfermé à la tour de Londres.
4. *Diary and Correspondence of John Evelyn FRS,* éd. William Bray.

avant de proposer une théorie. Bacon considérait qu'un esprit scientifique devait être une *tabula rasa,* une page blanche exempte de tout contenu, afin de pouvoir recevoir l'empreinte de la nature sans distorsion.

La Nouvelle Atlantide est intéressante parce que, dans cet ouvrage, Bacon avance l'idée d'une institution de recherche et explique comment se répartir le travail pour étudier la science. Ce livre, édité un an après la mort de Bacon par William Rawley, se présente comme une fiction, un roman d'aventures qui parle d'un bateau égaré dans les mers du sud. Les aventuriers arrivent sur une île perdue appelée Bensalem, où ils sont accueillis avec prudence. Les habitants de Bensalem possédaient le tout premier système économique fondé sur la connaissance. Au centre de leur civilisation, il y avait la maison de Salomon ou le collège des Œuvres des Six Jours. Les membres de cette maison ont choisi de vivre dans cette île isolée afin de se soustraire à toutes les contagions du monde.

Toutes les personnes employées dans la maison de Salomon ont des tâches particulières, qui se complètent pour former une vaste étude de la science. Certains membres tirent leurs connaissances des livres et d'autres exécutent des expériences, tandis qu'un certain nombre rassemble les résultats de ces expérimentations. Beaucoup de membres voyagent, alors que d'autres travaillent sur des applications techniques ou mettent au point de nouvelles expériences. Les maîtres de la maison de Salomon transforment tous les travaux et expériences collectifs en théories logiques organisées.

La dernière partie du livre traite d'une vision du futur dans laquelle Bacon envisage un système de rituels qui focaliserait l'esprit de ses adeptes sur la science et la technologie.

Dans sa biographie de Bacon, Anthony Quinton dit de *La Nouvelle Atlantide* :

> *Il est généralement admis que ceux qui fondèrent la* Royal Society *avaient à l'esprit l'idée de la maison de Salomon.*

Bacon en dit lui-même :

> *L'objet de la maison de Salomon est la connaissance des causes et des mouvements secrets des choses ; et l'élargissement des limites de l'empire humain, pour réaliser toutes choses possibles.*

Bacon semble avoir cristallisé des idées qui commençaient à apparaître au début du XVIIe siècle et les avoir mises en forme pour créer un système de pensée relatif à la philosophie naturelle. Les circonstances de sa mort montrent qu'il n'était pas un expérimentateur très pratique, mais qu'il se préoccupait beaucoup plus des idées sous-tendant l'étude de la philosophie naturelle. Il avait développé les idées apparaissant dans sa seconde édition de *L'Avancement des sciences,* au cours des vingt années précédentes. Il avait attendu la deuxième année du règne de Jacques VI (Ier) pour essayer pour la première fois sérieusement d'expliquer comment aborder la science. S'agissait-il d'une coïncidence ? Bacon ne s'était apparemment jamais demandé comment étudier les mystères de la nature avant que James soit arrivé d'Écosse. A-t-il eu connaissance d'une nouvelle philosophie à la cour de Jacques VI (Ier) ?

En 1609, Bacon écrivit une analyse raisonnée des vérités qui pouvaient se cacher dans les mythes et les fables de l'Antiquité. Il intitula ce livre *La Sagesse des Anciens* [*De Sapientia veterum*], mais ce fut dans son *Novum Organum* qu'il développa les idées qui devaient influencer les fondateurs de la *Royal Society.*

Sur le frontispice de l'exemplaire du *Novum Organum* que Bacon adressa à Jacques VI (Ier), on remarque également des symboles ayant l'air maçonniques. On voit un bateau naviguant entre deux colonnes ne supportant rien. Pour Margery Purver, la gravure :

> *montre des navires franchissant les Colonnes d'Hercule, la frontière symbolique de la science classique*[1].

Mais un franc-maçon donnera une interprétation différente. On explique à un nouveau maçon que les deux colonnes qui se trouvaient devant le temple de Salomon symbolisent la force et la stabilité d'un membre [*Fellow*] de l'Ordre.

Si Bacon était franc-maçon, le symbolisme de ce frontispice signalerait que l'auteur de l'œuvre est effectivement membre de la maçonnerie, or Jacques, comme je le montrerai, était lui-même franc-maçon. Quand il envoya son livre au roi, Bacon était en grande disgrâce. Peut-être qu'à travers ce frontispice, il entendait faire savoir discrètement au souverain qu'il implorait sa pitié. À ce propos, le rituel maçonnique indique ailleurs :

> *Vous ne devez pas minimiser ou exagérer les offenses de vos frères, mais les juger avec sincérité, amitié et pitié.*

Le message passa peut-être, parce que le frère Jacques VI (Ier) fit remettre Bacon en liberté après seulement une période symbolique d'emprisonnement.

---

1. *The Royal Society : Concept and Creation*, Margery Purver.

Sous l'étroit contrôle du franc-maçon Robert Moray, Spratt définit l'objectif de la *Royal Society* comme étant :

> *La maîtrise des mystères de toutes les œuvres de la nature au bénéfice de la vie humaine*[1].

Il explique ensuite :

> *Et c'est le plus éminent défi de la raison humaine ; de suivre tous les fils de cette chaîne, jusqu'à ce que nos esprits soient en mesure de percer tous les secrets et que leurs œuvres soient développées ou imitées par nos propres mains, pour permettre une étude universelle, constante et impartiale de toute la création*[2].

Était-il possible que Francis Bacon ait utilisé les idées et le symbolisme de la franc-maçonnerie quand il élabora le frontispice et le contenu du livre qu'il adressa au roi ?

Conclusion

Francis Bacon n'avait jamais été un scientifique particulièrement bon, mais dans le dernier tiers de sa vie, il commença à s'intéresser aux techniques d'étude de la nature. Cependant, cet intérêt pour la science ne se manifesta pas avant l'arrivée en Angleterre du roi Jacques VI (Ier).

Sur le frontispice de l'*Histoire*, de Thomas Spratt – qui avait été supervisée et approuvée par Wilkins et Moray –, Bacon est représenté au milieu d'un ensemble de symboles maçonniques. Dans ses propres écrits et sur les couvertures de ses ouvrages, Bacon fit aussi grand usage du symbolisme maçonnique. Mais encore une fois, l'utilisation de ce symbolisme ne commença qu'après l'arrivée de Jacques à Londres.

J'avais alors besoin d'étudier plus attentivement l'histoire de Jacques VI (Ier) pour voir notamment comment il était devenu roi d'Angleterre. Je savais déjà que Jacques était lié à la franc-maçonnerie écossaise, mais avait-il des liens avec la science ?

1. *A History of the Royal Society*, Thomas Spratt.
2. *Ibid.*

Chapitre V

UN MONARQUE ÉTRANGER

La franc-maçonnerie existe encore et continue de progresser. Elle attire toujours les hommes ayant des idéaux élevés, des idées humanistes et de grandes visions... En Écosse, comme nous le montrent leurs registres, les actes des Loges pour l'année 1599 existent encore. En Angleterre, même au XVII*e siècle, il n'existe encore aucun registre de Loges.*

Dudley Wright (éd.), *Gould's History of Freemasonry.*

La notoriété de Jacques VI d'Écosse, le premier roi de Grande-Bretagne, commence réellement en 1603 avec la mort de la reine Élisabeth. La lignée de la maison des Tudors s'éteignit avec elle et la Couronne anglaise passa au fils de sa rivale qu'elle avait fait exécuter, Marie Stuart, reine d'Écosse. Quand sa mère fut forcée d'abdiquer, le jeune Jacques fut proclamé roi d'Écosse en 1567, sous le nom de Jacques VI, alors qu'il n'avait qu'un an. Trente-six ans plus tard, le fils de Marie se rendit à Londres pour devenir Jacques Ier d'Angleterre.

Avec les puissants Tudors, gouverner l'Angleterre était devenu une tâche d'apparence assez simple, mais ils avaient surtout appris aux Anglais à respecter la loi. Jacques, quant à lui, était le monarque absolu d'un pays étranger, l'Écosse, et il était totalement ignorant des us et coutumes anglais. Vers la fin de son périple vers Westminster, alors qu'il traversait déjà Londres, on prit sur le fait un voleur qui faisait les poches des badauds assemblés pour saluer le passage du roi. Sans procès, Jacques condamna l'homme à être pendu sur-le-champ. Ce dédain pour la loi n'avait pas été de mise sous le règne des Tudors et c'était déjà un premier indicateur de l'incapacité de Jacques à évaluer le climat politique anglais[1].

1. *A History of England 1485-1688*, Cyril E. Robinson.

C'était certainement un homme instruit et intelligent, capable de lire le latin et de parler de théologie. Il se croyait lui-même roi de droit divin. De son point de vue, remettre en cause l'autorité absolue de sa « prérogative royale » était une perfide insulte à sa couronne et un blasphème. Mais ce n'était pas une attitude appréciée par la majorité des sujets protestants de son nouveau pays. Et de fait, le premier problème du règne de Jacques fut religieux.

Les différentes sectes protestantes du début du XVIIe siècle en Angleterre n'avaient qu'une cause en commun. Elles estimaient que la réforme anglaise n'était pas allée assez loin pour débarrasser vraiment le pays du papisme. Si elles avaient approuvé Henry VIII quand il supprima l'Église catholique et fit du souverain le chef suprême de l'Église d'Angleterre, elles voulaient toutes maintenant que le monarque privilégie *leurs* rituels plutôt que ceux des autres. La plupart des membres du Parlement de Jacques étaient protestants et ils mettaient en avant leurs positions anti-papistes, mais le roi n'avait aucune intention de modifier les dispositions qu'Élisabeth avait imposées à l'Église d'Angleterre. Il avait suffisamment souffert entre les mains de la dogmatique Église d'Écosse et n'entendait pas favoriser d'autre chef d'Église que lui-même.

Jacques saisit une opportunité de priver les ecclésiastiques de leur principale arme de propagande en commandant une version officielle de la Bible. Les traductions de la Bible étaient utilisées très habilement par les puritains les plus extrêmes. Ils se servaient de versions du texte sacré assorties d'annotations qui soutenaient leurs vues radicales. Ces annotations leur permettaient de s'accaparer la puissance des Écritures saintes, mais Jacques savait comment leur enlever cet avantage. En juin 1604, il demanda à l'évêque Bancroft de Londres de réunir une équipe de traducteurs et Jacques leur fit passer ce message par l'intermédiaire du bon prélat :

> *Sa Majesté, informée que vous tous avez été choisis pour traduire la Bible, approuve grandement ce choix. Et pour autant, Sa Grandeur est soucieuse qu'une œuvre aussi religieuse soit réalisée sans délai, aussi m'a-t-il demandé de vous signifier en son nom que son plaisir est que vous vous retrouviez aussi vite que possible dans vos universités pour entamer ce travail*[1].

Jacques fixa quinze règles de traduction qui ne laissaient aux érudits traducteurs aucune place pour des notes orientées. De cette manière, il comptait empêcher les différentes sectes extrêmes de choisir des traductions

1. *King James Bible Reproduction Edition.*

qui serviraient leurs propres fins politiques. Il parvint certainement à motiver les traducteurs parce que le travail, exécuté dans trois sites différents – Cambridge, Oxford et Westminster – par cinquante universitaires, fut réalisé en un temps record. En 1611, cette Bible était à l'impression. Le roi avait réussi à standardiser les citations de la Bible que les critiques pouvaient légitimement employer.

Ses motifs ressortent clairement de la préface que les traducteurs lui dédièrent dans la première édition de la Bible du roi Jacques :

> *Pour, d'un côté, ne pas être calomnié par les papistes, chez nous ou à l'étranger, qui par conséquent devraient calomnier les textes, nous, pauvres instruments, nous sommes efforcés de faire de mieux en mieux connaître la sainte vérité de Dieu au peuple, qu'ils désirent maintenir dans l'obscurité ; même si, de l'autre côté, nous devons être calomniés par des frères vaniteux, qui suivent leurs propres voies et n'apprécient rien d'autre que ce qu'ils ont fait eux-mêmes.*

En tant que chef suprême de l'Église d'Angleterre, Jacques avait pris le contrôle de la vérité de Dieu et, désormais, sa Bible lui donnait un monopole sur sa forme écrite. Malheureusement, son dédain pour les conceptions religieuses des tiers ne contentait personne. En 1605, les catholiques essayèrent de le faire sauter avec son Parlement à l'aide d'un grand nombre de barils de poudre. Cependant, le 5 novembre, le complot échoua quand Guy Fawkes fut pris pratiquement sur le fait, au moment où il allait allumer la mèche dans les sous-sols du palais de Westminster.

Jacques ne parvint jamais à s'entendre vraiment avec ses parlements, même si, dans l'émotion suscitée par la conspiration des Poudres, il déclara que cela aurait été un honneur de mourir en compagnie de si fidèles représentants du peuple. Il fut ennuyé quand son « fidèle » Parlement lui rappela qu'ils avaient des libertés traditionnelles, dont une libre parole, des élections libres et l'immunité qui interdisait de les arrêter pendant la durée des sessions parlementaires. Jacques repoussa ces problèmes d'un revers de main, seulement il devait obligatoirement passer par le Parlement pour taxer le peuple. Si bien que, lorsqu'il se retrouva à court d'argent, il dut traiter.

Il se heurta constamment au même problème : comment concilier son « droit divin » à régner avec un Parlement qui contrôlait ses rentrées financières ? La vieille coutume disait que seul le Parlement pouvait accorder le droit de lever des taxes. Jacques découvrit bientôt que sa situation financière était compliquée par un afflux de métaux précieux en provenance du Nouveau Monde. Celui-ci provoquait une inflation des prix en Europe, mais les revenus des domaines de la Couronne n'augmentaient pas. Le roi s'appauvrissait régulièrement et était constamment forcé de se tourner vers le Parlement pour obtenir de l'argent. Il commença à développer une théorie de gouvernement fondée sur la nécessité d'une monarchie absolue et se trouva un brillant avocat en la personne de Francis Bacon. Celui-ci s'était élevé jusqu'aux plus hautes fonctions en soutenant l'autorité de Jacques contre l'opposition des juges. Puis Bacon entra en conflit avec le Parlement et les juges eurent leur vengeance en l'accusant de corruption.

Jacques n'avait pas une très haute opinion du Parlement, comme le montrent les propos suivants qu'il tint devant l'ambassadeur d'Espagne :

> *La Chambre des Communes est un corps sans tête. Ses membres donnent leur avis de manière désordonnée. Lors de leurs sessions, on n'entend rien d'autre que cris, invectives et confusion. Je suis étonné que mes ancêtres aient permis l'existence d'une telle institution. Je suis un étranger et je l'ai trouvée en arrivant, si bien que je suis obligé de tolérer ce dont je ne peux pas me débarrasser*[1].

Pendant la totalité de son règne de vingt-deux ans, Jacques parvint à maintenir une trêve précaire avec ses parlements, en ne les approuvant jamais réellement, mais en s'efforçant d'éviter les confrontations sérieuses en se gardant de les convoquer, sauf quand il avait un grand besoin d'argent. Dans les premières années de son règne, ses limites en tant que roi anglais – au regard de l'exemple donné par les Tudors – furent atténuées par l'espoir de voir Henry, le prince de Galles, lui succéder. Henry était un homme carré et jovial qui montrait beaucoup de dignité dans sa manière de traiter les affaires d'État. Pour le Parlement, il semblait posséder toutes les qualités d'un bon monarque dans la plus pure tradition Tudor. Ils virent en Henry un futur roi qui n'ignorerait pas leurs vieux privilèges durement acquis ou ne les contraindrait pas à grands coups de « prérogative royale », comme Jacques le faisait constamment. Quand Henry mourut en 1612, cet espoir s'envola et Charles, le nouveau prince de Galles, n'avait ni la dimension d'un homme d'État comme Henry, ni la capacité d'imposer le même respect que son frère défunt.

Dès lors, la cour de Jacques se caractérisa surtout par son intérêt pour les jeunes hommes séduisants qui devinrent ses favoris et qui ne pouvaient être accusés d'avoir mal agi. Les plus notoires furent le comte de Somerset

1. *A History of the English-Speaking Peoples,* Winston S. Churchill.

et le duc de Buckingham. Cependant, Jacques s'intéressa aussi à un autre type de relations masculines.

Le roi franc-maçon

Sur le mur de la Loge de Scoon et Perth est accrochée une peinture représentant un événement maçonnique très important : l'initiation du roi Jacques VI d'Écosse. L'enregistrement officiel de la Loge sur le registre de la Grande Loge d'Écosse indique simplement qu'elle existait antérieurement à 1658. Cette date se rapporte à la charte de la Loge qui est un ensemble de règlements expliquant comment la Loge devait être régie. Le document est signé par le Très Puissant Maître [*Right Worshipful Master*], J. Roch, et deux Surveillants, MM. Measone et Norie. Cette même charte recense l'événement représenté sur le mur de la Loge. La charte dit :

> *Sous le règne de Sa Majesté le roi Jacques VI, bénie soit sa Mémoire, qui, selon son désir, fut initié comme homme libre, maçon et frère de l'Ordre par le-dit John Mylne. Au cours de sa vie, il demeura l'un des membres de la Loge de Scoon, si bien que cette Loge est la plus fameuse de tout le royaume*[1].

La famille Mylne joue de grands rôles dans le début de l'histoire de la franc-maçonnerie. Pas moins de trois générations d'entre eux[2] occupèrent la Grande Maîtrise de la Loge de Scoon et Perth entre la fin du XVIe siècle et 1658, date à laquelle la charte de la Loge dit que cette Maîtrise passa à James Roch. Ce même James Roch fut le signataire du document qui rapporte l'Initiation de Jacques VI en tant que franc-maçon en 1601.

Un autre John Mylne, fils du John qui initia le roi Jacques, sculpta une statue du roi à Édimbourg en 1616. En 1631 ce John Mylne fut nommé Maître Maçon auprès de Charles Ier et, en 1636, il démissionna de sa charge pour la céder à son fils aîné, également prénommé John[3], qui était devenu membre de la Loge d'Édimbourg en 1633. Ce troisième John Mylne participa à la tenue [réunion] maçonnique de Newcastle, en 1641, au cours de laquelle Sir Robert Moray devint maçon. Ainsi, le petit-fils de l'homme qui initia Jacques VI initia Sir Robert[4]. Il y a donc tout lieu de croire que ce dernier reçut de Mylne un récit familial de l'Initiation de Jacques VI et

1. *Gould's History of Freemasonry*, vol. VIII, éd. Dudley Wright.
2. Tous prénommés John.
3. Tous les John Mylne semblent appeler leur aîné John.
4. *Gould's History of Freemasonry*, vol. VIII, éd. Dudley Wright.

ɪrfaitement informé des liens étroits entre les souverains Stuarts ..ɪ-maçonnerie avant même d'entrer personnellement en contact avec eux.

Mais comment le roi d'Écosse Jacques VI avait pu devenir membre d'une Loge de francs-maçons ? C'était la vraie question à laquelle il me fallait répondre et pour y parvenir, je devais me plonger dans les origines documentées de la franc-maçonnerie et de ses liens avec les rois écossais.

Les débuts de la franc-maçonnerie écossaise

La première trace tangible de l'existence de rituels maçonniques se trouve sur le mur sud d'une petite église du xve siècle, dans le Mid-Lothian, aujourd'hui connue sous le nom de chapelle de Rosslyn. Elle fut construite entre 1441 et 1486 par Lord Sinclair, autrement dit William Saint-Clair, le comte de Caithness, troisième et dernier comte Saint-Clair des Orcades, baron de Roslin. En sa qualité de chancelier et de grand amiral d'Écosse, il était le deuxième homme le plus puissant du royaume. En vérité, il semble même avoir menacé la puissance des rois Stuarts. Au moment où le jeune Jacques II d'Écosse s'immisçait de plus en plus dans la politique anglaise, William commença la construction de l'édifice que l'on appelait alors la chapelle de Ro*sli*n [1]. Quand l'implication de Jacques II dans la guerre des Deux-Roses anglaise [2] lui coûta la vie, à la bataille de Roxburgh, son fils Jacques III d'Écosse dépouilla William de son titre de comte des Orcades et le força à diviser ses terres entre ses nombreux enfants. Ainsi la puissance des Saint-Clair fut brisée et ils ne furent plus jamais assez forts pour défier l'emprise des Stuarts sur la Couronne d'Écosse.

La nouvelle chapelle que William construisait à Roslin était un projet formidablement ambitieux. Les moindres surfaces du bâtiment, tant à l'intérieur qu'à l'extérieur, devaient être sculptées dans un foisonnement de détails. Le père Hey, l'historien de Roslin, nous explique que William supervisa personnellement toute la décoration. Il avait voulu que tous les

1. N.D.T. Le village dans lequel se dresse la chapelle s'appelle bien Roslin, mais la chapelle elle-même s'orthographie effectivement aujourd'hui Rosslyn pour des raisons symboliques qui ont été largement évoquées par Robert Lomas et Christopher Knight, coauteurs des best-sellers *La Clé d'Hiram* et *Le Livre d'Hiram* (tous deux parus en français aux éditions Dervy).

2. N.D.T. Guerre civile anglaise (1450-1485) ayant opposé la maison des Lancastre (rose rouge sur ses armoiries) à la maison d'York (rose blanche héraldique). Les premiers l'emportèrent avec la victoire sur Richard III, et Henry VII Tudor monta sur le trône.

éléments soient d'abord sculptés dans le bois pour qu'il puisse les contrôler avant de les valider. Sur chaque pièce de bois acceptée, il apposait une marque de validité qui permettait de la réaliser en pierre[1]. Si le père Hey dit vrai, William Saint-Clair fut le premier contrôleur de qualité de ses chantiers de construction[2]. Cette hypothèse implique qu'aucune des étranges sculptures de l'édifice n'est là par hasard ou du fait de lubies de maçons fantasques. La représentation d'un renard – revêtu d'une robe d'ecclésiastique – s'adressant en chaire à une assemblée de poulets en dit long sur l'opinion que Sir William avait des prêtres de l'Église. Cependant, c'est un petit bas-relief de l'angle extérieur sud-est qui fournit le premier élément de preuve documentée de ce qui est aujourd'hui connu comme la franc-maçonnerie spéculative.

La scène (voir cahier photos) nous montre un homme s'agenouillant en adoptant une très étrange posture : ses pieds forment une équerre ; dans la main gauche il tient une Bible ; ses yeux sont bandés et il a une corde de pendu autour du cou. À côté de lui se tient un homme barbu, en robe de Chevalier Templier, qui tient la corde. Cette étrange paire se trouve entre deux piliers. Hormis l'habillement médiéval de l'homme agenouillé, cette scène aurait pu être la représentation d'une cérémonie maçonnique moderne de réception du premier degré. Après avoir constaté le nombre de ressemblances qu'il y avait entre cette sculpture et la cérémonie maçonnique moderne, j'en ai parlé plusieurs fois lors de conférences maçonniques que j'ai pu donner. Ensuite, avec mon collaborateur Christopher Knight, nous avons publié les éléments de preuve dans un livre[3]. En de nombreuses occasions, je fus invité à débattre de cette sculpture, dans les Loges maçonniques et dans les radios américaines et britanniques. Au cours de ces débats, l'archiviste de la Grande Loge de Londres estima que mes conclusions – selon lesquelles ce bas-relief était la preuve de l'existence du rituel maçonnique en Écosse au milieu du XVe siècle – pouvaient s'expliquer par une simple coïncidence. Or il se fait que l'un des principaux sujets que j'enseigne en université, ce sont les statistiques. Dans l'un de mes cours réguliers, j'examine l'aide que peut apporter l'analyse statistique pour mieux comprendre précisément des éléments de preuve. Ainsi, en guise de démonstration, je décidai d'entreprendre une analyse rigoureuse de cette

1. *Genealogie of the Saintclaires of Rosslyn, including the Chartulary of Rosslyn*, R. A. Hey.
2. *Ibid.*
3. *Le Second Messie* (édité en français chez Dervy, Paris, 2000). [Éléments complétés dans *Le Livre d'Hiram*, Dervy, Paris, 2004, qui n'avait pas encore été écrit à l'époque de la parution en anglais du présent *Collège invisible*.]

sculpture : quelle probabilité y avait-il pour que les ressemblances entre la sculpture validée par William Saint-Clair et le premier degré de la franc-maçonnerie moderne soient purement fortuites ? Mes résultats furent concluants. Même si je donnais à chaque élément séparé (les pieds en équerre, les yeux bandés, la corde...) le plus haut taux de probabilité de présence fortuite, il n'y avait que deux chances pour mille pour que tous ces éléments de ressemblance se soient simultanément trouvés là par pure coïncidence. Pour un statisticien, les faits indiquaient donc que William n'avait pas associé ces éléments par hasard... à moins d'avoir eu une chance extraordinaire. En d'autres termes, il voulait incontestablement avoir tous ces éléments réunis quand il valida la pièce. Ces mêmes « *landmarks*[1] » ont survécu dans la franc-maçonnerie moderne, qui prétend en avoir hérité de « nos anciens [*antient*] frères ».

Cette preuve statistique réfute l'hypothèse de l'archiviste de la Grande Loge Unie d'Angleterre – qui n'est pas un statisticien – selon laquelle la présence des éléments du rituel maçonnique inclus dans le bas-relief serait due à un pur hasard. Et cette réfutation laisse intacte l'autre alternative que j'ai avancée, à savoir que la cérémonie était connue du bâtisseur de la chapelle de Roslin au milieu du XVe siècle.

L'élément de preuve suivant reliant les maçons à un rituel associé au temple de Salomon fut relevé par le professeur David Stevenson, historien de l'université de St-Andrews. Le témoignage provient d'Aberdeen. Sur la façade ouest du King's College de cette ville écossaise, on voit une inscription latine que Stevenson traduit comme suit :

> *Par la grâce du sérénissime, illustrissime et invincible roi Jacques VI : le quatrième jour avant les nones d'avril de l'an mille cinq cents, les maçons ont commencé à construire cet excellent Collège*[2].

Le professeur Stevenson ajoute que la date est significative pour des francs-maçons, car c'est traditionnellement à cette date qu'aurait commencé la construction du temple de Salomon[3]. Stevenson parle ensuite de l'importance de la franc-maçonnerie en Écosse :

> *Cependant, ceci n'explique pas la formulation particulière de l'inscription. Elle mentionne le roi comme patron du projet, mais précise que les maçons*

---

1. N.D.T. Coutumes et usages maçonniques auxquels on ne peut toucher sous peine d'irrégularité (dans la franc-maçonnerie anglo-saxonne et les Loges qui s'en réclament).
2. *The Origins of Freemasonry*, David Stevenson.
3. *William Elphinstone, his college chapel and the second of April*, G. P. Edwards, Aberdeen University Review, II (1985), p. 1-17.

commencèrent leur travail le 2 avril. Il est surprenant qu'une telle inscription mentionne spécifiquement les artisans responsables du travail, pourtant ils figurent ici à côté du roi[1].

Et Stevenson ajoute :

> *À la fin du XVIe siècle, l'Ordre [maçonnique] était à la veille d'un développement remarquable qui allait le transformer [...] un homme remarqua que certains aspects de l'héritage traditionnel du métier de la maçonnerie reliaient toute une série de thèmes à la mode dans la pensée et la culture de l'époque, et il s'attela à les introduire dans l'Ordre*[2].

Cet homme, c'était William Schaw, qui, le 21 décembre 1583, devint le Maître des travaux [*Master of Works*] du roi Jacques VI et de la reine Anne[3]. Il est enterré dans l'abbaye de Dunfermline et c'est là que j'en découvris davantage sur son compte.

William Schaw, le grand architecte de l'Ordre

Le vieil homme qui me servit de guide portait un costume sombre, une chemise blanche et une cravate noire. Il me prit la main et je reconnus la poignée de main distinctive d'un frère de l'Ordre, alors qu'il me conduisait vers l'abbaye de Dunfermline. En pénétrant dans l'édifice, je sentis une légère odeur de moisi. Après la chaleur du soleil matinal, l'air paraissait froid et légèrement humide. Nous traversâmes la nef principale pour gagner les ombres du mur occidental. Le vieux maçon leva le doigt vers la voûte du plafond.

– Ces gars-là savaient comment construire de manière juste et droite, lança-t-il.

Sa voix se répercuta contre les pierres que nos anciens frères avaient sculptées si soigneusement.

Il avait raison ! Les grandes courbes du plafond étaient supportées par deux rangées centrales de hauts piliers admirablement sculptés. Le bâtiment avait une présence impérieuse qui m'incitait à baisser la voix.

– Où est exactement le tombeau de Schaw ? murmurai-je presque.

---

1. *The Origins of Freemasonry*, David Stevenson.

2. *Ibid.*

3. *Accounts of the Masters of Works*, éd. H. M. Paton, I, XVII ; 1581-1584, n° 1676, Édimbourg, 1957.

Mon guide me conduisit vers l'angle nord-ouest faiblement éclairé de l'abbaye. Alors que mes yeux s'habituaient à la lumière filtrée par la haute fenêtre de la grande église, je pouvais entrevoir un monument orné de sculptures contre le mur nord.

– Le vieux comte de Dunfermline l'a construit pour Schaw. C'était un frère, initié dans la Loge d'Aberdeen, vous savez, me dit le vieil homme. Il avait une marque qui ressemblait à un éclair.

Du bout de sa canne, il esquissa la forme de la marque de maçon du comte sur le sol – ils utilisaient tous leurs marques pour s'identifier à l'époque, parce que peu d'entre eux pouvaient lire.

Nous sommes restés l'un à côté de l'autre à regarder le tombeau de William Schaw. Il y avait une longue inscription en latin qui racontait la vie et les œuvres de Schaw. Mais mon guide attira mon attention sur une inscription carrée plus petite, placée entre deux piliers au sommet du monument. Il me la traduisit d'une voix ferme, comme s'il lisait la Bible, qui résonnait dans l'immensité silencieuse de l'abbaye :

> *Vis à jamais dans le Ciel, toi le meilleur des hommes. Tu as eu une vie de dur labeur et la mort t'a apporté un profond repos. En l'honneur de son véritable et bien-aimé ami William Schaw. Alexandre Seton, comte de Dunfermline.*

Alors que les derniers échos de sa voix s'évanouissaient, je regardai plus attentivement la maçonnerie du tombeau. La chose la plus frappante concernant ce monument – encore plus remarquable que son évidente magnificence –, c'était le nombre de marques de maçon que l'on voyait gravées dessus. C'était comme si le moindre maçon ayant travaillé dessus avait voulu y laisser son empreinte à jamais. L'homme qui m'avait emmené voir cette sépulture était un frère important de la Loge de Dunfermline. J'avais parlé devant elle la veille au soir et j'avais mentionné en passant l'importance de Schaw dans la création du système des Loges. Alors, ce vieux maçon était ensuite venu me trouver :

– Avez-vous déjà vu le tombeau de Schaw ? me demanda-t-il.

– Non.

– Si vous me retrouvez devant l'abbaye demain matin, je vous le montrerai.

Et c'est ce qu'il avait fait.

Je tendis la main et touchai la surface froide de la pierre, suivant du bout des doigts le contour d'une marque de maçon ayant la forme d'une étoile à cinq branches.

– Vous connaissez cette marque, n'est-ce pas ?

– Je sais que c'est la marque que Sir Robert Moray prit à Newcastle.

– C'est juste et elle a été utilisée par de nombreux bons maçons depuis, me dit mon ami. Mais j'aime à penser que Sir Robert voulut ainsi marquer son respect pour Schaw.

Je fus d'accord avec lui. L'étoile à cinq branches n'avait probablement pas été gravée par Sir Robert, mais je me sentais spirituellement très proche de lui en passant mon doigt sur la pierre froide de la tombe de l'homme qui avait inventé le système moderne des Loges de la franc-maçonnerie.

William Schaw naquit vers 1550 à Clackmannan, près de Stirling. Son père, John Schaw de Broich avait été le gardien de la cave du roi. À dix ans, William servit à la cour comme page de Marie de Guise. Je le savais parce que les registres de la reine douairière recense son nom parmi la liste de ses serviteurs qui devaient porter le deuil. La même année, son père John fut chargé d'assassiner le serviteur d'un autre seigneur [1]. William apparaît ensuite dans les archives écossaises quand il signa la « Confession négative », un document que Jacques VI et ses courtisans durent signer pour assurer l'Église réformée qu'ils n'essayeraient pas de ramener la foi catholique. William était catholique, mais il semble avoir fait preuve de souplesse en matière religieuse pour avoir su se tenir à l'écart des problèmes avec la *Kirk*, l'Église d'Écosse. Le professeur Stevenson dit de lui :

> *Comme un certain nombre d'autres Écossais des cercles de la cour, tout en demeurant catholique, il évita les actions qui auraient pu entraîner des persécutions en assistant même probablement de temps en temps à des offices protestants* [2].

C'est vers la fin de 1583 que Schaw devint le Maître des travaux de Jacques VI. Un mois environ après sa nomination, le roi l'envoya en mission diplomatique en France, ce qui laisse entendre qu'il avait autant de dispositions pour la diplomatie que pour la construction [3]. Un autre fait semble le confirmer, puisque c'est à lui que le souverain demanda de s'occuper des ambassadeurs du roi du Danemark, quand ceux-ci vinrent en Écosse tenter de négocier la restitution des Orcades et des Shetlands au Danemark [4]. Schaw dut bien se débrouiller avec les Danois, parce que, en

1. *Accounts of the Masters of Works*, éd. H. M. Paton, 1556-1567, Édimbourg, 1957.

2. *The Origins of Freemasonry*, David Stevenson.

3. *Calendar of State Papers relating to Scotland*, 1581-1583, 13 vol., HMSO, Londres, 1910-1959.

4. *Calendar of State Papers relating to Scotland*, 1584-1585, 13 vol., HMSO, Londres, 1910-1959.

1589, Jacques l'envoya au Danemark pour escorter sa nouvelle fiancée, Anne de Danemark, lors de son voyage vers l'Écosse. À son retour, Schaw devint le chambellan de la reine Anne et l'un de ses grands favoris. Comme son tombeau le rappelle :

> *La reine Anne a ordonné qu'un monument soit élevé à la mémoire d'un homme très admirable et droit, pour ne pas que le souvenir de ses hautes vertus, qui méritent d'être honorées à tout jamais, s'évanouisse alors que son corps tombera en poussière.*

Ce fut en 1590 que Schaw commença à s'intéresser aux maçons et à leur organisation. La première trace écrite en est une lettre adressée sous l'autorité du sceau privé du roi à Patrick Copland d'Urdoch (près d'Aberdeen). Elle confirmait le droit de ce dernier à agir en qualité de « surveillant [*wardanie*] des Maîtres maçons d'Aberdene [Aberdeen], Banff et Kincarne[1] ». Le professeur Stevenson pense que Schaw put envisager de réorganiser le métier de maçon sous le contrôle d'un certain nombre de surveillants régionaux et qu'il utilisa justement le précédent du Copland d'Urdoch pour rétablir le principe desdits surveillants régionaux. Cette information montre assurément que la maçonnerie écossaise primitive était spéculative et qu'elle impliqua très tôt les plus hauts rangs de la société. Patrick Copland était Laird (Seigneur) d'Urdoch ; ce n'était pas un ouvrier ordinaire.

Cependant, huit ans après la confirmation sous sceau royal de l'autorité d'un surveillant régional dans l'Aberdeenshire, Schaw endossa le rôle de Surveillant général du métier pour l'Écosse [*General Warden of the Craft of Scotland*]. Schaw lui-même venait de créer cette nouvelle charge et elle avait l'approbation d'un certain nombre de « *maister maissounis* » (maîtres maçons) non cités qui avaient assisté à une réunion le jour de la fête de Saint-Jean à Édimbourg en 1598.

En tant que Maître des travaux du roi, Schaw intervenait comme représentant du trône dans tous les chantiers de construction de l'État. Cela lui conférait un grand pouvoir de contrôle sur les maçons opératifs d'Écosse. De ce fait, il ne fit que rationaliser un état de choses qui existait déjà. Ses premiers statuts contenaient vingt-deux clauses.

La première clause établissait que tous les maçons « observeront et conserveront toutes les bonnes ordonnances concernant les privilèges de leur métier, arrêtées dans le passé par leurs prédécesseurs de fort bonne

1. Scottish Record Office, PS. I/61, Register of the privy seal.

mémoire, et ils seront sincères entre eux et vivront charitablement ensemble, étant devenus par serment frères et compagnons du métier. » Ici, Schaw évoque un système de règlements, que les maçons connaissent encore sous le nom d'Anciens Devoirs (*Antient* ou *Old Charges*).

Les autres clauses expliquent comment les Loges doivent être administrées et dirigées et comment le travail des maçons doit être organisé. On trouve deux points particulièrement intéressants. L'un des deux semble être la première directive sanitaire et sécuritaire du métier de la construction. La clause indique :

> *Tous les maisteris [Maîtres], responsables de travaux, seront très attentifs à ce que leurs échafaudages et leurs échelles soient installés et fixés en toute sécurité, afin que leur négligence ou leur incurie ne blesse aucun des ouvriers du chantier, sous peine d'être privé du droit de travailler comme maisteris responsable d'un ouvrage et d'être condamné, pour le restant de leurs jours, à travailler avec ou sous les ordres d'un autre maister responsable d'ouvrage*[1].

Une discipline sévère, en effet, pour tout Maître maçon qui n'était pas attentif à la sécurité de ses ouvriers qui travaillaient dans les hauteurs vertigineuses d'une cathédrale ou d'une grande demeure écossaise. Les inspecteurs du travail d'aujourd'hui ne seraient pas en désaccord avec les motifs et les sanctions de cette législation maçonnique du XVIe siècle.

L'autre sujet intéressant concernait le choix du responsable de la Loge :

> *Chaque année, un Surveillant [Warden] qui aura la charge de la Loge sera choisi et élu... [Le Surveillant général] pourra envoyer toutes les instructions requises au Surveillant élu*[2].

Le Maître – ou Surveillant – de la Loge [*Warden*] devait donc être élu chaque année et Schaw, en sa qualité de Surveillant général du métier, donnait des instructions aux maçons par l'intermédiaire des officiers élus. Il s'agit ici d'un système éminemment démocratique mis en place cinquante ans avant que la guerre civile ne soulève les mêmes questions de responsabilité démocratique en Angleterre.

Globalement, c'était un document avisé et juste qui avait pour intention évidente de simplifier l'organisation générale des maçons en Écosse. Il tenait

---

1. *Historical Sketch of the Grand Lodge of Antient Free and Accepted Masons of Scotland*, Appendic I, Grand Lodge of Antient Free and Accepted Masons of Scotland, 1986.

2. *Ibid.*

compte des anciennes traditions de l'Ordre, respectait les rituels existants et prenait des dispositions pour mettre en place des méthodes de travail sûres. En outre, il prévoyait la circulation démocratique et régulière des informations par l'intermédiaire du *Maisteris* de la Loge. Il fut publié avec l'approbation de tous les Maîtres maçons qui avaient assisté à la réunion de la Saint-Jean à Édimbourg en 1598, comme le montrent les phrases de conclusion :

> *Afin que ces ordonnances soient exécutées et observées, ainsi qu'elles ont été établies ici, le groupe des* maisteris *ici assemblé ce jour s'engage à les suivre fidèlement. Par conséquent, le Surveillant général leur a demandé de les signer de leur main, afin qu'une copie authentique soit envoyée dans chaque Loge du royaume*[1].

Par ce document, c'est aussi la première fois que l'on demande à toutes les Loges de conserver des traces écrites de leurs actes et débats[2]. Les plus vieilles minutes de Loges en existence sont celles d'Édimbourg, qui commencèrent immédiatement après cette réunion avec Schaw.

Les premiers statuts de Schaw nous instruisent beaucoup sur la franc-maçonnerie. Ils confirment que les francs-maçons se réunissaient dans des Loges, que ces Loges étaient dirigées par des Maîtres [*masteris*, en anglais moderne, *Masters*] ou des surveillants [*wardanie*, en anglais moderne *Warden*], qu'il existait un système de réunions à un niveau supérieur à la Loge, que les Loges étaient obligées de conserver des traces écrites de leurs activités et que l'on s'engageait sur l'honneur à observer les anciennes ordonnances de leur métier. Tous ces éléments ont survécu dans la franc-maçonnerie moderne et c'est le plus ancien témoignage écrit de leur existence. En d'autres termes, Schaw structura le système des Loges maçonniques d'aujourd'hui. Une Loge, ce n'est pas simplement le bâtiment où les maçons se rencontrent, mais c'est également l'ensemble des hommes qui composent ce groupe. Elle a ses propres traditions, sa hiérarchie et ses registres pour prouver ce qui a été décidé, mais c'est fondamentalement une structure démocratique, héritée d'une période où la démocratie n'était pas censée prévaloir.

Cependant, nous n'en avons pas encore fini avec cette histoire, parce

1. *Historical Sketch of the Grand Lodge of Antient Free and Accepted Masons of Scotland*, Appendic I, Grand Lodge of Antient Free and Accepted Masons of Scotland, 1986.

2. Les Loges modernes accordent une grande importance aux minutes écrites pour prouver leur ancienneté comme le montre la citation de l'historien Dudley Wright en exergue de ce chapitre.

qu'une Loge bien établie existait sur la côte occidentale de l'Écosse. Cette Loge – que l'on appelle aujourd'hui la Loge mère Kilwinning – n'était pas située à Édimbourg, mais sur la côte d'Ayr, sur le domaine de l'abbaye de Kilwinning. Les Surveillants de la Loge mère Kilwinning avaient l'habitude de délivrer des chartes à d'autres groupes de maçons qui pouvaient alors constituer de nouvelles Loges. Mieux encore, la Loge mère Kilwinning revendiquait des droits sur les maçons de métier de l'Ayrshire. Le premier statut Schaw ne reconnaissait pas la place que la Loge Kilwinning réclamait dans l'organisation maçonnique récemment créée. L'année suivante, en 1599, le jour de la fête de Saint-Jean, Schaw présenta ses seconds statuts, cette fois à Holyrood House, l'un des palais du roi. Ces seconds statuts reprenaient les termes des premiers statuts, mais allaient plus loin en attribuant un statut formel à la Loge Kilwinning.

Quand Schaw présida sa première réunion formelle en tant que Surveillant général du métier – de nouveau le jour de saint Jean l'Évangéliste, la Loge mère Kilwinning envoya le frère Archebald Barclay pour revendiquer un rôle dans la nouvelle gestion du métier. Le frère Barclay sut défendre sa cause, parce que Schaw autorisa Kilwinning à conserver son ancienne pratique d'élire ses officiers pendant la vigile du solstice d'hiver. Il lui attribua le rang de « seconde *lurge* [Loge] d'Écosse » et ses Surveillants auraient le droit d'être présent lors de l'élection de tous les autres surveillants de Loge du Lanarkshire, de Glasgow, Ayr et Carrick. Un Surveillant de Kilwinning aurait le pouvoir de convoquer et de juger tout Surveillant de Loge de son secteur, pouvoir délégué par Schaw en sa qualité de Surveillant général du métier. Les Surveillants de Kilwinning devaient effectuer des examens réguliers des maçons de leur juridiction pour s'assurer qu'ils étaient correctement formés à « l'art et au métier de la science et à l'art ancien de la mémoire ».

Avec cette clarification de la plus importante des anciennes ordonnances et la mise au point hiérarchique entre les Loges d'Édimbourg-Sainte Mary's Chapel et mère Kilwinning, Schaw semblait avoir donné une structure stable à la franc-maçonnerie. Malgré cela, il avait de plus grandes ambitions pour sa toute jeune organisation. Il voulait que le roi devienne le Grand Maître de l'Ordre et il cherchait à obtenir une charte royale confirmant à jamais ce statut du métier. Mais il avait un problème : les maçons n'accepteraient jamais un non-maçon[1] pour Grand Maître. Même s'il était

1. Ce que les maçons appellent un profane (*cowan*).

roi, si Jacques devait devenir Grand Maître maçon, il devait d'abord être fait maçon.

En 1584, William Schaw avait aidé son grand ami Alexandre Seton[1] à concevoir une maison pour Lord Somerville. Le Maître maçon qui exécuta les travaux était John Mylne[2]. En 1601, Mylne fut Surveillant de la Loge de Scoon et Perth. Cette Loge était précisément sise dans Scoon, qui était l'ancien site de couronnement du roi d'Écosse. En somme, il s'agissait d'une Loge appropriée pour que le roi rejoigne la franc-maçonnerie.

J'ai déjà cité la minute de cet événement, mais maintenant son objet politique devenait clair. Pour que se réalisent les projets qu'il concevait pour l'Ordre, Schaw avait besoin que le roi devienne maçon. Jacques VI aimait le rituel, les masques et les déguisements. D'après tous les récits, il apprécia grandement la cérémonie au cours de laquelle il fut initié aux anciens mystères de la parole maçonnique. Maintenant, tout ce dont Schaw avait besoin était en place : il allait pouvoir proposer un Grand Maître maçon royal pour le métier, avant d'obtenir la Charte royale qui confirmerait son autorité comme Lord Surveillant général du métier. Malheureusement, les maçons d'Écosse avaient des idées différentes. Ils réclamèrent un autre Grand Maître : William Sinclair, Laird de Roslin.

William le Vaurien

Quand Schaw promulgua ses seconds statuts, il était sur le point d'obtenir la consécration royale des privilèges du métier. Mais il semble alors avoir été forcé de faire marche arrière. Un puissant groupe de maçons exigea qu'il publie un document que l'on connaît maintenant sous le nom de Première Charte Saint-Clair. Stevenson explique :

> *[Cela] peut être vu comme une indication... que Schaw fut forcé de modifier ses plans [en vue de l'obtention d'une Charte royale] et de prendre en compte les réclamations du métier... qui étaient trop fortes pour qu'il puisse y résister... La mort de Schaw en 1602 et, l'année suivante, le départ du roi vers l'Angleterre pour réunir les deux couronnes ont pu empêcher d'obtenir le soutien du souverain*[3].

---

1. Plus tard, il devint comte de Dunfermline et membre de la Loge d'Aberdeen.
2. *Memorie of the Somervilles ; being a history of the baronial house of Somerville*, Lord John Somerville, éd. Sir Walter Scott.
3. *The Origins of Freemasonry*, David Stevenson.

Après qu'il eut confirmé la mère Kilwinning dans son rôle de Grande Loge mineure suite à sa réclamation, les autres Loges réalisèrent qu'on pouvait exercer une pression sur Schaw et le contraindre à modifier ses choix. Lorsqu'il voulut unir les Loges d'Écosse sous la Grande Maîtrise du roi Jacques VI, le premier acte de Schaw fut d'obtenir que la Loge de Scoon et Perth initie le souverain[1]. Conséquence logique : en faisant de la Loge de Scoon et Perth sa loge mère, Jacques, comme les minutes de l'événement le spécifient, faisait de celle-ci la Loge « *la plus fameuse de tout le royaume* ». Cet acte allait réduire à néant toutes les manœuvres antérieures d'ordonnancement des différentes Loges. Édimbourg avait été déjà désigné comme première Loge. Kilwinning était officiellement la numéro deux et Stirling venait en troisième position par rang d'ancienneté. Mais maintenant, en tant que Loge du Grand Maître royal, Scoon et Perth se retrouvait en situation de préséance par rapport à toutes les Loges. En initiant le roi, la Loge de Scoon et Perth circonvenait tous ses frères maçons.

Dès lors, Schaw se retrouvait harcelé par les Loges de l'est de l'Écosse, Édimbourg, Saint-Andrews, Haddington, Aitchison Haven et Dunfermline qui lui demandaient de reconnaître une autre autorité séculaire de la franc-maçonnerie, celle de William Saint-Clair de Roslin. Stevenson dit de celui-ci :

> *Si en William Sinclair les maçons avaient trouvé un gentleman de vieille lignée qui acceptait d'être leur patron, ils n'avaient pas déniché pour autant un homme respectable et influent... Si les maçons avaient un libre choix dans leur recherche d'un patron approprié pour faire valoir les intérêts du métier, ils n'auraient jamais choisi le laird de Roslin*[2] *!*

William Saint-Clair, troisième et dernier comte Saint-Clair des Orcades, et bâtisseur de *Rosslyn Chapel*[3], avait été le deuxième homme le plus puissant d'Écosse, jusqu'en 1471, date à laquelle il avait été forcé par le roi de diviser ses propriétés. Les baronnies de Roslin et de Pentland avaient alors été transférées à l'un de ses fils, Oliver, Lord Sinclair. Par son intermédiaire, elles étaient d'abord passées à un autre William, puis à Edward avant de revenir au William Sinclair, qui est l'objet de cette charte.

Ce William Sinclair était un catholique qui n'était pas en bons termes avec la *Kirk*, l'Église d'Écosse presbytérienne. Il fit baptiser l'un de ses

1. Plus tard, les rois Stuarts allaient créer un Ordre maçonnique en Écosse qui ferait automatiquement du roi d'Écosse son Grand Maître.

2. *The Origins of Freemasonry*, David Stevenson.

3. Où le plus ancien témoignage du rituel maçonnique est sculpté dans le mur.

enfants dans la chapelle de Rosslyn en 1589. Rosslyn n'était pas une église paroissiale, mais William ne se soucia pas du tollé que cette initiative provoqua. Cependant, le prêtre qui officia fut contraint de demander publiquement pardon [1]. Un an plus tard, le consistoire de Dalkeith accusa Sinclair de « garder des représentations et des monuments idolâtres » dans Rosslyn. Toutefois, les fonctionnaires de la *Kirk* durent différer leur interrogatoire de William, car celui-ci venait d'être arrêté et accusé d'avoir menacé la personne du roi [2]. Mais dès qu'il fut libéré, la *Kirk* le poursuivit en insistant sur le fait que Rosslyn ne devait pas être utilisée comme lieu de culte et que William devait obliger ses gens à assister aux offices de l'église paroissiale presbytérienne. Ils déclarèrent aussi qu'il devait être un exemple et qu'il devait devenir un des anciens de la *Kirk*. Mais William déclina la proposition en déclarant qu'il n'était pas « digne » de ce statut. Il le prouva peu après quand il dut publiquement confesser avoir forniqué avec une jeune servante d'auberge locale. Et pour ajouter l'injure aux outrages, il déclara à la *Kirk* qu'il ne pouvait se rappeler si tous ses bâtards avaient été baptisés. Quand on lui ordonna de faire une repentance publique pour ses actes de fornication, en prenant place sur le tabouret de repentance, il refusa – à moins qu'on ne lui fournisse un pichet de bon vin pour l'aider à passer le temps [3].

Au regard du nombre d'assignations lui demandant de ne pas troubler l'ordre public et de ne pas attaquer différents individus, William semble avoir été très enclin à courir les filles et à se bagarrer. Le père Hey, l'historien de la famille Sinclair, le décrit comme un « homme obscène, qui entretenait la fille d'un meunier à seule fin de fornication [4] ». Finalement il s'enfuit en Irlande avec sa maîtresse, en abandonnant sa femme, son fils William [5] et le métier d'Écosse.

Voici donc l'homme que les maçons d'Écosse préférèrent avoir comme patron, plutôt que de laisser la Loge de Scoon et Perth avoir préséance sur eux. William le Vaurien [*The Wastrel*], comme le Laird de Roslin était surnommé alors, avait l'autorité du dernier comte Saint-Clair des Orcades pour soutenir sa prétention. Par ailleurs, il était le gardien du plus important

1. *The Worship of the Reformed Church of Scotland 1550-1638,* W. McMillan, Londres, 1931.

2. *The Records of the Synod of Lothian and Tweeddale 1589-1596*, éd. J. Kirk, Stair Society, Édimbourg, 1977.

3. *Ibid.*

4. *Genealogie of the Saintclaires of Rosslyn, including the Chartulary of Rosslyn*, R.A. Hey, J. Maidment, Édimbourg, 1835.

5. Il y a manifestement beaucoup de William Sinclair dans cette histoire !

sanctuaire maçonnique d'Écosse, la chapelle de Rosslyn. Les francs-maçons d'Écosse tirèrent la seule flèche à leur disposition pour contrecarrer les ambitions de la famille Mylne. Le droit du Laird de Roslin à ce poste pouvait s'appuyer sur la première phrase des statuts de Schaw qui définissait qu'ils « observeront et conserveront toutes les bonnes ordonnances concernant les privilèges de leur métier, arrêtées dans le passé par leurs prédécesseurs de fort bonne mémoire ».

La Première Charte Saint-Clair reprend précisément cette ligne quand elle indique :

> *Que tous sachent que les diacres, les Maîtres et les hommes libres de la maçonnerie du royaume d'Écosse, avec le consentement et l'assentiment exprès de William Schaw, Maître des travaux de notre Souverain seigneur, déclarent que, d'âge en âge, nous observons que les Lairds de Roslin ont été les patrons et protecteurs de nos privilèges comme de nous-mêmes et que nos prédécesseurs leur ont obéi et les ont reconnus comme patrons et protecteurs*[1].

Donc, apparemment, la tentative de Schaw d'obtenir une Charte royale pour les francs-maçons échoua parce que quelques Loges exigèrent le respect d'une tradition plus ancienne qui les liait aux Sinclair de Roslin. Le caractère indigne de l'homme à qui ils accordaient leur loyauté laisse entendre que la tradition était une chose importante pour eux, autrement ils auraient pu suivre le plan de Schaw et reconnaître leur frère Jacques, Sa Majesté le roi Jacques VI, comme nouveau patron royal. Le fait que le souverain soit devenu maçon avait certainement encouragé un certain nombre de ses courtisans à faire de même, et parmi eux, on peut citer Lord Alexander, Lord Hamilton et David Ramsey[2], qui rejoignirent la Loge d'Édimbourg[3].

Quand Jacques partit pour Londres, il continua de prendre part aux cérémonies qui lui permettait d'endosser le rôle du roi Salomon, celui que jouait le Maître de La loge au cours des cérémonies d'ouverture et de fermeture. Et il n'en fit assurément pas un secret. Sir John Harrington, qui passa une soirée à la cour de Jacques VI (Ier) alors qu'il accueillait et distrayait le roi Christian du Danemark en 1617, rapporta :

> *Après le dîner, les dames et les gentilshommes de la cour interprétèrent les rôles de la reine de Saba arrivant avec sa suite dans le temple du roi Salomon.*

1. *Historical Sketch of the Grand Lodge of Antient Free and Accepted Masons of Scotland*, Grand Lodge of Antient Free and Accepted Masons of Scotland, 1986.
2. Horloger du roi et gentilhomme de la Chambre privée.
3. *Gould's History of Freemasonry*, éd. Dudley Wright.

Cependant, la dame qui jouait la reine de Saba était trop ivre pour garder l'équilibre sur les marches et elle tomba sur les genoux du roi Christian en l'aspergeant de vin, de crème de gelée, de boissons, de gâteaux, d'épices et d'autres bonnes choses qu'elle avait en mains[1].

D'autres chroniqueurs ont rapporté de semblables mises en scène de Jacques, liées au temple de Salomon. Il adorait demander à de jeunes hommes de se vêtir dans des robes amples pour l'assister dans ces rituels. Jacques se prit d'une grande affection pour Robert Carr, qui devait devenir comte de Somerset et être impliqué dans une affaire de meurtre. Plus tard, le roi se tourna vers George Villiers, le fameux duc de Buckingham, qu'il appelait « son épouse »[2].

Jacques affublait Buckingham du sobriquet de « Steenie ». L'historien J. P. Kenyon écrit à ce propos :

Jacques était malade d'amour pour « son doux Steenie », son « petit cœur », sa « douce enfant et épouse », et quelques jours d'absence le rendaient brûlant de désir. « Mon doux et cher, mon seul enfant, répétait-il à l'envi. Je prie pour que tu reviennes vite à la maison auprès de ton cher père et au pire avant le crépuscule. Que le Seigneur me donne la joie et le réconfort de t'avoir près de moi cette nuit[3]. »

Les contemporains de Jacques étaient encore plus clairs. Un courtisan, Sir Anthony Weldon, remarquait à propos des relations du roi avec un certain nombre « de beaux mâles » :

La manière qu'avait le roi de les embrasser de manière si lascive en public incitaient bon nombre à imaginer les choses qui pouvaient se passer dans les appartements privés, choses qui dépassent mes mots et encore davantage mon expérience[4].

À l'époque, l'homosexualité était désignée comme le vice des rois, mais elle ne suscitait guère de condamnation publique. Cependant, Jacques finit par être si obsédé par la mise en scène des événements relatifs au temple de Salomon que ses courtisans le surnommèrent le Salomon britannique[5].

---

1. *Charles Ier*, Christophe Hibbert.
2. *A History of English-speaking People, vol. II*, Winston S. Churchill.
3. *The Stuarts*, J. P. Kenyon.
4. *The Early Stuarts*, Godfrey Davies.
5. *A History of England 1485-1688*, Cyril E. Robinson.

Mais il exécutait également des cérémonies maçonniques régu' William Preston rapporte :

> *En 1607, la première pierre de cet édifice élégant [une partie du palais de Whitehall] fut posée par le roi Jacques, et ses Surveillants, assistés de nombreux frères, revêtus régulièrement. La cérémonie fut exécutée avec la plus grande pompe et la plus grande magnificence*[1].

Ainsi, je pouvais donc maintenant être relativement certain que Jacques VI, par l'intermédiaire de son Maître des travaux, William Schaw, avait patronné le système moderne de Loges de la franc-maçonnerie en Écosse avant sa venue en Angleterre. Lorsque Jacques fut initié à la franc-maçonnerie, à la Loge de Scoon et Perth en 1601, il devint fasciné par les rituels du temple de Salomon, qui constituent une part importante de l'Ordre. Par Jacques, la maçonnerie spéculative fut à la mode à la cour d'Écosse et il apporta avec lui en Angleterre les rituels écossais de la franc-maçonnerie.

Le fait que Francis Bacon – que Jacques favorisa considérablement – soit représenté sur le frontispice de l'*Histoire de la Royal Society* de Spratt avec le pendentif et le collier d'un chapelain de la Loge d'Édimbourg ne peut être une coïncidence. Le roi eut beaucoup de favoris, dont Bacon, mais comme Bacon n'était pas « doux et avenant », c'est sans doute davantage au Jacques amoureux des rituels de Salomon qu'il plut. Ainsi fut encouragée la nouvelle mode de la société des francs-maçons, que les courtisans écossais du roi avaient apportée avec eux à Londres. Et avec la franc-maçonnerie vint l'étude de la nature et de la science qui constitue l'objet du degré maçonnique de Compagnon.

Conclusion

La franc-maçonnerie commença en Écosse, à Roslin, à une date indéterminée antérieure à 1440.

William Schaw, le Surveillant général du roi d'Écosse, établit le système des loges vers 1599. Il voulait aussi faire de la franc-maçonnerie une institution royale, avec, à sa tête, le roi en qualité de Grand Maître. Avec cet objectif à l'esprit, il organisa avec le franc-maçon John Mylne l'Initiation maçonnique du roi dans la Loge de Scoon et Perth en 1601.

---

1. *Illustrations of Masonry*, William Preston.

Les maçons d'Écosse réagirent contre les desseins politiques de Schaw et de Mylne et ne voulurent pas de Jacques VI comme Grand Maître. À la place, ils exprimèrent leur allégeance à William Sinclair de Roslin, un personnage plutôt dissolu.

Jacques appréciait les rituels et la compagnie de jeunes hommes. Quand il devint Jacques Ier d'Angleterre et qu'il vint s'établir à Londres, il continua de pratiquer des rituels maçonniques et mit la franc-maçonnerie à la mode. Bacon devint un de ses favoris, au moment où il commença à écrire sur la science.

Je savais donc maintenant que la franc-maçonnerie était populaire à la cour de Jacques VI (Ier). Doit-on voir là la source de l'intérêt soudain de Bacon pour la méthode scientifique ? John Wilkins avait utilisé des formulations maçonniques pour décrire son intérêt pour la science et il avait reconnu être un ardent supporter de Bacon.

Je montre dans l'annexe I que les francs-maçons du XVIIe siècle étudiaient et pratiquaient les concepts qui motivèrent la *Royal Society* et que le degré maçonnique de Compagnon a pour objet d'encourager le « jeune » franc-maçon à étudier les voies de la nature pour « mieux comprendre Dieu, le créateur de tout. » Il peut s'agir là de la source des idées de Bacon.

Le choix d'éviter les discussions religieuses et politiques lors des réunions de la *Royal Society* fut-il inspiré par les rituels et pratiques de la franc-maçonnerie ?

Je décidai qu'il me fallait étudier plus précisément les deux francs-maçons les plus connus parmi les fondateurs de la *Royal Society*, Sir Robert Moray et Elias Ashmole. Comme Moray apparaissait à chaque détour de ma recherche, il me parut opportun de commencer par lui. Il était l'un des fondateurs les plus influents de la *Royal Society* et, pourtant, malgré toutes les histoires de la Société que j'avais lues, je ne savais encore que très peu de choses sur lui.

Chapitre VI

LA VIE ET L'ÂME DE LA *ROYAL SOCIETY*

Sir Robert Moray ne peut être considéré comme un franc-maçon type du milieu du XVIIe *siècle : en soi, le fait qu'il révèle autant de choses sur ce que la maçonnerie signifiait pour lui le rend unique* [1].

David Stevenson, professeur d'histoire écossaise,
université de Saint-Andrews.

J'avais atteint un stade de mon enquête où j'étais hanté par un unique personnage recouvert de zones d'ombre. Cet homme ne cessait de surgir à chaque instant. Il semble avoir été impliqué dans pratiquement tous les événements clés qui amenèrent à la formation de la « Société pour la promotion de la connaissance philosophique par l'expérimentation ». Il fut aussi la force motrice qui permit sa transformation en club royal. Si je voulais enfin savoir pourquoi la *Royal Society* était née, je devais en savoir plus sur lui. Tout laissait penser que la Société royale était son invention et il avait eu sur elle davantage d'influence que n'importe quel autre individu.

Mais qu'est-ce qui motivait cet homme ? Il changea de côté si souvent au cours de la guerre civile qu'il est difficile de suivre sa trace. Moray fut fait chevalier par Charles Ier, à l'époque où il servait comme officier dans l'armée qui avait contribué à la chute du roi et qui continuait de représenter une menace pour celui-ci ! Il fut enfermé dans une prison bavaroise, puis les Français payèrent sa rançon pour obtenir sa libération et l'envoyèrent à Londres pour servir de négociateur avec les Écossais. Moray contribua à rendre possible le couronnement de Charles II comme roi

1. *The Origins of Freemasonry*, David Stevenson.

d'Écosse, à Scoon, mais, à peine quelques mois plus tard, il se retrouva de nouveau derrière les barreaux pour avoir, prétendait-on, tenter d'assassiner le nouveau roi. Pourtant, il était encore avec Charles II, quelque temps plus tard, à Paris, quand le général Monck décida de restaurer la monarchie. Mais il ne rentra en Angleterre que trois mois après le souverain. À son arrivée, il se vit immédiatement offrir un logement de faveur à Whitehall et, en quelques semaines, il entra apparemment en contact avec tout ce que Londres comptait comme philosophes. Je devais assurément obtenir davantage d'informations sur ce personnage énigmatique.

La seule biographie majeure de Robert Moray, éditée en 1922[1], ne mentionne pas qu'il était franc-maçon. Cependant, le comte d'Elgin a conservé une longue série de lettres que Moray écrivit à un frère maçon, Alexander Bruce. [Des copies peuvent être consultées à la *Royal Society*.] On appelle cette collection les Documents Kincardine [*Kincardine Papers*] et elle révèle avec force détails l'importance de la franc-maçonnerie pour Sir Robert.

La vie de Moray fut vraiment extraordinaire. Pendant soixante ans, il travailla comme mercenaire et comme espion du roi de France, comme quartier-maître général de l'armée covenantaire d'Écosse et parvint presque à faire s'évader Charles Ier de sa prison écossaise. En dépit de ses inclinations royalistes ponctuelles, on le vit par exemple mener un soulèvement d'Écossais contre Cromwell ou, comme je l'ai signalé, se faire emprisonner pour avoir essayer d'assassiner Charles II. Parmi ses nombreuses affectations, il devint conseiller privé, *Lord Justice Clerk*[2] et *Lord of Session*[3] à Édimbourg (malgré son absence d'expérience juridique). Moray travailla comme espion pour le comte de Lauderdale et, dans ses loisirs, il fut la vie et l'âme de la *Royal Society*. La franc-maçonnerie écossaise l'estimait si important qu'elle donna son nom à l'une de ses Loges de recherche : la Loge Sir Robert Moray, n° 1641.

Qui était vraiment cet homme ? Qu'est-ce qui le motivait ? La réponse à ces questions demeurait une énigme.

Peut-être que si je prenais tous les faits que je connaissais à son sujet, que je les remettais dans l'ordre et que j'utilisais le contexte historique de l'époque pour éclairer ses actions, je pourrais commencer à comprendre ses motivations. Seulement, il me fallait déjà comprendre précisément son

1. *The Life of Sir Robert Moray, Soldier, Statesman and Man of Science*, A. Robinson.
2. N.D.T. Vice-président de la Haute Cour de Justice écossaise
3. N.D.T. L'un des juges de la *Court of Session*, la juridiction civile suprême en Écosse.

époque, la période de la guerre civile qui commença avec la mort de Jacques VI (Ier).

Martyr du peuple

Le contexte de l'histoire de Sir Robert commence avec un malheureux voyage du prince Charles, le fils de Jacques VI (Ier) en Espagne. Le duc de Buckingham avait accompagné Charles pour tenter d'obtenir la main de l'infante, la fille du catholique roi d'Espagne. Mais l'affaire échoua, à la grande satisfaction des sujets protestants de Jacques en Angleterre. Mais Buckingham partit alors négocier un mariage entre Charles et Henriette-Marie, la fille de Louis XIII, le roi de France également catholique.

Trois mois après que Jacques eut ratifié le traité de mariage de son fils, le premier roi de Grande-Bretagne mourut (1625). Charles essaya vainement d'imposer sa volonté au Parlement. La scène était en place pour la guerre civile.

L'historien Leopold von Ranke décrit ainsi Charles Ier à l'heure de son accession au trône :

> *[Charles Ier était] dans la fleur de l'âge : il venait d'achever sa vingt-cinquième année. Il avait belle allure à cheval. On le voyait monter en toute sécurité des chevaux difficiles. Il excellait dans les exercices chevaleresques. Il était bon au tir, que ce soit à l'arc ou au fusil et il apprit même à charger un canon. Il était à peine moins passionné par la chasse que son père. Mais il ne pouvait pas rivaliser avec lui en intelligence et en connaissance, ni rivaliser en vivacité et en popularité avec son frère décédé Henry*[1].

Charles avait également souffert de la poliomyélite étant enfant et bégayait.

La politique de son royaume se complexifiait rapidement. La prérogative royale et le droit divin des rois n'étaient plus acceptables pour les nouvelles classes de marchands. Le commerce s'accroissait tant à l'intérieur du pays qu'à l'extérieur. Le charbonnage se développait et supportait de nouvelles industries. Une petite noblesse enrichie par le charbon fournissait bon nombre des membres du Parlement de Charles. Ils entendaient arracher à Charles autant de bénéfices qu'ils pourraient grâce à leurs mandats législatifs et ils contrôlaient les taxes qui fournissaient des revenus au souverain.

1. *History of England*, Leopold von Ranke.

Les protestants anglais observaient avec anxiété les événements qui se déroulaient sur le continent. Ils avaient peur de voir leur foi réformée balayée par une vague de catholicisme militant. Londres était une ville prospère, remplie d'apprentis au franc-parler employés ou contrôlés par de riches et nombreuses guildes et corporations égoïstes. Par conséquent, l'arrivée à Douvres de la promise catholique de Charles, escortée par des prêtres papistes, fit partir d'un mauvais pied la relation de Charles avec son Parlement protestant.

Encouragé par le duc de Buckingham, le favori de son père défunt et son propre ami intime, Charles déclara la guerre à l'Espagne. Il convoqua un Parlement, convaincu qu'il lui accorderait des finances pour combattre les catholiques. Seulement, ce nouveau Parlement saisit l'occasion pour revoir toute la politique de taxes et décida de n'accorder que pour une seule année les droits de douane qui étaient traditionnellement concédés à vie. De ce fait, dès cette première rencontre, Charles se retrouva financièrement dépendant des parlements réguliers, mais il fut surtout terriblement offensé par les revendications croissantes de la Chambre des Communes, où les nouveaux riches de la petite noblesse réclamaient toujours plus d'autorité. La guerre que Charles engageait contre l'Espagne avait pour but d'obtenir plus d'argent de la part du Parlement, mais celui-ci n'octroya que le strict minimum qu'il pouvait se permettre d'offrir. Puis, pour aggraver encore les choses, le duc de Buckingham, à l'incompétence rare, mena une expédition catastrophique sur Cadix. Il échoua lamentablement et n'obtint rien. Toute la guerre contre l'Espagne se solda finalement par un désastre pour Charles. Par conséquent, la Chambre des Communes exigea que Buckingham soit mis en accusation par la procédure d'*impeachment*[1] et elle utilisa son pouvoir en matière de taxation pour obtenir du roi qu'il considère leur opinion :

> *Tant que cette éminente personne continuera d'interférer dans les grandes affaires de l'État, tout l'argent que nous accorderons ou pourrons accorder sera mal employé par lui et se transformera plutôt en maux et préjudices pour votre royaume*[2].

Charles s'empressa de dissoudre le Parlement avant qu'il ait pu mettre Buckingham en accusation et le juger pour trahison. Il essaya alors de conclure une alliance avec la France contre l'Espagne, mais échoua encore une fois. Ses problèmes furent compliqués par une action des autorités française contre les huguenots, leurs compatriotes protestants.

1. N.D.T. Jadis réservée aux traîtres.
2. *A History of the English-Speaking People*, Winston S. Churchill.

En 1627, pour tenter de réhabiliter son ami, Charles expédia une force navale, sous le commandement du malchanceux Buckingham, pour libérer le port huguenot de La Rochelle. Comme d'habitude, l'expédition de Buckingham fut un échec total et Charles n'osa pas convoquer un nouveau Parlement, parce qu'il aurait assurément mis Buckingham en accusation. Charles en fut réduit à trouver de l'argent pour sa guerre par des moyens illégaux. Des gentilshommes furent contraints de lui prêter de l'argent et s'ils refusaient de payer, il les faisait emprisonner. Cette action embrasa la petite noblesse qui contrôlait la Chambre des Communes et quand enfin, en 1628, le roi à court d'argent fut contraint de convoquer un Parlement, celui-ci n'était absolument pas disposé à lui accorder un penny. Le Parlement exigea de Charles une Pétition des droits [*Petition of Rights*[1]] avant de voter l'octroi du moindre argent. Le roi accorda la Pétition à contrecœur, mais il ne la prit jamais au sérieux. Le Parlement et le roi se trouvaient maintenant embarqués dans une dynamique d'affrontement.

Charles s'inquiétait de la réputation désastreuse de Buckingham. Malgré toutes les expériences catastrophiques précédentes, il décida de laisser ce commandant incompétent mener une autre expédition contre La Rochelle. Elle avait pour but de soulager les huguenots, mais avant que Buckingham ait pu prendre la mer, il fut assassiné par John Felton, un lieutenant de la marine fanatique. Pendant ce temps, les huguenots protestants durent céder devant les Français catholiques. Le Parlement fut scandalisé et soupçonna Charles de soutenir la cause catholique. Les parlementaires présentèrent un projet de loi déclarant ennemi public quiconque propagerait ou favoriserait le papisme ainsi que ceux qui aideraient le roi à collecter des impôts, non autorisés par le Parlement. Afin d'enrayer cette action, le roi tenta d'ajourner celui-ci. Les Communes fermèrent leur porte au *Black Rod*[2] (tradition encore exécutée aujourd'hui) et ils approuvèrent la loi par acclamation. Charles désespéré finit par dissoudre le Parlement en 1629.

Il fit la déclaration suivante :

> *Nous avons montré à notre peuple par nos fréquentes convocations du Parlement, que nous aimions faire appel à celui-ci ; mais, les abus de ce dernier nous ayant contraint à contrecœur à changer d'orientation, il semble*

1. N.D.T. Document qui entendait clarifier et compléter la Grande Charte du roi Jean – qui réglait l'ensemble du système exécutif, législatif et juridique de l'Angleterre – et qui devait fixer une frontière précise entre le pouvoir du roi et celui de la loi (donc du Parlement).

2. N.D.T. Littéralement, la « verge noire ». Il s'agit de l'huissier de la Chambre des Lords, dont l'attribut de la charge était une baguette noire.

présomptueux que quiconque nous impose un Parlement n'importe quand, alors que sa convocation, sa pérennisation et sa dissolution restent en notre pouvoir exclusif, et nous serons plus encline à convoquer de nouveau le Parlement quand notre peuple comprendra plus clairement nos intérêts et nos actions et quand ceux qui ont provoqué cette interruption auront reçu le châtiment mérité [1].

Pendant les onze années suivantes, Charles régna sans convoquer de Parlement. Il continua à collecter les droits de douane, sans autorisation du Parlement, et il créa un nouvel impôt naval, le *ship money*, destiné à financer les coûts d'entretien de la marine royale. Il est certain que cet impôt avait une véritable et forte justification politique et militaire. La flotte était en mauvais état et les corsaires barbaresques représentaient une menace constante pour les côtes occidentales. En outre, les vaisseaux de guerre hollandais, français et espagnols se moquaient de la souveraineté de l'Angleterre dans la Manche et en mer du Nord et traversaient les eaux territoriales anglaises en toute impunité. Beaucoup de gens s'élevèrent contre ce nouvel impôt, mais Charles se contenta de les emprisonner. Il créa également des impôts fonciers et une taxe sanctionnant l'absence aux offices dominicaux de l'Église anglicane d'État.

Charles Ier avait eu la regrettable idée de se faire couronner roi d'Écosse à Holyrood House à Édimbourg, en présence de l'archevêque Laud d'Angleterre. Qu'un évêque anglais ait pu officier lors d'un couronnement de leur roi fut considéré par les Écossais comme une tentative de l'Église épiscopale de s'introduire chez eux. Cet épisode provoqua un certain nombre de mouvements de mécontentement chez les presbytériens d'Écosse. Et ils se sentirent encore outragés quand Charles – qui avait probablement en tête l'extension en Écosse de son lucratif impôt sur la présence aux offices – ordonna que le Livre des prières anglican [*Prayer Book*] soit dorénavant utilisé dans les églises écossaises. Ce nouveau Livre des prières, imposé à l'Écosse en 1637, était trop étroitement associé à l'archevêque haï Laud et à l'Église épiscopale pour être acceptable et supporté par les Écossais. Un rendez-vous fut pourtant fixé pour sa première utilisation publique, en l'occurrence le dimanche 23 juillet 1637 à l'église Saint-Giles d'Édimbourg. Les habitants de la ville se rassemblèrent ce jour-là dans l'église en question… mais pas pour écouter les lectures.

La légende attribue à une marchande des quatre-saisons appelée Jenny Geddes le début de l'émeute, quand elle jeta son tabouret sur le prêtre qui allait lire le Livre des prières anglican. Qu'elle l'ait fait ou pas, la totalité

1. *A History of the English-Speaking People*, Winston S. Churchill.

de l'assemblée éjecta de force de l'église tous les prêtres épiscopaux et leur Livre des prières avant de procéder à un office presbytérien.

Charles avait vécu trop longtemps en Angleterre et semblait avoir oublié la nature indépendante de ses sujets écossais. Tenter de leur imposer le culte épiscopalien était un bon exemple de sa méconnaissance des susceptibilités écossaises. Les Écossais n'avaient aucune intention d'accepter cette interférence dans leur liberté de suivre leur propre croyance et ils décidèrent de faire quelque chose à ce propos. Le 28 février 1638, les presbytériens, avec le comte de Sutherland à leur tête, tinrent une réunion dans le Greyfriars' Kirkyard d'Édimbourg. Là, ils signèrent un document qui rappelait à leur roi, dans la lointaine Londres, que ses sujets du royaume d'Écosse n'étaient pas anglais et qu'ils ne devaient pas être traités comme s'ils faisaient partie de l'Angleterre. Le document, qui devint connu sous le nom de *Covenant*[1], fut signé par toutes les personnes assemblées au Greyfriars' et plus tard par de nombreux autres partisans. Le *Covenant* promettait « de défendre le culte des aïeux contre le roi ». Ceux qui approuvaient cette initiative, dont de nombreuses familles nobles d'Écosse, furent appelés les covenantaires.

Le roi était maintenant confronté à une assemblée générale des covenantaires extrêmement organisée et très hostile qui exigeait l'abolition de l'épiscopat, dont Charles était le chef. Celui-ci, cependant, continuait à suivre sa voie. Il attendait simplement le moment propice. Il avait l'intention de rassembler une armée pour obliger ses sujets écossais à obéir à ses ordres. Il ordonna en outre à l'assemblée de se dissoudre, mais elle refusa. Quand les covenantaires comprirent ce que le roi voulait faire, ils levèrent aussi une armée et marchèrent vers le sud pour aller à la rencontre des forces du roi. L'affaire se transforma en confrontation armée à Dunse Law, dans le Berwickshire, en mai 1639. L'histoire a retenu cet épisode sous le nom de première guerre des Évêques. Charles la perdit. Il fit marche arrière et accepta de convoquer tant une Assemblée générale de l'Église d'Écosse qu'un Parlement écossais. Cette affaire montre que l'opposition publique du peuple écossais avait contraint le roi à reconsidérer sa position et il céda : le nouveau Livre des prières, l'institution des évêques et le port de surplis furent tous supprimés.

Cependant, Charles ne renonçait pas et comptait toujours voir sa volonté exécutée. Aussi quand les covenantaires revinrent à Édimbourg, ils découvrirent que le roi avait édicté un nouvel ordre disposant que les pratiques de l'Église épiscopale devaient être adoptées en Écosse. Cette fois, pour

1. N.D.T. Nom anglais emprunté à l'ancien français signifiant « pacte » ou « convention ».

appuyer son ordre, il envoya le comte de Stafford. Celui-ci avait déjà soumis l'Irlande (en créant simultanément une armée de métier irlandaise) et il était considéré comme un homme suffisamment dur pour mater les Écossais rebelles. Tout ce dont il avait besoin, c'était d'une armée anglaise. Seulement, Charles ne pouvait lui en fournir une sans le soutien financier du Parlement anglais. Stafford proposa d'amener ses troupes irlandaises en Angleterre, mais le roi eut trop peur d'une réaction négative des Anglais. Alors, le 13 avril 1640, son manque d'argent l'obligea à convoquer un nouveau Parlement à Londres.

Ce nouveau Parlement refusa d'accorder à Charles le moindre argent et donc, poussé par le brutal Stafford, il fut de nouveau enclin à recourir à des impôts illégaux. Mais le roi trouvait maintenant toutes les forces du Parlement braquées contre lui. Sous le léger despotisme du règne de Charles, la petite noblesse avait pris le contrôle des autorités locales dans de nombreuses parties du pays. Ces nobles constituaient le Parlement et étaient en colère contre le roi qui niait leurs droits de propriété et les taxait illégalement. Finalement, ils se rassemblèrent derrière un chef énergique sorti de leur rang. Son nom était John Pym.

Les covenantaires descendirent jusqu'à la Tyne où ils se retrouvèrent face au rassemblement pitoyable des conscrits, la seule armée que Stafford avait pu lever. Le Parlement et les puritains d'Angleterre soutenaient les Écossais et l'armée anglaise n'avait pas le cœur à se battre. Après quelques jours de face à face immobile, les Anglais s'enfuirent et les Écossais s'emparèrent de Newcastle. Sir Winston Churchill décrit ainsi la bataille :

> *Les canons écossais ouvrirent le feu et tous les Anglais s'enfuirent. Jamais on ne vit autant d'hommes fuir devant un si petit nombre avec si peu de bruit. À cet instant, Charles se retrouvait dans la pire situation morale. Il avait atteint le fond de son échec personnel*[1].

Charles n'avait plus d'autre choix que de traiter avec la Chambre des Communes de John Pym. Ce dernier conclut une dure négociation, ne cédant sur rien, et le comte de Stafford fut décapité sur Tower Hill[2], le 12 mai 1640.

Charles se rendit alors à Édimbourg pour tenter de faire la paix avec les Écossais. Il était d'accord pour admettre l'instauration d'un presbytérianisme total en Écosse, mais il fut accusé de complicité dans l'enlèvement du

---

1. *A History of the English-Speaking People*, Winston S. Churchill.
2. N.D.T. La colline devant la tour de Londres où les condamnés importants étaient exécutés.

marquis d'Argyll. Par conséquent, les Écossais le repoussèrent. Ils exigèrent au contraire que le roi paie l'entretien de leur armée dans Newcastle. (L'armée irlandaise de Stafford fut dissoute à sa mort.) Puis, l'Irlande se souleva à son tour contre le roi et, en réprimant durement les Irlandais, le roi perdit simultanément la confiance des Anglais.

Le Parlement produisit un document appelé la « Grande Remontrance » qui énumérait tous les griefs contre le roi. Ce document indisposa tant le souverain qu'il décida de faire arrêter les cinq meneurs de ses adversaires. Accompagné de trois ou quatre cents hommes de sa garde, Charles se rendit à la Chambre des Communes, l'après-midi du 4 janvier 1642. Il fit son entrée dans le Parlement et exigea que les cinq membres de la Chambre poursuivis soient arrêtés, mais ils s'étaient déjà échappés. Quand le souverain quitta les Communes, il fut assailli et conspué par une foule hostile de Londoniens, scandalisés par le fait qu'il ait osé porter atteinte aux privilèges de la Chambre des Communes. Charles fut contraint de fuir pour aller se réfugier hors de Londres, à Hampton Court.

Des hostilités s'ensuivirent, qui perdurèrent jusqu'en 1646, quand la royaliste Oxford tomba et que le roi dut se rendre à une armée écossaise à Newark, mettant par là fin à la première guerre civile. Pendant une année, Charles demeura prisonnier des Écossais à Newcastle, puis il fut remis entre les mains du Parlement d'Oliver Cromwell, en échange du versement des arriérés de solde de l'armée écossaise devant permettre sa dissolution. Pendant un temps, tout laissait penser que Charles allait trouver un *modus vivendi* avec Cromwell, mais à la place il aboutit à un accord avec les Écossais pour faire du presbytérianisme la religion d'État en Angleterre. Cette initiative provoqua la seconde guerre civile.

Celle-ci fut aussi simple que brève. Le roi, les Lords et les Communes, les propriétaires et les marchands, la cité de Londres et la campagne, l'armée écossaise, le peuple du pays de Galles et la flotte anglaise se retrouvèrent face à l'armée du nouveau modèle [*New Model's Army*] de Cromwell. Et celui-ci les battit tous à plate couture. À la fin de 1648, il devint le dictateur de la Grande-Bretagne. Il ne restait à Charles que le château de Carisbrooke. Cromwell fit ramener le souverain à Londres. Là, il fut jugé et condamné pour trahison. Le 30 janvier 1649, il fut décapité.

Voilà donc le contexte dans lequel Sir Robert Moray grandit et les événements qui forgèrent sa carrière. Sachant cela, je pouvais m'intéresser plus précisément à l'homme lui-même.

À la découverte du premier franc-maçon

Robert Moray naquit un 10 mars, mais personne ne sait avec certitude si ce fut le 10 mars 1608 ou le 10 mars 1609. Il était le fils d'un Laird du Perthshire (comté de Perth, en Écosse), Sir Mungo Moray de Craigie. L'essentiel de ce que j'appris sur la première partie de sa vie provient de son propre témoignage, qu'il livra dans sa longue correspondance avec Alexander Bruce, alors que tous deux étaient en exil sous le règne de Cromwell. La mère de Moray était la fille de George Halkett de Pitfirran. Les Moray comme les Halkett furent de fervents partisans des Stuarts tant avant que pendant la guerre civile. Une des cousines de Robert, Anna Moray, aida le jeune duc d'York à fuir vers la Hollande en 1647, en le déguisant en jeune fille[1]. À l'époque, elle était la maîtresse de Joseph Bampfield, l'un des négociateurs entre Charles Ier et les covenantaires écossais. Une fois que le jeune Jacques fut en sécurité à l'étranger, Anna rentra à Édimbourg et elle s'occupa des blessés après la bataille de Dunbar. On dit qu'elle avait du talent pour la chirurgie. Plus tard, elle devint Lady Anna Halkett en épousant Sir James Halkett, un petit-fils de George Halkett. À partir de là, elle vécut une vie très tranquille qui l'emmena jusqu'à la fin du siècle, vie qu'elle occupa en écrivant des livres pieux et sa biographie – qui ne fut publiée que bien après sa mort en 1879[2].

L'intérêt de Robert pour les sujets techniques s'aiguisa quand il eut quinze ans. Comme il l'expliqua dans une lettre à Bruce, il avait été emmené visiter « la fosse de Culross, où l'on trouvait du charbon[3] ». La fosse était en réalité une île artificielle créée au milieu des bancs de vase du fond du golfe du Forth [*Firth of Forth*] exposés aux marées. Un puits sous-marin avait été foré depuis cette île pour extraire le charbon. Faire fonctionner cette mine avait nécessité de résoudre beaucoup de problèmes de construction, d'imperméabilisation et de pompage. La conception de l'ouvrage fascina Robert et c'est probablement la source de son intérêt jamais démenti pour le génie civil.

La mine de houille sous-marine de Sir George Bruce était l'une des merveilles de l'Écosse en 1623 quand le jeune Moray vint la voir. Elle était située sur le rivage à l'aplomb immédiat de l'actuel pont de Kincardine (là où l'A 876 traverse le golfe), du côté Fife et tournée vers la mer de celui-

1. *Charles Ier*, Christophe Hilbert.
2. *Dictionary of national biography*, éd. Sidney Lee.
3. Kincardine letters, f. 48r.

ci. Les premières galeries avaient été creusées en 1590 et, lorsque le jeune Robert vint les visiter, elles s'étendaient sur près de deux kilomètres sous l'estuaire. La mine était une structure ingénieuse. On avait commencé par construire un puissant mur de pierre circulaire à marée basse. Ce mur avait été imperméabilisé avec de la boue et du goudron pour le sécuriser. Les mineurs de Sir George avaient alors pu creuser, d'abord en s'enfonçant dans l'île artificielle, puis dans la vase du fond de la rade et la roche sous-jacente. Ils continuèrent de creuser avec leurs pics et leurs pioches jusqu'à ce qu'ils aient atteint une couche de charbon marin, à quarant-cinq pieds (quinze mètres) au-dessous du niveau de la mer.

L'infiltration de l'eau de mer dans le puits était un problème. Robert fut impressionné de découvrir que cette question avait été résolue à l'aide d'un engin mécanique complexe. Une galerie inclinée vers le bas avait été creusée jusqu'au rivage et un système de drains avait été aménagé. Tous se dirigeaient vers un puisard, qui était en dessous du niveau de la mine. Cette configuration seule n'aurait pas permis d'assécher la mine, car, à terme, le puisard lui-même aurait été rempli. Au-dessus de ce dernier, on installa donc un dispositif appelé petit-cheval, mû nuit et jour par trois chevaux. Chaque animal était harnaché au poteau et tournait autour pendant huit heures avant d'avoir seize heures de repos. Le petit-cheval actionnait une longue corde de fer à laquelle étaient attachés trente-six seaux. Pendant que dix-huit seaux descendaient, les dix-huit autres remontaient. Le mécanisme de levage ayant été habilement équilibré, les chevaux n'avaient à soulever que le poids du contenu des seaux. Et Sir George parvint même à tirer un profit de ce dispositif. L'eau de mer pompée était régurgitée dans la mer grâce à une série de bassins d'évaporation qui fournissaient jusqu'à cent tonnes de sel par semaine. Non seulement Sir George alimentait une grande partie de l'Écosse en sel et en charbon, mais il exportait également du sel vers l'Angleterre et l'Allemagne, depuis le port voisin de Grangemouth. Est-ce là que Robert Moray découvrit pour la première fois que la combinaison de la nécessité et de l'inspiration pouvait résoudre profitablement de nombreux problèmes ?

En 1618, Hume Brown écrivait sur cette mine merveilleuse :

Il y a deux manières de pénétrer dans cette mine, une voie par la mer et une voie par la terre. Un homme peut rentrer dedans par la terre et ressortit par le même passage, et, de la même façon, il peut rentrer par la mer et ressortir par là. Mais, pour différentes raisons, je suis entré par la voie maritime et ressorti par le côté terre. Maintenant, certains pourraient se demander comment on peut descendre dans une mine, dont l'entrée se trouve dans la mer, sans que l'eau le suive et noie la mine ? À cette objection, je réponds qu'à marée basse, la mer se retire au loin et laisse une grande partie de sable dégagée. Sur ce sable (mêlé de roches et de rocailles), les maîtres de ce grand ouvrage ont construit une structure circulaire en pierre, très épaisse, résistante et assemblée grâce à des matières glutineuses et goudronneuses. Ils l'ont faite si haute que même la marée haute, le pire des orages ou une tempête ne peuvent ni démonter les pierres si bien assemblées et tassées ni passer par-dessus[1].

L'ingéniosité prodigieuse de cette merveille technologique hanta Moray toute sa vie et l'incita à étudier toutes les manières de construire des structures fortes et résistantes.

Quand il eut vingt ans, Moray commença à s'intéresser à la philosophie, et particulièrement à ce que l'on appelle le stoïcisme chrétien. C'était une relecture de la vieille idée stoïcienne selon laquelle « l'éthique est le domaine de la connaissance le plus important ». Cependant, l'esprit de Robert l'incita à observer la logique et la science normale pour trouver des manières d'expliquer la croyance éthique. Bientôt, il commença à être obsédé par l'idée de découvrir un moyen de contrôler en permanence ses sentiments et ses émotions. Même lors de l'horrible et fatal accouchement de son épouse, les témoins s'émerveillèrent de son stoïcisme inébranlable, un contrôle de lui-même qui ne faiblit pas même pendant qu'il soulageait Sophia agonisant[2]. C'est cette réputation de froideur détachée qui rendait si difficile de découvrir quoi que ce soit sur la vraie personnalité de cet homme distant. Après la mort de son épouse, Moray ne semble avoir témoigné de la passion qu'en écrivant sur la science ou la franc-maçonnerie.

Le professeur Stevenson, dont la citation ouvre ce chapitre, a consacré une étude détaillée à Moray. Il pense qu'à l'approche de la trentaine, il serait correct de décrire Moray comme un ingénieur[3]. Une fois de plus, c'est la correspondance de Moray qui le confirme : ainsi en 1637, il écrit qu'il recherche la compagnie d'ingénieurs d'Islington qui « revendique une grande compétence en matière d'aqueducs[4] ». Mais alors, Moray était devenu soldat à temps plein. En 1633, à l'âge de vingt-cinq ans, il avait rejoint le régiment d'élite écossais qui servait de garde du corps au roi de France. Ils étaient basés à Paris et connus sous le nom de Garde écossaise[5]. Pendant son service au sein de cette unité, il devint un favori du cardinal

1. *Travels in Scotland*, Hume Brown.

2. *The Origins of Freemasonry*, David Stevenson.

3. *Masonry, Symbolism and Ethics in the life of Sir Robert Moray FRS*, David Stevenson, PSAS, 114 (1984), pp. 401-431.

4. Kincardine Letters, f. 31v.

5. *The Royal Society, Its Origins and Founders*, éd. Sir Harold Hartley.

Richelieu, qui lui confia des missions régulières de surveillance des rapports entre
Charles Ier et les Écossais. Sa visite à Londres de 1637 s'effectue dans le cadre de l'un de ces voyages de renseignements [1]. L'historien Patrick Gordon dit de cette affectation :

Dès qu'il [le cardinal Richelieu] eut remarqué la profondeur de l'esprit de l'homme et remarqué que le camp avec lequel il [Sir Robert Moray] pouvait faire fortune, que ce soit avec le roi ou avec les puritains mécontents, lui était indifférent, il n'eut aucune difficulté à le persuader que son amour pour les Écossais, l'amenait à se lamenter sur leur sort en vertu de leurs vieux liens [2].

L'un des projets de prédilection du cardinal était l'Académie française. Richelieu avait encouragé une série de réunions régulières d'hommes de lettres à Paris. Ultérieurement, il les réunit au sein d'une institution faisant autorité pour s'occuper de toutes les questions relatives au langage et à la littérature de la France. Richelieu fonda cette Académie en 1635 [3]. La réussite de cette dernière, après avoir reçu du roi une approbation de son travail, put fort bien inspirer Moray. Vingt-cinq ans après, il devait lui aussi chercher à obtenir une charte royale approuvant la nouvelle société scientifique qu'il avait conçue.

En 1639, quand les covenantaires se mirent à faire des démonstrations de leur puissance militaire en Écosse, ils avertirent Charles Ier que s'il voulait leur imposer son Livre des prières, il aurait besoin de 40 000 hommes pour y arriver. Edward Hyde écrivait alors :

Un petit nuage à peine perceptible apparut dans le nord, mais il fut rapidement suivi par un orage tel, qu'il déracina même les plus gros et les plus hauts cèdres des trois nations ; il balaya toute leur splendeur et leurs fruits ; il réduisit sa force à néant et jeta le discrédit sur sa gloire [4].

Richelieu repéra rapidement ce « petit nuage ». Et il vit là une occasion de favoriser les intérêts de la France, en soutenant les Écossais contre Charles Ier. Moray fut promu au grade de lieutenant-colonel de la Garde écossaise et expédié en Écosse. Ses instructions ? Aider la révolte contre Charles. Patrick Gordon identifia les plans de Richelieu :

---

1. *Ibid.*
2. *A Short Abridgement of Britan's Distemper*, Patrick Gordon.
3. *The Royal Society 1660-1940*, Sir Henry Lyons, FRS.
4. *The History of the Rebellion and Civil Wars in England, by Edward, Earl of Clarendon*, éd. W. Dunn Macray.

> *Quand le cardinal Richelieu chercha l'homme de la situation parmi les nombreux représentants de la petite noblesse écossaise qui hantait la cour française, il en choisit un, Robert Moray, un homme doté de qualités aussi rares que diverses et très capable d'exécuter le projet du cardinal* [1].

Les covenantaires eurent la chance d'obtenir le concours d'un soldat très expérimenté pour mener leur armée. Sir Alexandre Leslie venait de rentrer en Écosse après avoir passé trente ans dans l'armée du roi de Suède. Ce général de soixante ans signa le *Covenant* et fut immédiatement placé à la tête de l'armée covenantaire [2]. Leslie remarqua très vite les qualifications de Moray en matière de génie et comprit qu'il avait là un atout militaire, aussi lui confia-t-il immédiatement le poste de quartier-maître général. Parmi les fonctions du quartier-maître général, il y avait l'affectation des cantonnements et l'approvisionnement de l'armée en armement. Il était également chargé de la conception et de la construction des fortifications et des camps. Pour Leslie, les connaissances de Moray en matière de topographie, de mathématiques et de génie civil étaient inestimables.

Alexandre Hamilton était le général de l'artillerie covenantaire. Il travailla en étroite collaboration avec Moray et le fit entrer en franc-maçonnerie.

Hamilton était membre de la Loge d'Édimbourg ; il avait été initié dans cette même ville le 20 mai 1640 [3]. Alexandre Hamilton fut initié par James Hamilton et John Mylne. Le réseau de la noblesse écossaise commençait à devenir intéressant ! James Hamilton était le troisième marquis de Hamilton et il soutenait alors Argyll. Il avait été le conseiller de Charles Ier en matière de religion, mais avait démissionné en 1638. Bien qu'il n'ait pas lui-même signé le Covenant, James Hamilton servit avec l'armée covenantaire contre Stafford. Finalement, il quitta Leslie et, en 1643, il gagna Oxford pour essayer de rejoindre le roi et de le persuader de traiter avec les Écossais [4]. John Mylne, le petit-fils du maçon qui avait initié Jacques VI dans la Loge de Scoon et Perth, avait lui-même initié Lord Alexander de Stirling, le secrétaire d'État pour l'Écosse de Charles Ier, dans la Loge d'Édimbourg, le 3 juillet 1634. Le mois de juillet suivant, il initia Anthony Alexander, le Maître des travaux de Charles Ier. Le 27 décembre 1637, il initia David Ramsey, l'horloger royal et le gentilhomme de la Chambre

---

1. *A Short Abridgement of Britan's Distemper*, Patrick Gordon.

2. *Dictionary of National Biography*, éd. Sidney Lee.

3. Les minutes de cette tenue, conservée à la Grande Loge d'Écosse, sont reproduites en fac-similé dans *Gould's History of Freemasonry*.

4. *Dictionary of National Biography*, op. cit.

privée de Charles. John Mylne était incontestablement très lié à la noblesse écossaise et quand il initia à son tour Alexander Hamilton il commença à étendre ses liens chez les officiers de l'armée covenantaire [1].

En mai 1641, Moray était cantonné à Newcastle, avec le reste de l'armée de Leslie. Il fut approché par le général Hamilton qui lui demanda s'il voulait devenir franc-maçon. Hamilton dut lui expliquer que, comme lui-même, le marquis de Hamilton était un maçon et qu'il conduirait la cérémonie avec le maître constructeur de l'armée, John Mylne, qui était assurément déjà en rapport avec Moray dans sa position de quartier-maître général. Avant la fin de la soirée, Moray aurait appris que de nombreux nobles écossais étaient francs-maçons. Il accepta de rejoindre le métier et, dans la soirée du 20 mai 1641, James Hamilton, Alexander Hamilton et John Mylne, réunirent au moins quatre autres maçons et constituèrent une Loge pour initier Robert Moray. Un procès-verbal de cette Initiation fut dressé et envoyé à la Loge d'Édimbourg.

En comparant les signatures de James Hamilton et de John Mylne, on voit qu'elles sont exactement les mêmes que celles que l'on trouve sur le procès-verbal de l'Initiation d'Alexander, un an plus tôt. Alexander Hamilton avait signé en utilisant sa marque de maçon, un triangle équilatéral. Pareillement, Moray se servit de sa nouvelle marque de maçon, une étoile à cinq branches, ou pentacle, pour signer. Il était maintenant un frère du métier et avait donc le droit à une marque de maçon.

Imaginez la voix du marquis de Hamilton lui disant : « Frère Moray, nous vous félicitons pour votre Initiation... Vous devrez juger avec franchise, mettre en garde amicalement et punir en faisant montre de pitié. » Je devais découvrir que Robert Moray n'avait jamais oublié ces préceptes et qu'il les mit en pratique tout au long de sa vie. Mais la phrase qui eut le plus d'impact sur son comportement fut : « Vous devrez méditer sur les facultés intellectuelles et remonter les sentiers de la nature et de la science, pour comprendre leur développement, jusqu'au trône de Dieu lui-même. »

Cette idée allait grandir dans son esprit jusqu'à s'épanouir sous la forme de la *Royal Society*. Dans une de ses lettres à Alexander Bruce, écrite juste avant la Restauration, il dit :

> *De nombreuses choses de ce type me sont arrivées dans ma vie et m'ont donné une connaissance intime de la bonté de Dieu en ce domaine. Et c'est pour cela que je dois Le remercier (à côté de tout le bien dont je Lui suis redevable) de*

1. *Gould's History of Freemasonry, vol. III, op. cit.*

s'être abaissé jusqu'à m'offrir tant d'expériences judicieuses et fécondes qui ont confirmé ma foi et Sa vérité [1].

Robert Moray quitta l'armée covenantaire, à la fin de 1642, et il partit vers le sud. Le 10 janvier 1643, il se trouvait à la cour de Charles Ier à Oxford. Je le savais parce que c'était ce jour-là que le roi le fit chevalier. Mais je me demandais sérieusement pourquoi Charles avait décidé de l'adouber, ce qui ressemblait à un très étrange retournement de situation. La mission de Moray avait consisté à aider la cause écossaise afin d'occasionner des problèmes à l'Angleterre au bénéfice de la France. À première vue, il ne semblait pas le mieux à même d'obtenir la faveur du souverain assiégé. Seulement, il y avait un autre facteur à prendre en compte. Le cardinal Richelieu, le patron de Moray, était mort le 4 décembre 1642. Charles adouba Moray exactement trente-sept jours plus tard. Ce dernier avait donc juste eu le temps d'apprendre la mort du cardinal. Maintenant qu'il avait perdu son patron français, se pouvait-il qu'il ait décidé de changer de camp ? Robert Moray lui-même ne fut-il pas le messager qui annonça à Charles la mort de Richelieu ? Est-ce la raison pour laquelle il quitta Newcastle pour gagner Oxford ?

La mort de Richelieu aurait permis au frère de la reine Henriette-Marie, le roi Louis XIII âgé de quarante-et-un ans, d'abandonner la politique anti-huguenot du cardinal et de soutenir Charles, le mari de sa sœur, dans ses combats avec un Parlement puritain [2]. Moray était toujours lieutenant-colonel dans la garde personnelle de Louis quand il revint à Paris peu après son adoubement. Était-il porteur d'un message de Charles pour Louis ? J'ai mentionné ce scénario dans une conversation avec Robert Cooper, le bibliothécaire de la Grande Loge d'Édimbourg. Robert précisa que, si Charles avait voulu utiliser Moray comme messager, il l'aurait incontestablement fait chevalier pour être certain que son beau-frère accorderait toute son importance au message. Je ne peux pas prouver cette hypothèse, mais le fait qu'à peine revenu à Paris, Sir Robert fut promu au grade de colonel de la garde personnelle de Louis tend à soutenir l'idée selon laquelle on aurait élevé son statut pour qu'il puisse porter un message important au roi de France. Malheureusement pour Charles, Louis mourut peu après et ne fut donc pas en mesure de l'aider.

Vers la fin de 1643, Moray reprit du service actif au sein de son régiment

1. Kincardine Letters, f. 36v.
2. *A History of the English-Speaking People*, Winston S. Churchill.

de la Garde écossaise, combattant en Bavière [1]. Il eut la malchance de se faire capturer et d'être emprisonné. Ainsi, il passa les quinze mois suivants dans une cellule bavaroise, à étudier le magnétisme et à correspondre avec le scientifique allemand Athanasius Kircher (ou Kircherus). Puis, au terme de près de deux années d'emprisonnement, les Français payèrent soudainement sa rançon. Le 28 avril 1645, Sir Robert fut libéré, grâce au paiement de 16 500 £ par le cardinal Mazarin.

Sir Robert rentra en France. Les Français voulaient encore exploiter les différences entre le roi et le Parlement en Angleterre. Louis XIII était mort peu après la capture de Sir Robert. La France était maintenant gouvernée par la reine Anne d'Autriche (mère du jeune Louis XIV) et le cardinal Mazarin [2]. Charles Ier avait perdu la ville de Bristol et, comme il ne lui restait que peu d'options, il avait entamé des discussions avec les covenantaires. Le vieux commandant de Moray, le général Alexander Leslie, devenu le comte de Leven, était le principal négociateur pour les covenantaires.

Sir Robert retourna à Paris après que le cardinal Mazarin eut inopinément payé sa rançon [3]. Mazarin se rappelait peut-être que Charles estimait suffisamment Moray pour l'adouber. Cette confiance pouvait-elle être tournée à l'avantage des Français ? Mazarin envoya immédiatement Moray à Londres. Là, il agit en tant qu'intermédiaire entre l'ambassadeur français Montereul, le roi Charles et le général Leslie. Il prit part aux négociations avec Charles, qui furent longues et difficiles. Le cardinal décida-t-il de payer la rançon de Sir Robert pour que celui-ci puisse reprendre son vieux rôle d'*agent provocateur* français entre les Écossais et les Anglais ? Si Mazarin était le nouveau chef de Moray, je me demandais quelles instructions il avait pu lui confier.

Sir Robert accompagna Charles quand il choisit de se rendre à Leslie à Newark et il voyagea avec le roi jusqu'à Newcastle [4]. Il ne fit rien de plus jusqu'à ce que les covenantaires décident de « vendre » Charles au Parlement en échange des 400 000 livres d'arriérés de solde de leur armée [5]. C'est à ce moment que Moray essaya de faire s'échapper Charles vers la France. Est-ce Mazarin qui lui avait demandé de changer d'attitude ? Dans la soirée du 26 juin 1646, Charles, le prince de Galles, débarqua à Saint-Malo en route pour aller rejoindre la reine Henriette à Saint-Germain. Cette dernière, qui

1. *Dictionary of National Biography*, éd. Sidney Lee.
2. *Charles II*, Osmund Airey.
3. *The Origins of Freemasonry*, David Stevenson.
4. *Ibid.*
5. *Charles Ier*, Christopher Hibbert.

vivait maintenant à la cour de France, avait conçu le projet de marier son aîné à Anne-Marie-Louise de Montpensier, une cousine très riche du jeune Louis XIV, connue sous le surnom de la Grande Mademoiselle. Cette fuite vers la France, qui allait permettre à Mazarin de l'utiliser comme pion, fut une erreur politique majeure du prince de Galles [1], mais elle eut l'effet immédiat d'encourager les Français à essayer de faire également venir en France le roi d'Angleterre. C'est peut-être pour cette raison que Moray, en sa qualité d'agent franco-écossais, décida soudain d'aider le roi à s'évader.

La veille de Noël 1646, quand le plan de Moray pour faire passer Charles Ier sous le contrôle des Français eut échoué, le souverain fut remis au Parlement anglais. Sir Robert se rendit alors à Édimbourg, probablement pour recruter de nouveaux gentilshommes pour la Garde écossaise d'élite du roi de France. Le 27 juillet 1647, les minutes de la Loge d'Édimbourg montrent qu'il était présent lors de l'Initiation de William Maxwell et d'un autre candidat non nommé. Dans la première partie du XVIIe siècle, la Loge d'Édimbourg était à la mode dans la noblesse écossaise. Elle avait même séduit des courtisans de Charles Ier, dont les ducs de Hamilton et les comtes de Stirling. Par conséquent, pour Moray, c'était un endroit parfait pour lui permettre de renouer ses vieux contacts avec les chefs écossais.

En mai 1648, Moray était de retour à Paris. John Maitland, le comte de Lauderdale, lui avait demandé d'essayer de convaincre Charles, le prince de Galles, qui se trouvait alors dans la capitale française [2], de venir en Écosse et de prendre la tête d'un soulèvement emmené par un groupe connu sous le nom des « Engagés [3] » [*Engagers* [4]]. Le choix de Moray par Lauderdale pourrait être la conséquence directe des liens que Sir Robert venait de renouer avec ses frères maçons de la Loge d'Édimbourg. Et c'est probablement parce que l'un des proches conspirateurs royalistes de Lauderdale était James Hamilton, le franc-maçon qui avait initié Moray.

Cependant, la raison du choix de Lauderdale importe peu : ce qui est

1. *The Tragedy of Charles II*, Hester W. Chapman.

2. *The Origins of Freemasonry*, David Stevenson.

3. N.D.T. Dans le sens de « liés par serment ». En 1647, trois responsables écossais (Lauderdale, Lanark et Loudoun) décidèrent de s'allier secrètement pour soutenir Charles Ier après l'avoir combattu avec les covenantaires. Lauderdale alla même trouver discrètement Charles retenu dans l'île de Wight pour lui faire signer le traité connu sous le nom d'*Engagement*, aux termes duquel le souverain acceptait, notamment, de soumettre l'Église aux règlements du Covenant et, en échange, d'être remis sur le trône par une armée écossaise. L'historien G. Donaldson a notamment écrit que : « l'Engagement représente le plus grand retournement d'opinion du siècle. »

4. *The Royal Society, Its Origins and Founders*, *op. cit.*

certain, c'est que le premier contact de Moray avec le jeune homme qui devait devenir Charles II allait changer le sens de la fidélité de Sir Robert pour le restant de ses jours. Quand Charles décida de partir pour l'Écosse, Moray, alors âgé de quarante-deux ans, démissionna de son engagement dans la Garde écossaise et l'accompagna. Je voulais m'intéresser aux rapports de Sir Robert avec Charles, tant en qualité de prince de Galles que comme roi d'Écosse. Les vraies fondations de la *Royal Society* ne reposent-elles pas sur ce rapport ?

Après la décapitation de Charles Ier, les Écossais offrirent la Couronne de l'Écosse à son fils, à la condition que Charles II signe le Covenant. Dans un premier temps, Charles II fut peu enclin à en étudier les termes parce qu'il croyait encore pouvoir reprendre l'Écosse par la force. Mais quel rôle joua Sir Robert dans ces événements ?

Le partisan du roi Charles II

Quand Charles était encore prince de Galles et qu'il vivait avec sa mère, il développa une manière de se comporter avec les femmes hystériques, qu'il devait ultérieurement peaufiner pour faire face aux demandes contradictoires des différents partisans qu'il devait satisfaire. L'historien Hester Chapman décrit cette technique :

> *Être d'accord avec tout ce qu'elles [les femmes de sa suite] disent, donner droit à toute requête, puis agir à sa guise. Sa courtoisie à l'endroit d'Henriette-Marie ne se démentit jamais ; il demeurait respectueux, protecteur et affectionné. Mais il prenait ses propres décisions et s'y tenait* [1].

Il éleva cette méthode au rang de véritable art en Écosse, quand il fut contraint de traiter avec les covenantaires. Au début de mai 1648, avant même la mort de Charles Ier, Moray remit au prince de Galles une lettre officielle de Hamilton et Lauderdale invitant formellement le prince à venir en Écosse pour prendre la tête d'un groupe de partisans des Stuarts. Le 30 mai, le prince Charles répondit en disant qu'il était « de manière inexprimable désireux et impatient d'être parmi eux [2] ».

Agissant en qualité d'intermédiaire entre Lauderdale et le prince de Galles, Moray organisa une réunion qui devait avoir pour cadre Helvoets-

---

1. *The Tragedy of Charles II, op. cit.*
2. *Charles II,* Osmund Airey.

luys, aux Pays-Bas. Peu après avoir donné son accord pour cette rencontre, Charles apprit que le gros de la flotte anglaise avait déserté le Parlement et qu'elle faisait voile pour venir lui apporter son appui. Le 25 juin 1648, Charles quitta Paris pour Calais. Il voyait maintenant l'opportunité d'utiliser la flotte anglaise et l'armée écossaise pour reprendre le royaume de son père par la force. Après avoir retrouvé la flotte à Calais, Charles se rendit à la réunion avec Hamilton à bord du HMS *Satisfaction*. Il arriva à Helvoetsluys, le 9 juillet 1648.

Il y avait maintenant trois factions politiques distinctes en Écosse : les royalistes, emmenés par le marquis de Montrose ; le groupe des partisans purs et durs du Covenant, derrière le marquis d'Argyll ; et la faction Lauderdale-Hamilton, autrement dit les « Engagés », qui soutenaient le presbytérianisme, mais refusaient la toute-puissance de la *Kirk* qu'Argyll défendait. Si Hamilton et Lauderdale avaient signé le Covenant, ils étaient maintenant prêts à agir contre celui-ci dès lors qu'ils considéraient que la balance entre les nobles et le clergé s'était mise à pencher trop en faveur de ces derniers.

Les partisans de Lauderdale et Hamilton représentaient la majorité au Parlement écossais, mais ils n'avaient pas le soutien de l'ensemble du peuple d'Écosse. Ils avaient déjà été impliqués dans une tentative de « marché » avec le roi Charles Ier, douze mois plus tôt, alors qu'il était emprisonné sur l'île de Wight[1].

Aucun des camps n'avait véritablement les intérêts du prince de Galles à l'esprit. Argyll voulait se défaire des « Engagés » et utilisait la vieille négociation avec Charles Ier pour prouver qu'ils cherchaient à se débarrasser de la *Kirk*. Lauderdale et Hamilton voulaient se servir du prince de Galles pour atténuer le soutien populaire d'Argyll. À ce stade de sa carrière, Sir Robert n'agissait pas dans l'intérêt du prince de Galles, mais dans ce qu'il considérait être celui du peuple écossais. Moray croyait en la tolérance religieuse, ce qui n'était pas le cas de la *Kirk*.

Les négociations avec Lauderdale continuaient quand le prince de Galles fit voile vers l'Écosse, le 17 juillet. Hamilton s'était déjà mis en route vers le sud avec une force écossaise importante, bien que les radicaux d'Argyll ne se soient pas joints à cette armée. Il franchit la frontière anglaise, le 8 juillet 1648. Les Écossais avaient maintenant désespérément besoin du prince de Galles à la tête de leur armée, pour pouvoir apparaître comme une « armée monarchique de libération », et non plus comme un « ramassis de vauriens

1. Ce fut ce marché qu'utilisa Cromwell pour démontrer la trahison du roi et qui coûta sa tête à celui-ci.

et de bandits écossais ayant pour seule intention de piller tout ce qu'ils pourraient en Angleterre [1]. »

Lauderdale pouvait se targuer d'être l'un des deux seuls Écossais que Charles aima jamais (l'autre étant Sir Robert). Le prince Charles écrivit de Lauderdale :

> *On peut dire que nous sommes très satisfait de lui* [2].

Mais en dépit de cette bienveillance, le prince Charles ne se dirigea pas immédiatement vers l'Écosse avec sa nouvelle flotte de onze navires. Il bloqua un moment la Tamise et envisagea même d'aller prendre l'île de Wight pour libérer le roi. Il n'était pas encore prêt à faire un marché avec Lauderdale, parce que cela impliquait pour lui d'embrasser le presbytérianisme. Charles discuta des moindres détails religieux de l'accord jusqu'au 16 août, avant d'accepter finalement les termes de Lauderdale. Le lendemain, Cromwell balaya Hamilton et l'armée des « Engagés » à la bataille de Preston. L'occasion de reprendre l'Angleterre était passée et Charles se retrouvait maintenant contraint de négocier, non plus avec Lauderdale et Hamilton, mais avec Argyll et la ligne dure des fondamentalistes covenantaires. Et pour aggraver les choses, les marins trop enthousiastes du prince Charles menacèrent de jeter Lauderdale par-dessus bord. Antonia Fraser, la biographe de Charles, dit de ce triste épisode :

> *Tout l'incident laissa un goût amer. Chaque camp, royalistes comme Écossais, pouvait prétendre avoir été abandonné par l'autre. Cette amertume réciproque présageait mal d'éventuelles futures collaborations* [3].

Lauderdale fit son rapport au Parlement écossais :

> *Il était impossible d'obtenir plus du prince en matière de religion* [4].

Charles retourna en exil en Hollande et Sir Robert regagna Édimbourg avec Lauderdale. Pendant ce temps, Cromwell fit exécuter Charles Ier.

---

1. *Mercurius Britanicus*, une gazette parlementariste de l'époque.
2. *Hamilton Papers*, éd. S. R. Gardiner, Camden Society, Londres, 1880.
3. *King Charles II*, Antonia Fraser.
4. *The Tragedy of Charles II*, *op. cit.*

Sauvés par le brouillard

La légende prétend que, dans l'après-midi du 5 février 1649, Charles II apprit la mort de son père quand son chapelain privé, Stephen Goffe, s'adressa à lui en lui donnant du « Votre Majesté ». Mais il n'était qu'un souverain nominal, sauf dans l'île de Jersey, où il fut proclamé roi onze jours plus tard. Peu d'options s'offraient à Charles II. S'il voulait tenter de récupérer son royaume, l'Écosse était sa seule possibilité. Les Écossais étaient toujours globalement monarchistes, mais peut-être seulement parce qu'ils ne voulaient pas voir les Anglais abolir leur monarchie. Quand la nouvelle de l'exécution de Charles Ier atteignit Édimbourg, Charles II fut proclamé roi d'Écosse devant la Mercat Cross[1], mais ce n'était pas un véritable couronnement. Pouvait-on convaincre l'Irlande de fournir des troupes pour vaincre Cromwell ? Toujours prête à rendre service, la reine Henriette écrivit immédiatement à Charles pour lui conseiller d'embrasser la religion catholique afin que l'Irlande se lève et le rétablisse sur son trône[2]. Apparemment, Cromwell donna l'impression d'accorder du crédit à cette idée, car il s'empressa d'abolir la monarchie et de vendre toutes les propriétés appartenant encore à la Couronne. Charles ouvrit de nouvelles négociations avec les fondamentalistes covenantaires d'Argyll, mais ce dernier lui fit savoir qu'il n'accepterait de l'aider que si le roi signait le Covenant. Charles n'était pas encore assez désespéré pour le faire. Il comptait toujours sur Ormande en Irlande et Montrose en Écosse.

Pendant un moment, Charles fut effectivement encouragé par le succès du duc d'Ormande, en Irlande. Mais, le 15 mars, Cromwell se prépara à envahir l'Irlande pour détruire une fois pour toutes les partisans du roi. De son côté, le marquis de Montrose était parvenu à lever une armée et avait débarqué aux Orcades. De là, ils se mirent à marcher vers le sud en traversant le Caithness. Argyll envoya une armée de covenantaires contre lui et le vainquit à Invercarron. Quand il apprit ces nouvelles, Charles accepta enfin l'offre d'Argyll : il signerait le Covenant en échange de son couronnement comme roi d'Écosse.

Charles adaptait maintenant aux politiciens la technique qu'il employait pour manipuler les femmes. Il était prêt à tout accepter... pour n'en faire

1. N.D.T. Grande croix dans la High Street (la grande artère partant du château) d'Édimbourg. Ancien lieu de commerce du bourg médiéval, puis lieu d'exécution, avant d'être le site des proclamations royales.

2. *Letters 1623-1673, Henrietta Maria,* éd. Mary A. Everret.

ensuite qu'à sa tête. Mais en réalité, il avait peu de latitude pour le faire. S'il n'était même pas disposé à composer avec les parties de son royaume qui étaient prêtes à le reconnaître comme roi, pourquoi d'autres devraient-elles le soutenir ? Enfin, même si ses expériences en Écosse furent désastreuses à l'époque, si elles n'avaient pas existé, Monck n'aurait peut-être jamais envisagé de restaurer Charles sur le trône après la mort de Cromwell. Moyennant quoi, ce n'était pas favorable pour Charles. Argyll et ses ministres de la *Kirk* avec leurs mines sévères et leurs robes noires n'entendaient pas lui épargner la moindre humiliation.

Charles fit voile vers l'Écosse le 24 mai 1649. Le voyage dura des jours et des jours : ils se retrouvèrent cloués par des vents contraires, terrassés par le mal de mer, chassés par les vaisseaux parlementaristes et harcelés par des exigences de plus en plus draconiennes d'Argyll. Le 3 juillet, toujours à bord, il signa non seulement le *National Covenant,* mais également le *Solemn League and Covenant* [« Ligue solennelle et pacte »], qui devait s'appliquer ultérieurement et faire du presbytérianisme la religion de toute la Grande-Bretagne. Les covenantaires durent croire que Dieu était de leur côté, car à peine Charles avait-il signé les documents que le vent se mit à souffler et que la météo fut enfin favorable. Alors que son navire essayait de se glisser entre les vaisseaux de guerre de Cromwell dans l'embouchure de la Spey, le *Haar* tomba. Le *Haar* est un brouillard épais, humide, impénétrable qui se forme parfois pendant les mois d'été sur la côte est de l'Écosse. Sous couvert de cette main froide du Dieu de la *Kirk*, Charles put débarquer en toute sécurité, sauvé par le brouillard écossais.

Les vieux rituels de la royauté

Où se trouvait pendant ce temps Sir Robert ? Pour une fois, cet homme de quarante-deux ans laissait parler ses émotions et se distrayait en courtisant une jeunette de vingt-cinq ans, Sophia, la fille d'Alexander Lindsey, le comte de Balcarres[1]. Ce dernier avait signé le premier Covenant et combattu à Marston Moor aux côtés de Cromwell, mais il avait depuis rejoint les « Engagés » de Lauderdale-Hamilton en 1648, quand, selon lui, les positions et les conceptions de la *Kirk* étaient devenues trop extrêmes[2]. Comme Sir Robert œuvrait maintenant étroitement comme négociateur

1. *The Royal Society, Its Origins and Founders, op. cit.*
2. *Dictionary of National Biography, op. cit.*

entre Charles II et les « Engagés », on peut supposer que c'était par l'intermédiaire de ces derniers qu'il avait fait la connaissance de Sophia.

Grâce à ses lettres, je savais déjà que Sir Robert avait développé un intérêt pour le symbolisme et les hiéroglyphes égyptiens. Quand il rencontra Alexander Lindsey, qui était de dix ans son cadet, il trouva un homme qui devait l'initier à la connaissance occulte des rosicruciens. Balcarres possédait une immense collection de livres et de manuscrits sur l'alchimie et l'histoire de la fraternité de la Rose-Croix [1]. L'*History of Freemasonry* [« Histoire de la franc-maçonnerie »] de Gould parle de Sir Robert comme d'un « grand patron des rosicruciens, enthousiasme qu'il partageait avec le maçon Elias Ashmole [2] ». C'est probablement parce que Moray hérita de la bibliothèque de Balcarres, qu'il laissa ensuite à la *Royal Society*.

Pendant ce temps, Charles courtisait le marquis d'Argyll, ce qu'il n'appréciait pas beaucoup. Le Dieu de John Knox [3] était devenu un rabat-joie dévorant tout. Rire, danser, chanter, jouer ou n'importe quelle autre distraction appréciée des jeunes étaient considérés comme des péchés. Séduire des jeunes femmes était sans doute le péché qui manquait à Charles par-dessus tous. Lors de son premier séjour en Écosse, il fut logé à Dunfermline où il lui arriva de temps en temps de recevoir certains de ses partisans « Engagés », parfois avec leurs épouses. Un jour, bien avant son couronnement, Robert Douglas, le président de la *Kirk*, et un certain nombre de ses contrôleurs de péchés firent un long sermon à Charles II. Celui-ci les avait reçus dans sa chambre à coucher, en marque de respect. Quand les robes noires sortirent, il demeura dans sa chambre et, bientôt, l'un de ses partisans fidèles se présenta accompagné de sa jeune fiancée pour le rencontrer. Quand les dictateurs de la *Kirk* passèrent sous sa fenêtre, ils le virent en train de féliciter la jeune femme pour sa bonne fortune et de l'embrasser avec enthousiasme. Les ministres du culte voulaient que le roi soit publiquement réprimandé, sermonné et qu'il passe un moment sur le tabouret de pénitence. Douglas s'y opposa en considérant qu'exposer et humilier ainsi l'homme qu'ils allaient bientôt couronner comme roi auraient de mauvaises répercussions sur eux. Il gagna et fut autorisé à s'entretenir avec le roi en privé. Il lui cita un vieux proverbe écossais. « Quand on veut embrasser l'épouse de son voisin, il vaut mieux fermer toutes les portes et les fenêtres [4]. » Cet incident se produisit vers l'époque où Sir Robert faisait sa cour et qu'il s'apprêtait à

1. *The Origins of Freemasonry, op. cit.*
2. *Gould's History of Freemasonry, vol. II,* éd. Dudley Wright.
3. N.D.T. Fondateur de l'Église presbytérienne d'Écosse.
4. *The Tragedy of Charles II*, op. cit.

proposer le mariage à Sophia Lindsey. Balcarres, sa demeure, était assez proche de Dunfermline et environ une semaine plus tôt, Charles avait accordé une audience à Lady Anna Moray, la cousine de Sir Robert et il lui avait parlé très aimablement [1]. Ce n'est rien de plus qu'une idée romantique, mais il me plaît d'imaginer que la jeune femme que le roi Charles avait félicitée en l'embrassant quand il avait été surpris par les hommes de la *Kirk*, était Sophia, à l'occasion de ses fiançailles avec Sir Robert.

En attendant, Cromwell était rentré d'Irlande et avançait vers l'Écosse à la tête de son armée du nouveau modèle. Le général David Leslie commandait les troupes écossaises et le moral était bon, maintenant que le roi était politiquement aux mains de la *Kirk* et des covenantaires. Alors ce fut un terrible choc quand, le 3 septembre, Cromwell vainquit les Écossais à la bataille de Dunbar et qu'il laissa 3 000 cadavres de leurs meilleurs soldats. La *Kirk* répondit à ce drame en désignant un jour spécial pour pleurer les péchés de toute la famille Stuart, mais il était trop tard ! L'armée que Charles comptait utiliser pour reprendre l'Angleterre était épuisée, mais le roi ne s'en était pas encore aperçu. S'il voulait avoir la moindre chance de récupérer l'Angleterre, il allait devoir réunir toutes les factions écossaises qui se détestaient. Cette tâche se révéla quasiment impossible.

Quand il signa le Covenant, Charles pensait que son couronnement aurait lieu à Holyrood, à Édimbourg, le 15 août 1650. L'invasion de Cromwell l'empêcha. Charles avait besoin d'être couronné, mais il était de plus en plus las de tous ses ministres de la *Kirk* et de leur rabâchage continuel de ses défauts. Il dit plus tard de cette époque :

> *C'était une vie affreuse. Je ne voyais aucune femme et le peuple était si ignorant qu'il croyait que jouer du violon était un péché* [2].

Argyll décida alors de faire contre mauvaise fortune bon cœur et d'exploiter le fait de ne pas pouvoir couronner Charles à Holyrood. Depuis l'époque du roi Malcom Mac Alpin, le lieu de couronnement traditionnel des rois d'Écosse était Scoon, juste à l'extérieur de Perth. Maintenant faisant de nécessité vertu, on s'efforça de focaliser le sentiment nationaliste sur la lignée de Charles et sur son droit à être couronné à Scoon. Son père avait été le premier roi d'Écosse depuis 1296 à être couronné assis sur la pierre de Scoon ou, pour utiliser sa terminologie moderne, la pierre de Scone. La pierre traditionnelle de couronnement qui était jadis employée dans

---

1. *Autobiography*, A. Moray (Murray).
2. *Mémoires,* Mme de Montpensier, éd. A. Cheruel.

les cérémonies de Moot Hill, à Scoon, avait été emmenée à l'abbaye de Westminster en 1296 par Édouard Ier d'Angleterre.

Charles ne pouvait naturellement pas être couronné à Westminster, assis sur la pierre de Scoon, mais on pouvait le couronner sur Moot Hill, à côté de Perth, en recourant aux anciens rituels du couronnement écossais.

La pierre de couronnement absente n'aurait pu qu'ajouter au caractère poignant de la cérémonie. Quand Charles serait devenu roi d'Écosse, il reprendrait l'Angleterre et l'antique pierre que Cromwell détenait. L'historien R. J. Stewart disait ceci de cette pierre de couronnement et du pouvoir qu'elle conférait :

> *La pierre sur laquelle les souverains britanniques sont couronnés est celle ramenée d'Écosse par Édouard Ier en 1296. C'est [peut-être] la pierre originelle de Scone, utilisée pour l'installation et le couronnement des rois écossais ; quelques auteurs soutiennent que cette pierre était la pierre sacrée des rois de Tara en Irlande, apportée en Écosse par les rois de Dalriada*[1]*. Magiquement, il est essentiel que la lignée royale de Grande-Bretagne soit installée sur la pierre sacrée, une tradition perdurant aujourd'hui*[2].

Jusqu'à ce jour, les rois et les reines d'Angleterre ont été couronnés alors qu'ils étaient assis au-dessus de la pierre de Scone[3]. L'historien spécialiste de l'héraldique W. J. Bennett a évoqué le pouvoir de cette pierre au moment de la consécration d'un roi légitime :

> *Les insignes royaux incrustés de joyaux ne viennent qu'au second rang derrière ce bloc de pierre brute et apparemment sans valeur sur lequel le souverain s'assoit au moment de son couronnement réel. Il ne fait aucun doute que c'est le désir de perpétuer une antique coutume qui explique l'utilisation ininterrompue de cette pierre de couronnement. Mais cela n'explique pas l'origine de cette coutume. Pourquoi cette pierre fut-elle choisie ? D'où vient la vénération que lui voue le peuple britannique ?*
>
> *Selon la tradition… pendant près de mille années, les rois d'Irlande furent couronnés en étant eux-mêmes assis dessus. Puis elle fut emmenée en Écosse et utilisée là dans le même but, jusqu'à ce qu'Édouard l'emporte à Westminster*[4].

---

1. N.D.T. Nom originel de l'Écosse fondée par les Scots originaires d'Irlande.
2. *Celtic Gods, Celtic Goddesses*, R. J. Stewart.
3. N.D.T. En fait, cette pierre – plus connue sous le nom de « Pierre de la Destinée » [*Stone of Destiny*] – était enchâssée dans le trône du couronnement à Westminster. Elle a été rendue à l'Écosse en 1996, restitution symbolique ayant amorcé le processus d'autonomie du pays, consacré par le vote du premier parlement autonome depuis des siècles en 1999.
4. *Symbols of our Celtic-Saxon Heritage*, W. J. Bennett.

Ce qui est certain, c'est que les Écossais avaient une tradition de pierres sacrées qui faisait partie intégrante de leurs rituels de couronnement, et que la colline de Moot Hill, sur le domaine du palais de Scoon, appartenait également à cette tradition. Il n'y avait aucune chance pour que Cromwell offre la pierre de Scoon à Argyll afin que Charles puisse avoir un véritable couronnement écossais. Oliver était trop occupé par l'invasion de l'Écosse pour se soucier de telles subtilités. Ses attaques d'Édimbourg rendaient impossible le couronnement de Charles à Holyrood, mais le site traditionnel des rois d'Écosse était disponible. Couronner Charles sur le même monticule que le roi Robert the Bruce, le vainqueur des Anglais à la bataille de Bannockburn, était un symbolisme qui n'avait sûrement pas échappé à Argyll. Utiliser le site de Scoon pour le sacre de Charles comme roi d'Écosse aiderait à obtenir le soutien total des Écossais derrière Charles et à renforcer la position d'Argyll. Par conséquent, Charles et sa cour furent installés dans les « grands appartements du roi », dans la Gowrie House, à Perth.

Sur les pas de Charles

Je décidai de suivre les pas de Charles II et de visiter les sites de sa cour à Perth, avant le couronnement, puis celui de la cérémonie de sacre à Scone. J'arrivai à Perth par une soirée ensoleillée de la fin mai. D'emblée, je fus déçu de découvrir que Gowrie House n'existait plus. Les quais de pierres grises du port jadis florissant étaient toujours là, courant de chaque côté de la large et paresseuse rivière Tay. Mais la demeure où Charles avait sa cour avait été démolie depuis des décennies pour être remplacée par de grandes maisons de marchands prospères, qui, à leur tout, avaient laissé place à des bureaux, quand le commerce maritime de la ville avait diminué.

C'était le début de soirée. Je marchai le long de la rivière. Le soleil était maintenant bas dans le ciel et la lumière virait à l'or du couchant. Il ne reste plus de Gowrie House qu'une plaque commémorative posée par le conseil municipal pour indiquer où se trouvaient autrefois la maison et ses jardins au bord du fleuve. Je regardai les collines de l'autre côté de la rivière. Elles avaient dû peu changer depuis que Charles les avait contemplées. Je pensai à lui, rongé par les affronts croissants que lui infligeait la *Kirk*. Quand il arriva à Perth, on lui apprit qu'il aurait à signer une nouvelle déclaration : dans celle-ci, il reconnaissait ses propres péchés, mais il devait aussi se repentir de celui qu'avait commis son père en épousant la représentante d'une « famille idolâtre ». Il devait encore se repentir pour sa « mauvaise éducation et son ancienne malfaisance », et pour avoir conclu des accords avec les Irlandais papistes. Charles se tourna vers Argyll qui lui conseilla de faire la déclaration publique, en lui écrivant :

Quand vous retrouverez votre royaume, vous pourrez être plus libre, mais, pour le moment, il est nécessaire pour vous de satisfaire ces fous [1].

J'imaginai Charles, lisant cette réponse, assis devant cette même vue, contemplant la lumière du soir éclairant les collines distantes et se demandant s'il serait jamais couronné. Les mots que Charles écrivit en ce même endroit trois cent cinquante ans plus tôt me revinrent à l'esprit.

Rien n'aurait pu davantage m'ancrer dans l'Église d'Angleterre que la trahison et l'hypocrisie de la Kirk [2].

Charles semble avoir craqué sous la pression implacable de la *Kirk*, peu de temps après avoir écrit ce commentaire. Le matin du 4 octobre 1650, il sortit avec son cheval par la porte arrière de Gowrie et prit la direction du Fife au grand galop. Il rencontra Lauderdale et ses conseillers dans la maison de Lord Airlie. Deux jours plus tard, Charles se rendit au covenantaires d'Argyll qui étaient à sa poursuite. Quand ils le retrouvèrent, il était seul, à l'exception de ses serviteurs. Les « Engagés » avec qui il avait discuté et qui l'avaient conseillé s'étaient évanouis dans les montagnes [3].

On pense généralement que l'homme qui avait organisé cette réunion clandestine était Sir Alexander Frazier, qui avait été le médecin personnel de Charles quand il s'était enfui la première fois à Jersey et qui l'avait suivi en France. Frazier était ensuite retourné à Édimbourg et quand Charles arriva en Écosse, Argyll lui confia de nouveau la santé du roi [4]. Frazier était un ami personnel de Sir Robert Moray [5]. Je me souvenais d'un commentaire que Stevenson avait fait à propos de la présence de Moray dans la Loge d'Édimbourg, en juillet 1647. Il avait dit de Sir Robert :

L'année suivante, il était en Écosse et assistait, dans la Loge d'Édimbourg, à l'admission d'un des médecins du roi [6].

1. *The Calendar of Domestic State Papers*, 28 août 1650, Scottish National Records Office, Édimbourg.

2. *Personal History of King Charles II, 1650-1651*, Charles J. Lyon.

3. *Ibid.*

4. *Dictionary of National Biography*, op. cit.

5. Il fera partie des noms proposés par Moray pour être membres de la *Royal Society*, une semaine après la première réunion.

6. *The Origins of Freemasonry*, op. cit.

Ce médecin du roi n'était-il pas Sir Alexander Frazier, me demandai-je ? Frazier se trouvait alors à Édimbourg, il était un ami de Moray et il ne pouvait pas servir le roi car Charles Ier était prisonnier de Cromwell à Holmby. Était-ce Moray qui avait proposé l'entrée de Frazier dans la franc-maçonnerie, comme, plus tard, dans la *Royal Society* ?

Quoi qu'il en soit, Charles avait eu sa réunion avec les « Engagés » et il regagna Perth, disposé à satisfaire les fous de la *Kirk*. À partir de là, il répète tout ce qui lui est demandé, mais d'une voix si monocorde qu'il est clair qu'il ne met aucune conviction dans ses paroles. Il semble avoir adopté la devise personnelle de Sir Robert « mieux vaut être que paraître ». Quoi qu'il dît en public, il gardait ses propres convictions en son for intérieur. Finalement, sa nouvelle tactique fonctionna face aux demandes sans fin des ministres de la *Kirk* qui exigeaient toujours plus d'humiliation avant le couronnement. Charles répétait comme un perroquet toutes les déclarations des responsables presbytériens. Ils ne pouvaient plus discuter ou prêcher avec lui, car il était immédiatement d'accord avec eux. Son attitude faisait passer le clergé pour des idiots et ils commencèrent à perdre la face aux yeux du peuple. Quand Argyll lui déclara qu'il avait mal agi en proposant d'admettre des pécheurs dans l'armée, Charles lui répondit calmement : « Nous sommes tous des pécheurs aux yeux de Dieu [1]. »

Le peuple avait de plus en plus de mal à admettre les tactiques des covenantaires. Ce malaise croissant obligea Argyll à autoriser les « Engagés » à réintégrer le Parlement écossais ; à permettre à Lauderdale de rencontrer le roi et d'autoriser des non-convenantaires à servir dans l'armée. Charles II, roi d'Écosse, protecteur de la science, sachant satisfaire les fous, avait été bien conseillé par quelqu'un !

Satisfaire les fous

Le lendemain matin, je me levai tôt et parcourut deux kilomètres environ en suivant la rivière jusqu'au palais de Scone. Moot Hill se trouve à l'intérieur du parc du palais, qui est aujourd'hui une destination touristique populaire. En arrivant, les portes étaient ouvertes. J'espérais profiter de quelques instants tranquilles dans la petite chapelle qui se dresse sur la colline du couronnement, avant l'afflux des cars pleins de touristes.

La légende romantique dit que Moot Hill s'est formée avec la terre de

1. *The Great Marquess*, John Willcock.

la semelle des nobles qui, d'âge en âge, sont venus rendre hommage aux rois d'Écosse en ce lieu sacré. En réalité, le tumulus date du Néolithique. Il a été construit par la société mégalithique disparue depuis longtemps pour ses propres fins. Aujourd'hui, le monticule artificiel au sommet plat possède un petit mausolée. Une réplique de la pierre de Scone se trouve devant. L'original est maintenant gardé dans le château d'Édimbourg avec les « Honneurs d'Écosse », les attributs royaux qui furent utilisés pour le couronnement de Charles.

Le palais de Scoon était déjà presque en ruine quand Charles fut couronné là en 1651. L'abbaye et le palais avaient été très endommagés par John Knox, près d'un siècle plus tôt, et le palais actuel ne fut pas construit avant 1802. Cependant, en parcourant les salles magnifiques de la demeure moderne, je fus frappé par la profusion d'étoiles à cinq branches dans la décoration.

Je n'aurais pas dû être réellement surpris de voir ces symboles. Grâce aux travaux de Stevenson, je savais déjà que Moray était particulièrement impressionné par cet important symbole maçonnique, parce qu'il figurait dans les armoiries de sa famille. Sir Robert descendait de Freskin, seigneur [Lord] de Duffus, dans le Moray, d'où sa famille avait tiré son nom [1]. Les terres et l'abbaye ruinée de Scoon avaient été données par Jacques VI à une branche de la famille Moray, en 1604. Auparavant, elles avaient appartenu à la famille Gowrie, ceux qui avaient construit Gowrie House et qui avaient trempé dans une tentative d'assassinat de Jacques. Sir David Moray avait aidé à sauver la vie du roi et en récompense, il reçut les terres des Gowrie à Scoon et les titres de Lord Scoon et de vicomte Stormount.

Il ne reste pas grand-chose de la maison que Charles II visita, en dehors de la grande salle intérieure, qui a encore la cheminée auprès de laquelle le roi aurait pu se réchauffer après le couronnement. Et il en aurait eu besoin, car la cérémonie se déroula le Jour de l'an 1651, dans les ruines de la vieille abbaye. L'actuel mausolée Mansfield a été construit sur ces ruines en 1807, et il contient encore davantage d'étoiles à cinq branches de la famille Murray [comme ils orthographient maintenant leur nom].

Je ressortis dans la lumière vive de cette matinée de mai pour me tenir près de la reproduction de la pierre de Scoon, devant l'entrée de la chapelle sur Moot Hill. La petite colline était déserte, en dehors de deux débroussailleuses abandonnées ; leurs opérateurs ayant manifestement disparu dans la maison pour aller prendre une tasse de thé. En regardant

1. Que l'on écrit parfois Murray.

la pierre, je pensais à Charles venu là si longtemps auparavant et l'antique prophétie de saint Colomban me revint à l'esprit. « Sauf duperie de vieux voyants ou aveuglement de sorciers, les Écossais doivent régner, là où ils trouveront cette pierre. » Debout dans le soleil du matin, je repensais aux événements de ce Premier de l'an, quelques trois cent cinquante ans plus tôt environ.

Charles avait remonté le fleuve en bateau, depuis Gowrie House, jusqu'au seuil de la vieille maison de Scoon. Six nobles tenaient un dais royal pour le couvrir tandis qu'ils l'escortaient jusqu'à l'antique tumulus. La cérémonie commença. Charles se tenait tout près de l'endroit où je me trouvais moi-même maintenant, devant Moot Hill. Charles réitéra publiquement son acceptation du Covenant, avant d'être escorté dans les ruines de l'ancienne abbaye. Derrière lui venait Argyll, portant la couronne de Robert le Bruce, qui avait également été portée par Jacques VI.

Le président de la *Kirk* prononça un long, implacable et intense sermon sur les péchés de la famille Stuart et les merveilles du Covenant. Apparemment ce sermon dura trois heures[1]. Quand ce sermon s'acheva, Charles accepta publiquement pour la seconde fois ce jour-là les termes du Covenant. Il prêta alors le serment du couronnement. Il fut revêtu de la robe de l'État. On lui donna la grande épée de l'Écosse et les éperons de l'État furent disposés sur ses bottes. Maintenant, Argyll se plaça devant lui, couronne en main, tandis qu'un nouveau long sermon expliquait qu'il fallait préserver la couronne des péchés des prédécesseurs de Charles II. Enfin, la couronne fut placée sur la tête du roi. Il lui restait encore à recevoir le sceptre. Mais naturellement, avant de se le voir remettre, il dut encore écouter un autre sermon sur les vertus du Covenant.

Alors Charles, revêtu et doté de tous les « Honneurs de l'Écosse », l'épée, les éperons, la couronne et le sceptre, fut amené devant la foule massée autour de Moot Hill. Le nouveau roi resta là debout, tandis que les « fous » de la *Kirk* délivraient encore un sermon. Puis, en guise d'acte final du couronnement, John Middleton, un partisan royaliste de Montrose, réintégra le sein glacé du Covenant, bibliquement revêtu d'une simple grosse toile et de cendres en signe de contrition. Cette scène d'humiliation rituelle forcée de Middleton mit un étrange point final à une cérémonie qui avait duré huit heures, essentiellement dehors par une froide journée d'hiver écossaise. L'aube pointait quand Charles était arrivé sur les marches du petit débarcadère de la Scoon House. Et le soleil s'était couché au terme d'une

1. *Personal History of King Charles II, 1650-1651*, op. cit.

brève journée septentrionale, avant que le cortège royal ait pu pénétrer à l'intérieur de la grande salle pour participer au banquet de couronnement et que le roi soit venu se réchauffer près de la vieille cheminée que j'avais contemplée quelques minutes plus tôt. Au moins, la *Kirk* nourrissait son nouveau roi. Les registres des paiements effectués pour la fête montrent qu'il lui fut servi son bœuf favori, mais également dix têtes de veau, vingt-deux saumons et de nombreux couples de perdrix [1].

La famille Moray fut formellement représentée au couronnement par David Murray [Moray], le quatrième vicomte Stormount et le quatrième Lord Scoon qui participait à la cérémonie [2]. Je retournai à l'intérieur du palais de Scoon dans la salle du duc de Lennox, où Lord Mansfield avait installé les répliques exactes des « Honneurs de l'Écosse » et de la couronne de Bruce. Je contemplai un moment les attributs royaux que Charles avait portés avant de regarder par la fenêtre le vieux monticule de Moot Hill. Sir Robert assistait certainement au couronnement. C'était un événement écossais qu'il ne pouvait se permettre de manquer. Je savais qu'il lui était physiquement possible de venir d'Édimbourg, mais je ne fus pas en mesure d'en trouver la confirmation. Encore une belle idée romantique, mais plausible !

Une fois Charles devenu roi, il n'oublia pas Sir Robert envers qui il se montra très bienveillant. Comme je l'ai déjà signalé, il fit de lui le *Lord Justice Clerk* d'Édimbourg, un choix étrange pour un homme n'ayant aucune formation juridique, mais la loyauté importait peut-être davantage que la compétence professionnelle.

Mais huit mois après son couronnement, le roi d'Écosse redevint un fugitif. Charles fut vaincu par Cromwell à la bataille de Worcester. Lauderdale fut emprisonné. Et Cromwell prit Perth comme Édimbourg, tandis que Charles, déguisé en ouvrier, s'enfuyait à pied vers la France.

Moray demeura à Édimbourg, bien qu'il ait été évincé de son poste public par Cromwell en avril 1652. Ce n'était pas le bon moment pour lui de perdre son travail, car son épouse était enceinte et mortellement malade. Pendant ce temps, John Middleton, l'homme ayant été obligé de faire son acte de contrition publique lors du couronnement et était devenu l'un des principaux officiers de Charles à Worcester, avait été capturé par Cromwell. Il parvint à s'échapper et à gagner l'extrême Nord de l'Écosse, où il mena un soulèvement au milieu de l'année 1652. Il reprit Inverness, mais fut coupé dans son élan par manque de soutien. Moray et son beau-père, le comte de

1. *Moreton Muniments,* Scottish Record Office, GD 150/2949.
2. *Personal History of King Charles II, 1650-1651,* op. cit.

Balcarres, s'étaient remis au travail immédiatement après la mort de Sophia pour essayer d'organiser une armée et reprendre les Lowlands d'Écosse au nom du roi exilé. Balcarres voulait mener lui-même le mouvement, mais il tomba malade. Et Charles, disposant de renseignements limités depuis sa base en France, nomma le comte de Glencairn pour le remplacer. Celui-ci était un mauvais choix, car il était détesté par Middleton, Balcarres et Moray. Ces deux derniers écrivirent au roi pour l'inviter à remplacer Glencairn par Middleton. Glencairn répondit en accusant Moray d'avoir voulu assassiner le roi et en le faisant emprisonner. Il avait bien l'intention de le faire juger avec la peine de mort à la clé. À la fin de 1653, Moray écrivit à Charles pour protester de son innocence.

J'ai déjà eu l'occasion de mentionner que les maçons pouvaient notamment communiquer discrètement entre eux quand ils étaient en public en utilisant certaines expressions familières que les profanes n'identifiaient pas. Dans une lettre confidentielle au roi, Sir Robert protestait donc de son innocence, mais il employa une formulation que seul un frère maçon pouvait reconnaître. Ayant assuré le roi qu'il était innocent (il fut ultérieurement prouvé que la lettre produite contre lui pour l'incriminer était un faux), il dit :

> *Et une fois qu'elle m'aura reconnu innocent, Votre Majesté pourra, comme le maître architecte fait avec ses matériaux, m'utiliser comme bon lui semblera*[1].

Selon Stevenson, Moray agit comme s'il s'attendait à ce que Charles reconnaisse la référence maçonnique[2]. Mais cela posa la question de savoir comment Charles aurait pu la comprendre. La référence était très soigneusement choisie car le maître architecte dont parle Moray a préféré mourir plutôt que de trahir la confiance sacrée dont il était porteur. Sir Robert était un politicien et un négociateur habiles. Il plaidait pour sa vie. Pour convaincre son roi, comment aurait-il pu choisir autre chose que la métaphore la plus puissante ? Seulement, les métaphores ne fonctionnent que quand l'émetteur et le récepteur en comprennent le symbolisme. Si Moray s'attendait à ce que Charles comprenne ses allusions, c'est qu'il pensait s'adresser à un frère maçon. Je commençais à me demander si le souverain n'était pas devenu maçon pendant son séjour en Écosse ? Je n'avais pas assez d'éléments à ma disposition pour conclure, aussi je décidai de laisser la question de côté pour y revenir plus tard. Quoi qu'il en soit, Charles dut être convaincu par la plaidoirie maçonnique de Moray, parce qu'il écrivit à

1. National Library of Scotland, Adv, ms 29.2.9, Balcarres Papers, vol IX, f. 243-2
2. *The Origins of Freemasonry*, op. cit.

Glencairn en lui demandant « d'étudier plus soigneusement les allégations » avant d'entreprendre quoi que ce soit d'autre contre Moray [1].

Le soulèvement de Glencairn fut un échec et, en juillet 1654, ses troupes furent battues à la bataille du loch Garry. En attendant, Moray avait été libéré et il s'était rendu à Paris, où se trouvait Charles. Il était toujours avec la petite cour du roi quand celle-ci partit pour Bruges en 1656 [2]. À cette époque, les relations de Charles II avec les Hollandais devenaient très difficiles. De juillet 1657 à septembre 1659, Moray habita Maastricht, où il utilisa ses contacts maçonniques pour réunir autant de renseignements que possible sur les Néerlandais. L'un de ses objectifs fut peut-être d'essayer d'obtenir de la Généralité – qui gouvernait les Pays-Bas – qu'elle se montre plus favorable envers la cause de Charles. Ce qui est manifeste, c'est que dès que le général Monck donna l'impression de vouloir restaurer Charles sur le trône d'Angleterre, Moray revint auprès du roi à Paris. En revanche, Sir Robert demeura dans la capitale française quand le souverain, pour faciliter la tâche de Monck, déplaça sa cour dans la ville protestante de Breda. Les liens de longue date qui unissaient Moray à Mazarin peuvent avoir été utiles à Charles en cette période difficile, où il devait prendre de la distance par rapport à sa famille française s'il voulait un jour monter sur le trône d'Angleterre.

Quand le roi revint en Angleterre, vers la fin mai 1660, Moray était encore à Paris. Il ne rentra pas à Londres avant la fin août. Mais à son retour, le roi fut heureux de le revoir. L'évêque Burnet, qui assista à la rencontre, en dit ceci :

> *Sa Majesté reçut R. M. [Robert Moray] en l'étreignant avec force et en lui serrant longuement la main. Il l'accueillit avec autant d'amabilité et de bonté qu'il pouvait souhaiter* [3].

C'est à cette période que Charles octroya à Moray une maison de faveur sur le domaine du palais de Whitehall et qu'il lui demanda d'installer un laboratoire dans le palais, où Sir Robert pourrait poursuivre ses études de la nature et de la science. Cet intérêt commun pour la science provenait-il d'une même pratique des idées de la franc-maçonnerie ?

Douze semaines après son arrivée en Angleterre, Sir Robert était déjà si bien accepté par les philosophes qui se réunissaient au Gresham College qu'ils le choisirent pour communiquer leurs intentions au roi ! On ne peut

1. *King Charles II,* Antonia Fraser.
2. *The Royal Society, Its Origins and Founders,* op. cit.
3. *History of my own Times*, op. cit.

qu'admirer l'enthousiasme sans limites de l'homme ! En observant plus en détail la carrière de Sir Robert, je m'apercevais que ses relations maçonniques écossaises avaient été d'une grande importance dans la formation de ses idées. Elles avaient modelé ses actions et lui avaient procuré un réseau de contacts utiles.

Sir Robert Moray commençait lentement à émerger des brumes de l'histoire. Je me suis rappelé les mots de Gilbert Burnet, l'évêque de Salisbury :

> *De son vivant, il [Sir Robert Moray] fut la vie et l'âme de ce corps [la Royal Society]* [1].

La franc-maçonnerie avait joué un rôle clé tout au long de la carrière de Robert Moray. Il semble très improbable qu'il ait pu soudainement se désintéresser de ce qui l'avait motivé pratiquement toute sa vie. Alors dans quelle mesure la franc-maçonnerie affecta-t-elle les actions de Moray quand celui-ci constitua la *Royal Society* ?

Conclusion

Plus j'en découvrais sur Sir Robert Moray, plus il devenait manifeste qu'il avait été un acteur très important des guerres civiles. En tant que jeune mercenaire, il changea plusieurs fois de camp, mais il semble avoir développé une affection authentique pour Charles à partir de 1650 environ. L'importance de la franc-maçonnerie pour la pensée de Moray est un thème récurrent auquel je n'ai cessé de revenir. Mais les informations réunies ne m'avaient toujours pas aidé à comprendre comment Moray avait pu se faire inviter à la réunion du 28 novembre 1660, présidée par Wilkins.

Cependant, je commençais à me dire que si je parvenais à comprendre Moray et la franc-maçonnerie qui l'avait tant influencé, je comprendrais également les motifs qui l'avaient amené à fonder la *Royal Society*. Donc, pour poursuivre ma recherche, je décidai d'en apprendre davantage sur la franc-maçonnerie en Angleterre pendant cette période. Elias Ashmole, un autre membre primitif de la *Royal Society*, se trouvait à Oxford quand Moray avait été fait chevalier et il était devenu maçon à Warrington en 1646. Ashmole avait tenu un journal assez complet et il m'apparaissait donc comme le sujet suivant qu'il me fallait approfondir, si je voulais comprendre le taciturne Sir Robert.

1. *History of my own Times*, *op. cit.*

Chapitre VII

LE MEMBRE NUMÉRO TRENTE-SEPT

12 déc. 1660. M. Ashmole est proposé.
26 déc. 1660. M. Ashmole est proposé.

Extraits de l'exemplaire manuscrit
du premier journal de la *Royal Society*.

La bibliothèque de la *Royal Society* conserve des archives manuscrites bien tenues. Elles consignent tout ce qui s'est produit lors de ses premières réunions. Les deux entrées ci-dessus font partie de ce journal. Elles montrent que quelqu'un tenait particulièrement à intégrer Elias Ashmole dans le groupe. Il fut proposé une première fois, dès la deuxième réunion. Puis, quinze jours plus tard, il fut de nouveau proposé ! Avait-il été rejeté la première fois ? Il n'y a aucune trace d'une telle décision. Pourquoi l'entrée d'Ashmole au sein de la nouvelle Société pour la promotion de la connaissance philosophique par l'expérimentation était-elle jugée si importante au point de le voir proposé en deux occasions distinctes ?

Ce n'était en tous les cas pas parce qu'il était un grand scientifique, dans la mesure où il ne contribua que très peu aux travaux de la Société, son seul rapport avec la science se limitant à l'étude de l'astrologie. On peut remarquer qu'il s'acquitta de ses cotisations très régulièrement et qu'il était très en faveur auprès du roi. Mais on peut certainement en dire autant de bon nombre d'autres candidats possibles qui ne furent toutefois pas proposés deux fois. Donc quelqu'un semblait « vraiment » vouloir Ashmole et j'étais curieux de savoir pourquoi.

Ashmole lui-même mentionne la société pour la première fois dans son journal le 3 janvier 1661 en disant :

> *Cet après-midi, j'ai été accepté au sein de la* Royall[1] Society *[blanc] au Gresham College*[2].

Il avait laissé un blanc parce que, à cette date, bien que le roi eût accepté de devenir le patron et le protecteur de la Société, il n'avait pas encore donné son accord pour son nom formel. Le mot *Royall* fut donc inséré probablement à une date ultérieure au-dessus de la ligne, le blanc ayant été laissé après *Society*.

Le 3 janvier 1661, Ashmole ajouta sa signature à la liste augmentée – comptant maintenant cent quatorze noms – des personnes jugées idoines pour devenir membres, dressée lors de la réunion du 5 décembre 1660.

Les choses durent ensuite aller très vite. Dans les cinq semaines suivant la toute première réunion de la Société, Ashmole fut non seulement proposé deux fois, mais il fut également invité à venir au Gresham College. Là il fut formellement élu membre de la nouvelle Société comme le mentionne son journal à la date du 9 janvier 1661 :

> *Cet après-midi, je suis venu prendre ma place au sein de la* Royall Society *[blanc] au Gresham College*[3].

Après cette date, il ne mentionne plus la Société jusqu'à l'octroi de sa Première Charte. Ce fut à ce moment-là qu'il soumit au roi des armoiries extrêmement maçonniques pour la nouvelle Société. Sa proposition ne fut pas retenue. Il ne paraît pas avoir assisté à beaucoup de réunions à Gresham, car à cette époque il avait hérité du poste de héraut d'armes de Windsor. Peut-être était-il trop occupé par les préparatifs du couronnement, qui faisaient partie de ses charges héraldiques officielles. Cependant, les registres de la Société prouvent qu'il paya ses cotisations régulièrement même s'il ne prenait pas une part active au travail scientifique.

L'historien Michael Hunter dit de lui :

> *Elias Ashmole payait régulièrement ses cotisations, bien que dans toutes les informations disponibles sur sa vie et ses activités, on trouve difficilement la trace de sa présence à une réunion de la Société après son admission, et il n'y en a pas*

1. N.D.T. Orthographe répandue à l'époque et utilisée par Ashmole.
2. *Elias Ashmole (1617-1692), His Autobiographical and Historical Notes*, éd. C. H. Josten.
3. *Ibid.*

davantage dans les registres de ladite Société. Mais il était de manière évidente une source utile de soutien financier, même s'il était totalement inactif [1].

Sir Robert Moray mourut subitement le 4 juillet 1673 et, en moins d'un an, la Société se retrouva confrontée à des problèmes d'argent. Ashmole était peu présent aux réunions, mais il fut l'un des premiers membres à signer un engagement obligatoire de paiement pour garantir les revenus de la Société [2]. Les minutes de la Société pour le 22 octobre 1673 listent cinquante-sept personnes « qui peuvent être considérées comme de bons payeurs » et le nom d'Ashmole figure sur cette liste [3]. Le 7 mars 1676, il fit un don de 5 £ supplémentaires, en plus de sa cotisation normale, pour créer un fonds destiné à fournir à la Société ses propres murs [4].

Mais pourquoi Ashmole soutint-il la Société avec de l'argent plutôt que par sa présence pendant toutes ces années ? Encore une fois, je devais en savoir plus sur cet homme et ses motivations, si je voulais comprendre la *Royal Society*.

Maître d'Artillerie [*Master of Ordnance*]

Elias Ashmole naquit à Lichfield le 23 mai 1617, seul enfant du sellier local. Il devint à la fois avocat [*solicitor* [5]] et astrologue. On le connaît sans doute surtout pour le musée Ashmoléen [*Ashmolean Museum*]. Quand il mourut, en 1692, il légua toute sa bibliothèque et sa collection d'antiquités à l'université d'Oxford. Ce legs fut le point de départ du musée.

Ashmole est bien connu de tous les francs-maçons, parce qu'il existe de nombreux mythes maçonniques à son sujet. Par exemple une petite brochure publiée par la Grande Loge Unie d'Angleterre en 1999, *Your Questions Answered* [Réponses à vos questions], affirmait fièrement – mais de manière erronée – que : « La plus ancienne Initiation consignée d'un franc-maçon sur le sol anglais fut celle d'Elias Ashmole en 1646 [6]. » Je ne

1. *The Royal Society and its Fellows 1660-1700 : The Morphology of an early scientific institution*, Michael Hunter.

2. *The Royal Society and its Fellows 1660-1700*, Michael Hunter.

3. Royal Society, Council Minutes Copy, vol. 1, 1673-1682, p. 238.

4. *The Diary* [Journal] *of Robert Hooke, 7 mars 1676*, ms Guildhall Library.

5. N.D.T. À la différence du *barrister* (comme Francis Bacon) qui plaide, le *solicitor*, dans le système anglais a une fonction plus « administrative » entre l'avocat conseil proprement dit et le notaire (qui n'existe pas en droit anglais).

6. J'ai déjà mentionné que la première Initiation maçonnique attestée par les docu-

comprenais pas totalement comment et pour quelles raisons Ashmole en était venu à être « fait maçon » à Warrington. Cependant, ses motivations semblent avoir été plus politiques que ne l'imaginent bon nombre de maçons modernes !

À l'âge de seize ans, le jeune Elias quitta Lichfield pour Londres. Il alla vivre chez le baron James Pagit, un cousin par alliance de sa mère. Dès cette époque, il commença à tenir un journal des événements contemporains. C'est grâce à ce journal que j'ai pu apprendre beaucoup de choses sur lui. En 1638, il devint réellement *solicitor* et épousa Elenor Manwaring, une jeune lady de Smallwood, près de Warrington, qu'il avait rencontrée chez Pagit. Hélas, comme l'épouse de Sir Robert, elle mourut des complications de sa grossesse le 6 décembre 1641. Elle était retournée à Smallwood chez ses parents pour l'accouchement et Elias n'apprit son décès qu'en se rendant dans le Cheshire, avec l'intention de passer Noël avec elle et sa belle-famille [1].

En août de l'année suivante, il écrivit dans son journal :

> *Les troubles dans Londres deviennent si importants que j'ai décidé de quitter la cité et de me retirer à la campagne* [2].

En fait, il alla vivre à Smallwood, chez son beau-père, Peter Manwaring. Pendant son séjour dans le Cheshire, il continua d'officier comme *solicitor.* Son journal nous indique qu'en avril 1643 il se rendit à Londres pour aider Henry Manwaring, le cousin de sa défunte épouse, dans une affaire juridique. Ashmole laisse pointer ses sympathies royalistes quand il note qu'il n'approuve pas la façon dont :

> *Divers portraits et statues dans l'abbaye de Westminster ont été descendus et dégradés par un comité de la Chambre des Communes et des membres de la milice* [3].

Le 27 mai 1643, Ashmole partit pour Oxford. Dans le cadre de ses activités légales, il allait notamment récupérer, pour le compte du roi, les taxes indirectes de la ville de Lichfield, en qualité de commissaire des taxes. Charles Ier, qui avait été chassé de Londres, avait installé sa cour à Oxford.

---

ments sur le sol anglais est intervenue en 1641 et que le franc-maçon en question était Robert Moray.

1. *Elias Ashmole (1617-1692), His Autobiographical and Historical Notes,* éd. C. H. Josten.
2. *Ibid.*
3. *Ibid.*

Ashmole décida de rejoindre l'université de Brasenose et de rester en ville. Il voulait étudier la philosophie naturelle, les mathématiques, l'astronomie et l'astrologie.

Le journal d'Ashmole ne dit pas clairement comment il intégra Brasenose. Il veilla soigneusement à taire le statut sous lequel il avait été accepté par le Collège. Il n'y a assurément pas de trace de son diplôme [1]. On le soupçonne presque d'avoir voulu donner l'air de préparer son diplôme et de l'avoir obtenu sans réellement essayer d'y parvenir. Licencié recalé serait sans doute une terminologie plus appropriée concernant sa réussite universitaire. En vérité, il a pu n'être qu'hébergé par le Collège avec le statut d'« hôte extérieur » ou « étranger » [*stranger*]. À cette époque, l'oncle par alliance d'Ashmole, Sir Henry Manwaring, était incontestablement un « étranger » de Brasenose et il est possible qu'il ait parrainé l'admission d'Elias Ashmole au Collège [2].

Tandis qu'il résidait à Oxford, Ashmole commença à rédiger des éléments de son journal en code, afin d'en dissimuler le contenu aux espions parlementaristes. Il gardera toute sa vie cette habitude d'écrire en code. La teneur de certains de ces codes numériques (des nombres se substituant aux termes roi, reine, prince de Galles, colonel Bagot, garnison, soldat, convoi et ainsi de suite) montre qu'il était parfaitement en mesure de fournir des rapports codés de nature militaire.

Le 22 mars 1645, il rencontra le capitaine Wharton, un officier supérieur de la garnison du roi à Oxford, mais également un astrologue qualifié. Un mois plus tard, Wharton avait fait d'Ashmole l'un des quatre maîtres d'Artillerie [*Master of Ordnance*] de la ville. Vers la fin août, après sa défaite à Naseby, Charles retourna à Oxford. Ashmole note que le roi y demeura du 28 au 30 août avant d'abandonner la ville à son destin. En septembre, Ashmole travaillait à la défense de la ville en prévision de la probable attaque parlementariste. Le 17 septembre 1645, il écrit dans son journal :

> *Cet après-midi, Sir John Heidon, lieutenant d'Artillerie, a commencé à entraîner mes canonniers à Maudelin Meadows.*

Cette note fut rédigée en code, donc Ashmole commençait à tenter de couvrir ses arrières dans le cas où il serait dénoncé au Parlement. Vers la fin de 1645, Ashmole fut commissaire des taxes à Worcester, en plus de son rôle

1. Les registres de l'université ne mentionnent aucun diplôme délivré à Brasenose entre le 26 juin 1643 et le 13 novembre 1646.

2. *The Brazen Nose*, R. W. Jeffery.

militaire. Il a gardé la lettre qu'il avait emmenée à Worcester, le 22 décembre 1645 :

> *Le porteur, un gentilhomme de l'Artillerie de la garnison d'Oxford, ayant un poste dans le gouvernement de votre seigneurie, confié par le Parlement, désireux de se faire connaître et de se mettre au service de votre seigneurie, a demandé ma médiation et mon attestation quant à l'application et aux mérites de ladite personne, dans le temps où il a été au service de Sa Majesté sous mon contrôle. Je peux le recommander aux faveurs de votre seigneurie comme un homme capable, diligent et fidèle, là où votre seigneurie sera heureuse de le croire*[1].

La lettre était destinée à Lord Jacob Astley, commandant des forces du roi dans les comtés de Hereford, de Worcester et de Stafford. Elle était signée par Sir John Heidon, qui avait été très impressionné en entraînant les troupes d'Ashmole à Maudelin Meadows.

Ashmole arriva à Worcester, deux jours avant Noël. Il devint réellement le commissaire des taxes de la ville en prêtant serment le 27 décembre 1645.

Sans tarder, il se mêla aux notabilités locales, dînant avec les Lords Brereton et Astley, pour présenter sa lettre de recommandation. Il consigna fièrement dans son journal qu'il avait également rencontré Sir Gilbert Gerard, alors gouverneur royaliste de Worcester.

Pendant le mois de janvier, Ashmole aida Lord Astley à préparer ses troupes à partir aider Chester. Ashmole ne cessait de dresser des horoscopes pour prévoir l'évolution de la guerre et ses conséquences probables pour lui-même. Il interprétait aussi ses rêves pour vérifier s'il pouvait prévoir l'avenir. Il rapporta notamment un rêve, en avril, où il avait vu le roi quitter Oxford et il s'inquiéta de sa signification. Le 27 avril, il nota qu'il avait rêvé :

> *Le roi quittait Oxf : sous couvert d'un déguisement pour se rendre chez les Écossais*[2].

C'est une des prévisions astrologiques précises qu'Ashmole réalisa où il voyait Charles quitter Oxford et se rendre aux covenantaires à Newark.

À cette époque, Ashmole s'était totalement impliqué dans la cause royaliste. Il s'était acheté un certain nombre de vêtements à la mode pour impressionner tant ses protecteurs que différentes ladys qu'il rencontrait. En outre, il avait réussi à persuader Lord Astley de transférer son affectation

1. Ms. Ashmole, 1136, f. 16.
2. Ms. Ashmole, 313, art. 1.

militaire de la garnison d'Oxford sous le commandement de Heidon à celle de Worcester. Le 12 mars 1646, il note dans son journal :

> *J'ai reçu mon affectation pour être capitaine dans le régiment de Lord Astley.*

Pour le 22 mai 1646, Ashmole fut nommé maître d'Artillerie pour Worcester et, le 18 juin, il écrit dans son journal :

> *Le colonel Washington m'a rencontré à Seven Bridge et m'a dit qu'il comptait beaucoup sur moi dans ce commandement où je pourrais servir efficacement le roi maintenant qu'il était tant affaibli.*

Mais bientôt, il s'affaiblit encore davantage. Oxford tomba le 20 juin, ce qui ne laissait que Lichfield et Worcester aux mains du roi.

Ashmole enregistra la prise de Lichfield par le Parlement, le 14 juillet 1646. Et dix jours plus tard, il écrit :

> *Worcester s'est rendu ; et à partir de là, j'ai quitté la ville conformément aux clauses de la reddition, et je suis allé chez mon père Manwaring dans le Cheshire.*

Ceci est confirmé par les archives officielles dans lesquelles on peut vérifier que le capitaine Ashmole est cité parmi les officiers qui se rendirent. Worcester était la dernière ville de garnison à soutenir la cause du roi et sa chute marqua la fin des espoirs de Charles Ier. En sa qualité d'officier royaliste, Ashmole eut l'interdiction de vivre à l'intérieur des limites de la ville de Londres et il ne pouvait donc plus gagner sa vie en exerçant son métier de juriste. Il se rendit chez le père de sa défunte épouse, dans le Cheshire, parce qu'il n'avait réellement nulle part ailleurs où aller. Ashmole avait lié son destin à celui de Charles Ier et, à la fin de 1646, il se retrouvait sans travail et sans soutien politique. Il n'y a rien d'étonnant à ce qu'il n'ait cessé de dresser des horoscopes pour savoir si sa chance allait revenir, s'il allait pouvoir regagner Londres en toute sécurité et s'il allait épouser une riche veuve.

Presque n'importe quelle veuve riche aurait fait l'affaire. Mmes Cole, Minshull, Irlande, March, Lady Thornborough, Lady Fitton ou Lady Manwaring figurent toutes dans les rêves érotiques – et pécuniaires – que le jeune homme de vingt-neuf ans consigne pendant cette période. Son journal le montre comme un flirteur manquant d'égard et à la conduite presque scandaleuse faisant tout pour obtenir un mariage rapide et susceptible de remplir sa « bourse plate ». Ces extraits relatifs à ses badinages avec

Lady Bridget Thornborough, Mme Wall et finalement Mme March (aucune n'ayant accepté de l'épouser) sont typiques :

> *Lady Thornborough m'envoya quérir. Je vins la voir et la trouvai dans son lit...*
>
> *Lady Thornborough était allongée sur son lit et elle me fit quelques démonstrations d'amour et me prouva qu'elle m'aimait réellement. Je sentis son s*** et il avait l'air fermé...*
>
> *Cette nuit de dix heures à presque minuit, j'ai discuté avec Mme Wall dans sa chambre. Toutes ses conversations soulignaient sa peur de ne pas se marier pour faire plaisir à ses amis...*
>
> *[Note manuscrite de Mme March qui avait consenti à « venir dénudée » chez lui quand il était encore au lit] Aujourd'hui, j'ai reçu différents baisers d'elle et elle m'a donné un portrait d'elle à garder près de mon cœur. Puis elle a plongé sa main dans le lit pour me toucher et a dit qu'elle n'avait jamais fait autant depuis la mort de son époux. Et elle ajouta qu'elle espérait que je savais qu'elle ne pourrait rien m'offrir d'elle-même, mais que je pouvais lui en donner l'ordre...*

En dépit de ses efforts romantiques, Ashmole ne convainquit aucune de ces riches veuves de l'épouser. Il fut contraint d'étudier d'autres moyens de gagner sa vie. Les clauses de la reddition qu'il avait signée l'obligeaient soit à retourner chez lui, soit « à partir outre-mer et à ne plus jamais porter les armes contre le Parlement d'Angleterre ou à faire volontairement quoi que ce soit de nuisible contre les affaires de celui-ci ». Pendant qu'il était coincé dans Worcester assiégé, sa mère était morte. La riche Lady Thornborough venait de repousser sa proposition de mariage. Donc, la seule famille qui lui restait était le père de sa défunte épouse, M. Peter Manwaring de Smallwood, dans le Cheshire.

Pendant un moment, Ashmole vivota en exécutant des tâches juridico-administratives simples pour son beau-père, mais, au cours de cette période, il semble avoir été particulièrement tendu. Le 16 septembre 1646, il se sentait très déprimé. Il commença à avoir des furoncles sur son bras et les choses empirèrent. Il confia à son journal : « Cette nuit, pour la première fois, j'ai senti qu'un furoncle poussait sur mon c***. » Ses articulations lui faisaient mal et il souffrit fortement de constipation. Il finit même par être si inquiet qu'il commença à noter le nombre de selles qui passaient chaque jour.

Et il dressait continuellement de nouveaux horoscopes où il demandait s'il allait « sans peine et facilement obtenir une fortune en se mariant ». Quelle femme riche voudrait d'un proscrit constipé avec un énorme furoncle sur les fesses ? C'était bien là une question qu'il évitait de poser aux étoiles ! Cependant, il dut s'interroger sur les chances qu'il avait d'intéresser une femme, car il dressa également des horoscopes pour savoir s'il ne ferait pas mieux de partir outre-mer. Le jeune Ashmole était certainement ambitieux et il n'avait incontestablement pas peur de s'insinuer dans les bonnes grâces des uns ou des autres s'il pensait que cela pouvait aider sa fortune.

Puis soudainement, il semble avoir trouvé comment s'y prendre. Le 17 octobre, il emprunta une certaine somme d'argent à son cousin, le colonel Henry Manwaring, et il acheta un cheval à la foire aux chevaux de Congleton. Le 20 octobre, il rassembla tous ses biens et, le 25 octobre, il se mit en route pour Londres en dépit du serment prêté à Worcester de ne pas vivre dans la capitale. Il croyait bien évidemment être autorisé à ignorer la clause restrictive qu'il avait acceptée en sa qualité de maître d'Artillerie au moment de la reddition de la ville.

Apparemment, cette confiance était bien fondée, puisque, dès le 20 novembre 1646, il vivait dans Londres et fréquentait librement les astrologues, les alchimistes et les mathématiciens. Au nombre de ceux-ci, on peut citer William Lilly. Celui-ci, je le savais déjà, était un astrologue réputé, auteur d'un manuel universitaire très respecté sur l'astrologie chrétienne, et il était en outre un fervent partisan du Parlement. Qu'était-il arrivé dans la vie d'Ashmole pour que le vent ait ainsi tourné pour lui au point d'apparaître convenable aux yeux d'un homme comme Lilly ?

Je n'avais pu repérer qu'une différence tangible : son cousin, le colonel Henry Manwaring, l'avait introduit dans une Loge de francs-maçons se réunissant à Warrington. Ashmole avait été initié dans la maçonnerie, dans l'après-midi du 16 octobre 1646. Cette nouvelle appartenance au métier semble être la clé expliquant ses rencontres avec de nombreux personnages influents et son autorisation de se déplacer dans Londres en dépit de l'interdiction qui lui était légalement faite. En effet, une note du 14 mai 1650 figurant dans les papiers du *Public Record Office, State Papers Domestic, Interregnum A* [Archives nationales du Royaume-Uni, département des affaires intérieures, période de l'interrègne] confirme la nature illégale de sa présence à Londres quand elle indique :

> *Il [Ashmole] réside à Londres, en dépit de la Loi du Parlement qui le lui interdit.*

Ashmole changea pratiquement du jour au lendemain. De proscrit désespéré et constipé, souffrant des articulations, allant d'échec en échec amoureux et avec des furoncles sur les fesses, il devint un aventurier enthousiaste et audacieux. Subitement, on l'admit dans la meilleure société londonienne. Or, une seule chose avait changé dans son statut : il était devenu franc-maçon. L'était-il devenu simplement pour s'ouvrir les portes des plus hautes strates de la Londres parlementariste ?

Malheureusement, son journal indique seulement où et avec qui il devint maçon. Il n'explique pas pourquoi il voulut rejoindre le métier. Ainsi, pour le 16 octobre 1646, son journal nous dit :

> *4 h 30 de l'après-midi. J'ai été fait franc-maçon à Warrington, dans le Lancashire, en même temps que le colonel Henry Manwaring, de Karincham, dans le Cheshire.*
>
> *Les noms de ceux qui appartenaient alors à la Loge : MM. Rich. Penket, Surveillant ; M. James Collier, MM. Rich. Sankey, Henry Littler, John Ellam, Rich. Ellam et Hugh Brewer.*

Les hommes composant la Loge sont principalement des propriétaires terriens locaux, qui devaient être bien connus de la famille Manwaring. L'historien maçonnique Dudley Wright dit de cette réunion :

> *Les événements de Warrington de 1646 établissent quelques faits très importants en relation avec l'antiquité de la franc-maçonnerie et sa nature de science spéculative... En outre, le terme « Surveillant », qui suit le nom de Rich Penket, écarte en lui-même tout doute quant au fait de savoir si la Loge de Warrington pouvait prétendre à une ancienneté antérieure à 1646 : en effet, il montre avec la plus grande clarté que des membres d'une branche subsistante de la Société des francs-maçons étaient présents lors de cette réunion*[1].

Donc nous avions ici la preuve que la franc-maçonnerie était active non seulement en Écosse, mais aussi en Angleterre dans les années 1640. Parmi les maçons présents lors de l'Initiation d'Ashmole, il y en a deux qui présentent un intérêt particulier. Le premier était Richard Sankey, le père d'Edward Sankey, le franc-maçon qui retranscrivit le Manuscrit Sloane. Ce document est l'une des copies anglaises des « *Antient Charges* » [Anciens devoirs], qui s'étaient développés à partir des statuts Schaw. Il recense les devoirs et privilèges d'un franc-maçon et trace les contours de ce qu'est la franc-maçonnerie. Edward Sankey signa et data sa copie des Anciens Devoirs d'Octobre 1646. Autrement dit, le mois précis qui vit l'Initiation maçonnique d'Ashmole[2]. Donc je savais maintenant que la même philosophie de la franc-maçonnerie, que Robert Moray avait apprise

---

1. *Gould's History of Free Masonry*, vol II, éd. Dudley Wright.
2. *Early History and Antiquities of Freemasonry*, W. H. Rylands.

en Écosse, était familière au Surveillant qui initia Ashmole. Cela signifie également que la cérémonie d'Initiation de ce dernier était probablement la même que celle de Robert Moray cinq ans plus tôt à Newcastle.

Le deuxième personnage intéressant de la loge de Warrington était Hugh Brewer. Il avait été capitaine dans l'armée royaliste de James Stanley, le comte de Derby. Brewer avait combattu avec Stanley contre les forces parlementaristes de Lord Brereton pour garder Warrington à Charles Ier [1]. Accueillir au sein de la franc-maçonnerie Henry Manwaring, un colonel d'active de l'armée parlementariste, semblait un choix étrange.

Ce qu'il faut noter en tous les cas à propos de l'appartenance à cette Loge, c'est qu'elle ne tenait pas compte des options politiques de ses membres. Ils provenaient des deux camps de la guerre civile : un colonel « têtes rondes », deux capitaines royalistes et un certain nombre de propriétaires terriens locaux de Warrington, Newton-le-Willows et Lymm, dont la couleur politique n'est pas connue.

Dès qu'il fut en sûreté au sein de l'Ordre maçonnique, Ashmole se mit à revivre. Il cessa d'aller à la dérive et commença immédiatement à préparer son déménagement pour Londres. Ses requêtes astrologiques, telles que nous les restitue son journal, montrent qu'il avait peur d'envisager un tel déménagement avant son Initiation. Qu'a-t-il appris d'autre des francs-maçons de Warrington ? Peut-être a-t-il reçu une liste de contacts parlementaristes utiles à Londres avec la façon de les approcher ?

Le biographe d'Ashmole, C. H. Josten, dit de cette époque :

> *Peut-être que ses nouveaux contacts maçonniques ont influencé la décision d'Ashmole. À son retour à Londres, son cercle d'amis inclut assurément rapidement nombre de nouvelles connaissances parmi les astrologues, les mathématiciens et les médecins, qui peuvent avoir été prédisposés à devenir membres de Loges spéculatives du fait de leurs inclinations mystiques* [2].

Ce nouveau cercle d'amis s'articulait autour de William Oughtred, le mathématicien, alchimiste, astrologue et inventeur de la règle à calcul. Parmi les amis d'Oughtred, on comptait Seth Ward, Jonas Moore, Thomas Henshaw, Christopher Wren, William Lilly, George et Thomas Wharton. En outre, en moins d'une année, Ashmole devint un visiteur régulier du Gresham College, l'établissement si important pour les membres fonda-

1. *Dictionary of National Biography,* op. cit.
2. *Elias Ashmole (1617-1692), Biographical Introduction, His Autobiographical and Historical Notes* C. H. Josten.

teurs de la *Royal Society* qui leur permettait de se rencontrer[1]. Le 17 juin 1652, Ashmole était si bien établi à Londres que deux hommes, que nous avons déjà rencontrés, lui rendirent visite. Il s'agissait de John Wilkins et Christopher Wren. À cette époque, Wilkins était un universitaire parlementariste en vue. Il était principal du Wadham College et on disait qu'il courtisait la sœur d'Oliver Cromwell.

Ashmole écrit dans son journal :

> *11 h du matin : le docteur Wilkins et M. Wren sont venus me rendre visite à Blackfriers. C'est la première fois que je voyais le docteur.*

Wren venait d'être nommé professeur au collège All Souls, de Cambridge. Les deux visiteurs d'Ashmole jouissaient de la protection de la famille Cromwell. Qu'est-ce qui avait pu encourager ces deux brillants universitaires à rendre visite à cet ex-officier royaliste en disgrâce et vivant illégalement à Londres ?

Est-ce que l'appartenance d'Ashmole à la franc-maçonnerie explique cette visite ? Avant d'en être sûr, je devais rechercher d'autres connexions maçonniques possibles. J'avais été frappé par certains commentaires d'un article de John Wallis intitulé *Défense de la Royal Society*, qui laissaient transparaître une formulation maçonnique. Wallis était un des premiers membres de la *Royal Society*, un ami de Wilkins et de William Oughtréd. Je savais également qu'Oughtred se trouvait au centre d'un groupe d'hommes, dont beaucoup devinrent des fondateurs de la *Royal Society*. Or lui-même ne fut jamais invité à en devenir membre. Pourquoi ? Tout simplement parce qu'il mourut avant la première réunion.

Oughtred aida Ashmole en l'hébergeant durant une période difficile, juste avant la Restauration. Les deux hommes entrèrent en contact grâce à une intéressante chaîne de circonstances. Peu après son arrivée à Londres, Ashmole écrit dans son journal :

> *Environ deux ou trois semaines après mon arrivée à Londres, M. Jonas Moore m'a fait rencontrer avec M. William Lilly. C'était un vendredi soir et je pense qu'il s'agissait du 20 novembre.*

À cette époque, Jonas Moore était le précepteur de mathématiques du jeune Jacques, le duc d'York, âgé de quatorze ans. Le futur Jacques II avait été remis au Parlement au moment de la reddition d'Oxford l'année précédente. La nomination de Moore avait été approuvée tant par le Parlement

1. *Ibid.*, vol. II.

que par le roi. William Lilly gagnait sa vie en rédigeant des almanachs de prévisions astrologiques. « Le Merlin anglais » était le nom de plume sous lequel il écrivait[1]. C'était également un royaliste et un partisan de Charles Ier qui essayait de ne pas se quereller avec le Parlement. C'est Lilly qui présenta Ashmole à Oughtred et au cercle d'universitaires parlementaristes qui l'entourait.

En juin 1647, seulement neuf mois après être devenu maçon, Ashmole se vit inviter par William Lilly à créer un index pour son manuel, *Astrologie chrétienne,* qui était alors un texte prestigieux largement utilisé dans les universités pour l'enseignement de l'astrologie. Fidèle à lui-même, Ashmole dressa un horoscope pour savoir quel était le meilleur moment pour commencer le travail : il fixa celui-ci à midi dix le cinquième jour du mois. Apparemment, les étoiles sourirent à Ashmole, car sa collaboration avec l'astrologue accrut son statut dans la société « scientifique » de Londres. Moore et Lilly faisaient-ils partie des francs-maçons qu'Ashmole chercha à rencontrer peu après avoir rejoint la maçonnerie ? Le jeune homme avait-il appris de ses nouveaux frères maçons du Nord comment se faire identifier par leurs homologues de Londres ? Malheureusement, il ne rapporta pas ses motifs dans son journal, contrairement à ce qu'il avait pu faire pour ses projets de remariage. Cependant, le journal d'Ashmole n'était pas un rapport quotidien détaillé de ses pensées et de sa vie, à la différence, par exemple, de celui que Samuel Pepys a laissé à la postérité. C'est plutôt une série de notes relatives à ses activités quotidiennes et à son engagement militaire. Il parle de ses tentatives de mariage et il cite un certain nombre de relations maçonniques, mais il ne mentionne que deux réunions maçonniques auxquelles il aurait assisté. D'autres auteurs qui étaient ses contemporains ont rapporté qu'il avait commencé d'écrire une histoire complète de la franc-maçonnerie, dans laquelle il aurait sans doute parlé de son rapport au métier. Malheureusement, ce travail a été perdu.

Il n'avait assurément pas peur d'affirmer son nouveau statut dans l'Ordre maçonnique. Sur les frontispices de ses ouvrages, il utilisait des symboles maçonniques ostensibles. En outre, il accepta publiquement de nombreux hommages ou dédicaces maçonniques. Tous les éléments à notre disposition, y compris sa brève note concernant sa présence à une tenue d'une Loge de Londres plusieurs années après, indiquent qu'il considérait la franc-maçonnerie comme un moyen d'arriver à ses fins. De même qu'il envisagea froidement d'épouser n'importe quelle veuve riche disponible, il

1. *Dictionary of National Biography*, éd. Sidney Lee.

semble avoir choisi de rejoindre une société qui pourrait le protéger s'il voulait regagner Londres et qui lui fournirait un cercle de contacts utiles et immédiatement opérationnels. Apparemment, cette attitude semble lui avoir profité. Quelle autre raison, en dehors d'une bienveillance maçonnique, aurait pu persuader l'influent Oughtred de rencontrer cet ex-officier disgracié ? Dans un coin de ma tête, je notai de m'intéresser ultérieurement à Oughtréd.

En attendant, pour vérifier si Ashmole profitait de son appartenance maçonnique pour établir des contacts utiles, je décidai d'examiner plus attentivement ses nouveaux amis. Quelles personnes exactement du cercle d'Oughtred pouvaient avoir été francs-maçons ? Je décidai de commencer ma recherche avec les affirmations d'un des principaux membres de ce cercle, le mathématicien John Wallis.

Celui-ci, comme je le savais, était un ami de Seth Ward[1]. Je savais aussi que Wallis avait écrit que la *Royal Society* avait commencé par une série de réunions qui s'étaient tenues au Gresham College « vers 1645 ». Ces réunions qu'il décrivait appliquaient les conditions maçonniques, qui interdisent les discussions politiques et religieuses. Je répète ses mots exacts :

> *À l'exclusion des sujets politiques et religieux, nous discutions et considérions différentes recherches philosophiques*[2].

Wallis mentionne un certain nombre de membres ayant assisté à ces rencontres. Et parmi eux, il distingue particulièrement le nom de John Wilkins.

Ashmole arriva à Londres vers la fin octobre 1646. Dès le 20 novembre, il fut accueilli dans le cercle de William Oughtred, après lui avoir été présenté par William Lilly, qu'Ashmole avait rencontré par l'intermédiaire de Jonas Moore (un autre homme qui devait devenir l'un des fondateurs de la *Royal Society*[3]). Moins de trois mois plus tard, le 16 février 1647, Ashmole fut invité à assister à une réunion de mathématiciens au Gresham College, à laquelle assistait également John Wallis.

Je savais que Josten avait indiqué que les inclinations mystiques des nouveaux amis d'Ashmole pouvaient les avoir « prédisposés à devenir membres de Loges spéculatives, même si l'on n'a pas connaissance de l'appartenance

1. Seth Ward était l'homme qui avait hébergé John Wilkins à Londres quand celui-ci avait été chassé de Cambridge. Il était aussi le précepteur du vicomte William Brouncker, le premier président de la *Royal Society.*

2. *A Defence of the Royal Society,* John Wallis.

3. FRS 313, proposé par le vicomte Brouncker.

de l'un ou l'autre d'entre eux à l'Ordre [1] ». Cependant, le journal d'Ashmole montre que Wallis était l'ami d'un franc-maçon notoire. Le 11 mars 1682, Ashmole indique dans son journal qu'il « a reçu une convocation pour être présent en Loge, le lendemain, au *Masons Hall*, de Londres [2] ». William Hammond était présent à cette tenue.

Celui-ci était un autre membre de la *Royal Society* [3]. Il avait été proposé le 23 janvier 1661, un mois après la première réunion, et avant Wallis lui-même, qui ne fut proposé que le 6 mars 1661, bien qu'il fût finalement choisi avant Hammond.

William Hammond est décrit par l'historien Michael Hunter comme un grand amoureux des mathématiques. Il avait traduit en anglais plusieurs ouvrages de Wallis en latin et de ce fait, il avait travaillé en étroite collaboration avec celui-ci pendant plusieurs années [4]. Grâce au journal d'Ashmole, je savais maintenant qu'Hammond avait aussi été initié à la franc-maçonnerie.

Ici, nous avions la preuve écrite qu'au moins un membre du groupe que fréquenta Wallis entre 1645 et 1648 – ce même groupe qui avait accueilli le frère Ashmole en disgrâce en 1646 – était franc-maçon. Josten et d'autres auteurs ayant écrit sur Ashmole ont spéculé sur le fait que la majeure partie de ce groupe appartenait à la franc-maçonnerie. Les dédicaces maçonniques qu'ils adressèrent à Ashmole viennent à l'appui de cette idée. Il n'aurait peut-être donc pas été si étonnant que ces hommes suivissent des règles maçonniques et adoptassent la philosophie maçonnique pour l'organisation de leurs réunions. Ces réunions étaient-elles réellement des tenues de Loge ?

Le professeur Douglas Mackie dit du compte-rendu que Wallis fait de ces réunions primitives :

> *Dans le* Defence *[de Wallis] datant de 1678, on trouve une réfutation détaillée de [l']affirmation selon laquelle la* Royal Society *serait née dans les appartements de Wilkins à Oxford, en 1659. Wallis indiquait que dans ce qu'il disait, il n'y avait aucune dépréciation de Wilkins, à qui il avait été associé lors des premières réunions de Londres et dans les appartements duquel des réunions se tinrent à Oxford, non pas en 1659, comme le prétendait Holder, mais plus tôt, en 1648-1649. Mais les réunions de Londres étaient encore antérieures et perdurèrent même après le départ de Wilkins, Wallis lui-même, puis Goddard,*

1. *Elias Ashmole (1617-1692), Biographical Introduction, His Autobiographical and Historical Notes*, C.H. Josten.

2. *Ibid.*, vol. IV, C.H. Josten

3. FRS 70.

4. *The Royal Society and its Fellows 1660-1700,* Michael Hunter.

pour Oxford. Ici, Wallis était clairement aussi soucieux de donner une date plus précoce pour les réunions d'Oxford que celle fournie par Holder qu'il était désireux d'établir l'antériorité de réunions londoniennes. Et encore une fois, il pouvait parler en tant que témoin oculaire, parce qu'il résida à Oxford à partir de 1649[1].

Josten soupçonnait l'appartenance des nouveaux amis d'Ashmole à la franc-maçonnerie. Et ici, Ashmole et les minutes de la *Royal Society* nous fournissaient la preuve que, au moins dans un cas, Josten avait raison. S'il avait vu juste pour l'un, il avait peut-être aussi raison pour les autres, même si je savais qu'il ne serait peut-être jamais possible de le prouver.

Cependant, tout ce groupe évoluant autour de William Oughtred semblait aussi tourner autour du Gresham College. Wallis, en particulier, s'était manifestement donné du mal pour signaler que, selon ses dires, les premières réunions, qui auraient conduit à la formation de la *Royal Society*, se seraient tenues au Gresham College.

En 1940, le professeur Francis Johnson, de l'université de Stanford, émit l'idée selon laquelle le Gresham College lui-même aurait été l'inspiration de la *Royal Society*[2]. Toutefois, cette idée était difficile à soutenir, car l'organisation de ce Collège ne se prêtait pas formellement à la science observationnelle et expérimentale qui donna naissance à la *Royal Society*. Et autre problème qui venait réfuter cette idée, quand Wilkins, Ward, Goddard et Wallis partirent pour Oxford, les réunions se poursuivirent dans cette ville, bien loin d'une quelconque influence du Gresham College. Cependant, si ces réunions étaient des tenues maçonniques, ayant pour cadre le Gresham et pour but l'étude des mystères cachés de la nature et de la science, on peut expliquer sans problèmes comment et pourquoi ces réunions perdurèrent quand leurs participants déménagèrent. Ils auraient simplement formé une nouvelle Loge. À la lumière de ce soupçon concernant le Gresham College et les personnes qui le fréquentaient, je pouvais maintenant avoir une certitude quant aux raisons qui avaient fait accueillir Ashmole dans la nouvelle Société. Ce n'était pas parce qu'il se serait piqué de science, mais parce qu'il était un franc-maçon et qu'il disposait d'assez d'argent pour contribuer au projet de frère Moray.

Donc la question à laquelle il me fallait désormais répondre était la suivante : le Gresham College était-il un lieu de rendez-vous approprié pour des tenues de Loge au début des années 1640 ? Je décidai donc d'examiner

1. *The Royal Society, its Origins and Founders,* op. cit.

2. *Gresham College : Precursor of the Royal Society,* F. R. Johnson, Journal of the History of Ideas, vol. I, p. 423-438, New York, 1940.

plus attentivement l'endroit où les fondateurs de la *Royal Society* avaient choisi de tenir leurs réunions.

Le rôle du Gresham College

Le Gresham College fut fondé en 1579, par la volonté testamentaire de Thomas Gresham, qui avait légué des fonds dans ce sens. Sir Thomas était né en 1519 dans une famille de négociants[1]. Il se montra particulièrement doué et chanceux dans ses affaires et amassa une grande fortune. Parmi ses réalisations commerciales, il construisit la toute première manufacture de papier en Angleterre. Puis il devint l'agent financier de la reine Élisabeth Ire et, à ce poste, il instaura et fit construire le *Royal Exchange* [La Bourse de Londres]. Il portait un grand intérêt à l'éducation et, dans son testament, il laissa sa maison de Bishopsgate et une dotation, basée sur les revenus continus qu'il recevait du *Royal Exchange*, pour fonder un Collège. Celui-ci devait porter son nom et être hébergé dans Bishopsgate. Il laissa assez d'argent pour fournir un logement et un revenu à sept professeurs résidents, tous renommés dans leur domaine de compétence. La maison possédait également des salles de réunion pour accueillir les conférences publiques régulières que les professeurs devaient dispenser au grand public. Chaque conférence devait être donnée deux fois : une fois en anglais pour la population locale de Londres et l'autre en latin pour que les visiteurs étrangers puissent également bénéficier de cet enseignement.

Dans son testament, Sir Thomas fixa les sujets à enseigner. Il y avait : la théologie, la médecine, la géométrie, l'astronomie, la rhétorique, le droit et la musique. Dès sa fondation, en 1598, le Collège encouragea ses professeurs à discuter des applications pratiques de leurs matières. Les professeurs de géométrie et d'astronomie, en particulier, travaillèrent étroitement avec des officiers de la marine royale, des administrateurs navals et des constructeurs de navires. Le professeur Johnson nota ces liens étroits avec la marine et constata qu'ils concernaient tous les techniques de calcul pour la navigation et la conception de vaisseaux de guerre efficaces. Selon lui, les préoccupations pratiques des premiers professeurs de Gresham établirent une base pour la science pratique de la *Royal Society*. Le professeur Mackie était d'accord avec lui pour dire que les traditions de Gresham avaient eu une

1. N.D.T. Son père deviendra toutefois lord-maire de Londres.

influence importante sur les fondateurs de la *Royal Society*. Ainsi Mackie dit :

> *Des faits historiques de cet ordre pouvant être rassemblés sur le Gresham College à la fin de la période élisabéthaine et au début des Stuarts laissent entendre qu'il fut bien la matrice dans laquelle naquit la* Royal Society [1].

Pas moins de dix professeurs ou anciens professeurs du Gresham College devinrent membres de la RS quand elle obtint sa Première Charte : Christopher Wren, Walter Pope, Daniel Whistler, Laurence Rooke, Isaac Barrow, Robert Hooke, William Petty, Thomas Baynes, Jonathan Goddard et William Croome.

Le témoignage de William Preston

Il semblait prudent de vérifier si des ouvrages maçonniques mentionnaient le Gresham College. Je commençai par regarder l'index de l'*Histoire de la franc-maçonnerie* de Gould. Il n'y avait aucune mention de Sir Thomas ou du Gresham College. Alors, je consultai le contenu détaillé des *Illustrations of Masonry,* de William Preston, publié en 1772. Je fus enchanté de constater qu'une section complète était consacrée à Sir Thomas Gresham.

Preston affirme que, en 1567, Sir Thomas Gresham fut nommé Surveillant général des maçons conjointement avec le comte de Bedford. Gresham est décrit comme un « éminent négociant, qui se distinguait par ses aptitudes et sa grande réussite dans les affaires ». Preston explique ensuite la raison pour laquelle deux Surveillants généraux avaient été désignés : tandis que la franc-maçonnerie était bien établie à York, « les réunions dans le Sud avaient commencé à se développer considérablement ». Les frères du Nord étaient supervisés par le duc de Bedford, au nom de l'Assemblée générale des francs-maçons d'York. Pendant ce temps, Sir Thomas Gresham était responsable du métier dans le Sud. Cependant, les francs-maçons du Sud avaient toujours un droit de faire appel, « en chaque occasion importante », à la Loge d'York.

Dans l'annexe I, je traite des preuves provenant d'Édimbourg selon lesquelles, en 1615, les maçons d'York auraient demandé conseil à la Loge d'Édimbourg à propos de détails du rituel des principaux degrés de la franc-maçonnerie d'alors. On dit qu'il s'agit là de la formation de ce que l'on

1. *The Royal Society, Its Origins and Founders,* op. cit.

appelle encore aujourd'hui le Rite d'York de la franc-maçonnerie[1]. Preston indique que cette Loge d'York date d'au moins 1567 et qu'elle semble avoir les mêmes droits sur d'autres Loges que ceux qui furent reconnus à la Loge de Kilwinning sur les Loges limitrophes dans les seconds statuts Schaw de 1599. Je me demandai donc si la Loge d'York avait effectivement en Angleterre un rôle semblable, mais non attesté par des documents, à celui de la Loge mère Kilwinning en Écosse ?

Dans le texte de Preston, un astérisque était accolé au nom de Sir Thomas Gresham. Il renvoyait à une note que je reproduis ci-dessous :

> *Sir Thomas Gresham proposa de construire un bâtiment, à ses propres frais, dans la cité de Londres, pour le commerce, si les citoyens achetaient une parcelle appropriée pour cet édifice. Sa proposition ayant été acceptée, et certaines maisons entre Cornhill et Threadneedle Street, acquises à cette fin, ayant été démolies, la première pierre de l'édifice fut posée le 7 juin 1566. L'ouvrage fut exécuté avec une telle célérité qu'il fut achevé en novembre 1567. [Suit alors une description détaillée de l'architecture qui est ici omise.] Cet édifice, au moment de son érection, fut d'abord simplement appelé la Bourse. Mais le 23 janvier 1570, la reine [Élisabeth Ire], accompagnée d'un grand nombre de ses nobles, quitta son palais de Somerset House dans le Strand et traversa Threadneedle Street pour venir dîner chez Sir Thomas dans sa maison de Bishopsgate Street. Après le dîner, Sa Majesté revint par Cornhill et entra dans la Bourse par le côté sud. Elle visita toutes les parties du bâtiment, en particulier la galerie qui fait le tour de toute la structure et qui était pourvue de toutes sortes d'échoppes remplies de toutes les plus belles marchandises de la ville. Alors, elle ordonna que l'édifice soit proclamé, en sa présence, par héraut et trompette,* « The Royal Exchange ». *En cette occasion, dit-on, Sir Thomas apparut publiquement dans le rôle de Grand Surveillant*[2].

Preston continue en ajoutant :

> *Pendant son règne [d'Élisabeth Ire], des Loges se tinrent dans différents endroits du royaume, en particulier à Londres et dans ses environs, où le nombre de frères s'accrut considérablement, et plusieurs grands ouvrages furent exécutés sous les auspices de Sir Thomas Gresham, dont la Fraternité recevait tous ses encouragements*[3].

William Preston écrivit ses *Illustrations of Masonry* en 1772. À cette

1. *The Origins of the Three Degrees of Craft Masonry,* VRM Langton, Year Book of the Grand Lodge of Antient Free and Accepted Masons of Scotland, Édimbourg, 1995.
2. *Illustrations of Masonry,* William Preston.
3. *Ibid.*

époque, il y avait un grand affrontement entre les traditions hanovriennes et jacobites au sein de la franc-maçonnerie. Preston appartenait à la tradition jacobite qui considérait que la franc-maçonnerie s'était épanouie sous les Stuarts. Le camp hanovrien, dont la croyance est encore largement soutenue au sein de l'actuelle Grande Loge Unie d'Angleterre, préférait croire que la franc-maçonnerie était née à Londres, deux ans après le soulèvement jacobite de 1715. L'historien de la franc-maçonnerie Dudley Wright s'accroche fermement à la tradition hanovrienne. Aussi, quand il mit à jour l'*Histoire de la franc-maçonnerie* de Gould, il enleva la section d'ouverture originelle sur la franc-maçonnerie écossaise et il renvoya toutes les références écossaises au volume III. Wright paraissait contre les liens des Stuarts avec la franc-maçonnerie. De ce fait, il n'y a rien d'étonnant à ce qu'il fît tout pour jeter des doutes sur l'ouvrage de Preston, quand il révisa Gould.

Cependant, Preston était considéré comme un historien maçonnique important de son époque et il devint le Vénérable de la *Lodge of Antiquity*[1], qui lui donna le rang de Premier Maître de la constitution anglaise. Preston dit dans l'ouverture de ses *Illustrations of Masonry* :

> *J'ai été incité à examiner avec plus d'attention le contenu de nos divers enseignements. L'état brut et imparfait dans lequel je les ai trouvés, la variété des pratiques établies dans nos Loges et les difficultés que j'ai rencontrées découragèrent plutôt ma première tentative. Persévérant dans mon projet, je continuai et, aidé par quelques amis, qui avaient soigneusement préservé ce que l'ignorance et la dégénérescence avaient rejeté comme inintelligible ou absurde, je me suis battu assidûment pour acquérir d'anciens et vénérables landmarks de l'Ordre*[2].

Preston affirmait que Sir Thomas Gresham était un franc-maçon important. Dans quelle mesure, cette affirmation de Preston pouvait-elle être exacte ? Sir Thomas avait fondé le Gresham College juste avant le règne de Jacques VI (Ier), qui, je le savais déjà, était franc-maçon. Preston n'avait rien à gagner à inventer un rôle à Sir Thomas Gresham, mais Wright était sûr de se faire bien voir de la Grande Loge anglaise en ignorant tout ce qui existait avant 1717.

Pour vérifier la véracité des dires de Preston, je résolus d'examiner ce qu'il disait de sujets sur lesquels j'étais mieux informé comme le rôle de Jacques

1. N.D.T. « La plus ancienne Loge anglaise et une des quatre qui fondèrent, en 1717, la Grande Loge de Londres. Elle n'a pas de patente, car elle fonctionne "par constitution immémoriale". » *Dictionnaire de la franc-maçonnerie*, Daniel Ligou (éd.), Paris, PUF, 1987.
2. *Ibid.*

VI (Ier) dans la franc-maçonnerie anglaise. Avec assurance, Preston dit que, sous Jacques, la franc-maçonnerie s'épanouit en Angleterre et en Écosse et que des « Loges se réunissaient sous le patronage royal ». Pour que le roi patronne une Loge, il devait être maçon et, comme je l'ai déjà mentionné, Jacques avait été fait maçon dans la Loge de Scoon et Perth en 1601. Wright ne mentionne même pas Jacques VI dans ses cinq volumes. Il me fallait encore considérer soigneusement ce que Preston avançait ailleurs pour voir dans quelles mesures ses différentes affirmations pourraient être confirmées.

Preston rapporte que Jacques nomma l'architecte Inigo Jones Surveillant général et architecte de la Couronne. Jones devint alors « le délégué de son souverain pour présider les Loges ». Preston ajoute :

> *Sous son administration, plusieurs érudits furent initiés dans la maçonnerie et la Société s'accrut considérablement tant en réputation qu'en importance. Des Loges furent constituées sous la forme de séminaires d'enseignement des sciences et des beaux-arts*[1].

Preston va plus loin quand il note qu'en 1607, le roi Jacques posa la première pierre de la nouvelle salle de banquets du palais de Whitehall :

> [...] *en présence de Maître Jones et de ses Surveillants, William Herbert, comte de Pembroke, et Nicholas Stone Esq., Maître maçon de l'Angleterre, qu'assistaient de nombreux frères, revêtus régulièrement, et d'autres éminentes personnes, invitées pour l'occasion*[2].

Il ajoute que : « La cérémonie fut exécutée avec la plus grande pompe et la plus grande magnificence. »

Preston explique ensuite qu'Inigo Jones occupa son poste maçonnique jusqu'en 1618, quand lui succéda le comte de Pembroke, « sous les auspices duquel de nombreux hommes instruits, éminents et riches furent initiés, et les mystères de l'Ordre furent tenus en haute estime ». Il ajoute que Jones continua de patronner des Loges jusqu'à sa mort en 1652.

À propos de la guerre civile, Preston dit :

> *Le déclenchement des guerres civiles entrava le progrès de la maçonnerie en Angleterre pendant un certain temps. Après la Restauration, cependant, elle commença à revivre sous le patronage de Charles II, qui avait été reçu dans l'Ordre pendant son exil. Sous le règne de Charles II, des Loges furent constituées avec la permission de plusieurs Surveillants nobles, et beaucoup de*

1. *Dictionnaire de la franc-maçonnerie*, Daniel Ligou (éd.), Paris, PUF, 1987.
2. *Ibid.*

gentilshommes et d'universitaires célèbres demandèrent dans cette période à être admis dans la Fraternité[1].

Le 27 décembre 1663, dit Preston, une assemblée générale des maçons se tint à Saint-Albans au cours de laquelle Sir John Denham fut nommé Surveillant général du métier. Sir John Denham figurait sur la liste des membres proposés pour la *Royal Society* lors de la deuxième réunion et il en devint le membre effectif numéro 42. Preston ajoute qu'au cours de la même assemblée, Christopher Wren fut également fait Surveillant du métier.

En outre, Preston dit que Jonas Moore (FRS 313) était franc-maçon. Je me rappelais naturellement que Moore avait été le premier contact d'Ashmole moins de trois semaines après son arrivée à Londres. C'était aussi lui qui avait mis Ashmole en relation avec William Oughtréd. J'étais maintenant de plus en plus convaincu que Josten avait raison quand il disait qu'Ashmole avait utilisé la franc-maçonnerie pour améliorer sa condition dans la Londres parlementariste !

Preston fait un dernier commentaire intéressant : le 23 octobre 1667, Charles II participa à une cérémonie maçonnique, à savoir que : « Le roi vêtu en patron du métier posa la première pierre du nouveau *Royal Exchange.* » Le journal d'Ashmole nous fournit une autre preuve confirmant cet épisode quand il note qu'il a dressé un horoscope pour déterminer le meilleur moment pour poser cette pierre. Comme la pierre devait être posée, « selon les formes maçonniques régulières », l'astrologue maçon Ashmole était le mieux indiqué pour trouver la meilleure heure maçonnique et astrologique[2].

Donc non seulement Preston confirmait de nombreux faits concernant la franc-maçonnerie sous les Stuarts, mais il apportait de nouveaux détails. Donc, je pouvais probablement prendre au sérieux son affirmation selon laquelle Thomas Gresham était franc-maçon. Mais pouvait-on trouver d'autres preuves dans le rituel maçonnique montrant que le Gresham College avait été inspiré par les enseignements de ce rituel ? Il semblait sensé d'essayer de répondre à cette question en consultant les plus anciens documents maçonniques d'Angleterre.

Certains des plus anciens témoignages écrits concernant la franc-maçonnerie sont contenus dans les documents que les francs-maçons appellent les Anciens, ou Vieux, Devoirs [*Antient, or Old, Charges*]. Ceux-

1. *Ibid.*
2. *Elias Ashmole (1617-1692), His Autobiographical and Historical Notes, op. cit.*

ci décrivent l'histoire de l'Ordre de la franc-maçonnerie et les devoirs des francs-maçons. Les plus anciens exemplaires écossais de ces Anciens Devoirs sont respectivement connus comme les Devoirs de Kilwinning, d'Aitchison Haven et d'Aberdeen. Ils datent tous à peu près de l'époque de la Restauration. Mais en Angleterre, il en existe des versions plus anciennes encore. Hormis deux manuscrits très anciens qui ne font que mentionner les maçons au passage, ces documents – qui listent les principes de la franc-maçonnerie et les devoirs des francs-maçons – semblent tous – à peu de choses près – dater du règne de Jacques VI (Ier). C'est la période que j'ai déjà décrite, au cours de laquelle William Schaw créa le système moderne des Loges en Écosse. Les plus vieux de ces Anciens Devoirs datent de 1583, soit quatre ans après la fondation du Gresham College. Ils fixent les sujets dignes d'étude maçonnique et les devoirs des francs-maçons. Ce document est appelé le manuscrit *Grand Lodge*. Mais il existe environ une demi-douzaine de copies très largement semblables de ces Anciens Devoirs rédigées entre 1583 et 1630. Deux en particulier se distinguent. La première est attribuée justement à Inigo Jones qui, selon Preston, avait été fait Surveillant général du métier par Jacques VI (Ier) et l'autre, comme je le savais, avait été retranscrite par l'un des maçons de Warrington qui initia Elias Ashmole.

Le document d'Inigo Jones fut acheté par un historien maçonnique, le révérend A. F. Woodford, lors d'enchères publiques, le 12 novembre 1879. Il publia plus tard l'intégralité de ce manuscrit. Le catalogue des commissaires-priseurs, Puttick et Simpson, le décrit comme « les anciennes constitutions des maçons francs et acceptés. Un très curieux manuscrit in-folio, avec titre ornementé et dessins d'Inigo Jones, en maroquin vieux rouge, avec feuilles dorées, daté de 1607. » 1607 est naturellement l'année où, selon Preston, Jacques VI (Ier) aurait posé la première pierre de son nouveau palais de Whitehall, au cours d'une cérémonie maçonnique, assisté par le Surveillant général du métier, Inigo Jones, et de ses deux Surveillants, William Herbert, le comte de Pembroke et Nicholas Stone, tous en tenue maçonnique régulière. Intéressante coïncidence de date !

Accessoirement, j'avais aussi noté un autre petit épisode intéressant : quand Basing House, la demeure du marquis de Winchester et de ses régiments, avait été mise à sac par les « têtes rondes » de Cromwell, le 15 octobre 1645, Inigo Jones avait été fait prisonnier. Cromwell lui-même, rapportant la victoire au Parlement, en dit :

> *Nous avons eu peu de pertes. Nos hommes ont passé par le fil de l'épée la majeure partie des ennemis et quelques officiers de qualité. Et nous avons fait prisonnier le reste.*

Or, le lord-protecteur ne fit ni emprisonner, ni tuer Inigo Jones. Au lieu de cela, il demanda à ses troupes de le déshabiller intégralement et, ainsi dénudé, il dut rester debout et écouter une dénonciation publique enragée de la part du chapelain personnel de Cromwell, Hugh Peter. Puis Inigo Jones fut laissé libre de « s'en aller enveloppé dans une couverture [1] ». J'ai entendu dire que Cromwell était lui aussi franc-maçon. Sa clémence à l'endroit d'un royaliste certes âgé, mais important, s'explique difficilement, sauf justement s'ils avaient été frères maçons. Il existait une histoire étrange et populaire – mais étayée par aucun début de preuve – qui circulait chez les francs-maçons de premier plan au début du XXe siècle. Elle a été publiée dans le *Daily Express* de Londres, le 29 janvier 1929, par un Vénérable frère, le vice-amiral B. M. Chambers, CBE [2], sous le titre « Charles Ier fut-il décapité ? » Dans cet article, le Vénérable frère Chambers prétendait qu'Elias Ashmole avait pris la place du roi sur l'échafaud et que le souverain avait ensuite survécu sous l'identité d'Ashmole. Il fondait cette étrange théorie sur ce qu'il affirmait être un fait notoire chez les francs-maçons : « Le roi Charles Ier, Grand Maître des francs-maçons, n'aurait pas pu être exécuté par des hommes qui étaient eux-mêmes francs-maçons et ils auraient permis à un autre frère de prendre la place du Grand Maître. » Si cette histoire est tout à fait improbable, elle prouve en tous les cas que les maçons supérieurs croyaient fermement en l'appartenance maçonnique des deux hommes, Cromwell et Charles Ier.

La copie des Anciens Devoirs, attribuée à Inigo Jones, commence par une discussion des domaines d'étude appropriés pour un franc-maçon. Voici une transcription de cette introduction :

> *L'ANTIENT Constitution des maçons francs et acceptés, 1607*
>
> *QUE LA FORCE du PÈRE du CIEL, que la sagesse du FILS glorieux, par la grâce et la bonté de l'ESPRIT SAINT, qui sont trois personnes mais un seul DIEU, SOIENT avec nous et nous confèrent la grâce de nous diriger dans notre vie ici bas, afin que nous puissions atteindre Sa béatitude qui jamais n'aura de fin. AMEN.*
>
> *BONS FRÈRES et compagnons, notre but est de vous enseigner comment et de quelle manière cet excellent métier de la MAÇONNERIE a commencé, a continué et comment il fut conservé et encouragé par des ROIS et des princes de valeur et aussi grâce à de nombreux hommes remarquables.*
>
> *ET en outre à ceux qui sont ici, nous enseignerons les Devoirs qu'il appartient à tout FRANC-MAÇON de protéger. En leur foi, s'ils y prennent garde,*

1. *Charles I*, Christopher Hibbert.
2. N.D.T. CBE : commandeur de l'ordre de l'Empire britannique.

c'est grande chose que de la protéger, car la MAÇONNERIE est un métier de valeur, une SCIENCE riche de curiosités et l'une des sciences LIBÉRALES.

Les noms des sept Sciences libérales sont les suivantes.

I. GRAMMAIRE, qui apprend à l'homme à parler et à écrire correctement.

II. RHETORIque, qui apprend à un homme à parler loyalement et subtilement.

III. LOGIque, qui apprend à un homme à distinguer la vérité de l'erreur.

IV. ARITHMÉTIque, qui apprend à un homme à calculer et à mesurer toutes les sortes de nombres.

V. GÉOMÉTRIE, qui apprend à un homme la mesure de la terre et de toutes choses ; cette SCIENCE s'appelle aussi MAÇONnerie.

VI. MUSIque, qui enseigne à un homme l'art du chant et de la composition ; et à jouer méthodiquement de divers instruments, comme l'orgue et la harpe.

VII. ASTRONOMIE, qui apprend à un homme à connaître la course du Soleil, de la Lune et des étoiles.

NOTEZ je vous prie que ces sept sciences sont contenues dans la géométrie, car elle enseigne la mesure, la pondération et le poids de toutes choses que vous avez à connaître dans et sur la terre. Tout homme de métier travaille avec un quelconque instrument de mesure ou jauge. Il achète ou vend à l'aide de poids et de mesures. Maris, navigateurs, laboureurs et tous les autres utilisent la GÉOMÉTRIE ; car ni la GRAMMAIRE, ni la LOGIque, ni aucune autre des-dites sciences ne peut subsister sans GÉOMÉTRIE ; c'est donc la science la plus honorable et la meilleure.

Le document d'Inigo Jones, qui est l'une des plus anciennes énonciations anglaises des enseignements de la franc-maçonnerie, reflète exactement les domaines d'étude que Sir Thomas Gresham promut quand il établit le Gresham College. Les autres documents de cette période – le plus vieux datant de 1583 – recensent les mêmes grands points. Donc la littérature maçonnique de la fin de la période élisabéthaine et du début de la période Stuart montre que ces sept sciences libérales – en admettant que le droit, selon Thomas Gresham, désignait la capacité de distinguer la vérité de l'erreur – devaient être encouragées dans le cadre de la philosophie de la franc-maçonnerie. Sur cette base, il semble que le Gresham College offrait un lieu idéal pour organiser des réunions maçonniques. Sa fondation même repose sur les plus anciens principes maçonniques attestés et son fondateur aurait été, dit-on, franc-maçon.

Conclusion

Elias Ashmole était un opportuniste qui se préoccupait surtout de son intérêt. Quand il se retrouva dans le camp des perdants, à la fin de la guerre civile, il passa un certain temps à rechercher désespérément un moyen d'améliorer sa condition. Incapable de trouver une riche veuve pour subvenir à ses besoins, il rejoignit la franc-maçonnerie, en espérant qu'elle lui ouvrirait les portes de Londres. Dès qu'il fut initié, il partit pour la capitale anglaise et commença immédiatement à évoluer dans les cercles du Gresham College.

En étudiant plus attentivement ce dernier, je constatai que, dans la littérature maçonnique primitive, son fondateur, Sir Thomas Gresham, était présenté comme un franc-maçon majeur. Le Gresham College lui-même fut fondé sur les principes éducatifs consignés dans les documents maçonniques de la période, connus sous le nom d'Anciens, ou Vieux, Devoirs.

Plus j'examinais les circonstances de la formation de la franc-maçonnerie, plus il me semblait que celle-ci et sa philosophie de l'étude des mystères cachés de la nature et de la science avaient joué un rôle majeur dans la formation des personnalités qui avaient constitué la *Royal Society*. Une phrase tirée d'un manuel de franc-maçonnerie, publié peu après la formation de la Grande Loge de Londres en 1717, fait écho à cette idée. Elle dit : « Le principe ésotérique de la franc-maçonnerie est la science et le culte du soleil, en tant que fondements de la culture et de la connaissance humaines [1]. »

Maintenant que je savais que le Gresham College était un endroit idéal pour tenir des réunions maçonniques, il était clair que j'avais besoin d'étudier plus attentivement les circonstances précises de la Restauration. Quel rôle joua réellement Charles II dans la fondation de la *Royal Society*, à la fois en tant que roi et probablement en tant que franc-maçon initié ?

1. *Manual of Freemasonry*, Anon.

Chapitre VIII

LA RESTAURATION

Le règne de Charles II ne peut-être compris par les historiens pour qui l'histoire de l'Angleterre n'est que l'histoire de l'Angleterre.

Lord Elton

Qu'est-ce qui l'inspira [Charles II] ? Ce fut la vision d'une Angleterre forte chez elle et à l'étranger, de sa flotte triomphante, supérieure à celle des Hollandais, soutenue et encouragée par son allié naturel, la France.

Lady Antonia Fraser

Météorologiquement et politiquement, l'été 1658 fut orageux. Pour les superstitieux – c'est-à-dire la majorité de la population –, il y avait beaucoup de présages de mauvais augure. L'été était arrivé en retard. Des orages de grêle glaciaux comme des tempêtes hivernales avaient fait rage en juin. Une grande baleine, « de 58 pieds de long et 16 pieds de haut, avec une bouche si large que divers hommes pouvaient se tenir debout dedans », s'égara dans la Manche et remonta la Tamise pour s'échouer à Greenwich. Les bateliers du fleuve la tuèrent au harpon. Des témoins oculaires racontèrent que, alors qu'elle agonisait, elle laissa échapper un horrible gémissement et une grande gerbe de sang et d'eau.

La dictature militaire de l'Angleterre s'approchait d'un point critique. Pendant neuf années, Oliver Cromwell avait dirigé le pays, honni par les royalistes pour avoir tué le roi et vilipendé par les républicains pour avoir trahi la Révolution. La seule force de sa personnalité avait imposé une paix fragile entre les factions antagonistes du Parlement et dans le pays en général. Mais maintenant cette stabilité et l'infime mesure de tolérance religieuse qu'il avait introduite étaient menacées. Quand les orages de grêle de ce début d'été fou laissèrent place en août aux tempêtes, le lord-protecteur garda le lit avec une fréquence inquiétante. Il s'inquiétait pour sa famille. En juillet, Elizabeth Claypole, sa fille qui s'était liée d'amitié avec Christopher Wren, tomba gravement malade. Alors qu'il se précipitait chez elle, la voiture qui l'emmenait se retourna et se fracassa. Il s'en sortit secoué mais indemne, seulement il vit cette infortune comme un mauvais présage. Il s'inquiétait aussi de Dieu. « C'est une chose effrayante de tomber dans les mains du Dieu vivant », confia-t-il à son chapelain. Il souffrait de goutte et de fièvre intermittente, mais les remèdes charlatanesques utilisés par les docteurs le traitant ne firent apparemment qu'aggraver son mal et sa douleur.

À l'aube du vendredi 3 septembre 1658, Oliver tomba dans le coma et mourut dans la chaleur de l'après-midi. Il laissa un pays divisé, en proie aux querelles. Il s'était inquiété de sa mort imminente. Il craignait le jugement de son Dieu et se demandait avec angoisse ce qui allait advenir de la République qu'il avait gouvernée depuis l'exécution de Charles Ier. Oliver avait passé ses derniers jours à se demander qui pourrait être assez fort pour contrôler les affrontements belliqueux de l'armée et du Parlement après sa mort[1] ?

Tandis qu'Oliver était allongé sur son lit de malade à Hampton Court, un puissant orage était arrivé du sud-ouest. Il avait détruit les vergers et les bois de John Evelyn. Cet événement naturel devait avoir une grande influence sur la science de la sylviculture, parce qu'il amena Evelyn à s'intéresser à des méthodes pratiques pour restaurer et replanter ses arbres. Evelyn écrivit ceci dans son journal :

> *Cette tempête abattit mes plus grands arbres et causa des dégâts considérables dans toute l'Angleterre. Elle continua toute la nuit, jusqu'à trois heures de l'après-midi le lendemain, détruisant tous nos fruits d'hiver par le sud-ouest.*

Il fut, cependant, beaucoup plus laconique à propos de la mort de Cromwell, en écrivant le 3 septembre. « Mort d'Oliver Cromwell, ce rebelle par excellence appelé Protecteur. » Evelyn n'était pas le seul à se défier du Protectorat de Cromwell.

Choisir son successeur dut être une décision difficile à prendre pour Cromwell, car, comme cela arrive souvent avec les grands dictateurs, il n'avait pas laissé se développer d'héritier manifeste autour de lui. Dans son

---

1. *Oliver Cromwell*, John Buchan.

dernier testament, enregistré le 31 octobre 1658, seulement quelques heures avant sa mort, il désigna son fils Richard comme successeur.

Cromwell n'avait aucune prétention régalienne sur le pays. Légalement, il n'y avait plus de roi. Le Parlement s'était assuré que Charles n'ait pas d'héritier manifeste. Ils avaient fait attendre Charles dans une antichambre près de l'échafaud de Whitehall de dix heures du matin à une heure et demi de l'après-midi, tandis qu'ils discutaient et promulguaient une loi interdisant la proclamation de « tout futur monarque héréditaire ».

Pour Oliver Cromwell, le choix d'un nouveau lord-protecteur fut difficile. Sans arrêt, il différa sa décision et sa prudence était pleinement justifiée. Moins de neuf mois plus tard, Richard, son fils, démissionna, incapable de supporter le fardeau de la charge que son père défunt avait à contrecœur placé sur ses épaules.

Le Conseil d'État avait accepté Richard comme nouveau lord-protecteur, mais alors même qu'Oliver était en train d'être inhumé en grande pompe dans l'abbaye de Westminster, les chefs militaires commençaient déjà à discuter de nouvelles coteries. Les anciens mécontents du Long Parlement ré-affluaient dans Londres pour grappiller des miettes politiques. Privés de leurs droits civiques, les royalistes recommençaient à s'agiter. Quant à l'organisation de la Cinquième Monarchie, qui pensait que le Christ était sur le point de revenir et que ce n'était qu'une question de jours, elle avait entrepris de soulever ses fidèles. Les partisans de la Cinquième Monarchie étaient dirigés par Thomas Harrison, qui avait calculé que le second avènement du Christ interviendrait en 1660 et qu'Il établirait une nouvelle monarchie en ce cinquième millénaire du monde. Harrison fondait cette idée sur le septième chapitre du livre de Daniel et sur l'arithmétique discutable de l'évêque Usher qui prétendait avoir précisément daté la création. Ils étaient convaincus, que lorsque le Christ serait de retour, il instaurerait un nouveau règne des saints.

Richard Cromwell renonça à essayer de mettre de l'ordre entre toutes ces factions ennemies en juin 1659. Sous la pression d'un héros populaire de la bataille de Marston Moor, le général John Lambert, Richard démissionna de son poste de lord-protecteur. En l'espace d'un mois, les survivants du Long Parlement – désormais connu sous le nom de Parlement croupion [*Rump Parliament*] – se réunirent. Ils essayèrent de casser Lambert, mais c'est lui qui, avec l'aide de l'armée, parvint à les suspendre. Les apprentis de Londres se rassemblèrent dans la rue. Ils en appelèrent à des élections immédiates pour élire un « Parlement libre » et durent être soumis par la force. Pendant ce temps, l'armée anglaise elle-même était en plein désarroi. Si Lambert essaya d'imposer sa propre dictature militaire, il ne put s'appuyer sur des bases solides. Il n'avait aucun argent pour payer ses soldats et nombre d'entre eux se mutinèrent. Le 26 décembre 1659, tirant profit du désordre de l'armée de Lambert, le président [*Speaker*] de la Chambre des Communes, William Lenthall, « avec la masse [symbole de sa charge] devant et le Croupion derrière » traversa Londres pour aller prendre possession de Westminster et rétablir ce qui restait du Long Parlement. Le gouvernement de l'Angleterre s'effondra rapidement dans l'anarchie totale.

Le commandant en chef de l'armée en Écosse, le général George Monck, s'impliqua maintenant au milieu de la confusion. « Le Vieux George », comme ses soldats l'appelaient (au moins quand il n'était pas à portée d'oreilles), fut le premier soldat de métier anglais à penser que les militaires devaient être soumis aux civils en matière de gouvernement.

Monck avait commencé sa carrière militaire comme commandant dans l'armée royaliste de Charles Ier, jusqu'à ce qu'il soit capturé à Nantwich par les forces parlementaristes en 1644. Il resta emprisonné dans la tour de Londres jusqu'en 1647, une mésaventure qui le persuada de changer de camp. Il parvint si bien à convaincre le Parlement de son changement d'inclination qu'il fut nommé gouverneur de l'Ulster. Quand l'Écosse fut envahie par Cromwell en 1650, il s'y retrouva comme lieutenant général, et au retour de Cromwell, il y resta en tant que commandant en chef. Monck eut aussi quelque expérience du Parlement et de ses pratiques, car il participa à l'expérience parlementaire malheureuse de Cromwell.

Ce dernier avait essayé de mettre un terme à sa dictature militaire en 1653. Il n'était pas satisfait de son rôle et il avait donc voulu instaurer un Parlement nommé d'hommes sages et pieux, qui se consacrerait honnêtement à la reconstruction d'une Angleterre morcelée. Il se rappela peut-être les derniers mots de Charles Ier sur l'échafaud : « Ce dont le pays a le plus besoin, c'est d'un bon gouvernement, pas d'une autocratie. » Pour y parvenir, il demanda aux églises indépendantes de chaque comté de désigner des candidats qui seraient des « personnes craignant Dieu et d'une loyauté et d'une honnêteté reconnues. » C'est donc au sein de cet infortuné Parlement de Barebone – déjà évoqué dans le chapitre 1 – que siégea le général George Monck.

Quand Richard Cromwell démissionna et que le Parlement croupion essaya de s'emparer du pouvoir, Monck s'inquiéta du problème d'un Parlement sans contrôle ni contrepoids. Il organisa soigneusement la sécurité de ses bastions en Écosse, désarma ceux de ses officiers qui étaient des extrémistes religieux (principalement des anabaptistes) et rassembla ses troupes à Coldstream. Il leur dit qu'il projetait de marcher sur l'Angleterre « pour rétablir la liberté et les droits de trois royaumes en les arrachant aux usurpations arbitraires et tyranniques ». Des rumeurs se propagèrent prétendant que le général Lambert rassemblait une armée dans le Sud pour marcher contre eux et qu'une autre guerre civile semblait sur le point de commencer.

Le Jour de l'an 1660, Monck pénétra en Angleterre. Dans le Yorkshire, il fut rejoint par Thomas Fairfax qui l'accompagna pour sa longue marche vers Londres. Pendant sa progression vers la capitale, Monck ne rencontra pas d'opposition, mais reçut continuellement des pétitions en faveur d'un Parlement libre. Le Parlement croupion se méfiait de lui et essayait de le saborder. Mais le 3 février, Monck entra dans Londres à la tête de ses troupes. Il arrêta Lambert et l'envoya à la tour.

Le *Speaker* Lenthall demanda à Monck de prêter le serment d'abjuration de la maison des Stuarts, mais celui-ci refusa. Les pères de la cité de Londres avaient pris la décision de ne payer aucun impôt avant qu'un Parlement libre n'ait été choisi pour remplacer le Parlement croupion. Lenthall mit Monck face à un sérieux dilemme. Agissant au nom du Parlement croupion, Lenthall ordonna à Monck de marcher sur la ville et d'abattre ses portes et ses herses. Si Monck obéissait à l'ordre, il s'attirerait la haine des Londoniens, et s'il refusait il compromettrait sa position bien connue concernant la soumission des militaires à l'autorité civile.

Le jeudi 9 février, Monck convoqua un conseil de ses officiers supérieurs et, ensemble, ils composèrent une lettre à l'intention du Parlement croupion. Elle proposait d'émettre une série d'ordonnances autorisant les membres exclus du Long Parlement à retrouver leurs sièges, puis, rapidement, de prononcer une dissolution formelle pour ouvrir la voie à un Parlement libre. La lettre fut envoyée à Lenthall et, le 11 février, Monck, traversant la ville à la tête de ses troupes, annonça au lord-maire et aux conseillers municipaux, rassemblés devant Guildhall, ce qu'il avait fait. Des démonstrations de joie éclatèrent spontanément dans tout Londres. Des feux furent allumés et de grands morceaux de « culottes » [en anglais, *rump*, d'où *rumpsteak* ou *rumstek*] de bœuf furent rôtis. Toutes les cloches des églises se mirent à sonner pour célébrer la nouvelle. Samuel Pepys confia à son journal que, dans beaucoup de tavernes et de caves à vin, on buvait à la santé de l'exilé Charles II.

Le 16 mars 1660, le Long Parlement se réunit une dernière fois pour voter sa dissolution et appeler à des élections pour un nouveau Parlement. Pendant ce temps, Monck dépêchait Sir John Grenville en Flandres pour négocier avec Charles II l'éventualité d'une restauration de la monarchie. Mais dans le même temps, le général Lambert s'était échappé et avait reformé une armée dans les Midlands. Les élections donnèrent un nouveau

Parlement dominé par les Cavaliers (les royalistes). Lambert, cependant, était totalement opposé à la Restauration et il continuait de représenter une menace sérieuse. Heureusement pour le roi, il fut vaincu par Monck à Daventry et exilé à Guernesey avant la première assemblée du nouveau Parlement.

Vers la fin avril, ce Parlement à majorité Cavaliers demanda que le roi revienne les gouverner et il vota une motion selon laquelle la future Constitution de l'Angleterre devrait reposer sur « le roi, les Lords et les Communes ». Le roi fut proclamé à Westminster et une partie de la flotte fit voile vers La Haye pour aller le chercher et le ramener à Douvres. Par chance, Samuel Pepys, en sa qualité de secrétaire de l'Amirauté (la marine), se trouvait à bord du navire amiral, le *Naseby* – qui devait bientôt être rebaptisé *Royal Charles* – et il consigna plusieurs de ces événements dans son journal.

Un profond intérêt pour la marine

Quand il revint en Angleterre en mai 1660, Charles eut l'impression de rentrer dans un pays qui n'avait aucune idée de ce qu'était le calme. Alors que son peuple célébrait son retour, il dut supporter d'interminables séries de salves de canons qui saluaient le royal retour. Et quand le bruit des canons finissait par se dissiper, les acclamations ininterrompues de ses chers sujets le laissaient quasiment abasourdi. Au bout d'une semaine de ce régime, son cortège triomphal vers Londres n'avait même pas dépassé le Kent. Il reçut un accueil tonitruant à Canterbury. Samuel Pepys a décrit celui-ci : « Les cris et la joie exprimée par tous dépassaient l'entendement [1]. »

Ce soir-là, Charles écrivit à sa sœur, Henriette-Anne : « J'ai la tête tellement assommée par les acclamations du peuple que je ne sais même pas si ce que j'écris a du sens ou pas [2]. » Arthur Bryant. Pourtant, le lendemain, « Charles fut suffisamment en forme pour tenir un chapitre de l'ordre de la Jarretière, dans la carcasse endommagée de la cathédrale [3]. » Il investit ses vieux ennemis, Monck et Montagu, en même temps que ses partisans, Southampton et Hertford.

Sir Edward Montagu ne pouvait pas être là en personne pour recevoir sa jarretière, car il se trouvait toujours à Douvres, à bord du HMS *Royal*

1. *The Shorter Pepys,* éd. Robert Latham.
2. *Charles II,* Arthur Bryant.
3. *The Tragedy of Charles II,* Hester W. Chapman.

Charles, mais son secrétaire, Samuel Pepys, consigna dans son journal ce qui se produisit tôt le matin du dimanche 27 mai 1660. Charles avait dépêché son héraut, Sir Edward Walker, pour aller à la rencontre de la flotte. Sir Edward Walker avait servi Charles depuis la mort de son père, pendant son séjour en Écosse avant de le suivre dans ses différents exils. Il était un habile courtisan, très au fait du protocole et du cérémonial et qui faisait grande impression. Il arriva en voiture de Canterbury peu après l'aube. Pepys, en sa qualité de secrétaire de Montagu, fut tiré du lit pour accueillir le héraut du roi. Pepys envoya rapidement des instructions aux capitaines des trente navires de la flotte pour leur demander de se réunir à bord du *Royal Charles* afin d'être témoin de l'honneur que le roi faisait à leur amiral. Implicitement, Charles honorait également tous les hommes de la flotte. Sir Edward Walker utilisa finement sa longue expérience du cérémonial. Il s'assura que Montagu, tandis qu'il se tenait tête nue sur le pont de son navire amiral balayé par le vent devant ses officiers, fût honoré en compagnie de chacun des officiers importants.

Le héraut du roi portait les insignes et la lettre de titre sur un coussin cramoisi. Il s'avança lentement et précautionneusement au milieu des rangs des officiers, en s'assurant qu'ils pouvaient bien voir et admirer les insignes qu'il exhibait dans toute leur splendeur. L'efficace Pepys avait disposé une chaise dorée pour soutenir le coussin. Sir Edward Walker déposa soigneusement celui-ci sur son support avant de prendre la lettre, scellée par le sceau royal de Charles II. Il la tendit à Montagu qui cassa le sceau et ouvrit la lettre, avant de la rendre au héraut pour qu'il la lise à haute voix. Tous les hommes assemblés observèrent et écoutèrent tandis qu'on les honorait en même temps que leur commandant :

> *À notre fidèle et bien-aimé Sir Edward Montagu, chevalier, l'un de nos généraux sur mer, et notre Compagnon élu de notre noble ordre de la Jarretière. Le contenu de cette lettre entend montrer que les rois d'Angleterre ont, depuis de très nombreuses années, utilisé cette distinction comme marque spéciale de faveur envers des personnes de bonne naissance et de bonne vertu (et que de nombreux empereurs, rois et princes d'autres pays l'ont portée) et donc, comme mon seigneur appartient à une noble famille et qu'il a rendu d'insignes services au roi sur la mer comme il continue de le faire, il [le roi] lui envoie cette George et cette jarretière pour qu'il les porte en tant que chevalier de l'ordre, en le dispensant des autres cérémonies de l'ordre ou d'autres choses jusqu'à ce qu'il ait la possibilité d'y assister*[1].

1. *The Shorter Pepys,* éd. Robert Latham.

Sir Edward plaça alors le ruban de la George – le nom de l'insigne de l'ordre – autour du cou de Montagu et la jarretière sur sa jambe gauche. Puis il fit un pas en arrière et salua l'amiral en qualité de chevalier de la Jarretière. Les marins observant la scène exprimèrent leur approbation avec de grandes acclamations.

Honorer Monck et Montagu était une manœuvre habile de la part de Charles. Et politiquement, il faisait coup double en investissant Montagu devant ses officiers. L'investiture de Southampton et de Hertford répondait aussi à une stratégie politique. L'amiral Montagu venait d'escorter Charles depuis La Haye. Ce voyage n'avait été possible qu'en raison de l'influence du général Monck sur l'armée et le Parlement. Lord Southampton avait été l'un des principaux conseillers du roi exécuté. Charles venait de le sortir de sa retraite pour le nommer Lord Grand Trésorier [*Lord High Treasurer* [1]]. Lord Hertford avait combattu pour Charles Ier et l'avait servi jusqu'à son exécution. En honorant ensemble ces quatre vieux ennemis, Charles faisait un geste fort de réconciliation. Il espérait sans doute que ce geste serait imité par les autres factions antagonistes de son royaume à peine restauré.

Témoignant lui aussi d'un grand sens de la mise en scène, Monck s'était précipité à Douvres pour être le premier à accueillir le roi sur le sol anglais. Il avait formellement remis son épée au souverain en s'agenouillant et en faisant allégeance publique au jeune roi. Il se tourna alors théâtralement vers la foule et cria « Dieu sauve le roi ! » [*God save the King* [2] *!*] Naturellement, la foule fit écho à ce vœu et acclama le roi prodigue. À son tour, Charles étreignit Monck et l'appela père. Bras dessus, bras dessous, ils montèrent dans la même voiture et partirent vers Canterbury.

Monck était lui aussi un politicien habile. Pour conserver sa position éminente, après avoir humblement accepté sa jarretière, il honora Charles en retour. Après Canterbury, pour gagner Rochester, le roi abandonna sa triste voiture fermée sans ressort pour continuer sur le dos d'un bon cheval. Monck fut aussi content que lui de quitter la voiture et de chausser ses étriers. Ensemble, le roi et le général gagnèrent Blackheath où Monck avait aligné ses troupes, les précurseurs de la Coldstream Guard, pour être passées en revue par le roi. Pendant qu'il parcourait au côté du roi les lignes de ces

---

1. N.D.T. Chef de l'Échiquier, le ministère des Finances dans sa dimension financière (l'Échiquier avait en réalité une dimension également judiciaire, dirigée par le *Lord Chief Justice*, l'ensemble étant théoriquement coiffé par le chancelier de l'Échiquier, poste souvent assumé par l'un ou l'autre des deux personnages précités pour complexifier légèrement les choses).

2. *Charles II*, Arthur Bryant.

combattants aguerris, Monck réalisait deux objectifs : il rappelait au roi la nécessité pour lui d'avoir le soutien de la puissance de l'armée ; et que la déclaration de Breda prévoyait que la Couronne s'acquitterait des retards de soldes de l'armée, question que le Parlement croupion n'avait jamais vraiment voulu traiter.

Charles jouait avec grand art son rôle de nouveau monarque. La cérémonie de la Jarretière aurait aussi bien pu se dérouler à Londres, mais en prenant le temps de l'exécuter à Canterbury, il réalisait lui aussi un certain nombre d'objectifs : il consolidait sa position vis-à-vis de Monck et de ses troupes et il gagnait le soutien de la flotte. Charles envoyait également un message de réconciliation en associant de vieux partisans de son père à cette distinction. Et simultanément, le nouveau souverain adressait un message aux protestants d'Angleterre, en tenant ce Chapitre dans le siège même de l'Église d'Angleterre – dont il était le chef. Par ailleurs, il avait fait suffisamment durer son voyage vers Londres pour arriver dans la capitale... le matin de son anniversaire.

Le roi Charles II célébra donc son trentième anniversaire en traversant Londres à cheval. Ses deux frères chevauchaient à ses côtés. Le lord-maire l'accueillit à Deptford et Charles poursuivit vers Westminster en tête d'une grande procession royale. Trois cents hommes l'accompagnaient, près de lui, revêtus des plus beaux pourpoints en fil d'argent. Trois cents encore portaient des vestes de velours. Puis venaient des fantassins en livrées pourpres, les hommes du shérif avec leurs capes rouges bordées d'argent, les corporations de Londres, toutes arborant leurs plus belles tenues d'apparat, et les conseillers municipaux de Londres dans leurs robes écarlates bordées d'hermine. Finalement, le cortège fut escorté par le général Monck, Lord Buckingham et Lord Cleveland chevauchant derrière un millier de soldats revêtus d'uniformes en peau de buffle – spécialement bordés de dentelle pour l'occasion – et précédant cinq régiments de cavalerie. Le roi revenait dans toute sa gloire.

La ville de Londres elle-même était parée de ses plus beaux atours. Ce jour-là, John Evelyn écrit dans son journal :

> *Les chaussées étaient jonchées de fleurs, les cloches sonnaient, les rues étaient tendues de tapisseries, du vin coulait des fontaines ; le maire, les conseillers municipaux et les corporations de la cité dans leurs livrées, leurs chaînes d'or, leurs bannières, fil d'argent, or et velours. Toutes les fenêtres débordaient de dames, trompettes et musique et le peuple envahissait les rues*[1].

1. *The Diary of John Evelyn*, éd. E. S. de Beer.

Imaginez-vous debout près d'Evelyn, dans le Strand, alors que la longue procession bruyante défile devant vous. Sur votre visage, vous sentez la chaleur d'un soleil ardent et pour avoir cette place de choix au bord de la chaussée, vous avez attendu là depuis la nuit. Écoutez l'immense clameur de la foule alors que le roi et ses frères passent devant vous. Voyez comme les rayons du soleil étincellent sur le tissu de leurs pourpoints d'argent et auréolent les boucles noires de la chevelure du roi. Sentez la sueur âcre et chaude des chevaux et l'odeur plus douce du crottin frais. Et alors que la poussière de la grande procession commence lentement à se dissiper dans vos narines, écoutez Evelyn qui enlève son chapeau. Il lève son visage vers le ciel et remercie Dieu pour la Restauration du roi, stupéfait qu'un tel rétablissement se soit opéré sans que la moindre goutte de sang soit versée et grâce à l'armée même qui s'était rebellée contre la monarchie. Pendant sept heures encore, les personnes qui se sont jointes à la procession depuis Rochester vont passer devant vous.

Peut-être qu'aucune goutte de sang n'aura été effectivement versée pendant la Restauration, mais Charles a certainement pensé au sang en cette journée, notamment au moment de pénétrer dans la grande salle de banquets de Westminster. En passant la porte, pouvait-il ne pas lever les yeux vers l'endroit où l'échafaud avait été dressé pour son père, onze ans plus tôt ? Les derniers mots de son père durent retentir haut et fort dans son esprit, mêlés aux bruyantes déclarations de loyauté de sa réception :

> *Je désire la liberté et l'indépendance du peuple autant que quiconque ; mais je dois vous dire que cette liberté et cette indépendance reposent dans le fait d'avoir un gouvernement, des lois grâce auxquelles leurs vies et leurs biens pourront leur appartenir*[1].

Quand Charles vit l'endroit où son père avait été exécuté, on raconte qu'il eut un moment d'hésitation. Mais il dut se ressaisir et écouter, avec un intérêt manifeste, les longs discours des Chambres des Lords et des Communes. Puis, à son tour, il dut s'adresser aux politiciens qui l'écoutaient en disant :

> *Immédiatement après ma vie et ma couronne, ce sont les lois et les libertés de mon peuple que je préserverai*[2].

1. *The Letters, Speeches and Proclamations of King Charles I*, Sir Charles Petrie.
2. *The Earl of Manchester's Speech to His Majesty in the name of the Peers. At his arrival at Whitehall 29th May 1660. With his Majesties Gracious Answer*, printed by John Macock and Francis Tyton, 1660.

Sa déclaration donne un aperçu de la politique du nouveau roi. Il a appris le sang-froid pendant son long exil et il sait se faire son avis, écouter et dire oui à tout le monde... tout en faisant finalement exactement ce qu'il avait toujours voulu. Pour régner, il avait besoin du soutien du Parlement et il n'avait aucune intention de reperdre son royaume. Il allait perfectionner une technique de gouvernement qu'il avait découverte en Écosse et qui abuserait tous ceux qui seraient en contact avec lui. Même pour ses plus proches collaborateurs ou partisans, il apparut comme un souverain confus, nonchalant, mais avec un bon caractère, qui laissait les décisions difficiles à ses ministres et pouvait être facilement influencé par toute personne susceptible de contribuer à ses bons plaisirs. Comme le dit l'historien Hester Chapman :

> *Ainsi, quand Charles prorogeait ses parlements désobligeants et rebelles, on supposait qu'il ne travaillait pas contre eux dans l'intervalle, car ne le voyait-on pas faire n'importe quoi sauf travailler : faire du tennis, de la voile, nager ou discuter de quelque invention (un nouveau type de ruches pour les jardins de Whitehall ou un système de prévention du brouillard londonien) avec ses protégés* [1] ?

À partir de ce premier discours, Charles fixa avec succès un modèle de manœuvres politiques auquel il restera fidèle toute sa vie. De ce fait, il légua une monarchie aussi solide que possible à son jeune frère. C'était la meilleure chose qu'il pût espérer réaliser et ce n'est pas sa faute si Jacques, son frère et successeur, ne parvint pas à capitaliser sur ce qu'il lui avait laissé. Cependant, Charles n'aurait probablement pas été surpris de voir Jacques perdre son royaume. Quelques années après son couronnement, quand Jacques le pria de faire davantage attention à sa sécurité personnelle, il répondra :

> *Mon frère, vous pouvez voyager si vous le voulez – je suis résolu à ne plus me compliquer la vie jusqu'à ma mort. Je suis certain qu'aucun homme en Angleterre n'essaiera de me tuer pour vous avoir pour roi* [2].

En parlant de voyager, il pense à ses années d'exil, expérience qu'il n'a aucune envie de répéter.

Le jour de sa Restauration effective, Charles devait se rendre à l'abbaye de Westminster pour assister à un office d'action de grâce. Mais il refusa de

1. *The Tragedy of Charles II*, *op. cit.*
2. *Ibid.*

se rendre à la cérémonie en prétextant qu'il était trop fatigué. Il pria brièvement dans son oratoire privé avant de se retirer pour un dîner semi-public au palais de Whitehall. Pendant qu'il mangeait, des témoins rapportèrent qu'il déclara aux personnes l'entourant : « Je doute d'être responsable de ma si longue absence, car il est indéniable que personne n'a jamais souhaité mon retour. » Il fit une pause un moment avant d'ajouter : « Où sont tous mes ennemis [1] ? »

Des légendes et des rumeurs, probablement encouragées par Charles lui-même, prétendent qu'il passa le reste de cette nuit dans le lit de Barbara Palmer, née Villiers, une cousine du duc de Buckingham. À première vue, il s'agit là d'une idée plutôt romantique. Il avait passé les quatre jours précédents à voyager en cortège de Douvres à Londres au milieu d'une joyeuse cacophonie et il avait été presque submergé par l'émotion en rencontrant son Parlement à l'endroit même où son père était mort. Après quatorze heures de voyage, il avait pris son dîner en public, un peu comme un animal exotique dans un zoo. Et pourtant il avait conservé assez de forces et de réserves pour séduire la cousine mariée de l'un de ses nouveaux alliés. Quelle sorte d'homme était ce nouveau roi ?

Finalement, l'histoire n'est peut-être pas aussi scandaleuse qu'elle paraît l'être. Il y a un certain nombre de points en sa faveur à considérer. En même temps que Charles lui-même, c'était l'Église d'Angleterre qui était restaurée avec sa batterie d'évêques et de doyens. Et ces derniers étaient très désireux de chasser les puritains. Ces évêques rétablis dans leurs charges cherchaient à montrer Charles avec eux plutôt qu'avec leurs rivaux puritains. Ainsi ils voulaient le voir parader dans l'abbaye de Westminster, au cours d'un office qui devait marquer leur propre « Restauration ». Mais pourquoi Charles aurait-il manqué une telle célébration pour essayer de séduire une femme qu'il venait de rencontrer ?

D'abord, le lit de Barbara n'était pas vraiment un territoire vierge pour Charles. Elle le lui avait déjà ouvert pendant qu'il était encore en exil. Ils s'étaient rencontrés en février 1660, quand Palmer vint avec son épouse à Bruxelles pour apporter un message du comte de Peterborough. Les auteurs contemporains disent que Barbara Palmer était « une beauté sinistre et exotique ». Assurément, son portrait, peint par Lely en 1671, montre une dame sensuelle avec des cheveux de jais, un sourire dédaigneux et un regard chargé de sexualité. Charles trahit son intimité avec la dame quand il admit incidemment qu'il savait qu'elle était immunisée contre la petite vérole. Son

---

1. *Memoirs of the Life of Colonel Hutchinson*, Lucy Hutchinson.

chancelier, Edward Hyde, fut stupéfait que le roi connaisse ce détail, que seul son mari aurait dû théoriquement connaître [1].

Ensuite, Barbara se mit à prendre du poids peu après la Restauration. Elle donna sans problèmes naissance à sa première fille, Anne, presque neuf mois exactement après l'anniversaire du roi, le 25 février 1661. Le roi devait finalement reconnaître cinq des sept enfants de Barbara comme étant ses propres bâtards et, pour lui rendre justice, il faut signaler qu'il donna des titres à tous. Anne elle-même devint comtesse du Sussex [2]. Si Anne ne fut pas le cadeau d'anniversaire du roi, celui-ci dut féconder Barbara très peu de temps après !

Enfin, l'orientation de la politique de Charles avait été fixée dans sa réponse à la déclaration de loyauté de la Chambre des Lords. Il s'était déjà rendu compte que le peuple anglais se sentirait moins menacé par un roi qui préférait emmener une belle femme au lit au lieu de s'infliger contre son gré une cérémonie religieuse. Il devait également être conscient qu'en assistant à l'office, il aurait donné l'impression d'approuver les évêques de l'Église établie, qui se réjouissaient de la déconfiture des divers autres groupes religieux qui composaient la majeure partie de son royaume. Le jour de son arrivée à Londres, il avait compris qu'il devait l'accueil sans enthousiasme de l'Église d'Angleterre au soutien des presbytériens. Par son amère expérience écossaise, il savait également que ces derniers n'allaient guère apprécier qu'il en fasse trop du côté des évêques. Sa vie serait bien plus simple si les questions religieuses ne se manifestaient pas trop tôt, donc il choisit de repousser à plus tard cette question et de se jeter dans les bras amoureux de Barbara. Et il les apprécia probablement davantage que l'office !

Sa liaison ouverte avec Barbara et les rumeurs qu'il laissa circuler à son sujet après l'événement peuvent être considérées comme un autre acte volontaire de conciliation entre les factions antagonistes qu'il devait gouverner. Son indifférence à l'égard de toutes les formes de religion contribua à apaiser les soupçons du peuple qui pensait qu'il pouvait être influencé par la France catholique. Charles réalisa surtout que la haine généralisée envers le papisme était alors une question plus politique que spirituelle. Peu après sa restauration, il dit de l'Angleterre : « De l'autre côté de la mer, on a l'impression que les gens adorent Dieu sérieusement, mais, seulement pour plaisanter, ici [3]. » On racontait une petite histoire de l'une de ses visites

---

1. *The True Historical Narrative of the Rebellion and Civil Wars in England,* Edward Hyde, éd. W. Dunn Macray.

2. *Dictionary of National Biography, op. cit.*

3. *The Tragedy of Charles II, op. cit.*

dans une église qui, mieux que toute autre chose, traduit son attitude envers la religion. Au milieu d'un long sermon, le prêtre dut s'interrompre pour réprimander ainsi un membre de la suite du roi : « Silence, monsieur, vous ronflez si fort que vous allez réveiller le roi ! » En 1663, Barbara se convertit au catholicisme [1] et on demanda à Charles ce qu'il comptait faire à ce sujet. Il répondit d'un ton ironique qu'il ne s'occupait jamais de l'*âme* des dames... tout en se laissant ouvertes des opportunités infinies de s'occuper de leur anatomie.

Concernant la religion, il conservait aussi un certain sens de l'humour. Quand il accorda une audience au leader quaker William Penn – dont les croyances religieuses voulaient qu'il gardât son chapeau en présence du roi –, Charles ôta son propre chapeau. Penn lui demanda pourquoi il faisait cela et on dit que le souverain répondit : « Il est d'usage en ce lieu qu'une seule personne reste coiffée [2]. »

Dans la déclaration de Breda, Charles avait promis d'offrir :

> [...] *une liberté de conscience. Aucun homme ne doit être inquiété ou mis en doute pour des différences de religion, à condition que ces différences ne menacent pas la paix du royaume* [3].

Charles essaya de tenir cette promesse. Le 25 octobre 1660, il présenta une déclaration visant à modifier l'épiscopat en pensant que les presbytériens l'accepteraient. Mais, début novembre, elle fut rejetée par les Communes. Charles passa une bonne partie de la fin novembre et du début décembre à organiser une conférence à l'évêché de Londres pour essayer de concevoir un autre compromis acceptable par les presbytériens [4].

Pendant les premiers mois de son retour, il eut également à s'occuper de nombreux autres sujets. Le chancelier, Edward Hyde, maintenant le baron Hyde avant de devenir bientôt le comte de Clarendon, était inondé de demandes de promotion au sein de l'Église, d'accession à la pairie ou simplement d'aides financières. Par exemple, Hyde dut gérer un problème de facture des drapiers de Worcester. Charles Ier leur avait commandé les vestes rouges de ses *Life Guards*, mais il ne les avait jamais payées. Les commerçants réclamaient 450 livres [5]. Mais ce n'étaient pas les seules tâches

1. *Dictionary of National Biography*, *op. cit.*
2. *The Tragedy of Charles II*, *op. cit.*
3. *King Charles II*, Antonia Fraser.
4. « The Savoy Conference and the Revision of the book of Common Prayer », E. C. Rafcliff, in *From Uniformity to Unity*, éd. G. F. Nuttal.
5. *Calendar of the State Papers Domestic, 1660,* Official Records Office Kew.

Galilée admettant devant les éminentissimes et révérendissimes cardinaux et inquisiteurs généraux qu'il est aussi dépravé qu'hérétique de croire que la terre tourne autour du soleil (*The Art Archive/Private Collection/Eileen Tweedy*).

Le révérend Dr. John Wilkins, FRS, évêque de Chester (*The Royal Society*).

L'honorable Robert Boyle, FRS (*The National Portrait Gallery*, Londres).

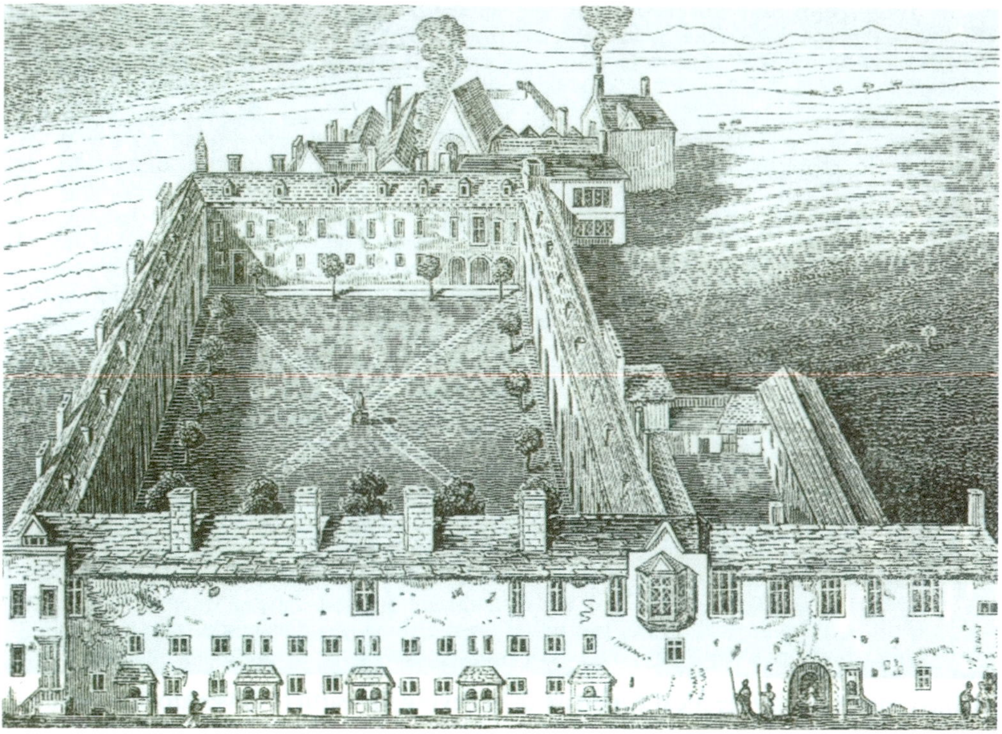

Le Gresham College, fondé par Sir Thomas Gresham, où se tint la première réunion de la *Royal Society* (*Mary Evans Picture Library*).

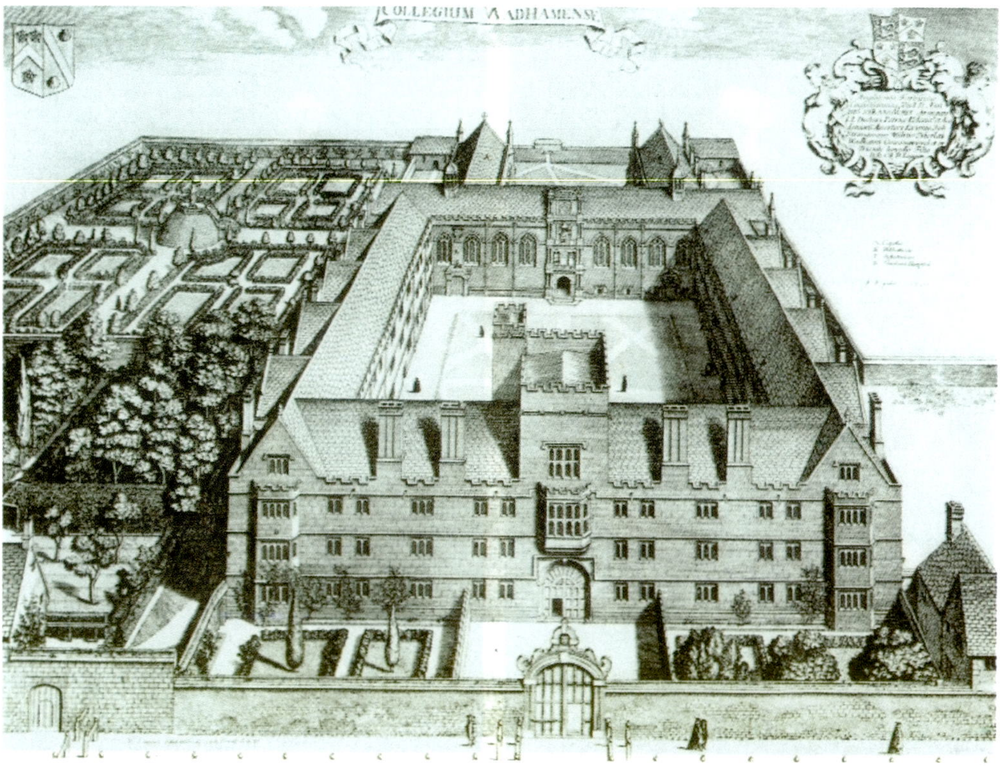

Le Wadham College d'Oxford dont le docteur John Wilkins fut le principal de 1648 à 1659 (*Society of Antiquaries of London*).

Guy Fawkes et ses complices de la Conspiration des Poudres qui essayèrent d'assassiner Jacques VI (Ier) en 1606 (*The Art Archive*).

La chapelle de Rosslyn, construite au XVe siècle par William Saint-Clair, le fondateur de la franc-maçonnerie (*A.F. Kersting*).

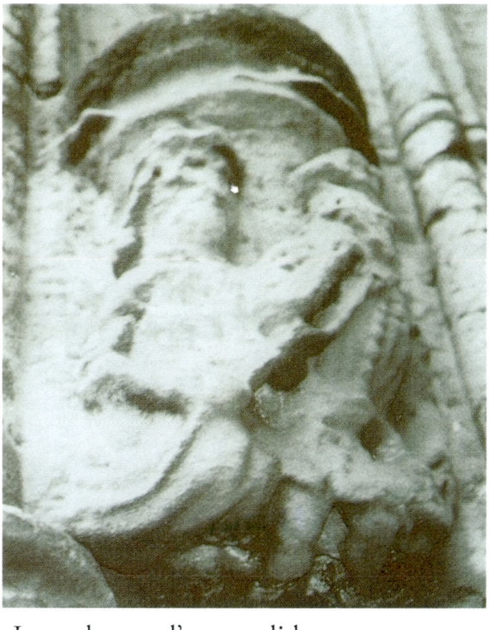

La sculpture d'un candidat maçon (1460), gravée dans le mur de la chapelle de Rosslyn, présentant une remarquable et intéressante disposition des jambes. (*G.R.J. Lomas*)

Jacques VI d'Écosse et Ier d'Angleterre (*The National Portrait Gallery,* Londres).

Henry Oldenburg, l'un des premiers Secrétaires de la *Royal Society* et l'éditeur fondateur des *Transactions philosophiques* (*The Royal Society*).

Jacques, duc d'York, affrontant la flotte hollandaise lors de la bataille de Lowestoft, le 3 juin 1665 (avec l'aimable autorisation du *Simon Gillespie Studio,* Londres).

Le frontispice de l'exemplaire de présentation à la *Royal Society* de *The History of the Royal Society,* de Spratt, approuvé par John Wilkins (*The Royal Society*).

Oliver Cromwell, représenté dans une eau-forte contemporaine en tant que pilier de l'État. (*The National Portrait Gallery,* Londres)

Le décor rural de Greenwich, choisi comme site de l'Observatoire royal (*Museum of Lon*

La salle d'observation de l'Observatoire royal de Greenwich (*Mary Evans Picture Library*).

Bridgeman Art Library).

Charles II, *Fundator et Patronus* de la *Royal Society.*

Nell Gwyn, l'une des nombreuses maîtresses de Charles II (*The Art Archive/Army & Navy Club/Eileen Tweedy*).

Le Grand incendie de Londres, septembre 1666 (*The Art Archive/London Museum/Eileen Tweedy*).

que la nouvelle administration devait accomplir. Le Parlement existant n'était pas techniquement légal et il fallait qu'un Parlement pleinement légitime soit élu avant qu'un couronnement puisse être organisé. Au cours des douze premiers mois de la Restauration, Charles fut confronté à une multiplicité de décisions, toutes requérant son attention, et il avait peu de partisans ayant une vision assez large de l'avenir pour l'aider. Edward Hyde, son lord-chancelier pendant l'exil, se révélait trop inflexible après le retour au pouvoir. Apparemment, il ne comprit jamais l'approche nonchalante et constructive de son souverain. Hyde devint de plus en plus impérieux et outrecuidant dans ses rapports avec le roi. On rapporte qu'il dit un jour à Charles : « Les affaires sont dans un triste état, mais il existe un homme très capable et si Votre Majesté voulait faire appel à lui, elles s'amélioreraient rapidement. » Quand le roi s'enquit de l'identité de cet « homme très capable », Hyde répondit : « C'est un Charles Stuart, qui passe maintenant son temps à emm*** la cour, mais si vous vouliez l'employer, il serait l'homme le plus capable[1]. » La pression de son chancelier, les requêtes des uns et des autres, les querelles des factions religieuses et les exigences sexuelles de ses maîtresses durent lui laisser peu de temps libre au cours des premiers mois agités de son retour. Pourtant, comme le montrent les archives, il trouva le temps de jouer un rôle majeur dans la constitution de la *Royal Society*.

Pourquoi cela importait-il tant pour lui ? Pour répondre à cette question, je décidai qu'il me fallait comprendre la situation qu'il avait héritée d'Oliver Cromwell.

Le prix du traité hollandais de Cromwell

Maintenant qu'il était roi, Charles découvrit qu'on lui avait légué des relations difficiles avec les Hollandais. Peu après la bataille de Worcester, Cromwell avait entamé une guerre navale contre eux. Winston Churchill l'a décrite comme « la première guerre de l'histoire anglaise disputée primordialement pour des motifs économiques[2]. »

Les Néerlandais n'avaient pas apprécié que Cromwell fasse décapiter Charles Ier. Mais en leur qualité respective de protestants dans un monde très catholique, ils s'étaient sentis obligés d'essayer d'aboutir à une sorte de marché avec leurs frères anglais. En 1651, Cromwell avait envoyé une

1. *The Tragedy of Charles II*, *op. cit.*
2. *A History of the English-Speaking People*, vol. II, *op. cit.*

mission à La Haye pour tenter de trouver cet accord, mais les négociations échouèrent. Il promulgua alors un acte [loi] sur la navigation interdisant l'utilisation de tout navire étranger pour importer des marchandises en Angleterre, sauf les bateaux du pays exportateur. Cette loi handicapa le commerce hollandais avec l'Angleterre et elle fut l'une des causes de la première guerre hollandaise. Il existait déjà beaucoup de ressentiment et de tension entre les Compagnies des Indes anglaises et hollandaises et ce nouvel épisode ne fit qu'ajouter à l'hostilité ambiante. Au cours de l'année 1652, la flotte de Cromwell avait infligé des dommages considérables à la navigation néerlandaise. Ces dommages réduisaient considérablement la capacité batave à faire du commerce outre-mer. Ils essayèrent de faire la paix, pour se faire entendre dire par Cromwell : « Vous en avez fait appel au jugement du Ciel. Et Dieu s'est exprimé contre vous. » Cependant, les clauses du traité proposé par Cromwell étaient si dures que même son propre Parlement ne put les accepter. Ses membres estimaient que l'on ne pouvait pas infliger de telles conditions à un pays frère protestant et Cromwell dut attendre d'être dictateur (lord-protecteur) pour imposer ses clauses aux Néerlandais. Seulement, encore une fois, les conditions du traité étaient si dures qu'elles ne parvinrent qu'à semer les germes d'une prochaine guerre. Ces graines commençaient juste à germer quand Charles retrouva son royaume.

Après leur défaite dans la première guerre, les Néerlandais avaient développé des navires maniables, rapides et légers. Ils avaient maintenant récupéré leur domination sur le commerce balte, le commerce des épices avec les Indes, mais également l'industrie de la pêche aux harengs. Les Hollandais avaient l'ambition de récupérer les colonies qu'ils avaient perdues au cours de la première guerre, en Indes et en Amérique. D'autant qu'ils souffraient toujours des conditions honteuses que Cromwell leur avait imposées après leur défaite. Lors de sa Restauration, Charles accepta les félicitations de Johann De Witt, le ministre d'État [*Grand pensionnaire*] hollandais et il lui dit qu'il aimerait essayer de travailler avec lui [1]. Charles aurait pourtant été conscient d'une aversion généralisée pour les Néerlandais en Angleterre. Depuis la première guerre hollandaise, les Hollandais étaient devenus de meilleurs commerçants que les Britanniques et ils possédaient des bateaux plus rapides qui coûtaient moins à manœuvrer. Dans la Baltique, à l'Ouest de l'Afrique et en Amérique, les Néerlandais représentaient de puissants rivaux commerciaux des Anglais. Si on ne pouvait les vaincre commercialement, l'opinion commençait à suggérer de les soumettre par la force.

1. *Orange and Stuart 1641-1672,* Pieter Geyl.

Seulement, la flotte hollandaise était forte et Charles dut la considérer comme une menace pour la navigation de son pays.

Un autre facteur jouait. Charles avait une inclination naturelle à soutenir son cousin français, or Louis XIV avait des velléités d'envahir les Pays-Bas espagnols. En outre, le souverain anglais avait peut-être peur que son parent s'allie finalement avec les Hollandais contre les Anglais, pour l'aider à prendre plus facilement le contrôle des Pays-Bas. Louis était sur le point d'épouser Marie-Thérèse, la fille de Philippe IV d'Espagne. L'héritier de Philippe, Charles, était congénitalement malade et attardé. Quand Philippe mourrait, Louis aurait un droit sur les Pays-Bas. Mais Charles d'Angleterre avait maintenant la possibilité de recevoir des informations précises et à jour sur les intentions et les comportements des Néerlandais. Sir Robert Moray avait passé trois ans à Maastricht, de 1657 à 1660. Il était revenu à Paris au début de 1660. Mais il est intéressant de noter qu'en mars 1659 (peu après la mort de Cromwell, quand la restauration de Charles commença à sembler possible), Moray fut présenté aux autorités municipales de Maastricht par Everard, le Maître du métier des maçons de la ville. Sir Robert prêta le serment du maçon local devant Everard et il devint ainsi l'un des membres du métier de Maastricht. En raison de ce lien, il fut également fait citoyen de Maastricht[1]. Ses lettres n'indiquent pas la raison de cette initiative, mais en un certain nombre d'occasions précédentes, il avait agi comme espion. Se trouvait-il à Maastricht pour récupérer des informations de première main concernant les intentions des Néerlandais pour le compte de Charles ? Était-ce une coïncidence que Maastricht, une place forte hollandaise nantie d'une garnison d'environ 5 000 hommes, fût la première cible que les Français choisirent d'attaquer quand Louis XIV envahit les Pays-Bas ? Sir Robert était un spécialiste des fortifications depuis sa collaboration avec les covenantaires.

La marine militaire que Charles hérita de Cromwell avait été affaiblie par les combats de la première guerre hollandaise et, depuis lors, les Néerlandais avaient reconstitué une flotte plus forte. S'il devait y avoir une guerre contre les Hollandais, il fallait faire quelque chose pour renforcer la flotte anglaise, mais Charles n'avait pas les fonds pour cela. C'est là que le génie de Sir Robert Moray fournit une solution.

Pendant la première guerre hollandaise, Moray se trouvait à Édimbourg et une bonne partie des actions navales s'étaient déroulées au large des côtes écossaises. L'historien Lord Elton dit de la première guerre hollandaise :

1. Kincardine Papers, f.160v, 190r, 194r, aussi mentionné par Stevenson.

Les Néerlandais vivaient du commerce et leurs routes commerciales vers l'Europe occidentale, la Méditerranée et l'Océan passaient toutes près des côtes sud et est de leur ennemi. L'Angleterre était encore primordialement rurale et elle était capable, au besoin, de vivre en autarcie et de se dispenser de commerce et de produits manufacturés étrangers. Les Anglais pouvaient donc se concentrer sur l'attaque du commerce néerlandais, sans exposer leur propre commerce. Ainsi, la guerre se présenta comme une série d'attaques de grands convois escortés, que les amiraux hollandais tentaient de faire passer par la Manche ou en contournant le Nord de l'Écosse, où les amiraux hollandais Blake, Monck et Deane, les attendaient en leur barrant la route... Au printemps 1654, ils [les Néerlandais] étaient prêts pour la paix[1].

Sir Robert ne pouvait pas ignorer les attaques des convois que la marine « têtes rondes » menait au large des côtes écossaises. Quand il s'exila aux Pays-Bas, après 1656, il pouvait être un témoin de première main des effets des attaques navales de la flotte de Cromwell sur les Hollandais. Cette expérience ne pouvait qu'avoir renforcé son point de vue de soldat selon lequel la puissance navale serait importante dans toute future bataille contre les Bataves.

La première guerre hollandaise marqua réellement les débuts de l'Empire britannique. L'Espagne avait été le premier pays à exploiter les Amériques, mais au milieu du XVIIe siècle, l'Espagne était une puissance quasi finie. Les Hollandais et les Anglais possédaient des colonies en Amérique du Nord et Cromwell fut préoccupé par leur contrôle. En 1650, après l'exécution de Charles Ier, toutes les colonies de l'Angleterre se révoltèrent ouvertement. Lord Elton dit à ce propos :

Bien que les rebelles eussent pour la plupart fait des professions de royalisme – assez peu convaincantes –, les différents soulèvements étaient en réalité moins dirigés contre le régicide victorieux que contre la suzeraineté anglaise même... Ils agitaient la bannière royale, mais neuf sur dix d'entre eux se préoccupaient davantage de leur commerce du sucre ou du tabac que des problèmes de Sa Majesté. En réalité, si le roi avait remporté la guerre civile, il aurait probablement fait face à une semblable révolte coloniale et pour les mêmes raisons[2].

En 1651, Oliver Cromwell envoya une expédition navale contre ces colons révoltés. En 1652, il parvint à les soumettre totalement face à la menace d'un bombardement maritime. Il est probable que Moray avait aussi appris cette leçon, parce qu'il avait rencontré le fils de l'un des

1. *Imperial Commonwealth*, Lord Elton.
2. *Ibid.*

pères fondateurs du Massachusetts, en 1643, alors qu'il servait Charles Ier à Oxford. Cet homme était John Winthrop junior.

Son père, John Winthrop senior, avait été le premier gouverneur du Massachusetts en 1629. Parmi les nouvelles colonies américaines, le Massachusetts montrait une tendance à l'autonomie. Il avait été fondé par la *Massachusetts Plantation Company*, sous une patente délivrée par la Couronne anglaise, mais cela signifiait que les moyens de contrôle et les relations entre les bureaux de la Compagnie à Londres et les établissements de la côte est de l'Amérique du Nord étaient longs et fastidieux. En Angleterre, cette année-là, les communautés puritaines avaient traversé une période de grandes turbulences. Le Parlement avait été dissous et les chefs puritains étaient arrêtés et traqués par Charles Ier. Lord Elton rapporte la chose suivante :

> *Dans beaucoup de maisons prospères et influentes d'Angleterre, des hommes et des femmes austères commencèrent à envisager à contrecœur de fuir la colère du roi en partant avec leurs enfants vers le Nouveau Monde. Parmi eux, il y avait plusieurs membres de la nouvelle Compagnie. Dans la tête de certains, une idée nouvelle et révolutionnaire se mit à germer. Pourquoi ne pas transférer toute la Compagnie en Nouvelle-Angleterre, y compris son gouvernement, ses chartes et tout le reste ? Une telle chose n'avait jamais été réalisée auparavant, mais dans cette période de crise, pourquoi tenir compte du passé*[1] ?

Pendant la période du Protectorat, les colonies prospérèrent grâce à la négligence bienveillante de l'Angleterre de Cromwell. Cependant, en 1660, elles se retrouvèrent menacées par les Néerlandais de plus en plus sûrs de leur puissance. Il était déjà surprenant qu'elles aient pu survivre sous le règne de Jacques VI (Ier), le grand-père de Charles Ier. Sa marine était devenue tellement faible qu'elle n'aurait jamais pu protéger les jeunes colonies contre une attaque navale menée par l'une des puissances européennes. On avait négligé le bien-être et le paiement des marins de cette flotte et la corruption qui régnait dans les chantiers de construction navale était devenue proverbiale. Heureusement, au cours de cette période de fondation, les éventuels prédateurs européens étaient occupés ailleurs par la guerre de Trente ans (1618-1648). Lorsqu'ils purent de nouveau tourner leur attention vers l'ouest et le Nouveau Monde, Cromwell avait en partie reconstruit sa marine, placée sous le commandement de l'amiral Robert Blake. Cromwell était en mesure d'utiliser Blake pour soumettre les colonies et chasser les Néerlandais, mais il n'était pas un bâtisseur d'empire. Son puritanisme de fer et sa dictature n'encouragèrent pas de nouvelles colonies.

---

1. *Imperial Commonwealth*, Lord Elton, *op. cit.*

Quoi qu'il en soit, il laissa à sa mort une marine petite, mais respectable. Mais Charles devait savoir que cette flotte n'était nulle part assez forte pour protéger les intérêts outre-mer récemment rétablis contre une attaque déterminée des Néerlandais. En outre, elle s'était encore détériorée pendant les deux années de confusion qui avaient suivi la mort de Cromwell.

Charles II hérita de deux problèmes navals majeurs. Le règne de Cromwell avait provoqué une régression forcée des aventures commerciales outre-mer, mais avec la Restauration, on assistait à un brusque sursaut d'énergie et d'expansionnisme. Cette énergie s'accompagna d'une volonté affirmée d'étendre les colonies existantes et d'en fonder de nouvelles en Amérique. Seulement, la première guerre hollandaise n'avait pas résolu les problèmes de la concurrence entre les Hollandais et les Anglais en Amérique. Au nord de la Nouvelle-Angleterre, la Nouvelle-Amsterdam (*Nieuwe Amsterdam* qui deviendra *New York* après l'annexion par les Anglais) prospérait et ses maîtres hollandais avaient également des visées expansionnistes. Ils avaient une marine marchande importante et prévoyaient de la développer encore. Les colonies étaient toujours bridées par les restrictions commerciales que leur avait imposées Cromwell avec son acte sur la navigation de 1561, qui interdisait le transport de marchandises anglaises sur des navires hollandais. Mais les colons du Nouveau Monde étaient très désireux de commercer avec les Néerlandais et de se passer de la flotte marchande anglaise délabrée et onéreuse.

Son second problème, c'étaient les Français. Il y avait un réel danger que la France se mette à vouloir participer à la course à l'empire et à soutenir les Hollandais en Amérique. L'une des premières initiatives de Charles en tant que roi fut de renforcer l'acte sur la navigation de 1561, mais la législation ne sert à rien sans une force militaire pour la faire respecter. Or Charles n'avait pas de marine suffisamment forte. Il savait évidemment ce qu'il y avait à faire. Les Hollandais représentaient déjà une menace pour le contrôle et la croissance des colonies et ils semblaient maintenant menacer même la sécurité du royaume à peine restauré. Mais où allait-il trouver l'argent et l'expertise nécessaires pour développer sa marine ?

Charles avait besoin de plus de navires et il devait pouvoir les envoyer très rapidement à l'autre bout du monde en cas de troubles là-bas. À cette époque, les bateaux étaient construits en chêne et pour accroître la production de navires, il fallait être en mesure de fournir des quantités importantes de bois approprié. Pendant les guerres civiles, peu de propriétaires terriens avaient pu consacrer le temps nécessaire à la gestion de leurs domaines. Par conséquent, le bon bois de construction était difficile à trouver. Et même s'il parvenait à se procurer les bateaux nécessaires, les faire arriver rapidement et en toute sécurité au bon endroit restait une tâche difficile à réaliser. Il était facile de déterminer la latitude, mais la mesure de la longitude demeurait un effroyable problème de navigation pour tous les capitaines.

Charles avait besoin d'une équipe de recherches pour étudier ces problèmes, mais il ne pouvait se permettre de mettre lui-même sur pied un tel groupe. C'est là que Sir Robert Moray intervint avec une idée brillante ! Grâce à sa correspondance avec divers scientifiques pendant son exil en Europe, il savait que certains des meilleurs scientifiques d'Angleterre n'avaient pas appartenu au camp royaliste sous le règne de Cromwell. Parviendrait-il à réunir les meilleurs esprits du pays autour d'une tâche particulière : reconstruire et renforcer la marine ? Moray n'avait aucun argent pour financer cette entreprise et le Parlement n'avait assurément pas accordé quoi que ce soit à Charles qui puisse fournir un début de capital, ainsi, si le projet devait se réaliser, il devrait être autofinancé.

Cependant, il y avait un facteur secret qui agissait en faveur de Moray. Par son expérience de l'Ordre maçonnique, il savait que les Loges encourageaient l'étude de la science expérimentale, tout en interdisant simultanément les discussions religieuses et politiques. Quand il vint à Londres en qualité d'agent français, il entra en contact avec le groupe tournant autour de William Oughtred, qui était associé à de nombreux francs-maçons attestés. John Wallis, l'un des principaux membres du cercle d'Oughtred, écrivit que les premières réunions des hommes qui allaient fonder la *Royal Society* se déroulaient selon les conditions maçonniques (c'est-à-dire en interdisant les discussions religieuses et politiques pendant les dites réunions). Il est possible que ces rencontres originelles aient été des tenues de Loges ordinaires profitant du temps qui leur restait après la fermeture des travaux pour étendre le champ de leurs discussions. Après leur tenue normale, de nombreuses Loges modernes proposent des conférences ou des démonstrations. S'il en fut ainsi, ces dicussions offrirent à Sir Robert les occasions de nouer les contacts pour instaurer une société scientifique susceptible de répondre au désir du roi de créer une marine puissante et efficace. Mais une question demeure en suspens. Pourquoi un groupe de scientifiques parlementaristes privés de leurs droits civiques et dépossédés de leurs biens et titres aurait-il voulu aider le nouveau roi ? Après tout, l'un des hommes les plus influents de ce groupe, John Wilkins, venait à peine de subir cruellement la mauvaise volonté de Charles.

L'historien Margery Purver commenta cette situation :

> *Formellement, Wilkins ne pouvait pas faire grand-chose. À la Restauration, il perdit son poste de principal du Trinity College de Cambridge, auquel il avait*

été nommé en 1659 après avoir été principal du Wadham College, d'Oxford ; et bien qu'il fût personnellement apprécié de ses collègues de la Société, il n'était certainement pas en mesure de les représenter auprès du roi[1].

Wilkins ne pouvait pas approcher le roi, mais Moray lui le pouvait. Une semaine après la première réunion, il revint avec des paroles d'encouragement du roi. Le registre de la Société rapporte que le 5 décembre 1660, Moray expliqua qu'il avait parlé au roi de la nouvelle Société et qu'il l'avait approuvée.

Quand Sir Robert assista à la rencontre du Gresham College, incita-t-il les francs-maçons présents à se réunir pour former une nouvelle société ? Ne suggéra-t-il pas de créer une société qui promouvrait les idéaux maçonniques qu'ils partageaient dans une atmosphère encourageant la science expérimentale ? Ainsi ils pourraient améliorer l'état des défenses du pays. Comme Wren et Boyle n'étaient certainement pas francs-maçons à ce moment-là, c'est peut-être pour cette raison qu'ils ne furent pas intégrés à la discussion et qu'on ne leur proposa de rejoindre le nouveau groupe qu'à la deuxième réunion.

Pour convaincre les parlementaristes réticents à participer à l'aventure, Moray pourrait avoir eu recours à un autre argument : révéler l'appartenance du roi à la maçonnerie. J'ai déjà mentionné que le grand-père de Charles, Jacques VI (Ier), avait été franc-maçon. Charles n'aurait donc pas été premier roi d'Écosse maçon. Mais, à la différence de son grand-père, il n'existe aucun registre de Loges recensant l'Initiation de Charles. Quelle preuve peut alors soutenir cette hypothèse ?

Il y a déjà l'affirmation de William Preston qui prétend que Charles II devint franc-maçon pendant son exil. Dans quelle mesure peut-elle être exacte ?

Comme Charles s'était enfui de Jersey alors qu'il n'était qu'un adolescent, il aurait été trop jeune pour être admis dans le métier avant l'exécution de son père. Son séjour en Écosse pourrait avoir été sa première opportunité de rejoindre l'Ordre. Son grand-père avait été initié dans la Loge de Scoon et Perth, donc il aurait eu la possibilité d'être initié pendant qu'il résidait dans la Gowrie House. Cependant, aucune archive maçonnique ne vient l'attester et la Loge de Scoon et Perth n'a jamais revendiqué cette Initiation. Il est bon de se rappeler que l'Initiation de Jacques dans cette Loge avait suscité un certain malaise et que le roi s'était finalement vu refuser la qualité de Grand Maître au roi.

1. *The Royal Society : Concept and Creation*, *op. cit.*

Bon nombre des courtisans écossais de Charles Ier avaient été membres de la Loge d'Édimbourg et ce groupe forma plus tard la faction écossaise connue sous le nom d'« Engagés ». Quand Charles II quitta Gowrie House pour rejoindre les « Engagés », on ignore ce qu'il fit durant une période de quelques jours. Ce que l'on sait, c'est qu'il regagna ensuite Gowrie House avec une stratégie totalement nouvelle. « Accepter tout ce qu'on lui demandait, mais agir selon son propre avis. » Accepter d'être initié franc-maçon par les « Engagés » afin de s'assurer leur soutien futur aurait été totalement en phase avec sa nouvelle philosophie. Moray écrivit assurément à Lauderdale, le chef des « Engagés [1] », en utilisant ouvertement une terminologie maçonnique : en disant à Lauderdale qu'il allait « jouer au maçon », il lui signifiait qu'il allait lui communiquer une information secrète. Moray n'aurait certainement pas écrit ainsi à un profane, à un non-maçon, car cela n'aurait rien voulu dire pour lui.

En outre, je savais que Moray avait également employé des terminologies maçonniques dans une lettre à Charles II datant de 1653. Cela signifie que Moray pensait que Charles était lui-même maçon et qu'il reconnaîtrait l'allusion voilée au personnage maçonnique d'Hiram Abif, le Maître architecte. Sans oublier que Sir Robert était en train d'écrire une lettre dont sa vie dépendait et qu'il était donc indispensable d'être clairement compris. Charles avait-il donc été fait maçon par des « Engagés », membres de la Loge d'Édimbourg, pendant ses quelques jours d'absence de la Gowrie House ?

Preston avait peut-être raison quand il disait que Charles II avait été franc-maçon. Si tel fut le cas, cette information éclaire d'une nouvelle lumière les actions de Moray sous la Restauration. Il ne revint pas à Londres avec le roi, mais au lieu de cela, il eu recours à ses relations maçonniques pour aller à Maastricht recueillir des informations à jour sur les intentions des Hollandais. Puis il retourna à Paris avant de regagner enfin Londres. Moray avait été un officier supérieur de la Garde écossaise du roi de France et il avait opéré comme espion de Richelieu et Mazarin. Il aurait été finalement logique qu'il aille également recueillir des renseignements sur les intentions des Français à l'endroit des Néerlandais dans l'optique de futurs conflits.

Selon un témoin oculaire, l'évêque Burnet, quand Sir Robert arriva enfin à Londres fin août 1660, Charles l'accueillit « en l'étreignant avec force et en lui serrant fortement la main avec autant d'amabilité et de bonté qu'il

1. *The Origins of Freemasonry*, David Stevenson.

pouvait souhaiter [1] ». S'agissait-il d'une poignée de main maçonnique entre deux frères du métier ?

Incontestablement, le roi traita Sir Robert comme s'il s'agissait d'un frère perdu de vue depuis longtemps : il lui donna un appartement dans le palais de Whitehall et mit un laboratoire à sa disposition. Bien que Moray ait été absent de Londres depuis 1645, soit quinze années plus tôt, en moins de trois mois, il fut invité dans les réunions régulières des principaux philosophes parlementaristes qui étaient récemment revenus eux aussi à Londres. Comment parvint-il si facilement à entrer en contact avec eux ? Et comment parvint-il à les convaincre de ses bonnes intentions au point qu'ils lui accordent leur confiance et qu'ils le laissent informer le roi de leurs réunions ? Wilkins et Ward, en particulier, n'avaient aucune raison de croire en la bienveillance d'un roi qui venait de les évincer de leurs postes universitaires de premier plan.

Ces réunions se tenaient au Gresham College. Cet établissement semble avoir fourni un asile maçonnique sûr pour nombre de ces philosophes. Quand ils perdirent tout le reste, plusieurs des fondateurs de la *Royal Society* parvinrent au moins à retrouver un poste de professeur à Gresham qui leur offrait de quoi manger, dormir et se réunir avec d'autres philosophes. En tant que franc-maçon, Moray devait connaître le collège que Sir Thomas Gresham avait fondé et c'était un endroit logique où il allait pouvoir chercher des frères, des maçons du métier qui s'intéressaient à l'étude des mystères cachés de la nature et de la science. L'utilisation par Moray d'un réseau maçonnique existant donne du sens à cette chaîne d'événements – qui sans cela serait éminemment improbable – et fournit un contexte à l'une des premières expérimentations généralement attribuées à la Société.

En 1661, Christiaan Huygens se rendit à Londres et assista à une réunion de la Société. Quelques années plus tôt, il avait inventé un nouveau moyen précis de mesure du temps, une horloge à balancier. L'historienne Lisa Jardine dit de cette visite :

> *En 1661, Huygens vint à Londres pour la première fois, et sa nouvelle horloge à balancier attira l'attention de plusieurs membres de la* Royal Society *ayant des connexions navales – en particulier celle de Sir Robert Moray et d'un noble écossais, Alexander Bruce* [2].

Lisa Jardine est une historienne vive et avisée, et elle n'aurait pas fait ce commentaire si elle n'avait pas eu de bonnes raisons de l'accepter comme

1. *History of my own Times, op. cit.*
2. *Ingenious Pursuits,* Lisa Jardine.

raisonnable. Pourtant, ni Bruce ni Moray n'avait de « connexions navales ». Comme je le savais, Moray était un soldat et l'intérêt de Bruce pour la marine se limitait à la recherche de nouveaux marchés continentaux pour le charbon de son père[1]. Quoi qu'il en soit, quand Huygens présenta sa nouvelle pendule à Moray, c'est à Bruce qu'on demanda d'aller réaliser des tests en mer pour vérifier la précision de l'horloge quand elle était embarquée sur un navire en mouvement. Moray savait que la longitude d'un navire pouvait être calculée en comparant l'heure locale, mesurée par rapport au soleil, à l'heure du port d'origine du bateau. Donc, le problème était de conserver à bord une mesure exacte de l'heure du port de départ.

Les horloges précises étaient une nouvelle invention. Galilée avait découvert qu'une pendule pouvait être utilisée pour mesurer le temps, mais ce ne fut pas avant 1658 que Huygens construisit la première horloge à balancier précise (à 15 secondes près par jour). Seulement, ces pendules n'étaient précises que lorsqu'elles étaient placées dans une position stable, horizontale et immobile. En mer, les navires étaient rarement stables et horizontaux, et certainement pas immobiles. Moray avait suggéré l'usage d'un cardan pour garder l'horloge horizontale et donc conserver une précision suffisante pour être utile. Mais, pour vérifier la validité de cette hypothèse, le seul moyen était d'emmener une pendule en mer et de mesurer sa précision. Moray avait besoin de quelqu'un pour effectuer ces tests. Par essence, il lui aurait fallu un expérimentateur intrépide et inventif, mais ce fut Alexander Bruce qu'il trouva.

Bruce était aussi éloigné qu'on puisse l'imaginer de l'explorateur scientifique, systématique, aventureux et vif d'esprit. Sans animosité, l'évêque Gilbert Burnet le décrit comme un « esprit lent ». En 1661, alors qu'il se trouvait à Londres, ce n'était même pas un homme en forme : il récupérait d'une longue indisposition du ventre dont il avait souffert pendant une bonne partie de son exil. Son frère aîné dirigeait la mine familiale en Écosse et produisait le charbon et le sel qu'il vendait à la Hollande et à l'Allemagne. Même lorsqu'il était au mieux de sa forme, les lettres qu'il envoyait à Moray indiquent qu'il était un piètre marin et sa dyspepsie – l'un des symptômes de son mal – ne l'aidait pas à conserver le contenu de son ventre, quand il voguait sur une mer agitée. Pourtant cet « esprit lent » sujet au mal de mer fut choisi par Moray pour réaliser les tests au large avec les nouvelles pendules de Huygens. Il ne semblait pourtant pas le meilleur candidat pour

---

1. *The Royal Society, Its Origins and Founders, op. cit.*

effectuer les observations précises et les ajustements méticuleux que les tests exigeaient.

Jardine rapporte que ces tests ne furent pas franchement concluants. Bruce effectua quelques voyages entre Londres et La Haye en 1661 et 1662. Il lui fallut un certain nombre d'allers-retours parce qu'il fut tellement malade au cours des premiers voyages qu'il ne parvint pas à surveiller suffisamment les horloges et qu'elles s'arrêtèrent, invalidant le test du même coup ! Même le support de cardan conçu par Huygens et Moray pour maintenir les pendules droites pendant que le bateau tanguait posa des problèmes à Bruce. Il se montra si maladroit en remontant l'une des pendules sans l'enlever du cardan qu'elle tomba de son support et qu'elle fut trop endommagée pour continuer les essais !

Loin du pionnier scientifique se passionnant pour la matière navale que Lisa Jardine dépeint par inadvertance, Bruce tenait apparemment davantage de l'amateur maladroit mais bien intentionné qui faisait de son mieux malgré son incompétence. Alors que Moray fréquentait la crème des expérimentateurs scientifiques londoniens de l'époque, pourquoi choisit-il le malingre Bruce pour un travail si important ?

J'avance deux motifs pour expliquer ce choix. D'abord, Bruce avait accès aux bateaux de son frère, qui transportaient le sel et le charbon entre la Grande-Bretagne et le continent et, ensuite, comme Moray, il était membre de la Loge maçonnique d'Édimbourg. Bruce n'était ni un bon marin ni un scientifique particulièrement compétent, mais il était un fidèle de confiance et volontaire de Moray. Ce dernier comprenait la nécessité militaire de résoudre ce problème de navigation et il était prêt à se servir de tous les moyens possibles pour parvenir à tester son idée.

Toutefois, Bruce finit par fournir suffisamment de preuves qu'une pendule appropriée pouvait être employée pour mesurer la longitude avec un degré utile d'exactitude. Grâce au résultat de ces tests, Moray put convaincre le roi de la nécessité d'une véritable expérimentation navale. Et un an plus tard, le capitaine Robert Holmes – beaucoup plus compétent – se vit confier la mission de tester les horloges au cours de voyages plus longs.

Bien que la pendule de Huygens représentât une nette amélioration par rapport à la navigation à l'estime, elle ne se révéla pas assez fiable pour résoudre le problème de longitude. La *Royal Society* des premiers temps ne cessa de s'intéresser à l'amélioration des horloges marines, mais il revint finalement à Harrison, cent ans plus tard, de perfectionner le chronomètre marin.

Conclusion

Une étude plus détaillée des événements entourant la Restauration m'avait convaincu que Charles II avait été un politicien habile, capable de charmer toutes les personnes susceptibles de l'aider. Il avait aussi rencontré des problèmes significatifs avec sa marine, ce qui représentait une menace pour ses colonies d'outre-mer, mais il n'avait pas le moindre argent pour améliorer techniquement sa flotte.

Les actions de Sir Robert Moray s'éclairent à la lumière des relations maçonniques et militaires qu'il entretenait avec un certain nombre d'acteurs importants de la politique de l'époque.

Les étranges événements entourant la fondation de la *Royal Society* commençaient à devenir plus intelligibles dans le contexte de relations maçonniques de certains de ses fondateurs. Je pouvais peut-être maintenant commencer à démêler le fil d'une saga complexe : la quête d'une Charte royale.

Chapitre IX

LES CHARTES ROYALES

> *Sir Robert Moray s'était demandé comment le groupe de philosophes pouvait au mieux se transformer en institution organisée, nantie des garanties nécessaires. Il savait qu'ils devaient s'attendre à une opposition sévère tant de la part des instances ecclésiastiques que des organes politiques, hostiles à tout développement d'une philosophie naturelle dans ce pays. La seule garantie efficace à la portée des philosophes était d'obtenir du roi leur officialisation au moyen d'une Charte royale.*
>
> Sir Henry Lyons, FRS [1]

Sir Henry n'explique pas pourquoi il a pu penser qu'un groupe d'exclus et de proscrits parlementaristes avait suffisamment de pouvoir pour réclamer une charte au roi, afin de les protéger des critiques des instances religieuses et politiques. Certes, son analyse de l'effet d'une Charte royale sur les destinées de la Société balbutiante était juste. Mais mon examen attentif du pouvoir politique des douze premiers membres présents à la réunion du 28 novembre avait montré que la majorité d'entre eux n'avait aucune influence politique.

De ces douze hommes, seuls Sir Paul Neile ou Sir Robert Moray auraient été en position d'obtenir une audience immédiate du roi. Et de ces deux-là, Moray était le mieux placé dans la mesure où il connaissait suffisamment bien Charles pour lui parler d'une éventuelle Charte royale. Neile avait été un courtisan de Charles Ier et il avait été rétabli dans sa charge d'huissier de la Chambre privée quatre mois plus tôt environ. Charles lui avait rendu

1. Sir Henry Lyons, FRS, *The Royal Society, 1660-1940.*

le poste qu'il occupait sous le précédent roi. Après cela, Neile ne fit plus grand-chose de remarquable, en dehors de faire fructifier son argent en investissant dans l'Hudson Bay Company. En somme, il semble avoir été plutôt insignifiant. Pendant la guerre civile, il se cacha et accomplit fort peu de travail scientifique en dehors du polissage de lentilles durant son temps libre. Mais il n'eut aucun contact avec le roi exilé. Sa principale contribution à la *Royal Society* fut apparemment financière.

Moray était le grand ordonnateur qui avait activement servi le roi pendant son exil. Le roi l'avait accueilli avec une accolade vigoureuse et lui avait octroyé une maison privée dans les jardins du palais de Whitehall. En dépit de ce que dit Sir Henry Lyons dans la citation en exergue de ce chapitre, il n'y avait qu'une personne capable de procurer une Charte royale à ce groupe bancal de philosophes et cet homme. C'était Sir Robert Moray.

Mais je ne savais toujours pas clairement comment et pourquoi il avait fait cela et j'étais donc déterminé à étudier plus étroitement le contexte politique et la chronologie des événements entourant les premières réunions de la *Royal Society*.

Le mercredi de cette première réunion (le 28 novembre 1660), le roi ne se trouvait pas à Londres. Il était parti pour Douvres à la rencontre d'Henriette-Marie, qui revenait de son exil en France. Charles n'était pas d'humeur particulièrement conciliante à l'endroit des ex-« têtes rondes ». Deux semaines plus tôt, il s'était trouvé au pied du gibet de Charing Cross où il avait applaudi la pendaison de quatre des hommes qui avaient condamné son père à mort. Puis ils avaient été mis en pièces et leurs morceaux jetés dans des paniers d'osier promenés dans toute la ville [1]. Ses sentiments à l'égard des partisans de Cromwell ne risquaient pas d'être adoucis par les conseils de sa mère, qui n'avait jamais pardonné aux Anglais l'assassinat de son mari. Charles aurait difficilement pu éviter de parler des exécutions pendant le voyage de retour vers Londres, qui dura jusqu'au lundi 3 décembre 1660.

Tôt dans l'après-midi du mercredi 5 décembre 1660, Sir Robert fit son compte-rendu lors de la deuxième réunion de la *Royal Society* : « Le roi a été informé de l'objet de la réunion. Il l'a approuvé et serait disposé à l'encourager [2]. » Si l'on en croit cette déclaration, le roi n'avait rien d'autre à faire, donc Sir Robert se serait assis et lui aurait exposé ses plans de réorganisation complète des méthodes scientifiques du pays. Le souverain

1. *The Diary of John Evelyn*, éd. E. S. de Beer.
2. Registre de la *Royal Society*, 5 décembre 1660.

aurait été si impressionné qu'il aurait insisté pour participer à cette grande expérience et la soutenir. Mais si l'on examine plus attentivement les actions de Charles entre son retour en fin de journée le lundi et la déclaration de Sir Robert le mercredi après-midi, un scénario différent transparaît.

Sir Robert n'avait eu qu'une petite ouverture pour parler au roi. Le souverain avait escorté sa mère exigeante et autoritaire de Douvres à Londres et il n'était revenu à Whitehall que tard le lundi. À propos de cette même soirée, le journal de Pepys indique que le roi avait été consulté à propos du problème que rencontrait l'Amirauté pour trouver de l'argent afin de payer les soldes des marins. Pepys note que : « Le roi prit très mal la chose [la proposition de différer encore la paie des marins]. » Cette trahison de la confiance des hommes de la flotte préoccupait tant le roi qu'il dépêcha son frère à l'Amirauté dès le lendemain matin pour voir ce qui pouvait être fait[1]. Le mardi matin, le roi se rendit à la Chambre des Lords pour voir le Parlement approuver la proposition d' « exhumer les corps d'Oliver, d'Ireton, de Bradshaw et de Pride de leurs tombes dans l'abbaye pour être emmenés au gibet, pendus, puis ré-enterrés au pied de la potence. » Cette initiative vindicative à l'endroit de Cromwell en particulier, bouleversa Pepys, qui nota : « Cela me trouble qu'un homme d'un si grand courage subisse un tel déshonneur, même s'il pourrait l'avoir mérité[2]. » Ce qui est très probable, c'est que dès son retour, Henriette-Marie ait insisté pour que son fils lui explique immédiatement quelle méthode il entendait appliquer pour se venger des régicides.

En dépit de toutes ces préoccupations, moins de vingt-quatre heures plus tard, Moray put rapporter avec confiance l'assentiment et le soutien du roi à un projet supervisé, assez ouvertement, par le beau-frère d'Oliver Cromwell. Dans les faits, le roi semblait montrer deux visages, voire une attitude très hypocrite : d'un côté, il se vengeait avec délectation de ses ennemis et, de l'autre, il se servait cyniquement des « têtes rondes » sans emploi pour trouver des moyens d'améliorer sa marine délabrée et sans argent.

La première résolution votée par le nouveau comité concerna la fréquence des réunions et les cotisations :

> *Nous, dont les noms sont écrits ci-dessous, consentons et acceptons de nous retrouver hebdomadairement (sauf empêchements graves), pour discuter et*

1. *The Shorter Pepys, op. cit.*
2. *Ibid.*

débattre de la promotion de la science expérimentale. Chacun de nous règlera un shilling par semaine, pour le défraiement des frais occasionnels[1].

Lors de cette deuxième réunion, un comité fut formé pour discuter d'une constitution pour la Société et pour réfléchir au lieu où devraient se dérouler les réunions. Il fut suggéré de déménager le groupe du Gresham au College de médecine [*College of Physicians*]. Le 19 décembre, le comité, qui incluait Brouncker, Moray, Neile, Goddard, Matthew et Christopher Wren, décida que :

La prochaine réunion se tiendrait au Gresham College, et il en serait de même de semaine en semaine, jusqu'à nouvel ordre[2].

Pour comprendre ce que faisait Moray, il est plus facile de considérer les deux axes – différents mais complémentaires – qu'il suivait. L'un de ces axes était administratif : il s'agissait de trouver comment la Société devait être appelée, qui pouvait devenir membre et comment elle allait être gérée et financée. L'autre axe concernait le travail scientifique à effectuer.

La réunion du 19 décembre 1660 confirma l'importance de John Wilkins comme organisateur du travail scientifique du nouveau groupe. Le journal de la Société rapporte :

Que le docteur Wilkins et les professeurs du Gresham College, appartenant à cette Société, ou trois d'entre eux, formeront un comité pour recevoir toutes les expérimentations (conformes à l'avancement de l'objet général de la compagnie)[3].

Sur les sept professeurs de Gresham à ce moment-là, cinq étaient membres de la nouvelle Société. Au regard des minutes de cette dernière, il est également clair que Wilkins considérait que Moray était lié aux professeurs de Gresham comme l'indique cette mention du 16 janvier 1661 :

Ceux de cette Société qui appartiennent au Gresham College, ainsi que Sir Robert Moray, et tous ceux de la Compagnie qui nous rejoindront, formeront un comité pour les recherches magnétiques[4].

Ici pour la première fois, Moray, franc-maçon depuis vingt ans, est

1. Sir Henry Lyons, FRS, *The Royal Society, 1660-1940.*
2. *Journal Book of the Royal Society,* 19 décembre 1660.
3. *Ibid.*
4. *Ibid.*, 16 janvier 1661.

spécifiquement lié au Gresham College, qui est réputé être une création maçonnique.

À la date du 20 mars 1661, Gresham fournissait non seulement une salle de réunion publique, mais une autre pour « conserver les instruments, les livres, les objets rares, les archives, et tout ce qui leur appartenait[1]. » Les professeurs de Gresham avaient aussi reçu la mission de préparer le lieu de réunion pour les expériences. Le 20 mars 1661, le journal de la Société indique :

> *Que les* gentlemen *du Gresham College devaient être les inspecteurs* [Overseers] *de l'organisation de la salle pour les réunions de la Société*[2].

Il est intéressant de noter que nous avons là un nouvel exemple de l'utilisation d'un terme maçonnique en plus de celui de *Fellow* (traduit par « membre » dans le contexte de la *RS*, mais signifiant littéralement « compagnon », comme le deuxième grade de la maçonnerie. Et en l'occurrence, ici, le terme « inspecteur » [*Overseer*] est aussi le nom d'un grade de la maçonnerie de marque [*Mark-Masonry*]).

Margery Purver fit remarquer à quel point la Société s'adaptait parfaitement à la culture du Gresham College :

> *Il n'est peut-être pas sans intérêt de souligner que sa personnalité [celle de la nouvelle Société], qui avait été déterminée à Oxford, ne connut aucun changement en entrant en rapport avec le Gresham College*[3].

Fort de ce que je savais maintenant sur les origines maçonniques des deux groupes, cette remarque me surprenait beaucoup moins que Margery Purver. La Société continua de se réunir et de débattre des expériences au Gresham College jusqu'à ce qu'elle en soit chassée par le Grand Incendie de Londres, en 1666.

Mais revenons à l'histoire de la Charte royale et à ma tentative de mettre en lumière les projets politiques de Moray pour son groupe de philosophes. Le 12 décembre 1660, la nouvelle Société fixa un ensemble de règles de conduite. Dans leurs formes, elles ressemblent beaucoup aux Anciens Devoirs, dont Moray devait être familier du fait de ses contacts avec la franc-maçonnerie écossaise. Il est fort possible qu'il ait modelé les premiers règlements de la *Royal Society* sur ce qu'il connaissait des chartes et

---

1. *A History of the Royal Society*, Thomas Spratt.
2. *Journal Book of the Royal Society*, 20 mars 1661.
3. *The Royal Society : Concept and Creation*, op. cit.

des devoirs de la maçonnerie. Par expérience, Moray savait qu'un ensemble de règles complet facilitait le contrôle d'individus fougueux et au caractère fort. Il s'est sans doute souvenu de la partie du rituel qui invite le Maître d'une Loge à utiliser les règles qui garantissent une bonne administration :

> *Dans tous les cas de problèmes et de difficultés, vous êtes invités à consulter nos anciennes constitutions, car il est peu de difficultés pour lesquelles elles ne vous offriront pas de conseils et de solutions.*

Les règles que la nouvelle Société fixèrent par écrit concernaient : l'élection des membres, l'élection des officiers et des charges de la Société, la tenue des minutes et le paiement des cotisations. Autre similitude avec la franc-maçonnerie, la Société décida de se doter de trois officiers pour la diriger (concept que Moray connaissait bien en pensant au Maître et aux deux Surveillants qui dirigeaient une Loge maçonnique). Même la méthode du vote, en utilisant une boule positive et une boule négative avec une boîte pour les boules positives et une autre pour les négatives [1] est une copie exacte de la méthode des scrutins secrets qui est encore employée aujourd'hui dans les Loges de francs-maçons. Moray semble avoir puisé librement dans sa connaissance des règles que sa Loge mère d'Édimbourg avait développées et il les adapta pour donner une base solide à la nouvelle Société.

Désormais, les réunions du mercredi à Gresham devinrent la norme. Les règles prévoyaient l'élection mensuelle d'un président. Ainsi, le 6 mars 1661, les règles ayant été présentées et acceptées par les membres, Sir Robert Moray fut élu en tant que premier président. Il devait assumer ce rôle huit fois, jusqu'à l'octroi de la Charte royale, qui fit de Lord Brouncker le premier président permanent.

Préparation de la Première Charte

Le journal de la Société montre que Moray était la force motrice s'occupant de construire une organisation suffisamment structurée pour être en mesure de réclamer une Charte royale. Sir Henry Lyons dit de cette période :

1. N.D.T. Chaque votant reçoit une boule blanche (positive) et une boule noire (négative). Pour voter « oui », on place la boule blanche positive dans la boîte positive et la noire dans l'autre boîte. Pour voter « non », on fait l'inverse. Cela empêche de conserver inopinément une boule en main dont la couleur traduirait le sens du vote et cela interdit aussi les votes nuls ou blancs.

Moray fut extrêmement actif tout au long de l'année 1661 et cette activité fut reconnue par ses collègues qui l'élirent à la présidence de la nouvelle Société plus souvent qu'aucun autre de ses membres. Indubitablement, il s'occupa beaucoup de l'élaboration initiale de la Première Charte[1].

Le 21 juin 1661, Moray écrivit au scientifique Huygens. Il lui dit qu'il travaillait dur pour établir la nouvelle Société sur une base solide. À cette époque, Moray utilisait tout son art politique pour s'assurer que le roi était bien convaincu par les objectifs et les ambitions de la Société. Il accordait une attention particulière à John Evelyn, qui était un autre confident du souverain. Le 9 mars 1661, il avait emmené Evelyn voir les expériences de Robert Boyle avec des pompes à air et des cloches de plongée.

Boyle continuait à effectuer des expériences sur l'air comprimé et les vides. Il venait de découvrir – et de démontrer à la nouvelle Société – qu'un volume d'air comprimé allait agir comme un ressort. Si vous compressez l'air dans un petit espace, il essaiera de pousser vers l'extérieur pour retrouver sa taille originelle. En mesurant la force de cet air avec un piston, Boyle prouva que, si le volume du gaz était divisé par deux, sa pression doublait. Ce rapport inverse est encore connu comme la loi de Boyle. Avec cette expérience, Boyle posa les bases d'une discipline que nous appelons aujourd'hui la thermodynamique. La loi de Boyle déboucha sur un rapport entre le volume, la pression et la température, connu sous le nom de loi générale sur le gaz, et de ces idées sont nés les moteurs thermiques (dont le résultat le plus spectaculaire et le plus réussi est le moteur à combustion interne qui meut nos automobiles).

Il est facile d'imaginer Robert Boyle en scientifique méthodique et vif, étudiant soigneusement et notant scrupuleusement les détails de ces expériences avant de présenter sa découverte d'une nouvelle loi de la nature. Seulement la réalité est un peu différente. Boyle ne possédait qu'une pompe à air capricieuse et non fiable et il n'avait pas une idée claire de ce qu'il essayait exactement de trouver. Comme le montre cette description tirée du journal de John Evelyn (7 mai 1616), Boyle effectuait souvent des démonstrations spectaculaires simplement pour distraire ses visiteurs, et particulièrement les visiteurs royaux :

Je m'occupais du prince Rupert rendant visite à notre assemblée, où plusieurs expériences avec les vides de M. Boyle étaient entreprises : un homme plaçant son bras à l'intérieur alors que l'on vidait l'air, vit son bras gonfler immédiatement

1. Sir Henry Lyons, FRS, *The Royal Society, 1660-1940.*

et son sang menacer de rompre les veines de manière insupportable. En le ressortant, nous constatâmes qu'il était tout tacheté.

Moray semblait encourager deux choses : la recherche sur des domaines importants pour la navigation et l'organisation de démonstration spectaculaire de curiosités scientifiques pour susciter le soutien de la noblesse. Mais toutes ces expériences n'étaient pas forcément d'une nature que nous reconnaîtrions comme scientifique aujourd'hui. Par exemple, quand le duc de Buckingham fut admis comme membre le 5 juin 1661, il présenta à la Société des cornes qui, selon lui, étaient celles de licornes. En 1661, on pensait couramment qu'on pouvait enfermer les araignées dans une sorte de cage invisible formée par un cercle de cornes de licornes. Les savants scientifiques de la nouvelle Société prirent les cornes de Buckingham et observèrent ce qui se passait quand Robert Hooke plaçait une araignée dans le cercle. L'animal s'enfuit sans prêter la moindre attention à sa prison magique. Pour être juste, il faut reconnaître que le duc n'avait pas fourni à la Société de véritables cornes de licornes : par inadvertance, il leur avait donné des cornes de rhinocéros blancs. Mais c'est sans doute la faute à la nature mythique de la bête qui rendait difficile l'obtention du véritable objet !

Ces expériences de Boyle relevant presque davantage de l'attraction foraine faisaient partie intégrante des premières réunions. Les démonstrations de l'effet de poisons fulgurants sur de petits animaux distrayaient toujours les membres nobles. Mais de temps en temps, les observations d'étranges expérimentations contribuèrent réellement à fonder la vraie science. Si Boyle n'avait pas observé le gonflement du bras de l'homme, il n'aurait pas commencé à réfléchir à la pression de l'air et à ses effets. Et sans l'étude du comportement des gaz dans des cylindres, nous n'aurions pas de moteur pour propulser nos automobiles.

Mais, pendant ce temps, Moray faisait tout pour que l'esprit du roi reste concentré sur la Société. Ce n'était pas chose facile quand on sait que les pensées de Charles – et souvent ses actions – étaient facilement distraites par la moindre lady passant à sa portée. Quand Evelyn écrivit son *Panégyrique de Charles II* – qu'il publia pour célébrer le couronnement de Charles, le 23 avril –, il note :

Pas plus que nous ne devons oublier l'honneur que Vous avez fait à notre Société au Gresham College... Il vous revient d'en être le fondateur.

Moray utilisait tous les moyens, y compris la flatterie, pour s'assurer que la Société demeure au devant des préoccupations du roi.

Les règles et les attitudes adoptées par ladite Société montrent clairement que Moray puisa ses idées quant à son administration dans son expérience de la franc-maçonnerie. Au mois de septembre 1661, il fut prêt à soumettre une ébauche de la constitution au roi. Mais simultanément, il s'assura que la Société répondait bien aux recherches dont avait besoin le souverain. Pendant cette période, le nouveau groupe étudia notamment la précision des aiguilles de boussole, l'utilisation des lunes de Jupiter pour déterminer la longitude (Charles avait déjà financé un télescope que Moray pouvait utiliser à Whitehall et, le 3 mai 1661, le journal d'Evelyn rapporte que le roi avait participé à des observations de Jupiter) et, en se servant de la fameuse maquette construite par Christopher Wren, ils vérifièrent si, comme le suggérait Laurence Rooke, la Lune pouvait faire office de cadran solaire universel. Si la jeune Société concentrait ses principaux efforts sur les besoins de la marine, simultanément, elle développait une nouvelle approche de la science. La science moderne essaie de suivre une procédure méthodique pour développer ses idées. Le processus est marqué par trois étapes importantes : l'*observation*, la *prévision* et le *contrôle.*

D'abord, il faut donc *observer* le phénomène que vous essayez d'expliquer, nommer ses différentes parties, décrire ses fonctions et s'assurer que vous pouvez consigner précisément ce qui se produit. Parfois cette étape nécessitera de développer de nouveaux instruments de mesure, tels que des télescopes pour regarder les étoiles ou des microscopes pour observer le détail des cellules. En d'autres occasions, on aura besoin d'un chronographe plus précis pour compter les fractions de seconde ou d'un calendrier plus détaillé pour mesurer les années et les saisons. Et plus généralement, il s'agira à ce stade d'effectuer des expériences pour voir ce qui se produit, comme aspirer l'air autour d'un bras pour voir s'il gonfle ou plonger un poulet mort dans la neige pour observer s'il se corrompt plus lentement. Il faudra peut-être réunir et classifier des plantes en différentes catégories, qui pourront être nommées. On pourra aussi asperger des arbres de salpêtre pour voir s'ils se développent plus rapidement. Les fondateurs de la *Royal Society* ont fait tout cela, et pire encore, à une époque où la plupart des « savants » répugnaient à observer quoi que ce fût.

Le philosophe Descartes – qui fut un contemporain de bon nombre de ces fondateurs – avait basé sa conception de la mécanique sur deux principes : l'identification de l'espace à la matière et une vision du mouvement qui considérait qu'un corps se déplaçait et quittait le contact avec un autre, simplement pour aller entrer en contact avec un troisième. Sa perception de l'espace a survécu à travers son système des coordonnées cartésiennes, qui est une méthode permettant de nommer n'importe quel point de l'espace grâce à deux droites se croisant à angle droit (l'exemple le plus connu de ce système est peut-être celui qui permet de nommer les pions sur un échiquier en comptant les lignes et les colonnes). En revanche sa conception du mouvement est sortie tout droit de son esprit. Il disait qu'un corps ne se déplaçait que pour entrer en contact avec un autre corps, donc, l'opposé du mouvement était le repos et tous les mouvements avaient pour résultat des impacts entre des corps. Essayez de dire cela à un joueur de billard qui vient de rater la boule noire finale parce que sa boule ne l'a pas touchée. Mais, comme Aristote avant lui, Descartes n'a jamais laissé l'observation venir gâcher une bonne théorie.

À mesure que cette tendance à l'observation promue par la Société se répandait dans toute la communauté savante, les scientifiques exploitèrent cette nouvelle liberté pour examiner des choses que la religion considérait jusque-là comme sacrées. Le membre numéro 90, Thomas Willis, qui rejoignit la Société le 13 novembre 1661, explora l'anatomie du cerveau de ses patients qui mouraient et il fonda la science moderne de la neurologie. Il fut toutefois exclu de la Société pour n'avoir pas acquitté ses cotisations, puis, deux ans plus tard, il fut réadmis avec le numéro de membre 153. Quand il déménagea d'Oxford à Londres, il se dit qu'il avait besoin de l'appui de la Société pour poursuivre ses expériences. Dès lors, il régla ses cotisations régulièrement !

La *Royal Society* provoqua donc un changement fondamental d'attitude vis-à-vis de l'observation. On peut particulièrement s'en rendre compte quand, en 1668, John Wallis, Christopher Wren et Christiaan Huygens furent invités par la Société à concevoir une méthode mathématique pour calculer le mouvement des projectiles. Wallis – peut-être le penseur théorique le plus fameux de son époque et le père de l'algèbre moderne – écrivit quand il accepta cette mission : « L'expérimentation sera le meilleur juge de nos réflexions. » Ceci fut mis en pratique quand Charles leur demanda pourquoi, quand on plongeait une grenouille dans un verre plein à ras bord, celui-ci ne débordait pas. Immédiatement, ils vérifièrent cette assertion, prirent un verre plein, plongèrent une grenouille dedans et constatèrent que le verre... débordait !

Après l'observation, la prochaine étape du processus scientifique est celle de la *prévision*. Ici, il est nécessaire d'établir un modèle théorique pour expliquer les observations, puis d'utiliser ce modèle pour *prévoir* les résultats d'une expérience encore à réaliser. Si la prévision est précise, le modèle peut être considéré comme une représentation acceptable ; mais si le modèle ne parvient pas à prévoir de résultats, alors il doit être écarté et reconstruit jusqu'à ce qu'il soit en mesure de fournir un résultat prévisible. C'est une dure réalité de cette méthode scientifique, mais il faut savoir que, même si un modèle a fonctionné dans le passé, s'il échoue une seule fois, c'est qu'il ne marche plus et il faut alors le rejeter ou l'amender. Je dois dire ici qu'il s'agit d'une démarche perfectionniste et qu'elle n'est pas toujours appliquée. Les scientifiques n'étant que des humains, ils détestent rejeter de vieilles théories familières et confortables.

Les scientifiques de la *Royal Society* formulèrent des prévisions et les confrontèrent à la réalité. Ils construisirent des cloches de plongée, des bateaux à deux coques, des chars à voile, des horloges à ressort et de nouvelles sortes de pistolets pour examiner les prévisions nées de leurs théories. L'exemple le plus célèbre de l'application de ce processus d'observation-prévision est peut-être l'histoire de la comète de Halley. Avant la *Royal Society*, on ne comprenait pas le phénomène des comètes. En développant des horloges et des télescopes précis et en consignant systématiquement leurs observations, les membres de la Société constituèrent une base de données du passage des comètes. À partir du détail des directions dans lesquelles ces comètes avaient été aperçues, ils élaborèrent des théories relatives au déplacement de ces corps célestes, jusqu'à ce que, finalement, Edmund Halley, en utilisant les observations de John Flamsteed et les théories d'Isaac Newton, parvienne à prévoir le retour régulier de la comète qui porte son nom.

L'étape ultime du processus scientifique est le *contrôle*. Une fois que vous pouvez décrire un processus et que vous pouvez prévoir ses résultats, vous pouvez alors espérer intervenir sur celui-ci et ajuster les résultats pour qu'ils soient conformes à ce que vous en attendez. C'est l'étape du *contrôle*. La science moderne nous a donné un tel degré de maîtrise de notre monde que nous avons presque oublié à quoi ressemblait le monde avant la science. Quand Robert Hooke dessina la première fois les minuscules créatures qu'il avait observées dans son microscope, il fut très étonné par ce qu'il avait vu. Hooke amusa les nobles de la Société en leur montrant les dessins de ces créatures microscopiques et il aida ainsi à alimenter le groupe en financements continus. Cependant, en examinant plus attentivement les plantes et la peau humaine, tout en réalisant ces dessins amusants, il découvrit de minuscules subdivisions dans la structure basique. Il les décrivit en disant qu'elles ressemblaient à de petites cellules de moines regroupées pour former un monastère. Et c'est ainsi que naquit l'usage du mot « cellule » pour désigner une unité de base de la vie biologique. Et en même temps, le premier pas sur la voie du clonage d'êtres vivants venait d'être accompli. Le terme que Hooke employa a perduré avec le même sens jusqu'à aujourd'hui. L'étude des cellules biologiques remonte directement à Robert Hooke et à ses premières observations des tissus au microscope. Dans la littérature scientifique, l'examen par Hooke de l'unité biologique de base et sa décision de l'appeler « cellule » se retrouvent dans sa représentation des espaces qu'il avait vus dans le tissu vivant sous la forme de « cellules » (désignant de petites salles vides).

Le nom colla et Hooke continua à observer des cellules vivantes. Plus tard, des scientifiques prévirent comment manipuler ces cellules et, finalement, Wilmut et Campbell réalisèrent le contrôle de la technologie des « cellules » et créèrent Dolly, la première brebis clonée[1]. Voilà encore un autre développement de la science moderne dont on peut remonter la trace jusqu'aux fondateurs de la *Royal Society*. Mais tout ceci commença avec le dessein de Moray de fonder une société pour aider à restaurer une marine mal en point. Petty, Goddard, Digby et Christopher Wren formèrent un comité pour examiner et améliorer la construction navale. On incita Brouncker à pousser ses idées sur l'amélioration de l'effet de recul des canons de marine. Boyle et Brouncker travaillèrent ensemble pour dresser une série de questions sur la nature changeante des mers, auxquelles il faudrait répondre grâce à des observations réalisées lors d'une expédition navale vers Tenerife.

Résultat immédiat de ceci, la Société publia un document, en 1666, intitulé *Instructions pour des marins faisant route vers les Indes orientales et occidentales.* Comme l'a indiqué l'historien C. A. Ronan :

> *L'idée de ces « instructions » était de s'assurer que la Société puisse avoir accès à différentes sortes d'informations que les marins se rendant dans les Indes orientales et occidentales pouvaient recueillir et qui pouvaient se révéler d'une réelle utilité pour de futures études géographiques, navales ou scientifiques. Il fut proposé que des copies des journaux de bord soient déposées à Trinity House, comme à l'Amirauté, et que la Société ait un droit d'accès à celles-ci*[2].

Ce simple recueil d'informations fut une étape extrêmement importante du développement de la méthode scientifique. Aujourd'hui, nous considérons comme garanties les grandes quantités de données qui sont automatiquement recueillies, stockées et éditées. Mais cette tradition n'a commencé qu'avec les premiers scientifiques de la *Royal Society*.

1. *The Second Creation*, Ian Wilmut.
2. *The Royal Society, Its Origins and Founders,* op. cit.

On encouragea Evelyn à développer ses techniques de la gravure à l'eau-forte, de l'illustration et de la cartographie et il collabora également avec Digby pour étudier les problèmes de l'horticulture et de la culture des arbres[1]. Et si la Société commandita la construction d'une cloche de plongée expérimentale, c'est qu'elle cherchait une utilisation navale pratique de la nouvelle pompe à air de Boyle.

L'instigateur de cette expérience de cloche sous-marine fut Sir Jonas Moore. Quand Charles II épousa Catherine de Bragance, il reçut Tanger en dot. On chargea Moore d'améliorer les fortifications du port et il s'aperçut qu'il aurait à réaliser un grand nombre d'ouvrages sous-marins. Le seul moyen d'y parvenir serait d'employer des ouvriers qui plongeraient en apnée. Naturellement, cela limitait considérablement leur temps de travail, alors Moore développa quelque chose qui fut décrit à la *Royal Society* comme un « engin pour rester deux ou trois heures sous l'eau ». En réalité, il s'agissait d'une cloche de plongée qui n'était qu'une lourde cloche en fonte semblable à celle des clochers d'église. Elle était descendue sur deux supports de pierre posée sur le fond marin. La cloche retenait une poche d'air. Les plongeurs pouvaient travailler pendant un moment avant de se glisser sous la cloche pour respirer un peu d'air pour repartir ensuite travailler. Ce dispositif présentait l'inconvénient majeur de devoir être régulièrement remonté pour renouveler l'air emprisonné. Sir Jonas contacta la *Royal Society* pour voir s'ils pouvaient adapter la pompe à air de Robert Boyle afin de garder un air frais sous la cloche.

Jusque-là, la pompe à air – que seul Robert Hooke pouvait faire fonctionner de manière fiable – n'avait été utilisée que pour des expériences susceptibles d'intéresser et de distraire les nobles de la *Royal Society.* De petits animaux étaient placés à l'intérieur d'une bouteille de verre, puis on enlevait l'air et on regardait ce qui se passait. Une guêpe, qui se retrouva incapable de voler, finit par s'énerver et par causer une grande consternation quand on la libéra pour voir si elle allait pouvoir revoler. Et elle y parvint !

Quoi qu'il en soit, quand la pompe fonctionnait bien, la plupart des animaux mouraient rapidement, et quand il y avait de petites infiltrations d'air, ils se contentaient de suffoquer un peu. Lors d'une occasion remarquable, Hooke construisit un grand réceptacle en verre hermétique. Il se mit dedans pendant qu'un assistant pompait l'air. Heureusement, la pompe n'était pas dans un bon jour et Hooke survécut. Il raconta qu'au moment où l'air était pompé, il avait ressenti des douleurs dans ses oreilles et sa poitrine. Ce

1. Ce qui conduira finalement Evelyn à publier le tout premier livre de sylviculture.

résultat ne nous étonne en rien, mais, en 1661, ces réflexions ouvraient la voie de la connaissance des effets de l'oxygène sur la vie.

Cependant, pour en revenir à la demande d'aide de Sir Jonas et à son problème de plongeurs, un heaume de plomb hermétique fut fabriqué et relié par un tube à la sortie d'une pompe à air de grande capacité. Hooke raconta dans son journal comment Boyle l'envoya à Londres chercher « un tonneau et d'autres pièces de la machine qui ne pouvaient être fabriquées à Oxford ». En mai 1664, Sir Robert Moray rapporta au roi que l'expérience était restée jusque-là infructueuse, car les plongeurs ne pouvaient rester sous l'eau que quatre minutes. De manière troublante, il ajouta que l'on « avait ordonné [à l'homme] de continuer de pratiquer[1] ». Probablement dans l'espoir qu'avec de la pratique, le malheureux plongeur parviendrait à ne plus respirer du tout ! Toutefois, ce travail ne fut pas totalement vain : en effet, Robert Boyle publia, en 1666, ses réflexions sur la plongée, sous le titre *Paradoxes hydrostatiques* [*Hydrostatical Paradoxes*]. Dans ce livre, il posa les fondations de la science moderne de l'hydraulique.

Moray eu recours à toute son habileté politique pour démontrer au roi que soutenir la nouvelle Société aurait pour résultat d'utiles inventions susceptibles d'améliorer la puissance de la marine. Mais il ne manqua pas de fournir également quelques petits divertissements scientifiques pour distraire le roi. Quand le roi entendit parler des créatures étranges et amusantes que l'on pouvait voir avec le microscope de Hooke, il montra un vif intérêt. Moray demanda alors à Christopher Wren et à Robert Hooke de produire une série de croquis micrographiques détaillés des petites créatures en question pour l'amusement du roi. À cet effet, ils dessinèrent un pou, beaucoup de puces de différents types et des portions d'ailes de mouche. Le roi adora les dessins et en voulut davantage. Finalement, Hooke rassembla ses dessins d'observations microscopiques dans un livre intitulé *Micrographie* [*Micrographia*]. Il l'écrivit en anglais (plutôt qu'en latin) et l'illustra lui-même. Le livre contient certains des plus beaux dessins d'insectes et de la structure minutieuse des plumes et des écailles jamais réalisés.

Ce fut après avoir soumis la première ébauche de charte que Moray entrevit la possibilité d'utiliser la Société pour aider Charles dans un domaine plus important, celui de la politique étrangère. En novembre 1661, John Winthrop, fils de l'un des fondateurs du Massachusetts et maintenant gouverneur du Connecticut, vint à Londres chercher lui aussi une charte royale pour sa colonie. La chaîne du contrôle hiérarchique partant

1. *Ingenious Pursuits,* Lisa Jardine.

de l'Angleterre ralentissait les prises de décisions dans le Connecticut et bridait toute initiative. L'indépendance relative et l'autonomie administrative locale que conférerait une charte était un pas en avant logique, surtout depuis que le Protectorat de Cromwell et son emprise avaient disparu. Moray avait rencontré Winthrop à Oxford en 1643. Il l'invita à des réunions de la Société et, une fois de plus, il endossa son vieux rôle de négociateur pour aider Winthrop à obtenir la charte qu'il visait. Ce dernier fut également nommé « correspondant en chef de la *Royal Society* à l'Ouest ». Moray était parfaitement conscient des ambitions des Néerlandais et, apparemment, il voulut se donner les moyens d'obtenir régulièrement des informations sur l'expansionnisme hollandais de plus en plus menaçant en Amérique du Nord.

Désormais, le cercle intérieur des scientifiques appelaient ouvertement leur création la « *Royal Society* » [la Société royale]. À travers ses actions et ses intentions, elle mettait l'étude de la nature au service des besoins du roi en général et de sa marine affaiblie en particulier. La première mention publique de ce titre de *Royal Society* fut une fois de plus le fait de John Evelyn, qui, en novembre 1661, l'employa dans une dédicace à Edward Hyde, comte de Clarendon et lord-chancelier. Il est tentant d'imaginer Moray en train de suggérer à Evelyn de flatter Hyde afin de préparer le terrain pour une Charte royale et de faire du titre du nouveau groupe une réalité. Après tout, Hyde aurait parfaitement eu le pouvoir de neutraliser tout le projet s'il n'avait pas été flatté et qu'on ne lui avait pas présenté la chose comme un fait accompli.

Robert Boyle évoqua également le caractère sensible du choix d'un nom pour la Société : « L'illustre compagnie qui se réunit au Gresham College a pour l'instant cessé de se proclamer Société[1]. » Apparemment, il y avait quelques divergences quant au nom qu'ils devaient se donner. Le terme « *Royal Society* » avec l'idée sous-entendue d'un soutien total du roi n'était pas un choix unanime.

Christopher Wren écrivit un long préambule à l'ébauche de charte, qui incluait le passage suivant :

> *Et alors que nous savons fort bien qu'un nombre compétent de personnes éminentes, érudites, ingénieuses et honorables... ont pris l'habitude, depuis un certain temps, de se retrouver hebdomadairement, et de discuter méthodiquement des causes cachées des choses, afin de poser des théories philosophiques cer-*

1. *An Examen of Mr. T. Hobbes, his Dialogue Physicus De Nature Aeris*, Robert Boyle.

taines, d'en corriger d'incertaines et, par leurs études de la nature, de se présenter comme de véritables bienfaiteurs de l'humanité ; et qu'ils ont déjà accompli des progrès considérables grâce à diverses découvertes, inventions et expériences utiles et remarquables dans le domaine du développement des mathématiques, de la mécanique, de l'astronomie, de la navigation, de la médecine et de la chimie, nous avons décidé d'accorder notre faveur et notre patronage royaux et tout l'encouragement dû à cette assemblée illustre et à cette si salutaire et si louable entreprise.

Ce préambule ne fut finalement pas inclus dans le projet définitif de la Charte, mais Sir Henry Lyons dit qu'il était « précieux comme description des objectifs de la Société tels que l'un des hommes les plus capables du petit groupe qui la fonda au Gresham College les comprenait et les décrivait[1]. » Et ces objectifs présentent une remarquable similitude avec les buts décrits dans les rituels du degré de Compagnon de la maçonnerie.

Lors d'une réunion tenue le 18 septembre 1662, les membres présents approuvèrent le projet de Charte royale et on demanda à Sir Robert de le soumettre au roi. À ce moment-là, il semble que le titre de « *Royal Society* » fut choisi pour plaire au souverain. Quel que soit le cas, une réponse favorable fut donnée aux membres le 16 octobre 1662. Le journal de la Société rapporte que Sir Robert déclara devant ses collègues du groupe que :

Lui et Sir Paul Neile ont baisé les mains du roi au nom de la compagnie.

L'assemblée demanda alors à Sir Robert de :

[...] *transmettre de très humbles remerciements à Sa Majesté pour la réponse qu'il lui a plu de donner à leur requête.*

Sir Robert exposa ensuite le vœu du roi de rejoindre la Société :

Et suite à cette faveur et à cet honneur, il a été heureux de se proposer de rejoindre la Société en tant que membre.

Les affaires d'État évoluaient très rapidement pour Charles. Une pression de plus en plus forte le poussait vers la guerre contre les Hollandais. Sa sœur Marie, veuve du prince d'Orange, avait revendiqué avec empressement la garde de son fils, le jeune Guillaume d'Orange, afin d'en faire le prochain *Stathouder* [gouverneur des Provinces-Unies des Pays-Bas]. Quand Charles

1. *The Royal Society 1660-1940*, *op. cit.*

fut restauré sur le trône, il se hâta de dire au ministre d'État hollandais, le grand pensionnaire Johann de Witt – à qui avait été confiée l'éducation de l'enfant – qu'il était davantage intéressé par un soutien de la Hollande en matière politique que par les prétentions de son neveu au stathoudérat des Pays-Bas [1].

Puis Marie d'Orange mourut, alors qu'elle rendait visite à son frère en Angleterre. Cette mort bouleversa le statu quo. La défunte laissait la garde du jeune William d'Orange conjointement à la reine mère, Henriette-Marie – mère de Marie et veuve de Charles Ier – et à Charles II lui-même. Elle ne faisait aucune mention de l'État hollandais, ni de sa belle-mère, Amélie, la princesse douairière d'Orange. Inutile de dire que les Néerlandais refusèrent de confirmer la garde à Charles et Amélie joignit ses forces à celles de de Witt. Cet affront contraria Charles et il se retrouva alors beaucoup plus enclin à se laisser convaincre qu'il serait commercialement intéressant pour l'Angleterre que la Hollande soit défaite dans une guerre européenne [2]. Il fut particulièrement encouragé dans cette voie par son autre sœur, Henriette-Anne, belle-sœur du roi de France. Elle lui écrivit :

> *J'ai du mal à supporter de vous voir défier par une poignée de misérables. C'est peut-être pousser la gloire un peu trop loin, mais je ne peux pas m'en empêcher. Chacun a son propre tempérament et le mien est d'être profondément sensible à vos intérêts* [3].

Mais s'il voulait avoir la moindre chance de remporter une guerre contre la Hollande, Charles avait besoin de faire des progrès dans les domaines de la construction navale et de la navigation. L'historien maritime, Ralph Davies, dit de cette période :

> *Il est heureux pour lui que toute l'industrie anglaise de la construction navale ait fait de prodigieux progrès sous son règne. Dans un premier temps, cette industrie eut du mal à faire face à la demande exponentielle de navires après la Restauration et il fallut acheter de nombreux bateaux à l'étranger. Cependant, deux Actes* [lois] *du Parlement mirent un terme non seulement au transport de marchandises anglaises par des navires étrangers, mais également à l'utilisation de vaisseaux construits à l'étranger. Il en résulta un progrès rapide de la construction navale anglaise* [4].

1. *Profit and Power, A Study of England and the Dutch Wars,* Charles Wilson.
2. *King Charles II,* Antonia Fraser.
3. *The King my Brother,* C.H. Hartman.
4. *The Rise of the English Shipping Industry in the 17th and 18th Century*, Ralph Davies.

Mais John Evelyn raconte qu'en août 1662, alors qu'il ramait dans sa petite crique, il tomba sur deux vaisseaux de guerre abandonnés, sans une seule âme à bord. Et tout avait été volé[1] ! À dire vrai, cela n'avait rien d'étonnant dès lors que toutes les soldes de la marine et de son administration n'avaient pas été payées depuis des années. Charles se vit contraint de vendre Dunkerque aux Français contre cinq millions de livres pour l'aider à soulager une partie de ses dettes.

Ainsi pressé d'améliorer ses flottes marchandes et militaires, Charles se raccrocha rapidement à l'aide technique que Sir Robert lui offrait à travers la nouvelle *Royal Society*. Après tout, les chartes coûtaient moins cher que des bateaux et il ne devait aucun arriéré de paiement aux nouveaux membres !

Dans la Première Charte de 1662, les privilèges que Charles offrit à la *Royal Society* étaient de deux types. Premièrement, il y avait des privilèges internes, qui résultaient du droit de la Société à s'administrer elle-même sans interférence de l'État. Au nombre de ceux-ci, on peut citer le droit de nommer un président, un conseil et les membres, qui décideraient de la manière de gérer la Société. La seule limite que la charte fixait aux actions de ces officiels était que leur comportement devait être « raisonnable et ne pas être contraire aux lois du royaume ». Mais dans la limite de cette restriction, ils pouvaient librement faire les lois, les statuts et les ordres qu'ils voulaient.

Les privilèges externes de la Société concernaient son identité en tant qu'entreprise et les pouvoirs dont elle était investie. Le privilège le plus important était celui de la continuité. Une fois créée, la *Royal Society* devenait immortelle. Son président, ses dirigeants et ses membres pouvaient vivre et mourir, mais la Société elle-même perdurerait. Elle avait exactement les mêmes droits et obligations légaux que n'importe quel autre sujet du roi. En outre, elle avait le droit de se réunir dans Londres même ou dans un périmètre de dix miles (environ seize kilomètres) autour de la ville. Mais les plus grands privilèges que la Première Charte lui conférait étaient peut-être le droit d'imprimer et de publier, ainsi que d'entreprendre des correspondances avec des étrangers, du moment qu'il s'agissait de discussions scientifiques. Au XVIIe siècle, il s'agissait de droits importants quand on sait que la censure exercée par l'Église et la Couronne était tenue pour acquise.

L'un des droits les plus utiles – et des plus macabres – concédés à la Société était le droit de se voir remettre les cadavres des criminels exécutés que ses membres pouvaient librement disséquer. Elle avait aussi le droit

1. *The Diary of John Evelyn*, éd. E. S. de Beer.

de construire des Collèges toujours à Londres même ou dans cette limite de dix miles autour de celle-ci. Pour garantir l'harmonie au sein de ce nouveau corps constitué, la charte établit que des personnes éminentes seraient nommées arbitres, si la Société ne parvenait pas à résoudre ses conflits internes à la satisfaction de ses camarades.

Le nom que la Première Charte conféra à l'organisation était simple : « *The Royal Society* [La Société royale] ». Ce nom avait été approuvé par Sir Robert pendant les négociations et il résume peut-être ce qu'il considérait comme le but de la Société. Il s'agissait de soutenir le roi en lui fournissant des conseils techniques. Et au regard des premiers sujets abordés par le groupe, on constate qu'un accent particulier fut mis sur la *Royal Navy* [marine royale] et ses problèmes.

La Seconde Charte

La Première Charte reçut le sceau royal le 15 juillet 1662, quelques dix-huit mois après la première réunion des douze de Gresham. On peut considérer qu'il s'agissait d'un résultat rapide, car, pendant cette période, le roi avait également formé un nouveau gouvernement, célébré son couronnement et il s'était marié. Mais comme le dit un proverbe anglais : « Plus on se hâte, moins on avance. » [*More haste, less speed.*] Sir Robert était-il vraiment parvenu à réunir tranquillement des technologues parlementaristes et des donateurs royalistes dans une Société qui pouvait désormais admettre que son véritable but était de soutenir la monarchie ? Il faut croire que non, parce que quand la Charte fut lue devant la Société le 15 août 1662, les camarades remercièrent gentiment le roi et lui en réclamèrent immédiatement une nouvelle.

Margery Purver indique :

> *En dépit d'une expression formelle de plaisir et de gratitude, la Société n'était pas satisfaite. Et en moins de quelques mois, elle annonça que des modifications devaient être apportées aux lettres patentes. On a souvent dit que la* Royal Society *avait obtenu de nouveaux privilèges dans la Charte royale de 1663, sans indiquer lesquels. Mais le seul privilège que la Société ne possédait pas encore était l'octroi d'armoiries, qui aurait fort bien pu être obtenu séparément, en évitant le travail considérable que nécessitaient la préparation et la négociation d'une nouvelle charte complète, surtout si peu de temps après la première*[1].

1. *The Royal Society : Concept and Creation, op. cit.*

Cependant, deux choses importantes furent modifiées dans la Seconde Charte : le nom de la Société et la nature de sa relation avec le roi. Dans la Première Charte, le nom assigné à l'institution était « *The Royal Society* » et il n'était fait aucune mention du roi en tant que fondateur de celle-ci. Sir Robert obtint rapidement l'apposition du sceau royal sur la Seconde Charte, dès le 23 avril 1663, et il la présenta à la Société le 13 mai 1663. Dans cette nouvelle Charte, le groupe se voyait attribuer le nom : « La Société royale de Londres pour la promotion de la connaissance naturelle » [*The Royal Society of London for Promoting Natural Knowledge*]. Et dans les nouvelles lettres patentes, le roi précisait la nature de sa relation avec la Société en disant : « par les présentes, nous nous déclarons fondateur et patron de cette dite Société [1] ». Cette nouvelle terminologie parut satisfaire les parlementaristes « tatillons », qui étaient la force motrice scientifique du groupe, parce qu'à partir de là, la Société se développa rapidement. De son côté, le souverain fut si ravi d'être présenté comme son fondateur, sans avoir eu besoin de débourser la moindre livre, qu'il lui octroya une masse (symbole de distinction royale). Le 23 mai 1663, Charles adressa une demande au *Royal Jewel Office* [service des joyaux royaux] pour qu'elle crée une « masse dorée » pour la Société [2]. Dans la Seconde Charte, Charles exprimait clairement qu'il liait la formation de la Société à sa propre vision d'une Angleterre forte à l'étranger et, par conséquent, disposant d'une marine puissante pour imposer cette politique :

> *Nous avons depuis longtemps pleinement décidé d'étendre les limites de l'empire, mais également des arts et des sciences. De ce fait, nous considérons avec bienveillance toutes les formes de savoir, mais avec une grâce particulière, nous encourageons les études philosophiques, et, en premier lieu, celles qui, grâce à des expérimentations pratiques, essaient d'élaborer une nouvelle philosophie ou de perfectionner l'ancienne. Et donc,* [nous voulons] *que de telles études, qui n'ont jusqu'ici pas assez brillé dans le reste du monde, puissent resplendir ostensiblement au sein de notre peuple* [3].

Le 13 août 1663, la Société consigna formellement :

> *Sir Robert Moray doit être remercié pour l'attention et le soin qu'il a consacré à constituer notre groupe en Société* [4].

1. *Charta Secunda*, 22 avril 1663, *Royal Society*.
2. *History of the Royal Society*, G. R. Weld.
3. *Charta Secunda*, *op. cit.*
4. *Royal Society*, *Journal Book 1*.

De manière évidente, Sir Robert pensait maintenant qu'il était parvenu à faire travailler ensemble les différentes factions, parce que, tout de suite après cela, il écrivit à Christiaan Huygens en lui disant qu'il allait maintenant pouvoir travailler plus efficacement qu'il n'avait été possible jusque-là à l'établissement de la Société et il ajouta que la constitution de la *Royal Society* était désormais conforme à ce que voulaient ses membres [1].

Mais les membres avaient très peu changé. Ils avaient modifié le nom de leur groupe pour montrer qu'ils ne s'intéressaient pas simplement à soutenir le roi, mais ils avaient simultanément reconnu formellement celui-ci comme leur fondateur. (Il est d'ailleurs assez ironique qu'ils soient aujourd'hui unanimement connus sous le nom qu'ils avaient rejeté, le simple *Royal Society*). Parallèlement, ils avaient aussi changé quelques membres de leur conseil. La Première Charte avait nommé les officiers qui devaient être désignés pour constituer la Société. Il s'agissait des suivants :

> *Le vicomte Brouncker, président. Membres du conseil : Sir Robert Moray, Robert Boyle, William Brereton, Sir Kenelm Digby, Sir Paul Neile, Henry Slingby, Sir William Petty, John Wallis, Timothy Clarke, John Wilkins, George Ent, William Erskine, Jonathan Goddard, Christopher Wren, William Ball, Matthew Wren, John Evelyn, Thomas Henshaw, Dudley Palmer et Henry Oldenburg.*

Dans ce premier conseil, on retrouvait neuf des douze participants à la réunion originelle du 20 novembre 1660. Les trois absents étaient Alexander Bruce, Laurence Rooke et Abraham Hill. À cette époque, Bruce avait hérité du domaine de son frère aîné en Écosse et il était retourné dans le Culross pour l'administrer. Rooke était mort récemment. Donc, des douze originels de Gresham, seul Hill avait été laissé de côté. Sur les douze autres membres, dix provenaient de la liste dressée lors de la première réunion. Deux nouveaux avaient été ajoutés. Dudley Palmer était un juriste, mais William Erskine était un membre de premier plan de la cour de Charles II et l'échanson du roi.

Cependant, dans la Seconde Charte, quand les membres eurent le conseil qu'ils « voulaient », un autre membre des douze originels de Gresham fut écarté : il s'agit en l'occurrence de Christopher Wren qui fut remplacé justement par un autre de ces douze fondateurs, Abraham Hill. Et parmi ceux de la seconde série, John Wallis avait laissé sa place à Sir Gilbert

---

1. *Œuvres complètes*, Christiaan Huygens, La Haye, 1889, vol. IV, p. 343.

Talbot, maître du *Royal Jewel Office* du roi Charles II[1]. On comprend mieux l'importance de ce changement de membres quand on réalise que la Charte donnait un contrôle total de la Société au conseil sans avoir besoin de consulter les membres. Sir Henry Lyons dit ceci :

> *Le conseil pouvait à tout moment réviser ou révoquer tout statut existant ou en adopter un nouveau en vertu des pouvoirs que lui avait conférés la Charte. On n'avait nul besoin de consulter l'ensemble des membres, sauf en matière d'admission de nouveaux membres ou de désignation des membres du conseil*[2].

Selon William Preston, Christopher Wren était à cette époque franc-maçon. De son côté, John Wallis était connu pour être un proche collaborateur du franc-maçon William Hammond, un frère londonien du maçon royaliste Elias Ashmole. Le dernier membre du groupe des douze originels qui avait été écarté du conseil, Alexander Bruce, était lui aussi franc-maçon et royaliste. Les parlementaristes avaient-ils senti que l'emprise de Sir Robert Moray sur la *Royal Society* serait trop forte, si trop de ses frères maçons royalistes appartenaient au conseil ?

Un autre élément de preuve vient à l'appui de cette hypothèse et celle-ci concerne les armoiries de la Société. Le seul changement majeur entre la Première et la Seconde Charte est l'octroi d'armoiries à la Société. Ce point a fait l'objet de débats. Finalement, le roi choisit l'écu et les membres déterminèrent le timbre, les supports et la devise.

La forme finale est décrite ainsi dans la Seconde Charte :

> *En témoignage de notre royale faveur à leur endroit et de notre estime particulière pour eux, pour les temps présents et futurs,* [nous octroyons] *ces blasons d'honneur, à savoir : dans le coin droit d'un écu d'argent, nos trois lions d'Angleterre ; pour le timbre, un heaume orné d'une couronne garnie de fleurons, surmontée d'un aigle de couleur appropriée tenant dans une serre un écu portant nos lions ; en supports, deux chiens blancs avec des couronnes pour collier ; qui seront portés, exhibés et possédés à jamais par les susmentionnés président, conseil et membres, et leurs successeurs, pour servir en toute occasion*[3].

Ashmole rapporte qu'il avait lui aussi proposé des armoiries qui avaient été rejetées. Il proposait un écu blanc dans sa moitié supérieure et noir dans sa partie inférieure (autrement dit, le motif connu des francs-maçons sous le nom de Beaucéant, l'ancien symbole des Templiers, qui sert à

1. *The Royal Society and its Fellows, 1660-1700,* Michael Hunter.
2. *The Royal Society, 1660-1940,* Sir Henry Lyons, FRS.
3. *Charta Secunda,* 22 avril 1663, Royal Society.

décorer la Loge pour certains degrés de la maçonnerie). Dans le coin supérieur droit de l'écu maçonnique, Ashmole plaçait les armes royales de la maison des Stuarts. Au premier plan de l'écu, il mettait une règle de plomb (qui est encore aujourd'hui le symbole d'un Surveillant du métier). Ces armoiries extrêmement maçonniques furent donc refusées par le roi au profit d'armes plus neutres. Faut-il voir là le début d'un éloignement des origines maçonniques de la Société ?

Toute la question du rejet de la Première Charte et des modifications de la Seconde semble avoir tourné autour des liens unissant la Société au roi et de la composition de son conseil. Selon Margery Purver, ces changements étaient anodins :

> *Hormis l'adjonction d'armoiries, il y a très peu de différences dans les termes des deux Chartes. Et ces différences ne concernent que des points mineurs relatifs à l'administration interne, que la Société avait déjà le droit de modifier à son gré*[1].

Cependant, si Moray rapporta au roi que le degré de contrôle laissé aux vieux partisans royalistes mécontentait relativement les scientifiques actifs, cela peut expliquer facilement pourquoi les modifications ont été opérées. Et cela expliquerait aussi pourquoi Moray, qui avait occupé plus qu'aucun autre le poste de président dans la période d'intérim, fut écarté de celui-ci au profit d'un homme relativement inconnu mais neutre, le vicomte Brouncker.

Conclusion

Le soutien accordé par le roi à la Société dut être préparé, car il n'avait quasiment aucun temps pour être consulté sur ce sujet. Et comme Sir Robert Moray fut le seul membre impliqué à ce stade dans les négociations, il fut certainement le véritable artisan de la Société. Il avait utilisé ses attaches maçonniques pour entrer en contact avec les parlementaristes déchus qui avaient la compétence pour s'attaquer aux problèmes techniques de la marine du roi.

Sa diplomatie fonctionna assez bien jusqu'au moment où la Première Charte fut lue aux membres. Ils découvrirent alors que Moray les liait beaucoup plus étroitement au roi qu'ils ne le souhaitaient. Un compromis fut

1. *The Royal Society : Concept and Creation, op. cit.*

réalisé qui déboucha sur la Seconde Charte, réduisant l'influence des fidèles de Moray. La *Royal Society* commença alors sa vie propre et indépendante.

Je commençai à me dire que j'avais identifié le moment où une organisation maçonnique avait commencé à se transformer en quelque chose que je pouvais qualifier de société scientifique. Pour valider cette idée, je décidai que ma prochaine étape serait l'examen des premières années de la Société, pour voir comment elle s'était développée, comment elle avait pris une place si importante dans le développement de la science et comment elle s'était affranchie de ses racines maçonniques.

Chapitre X

PREMIÈRES ANNÉES, PREMIERS TRAVAUX

Il est clair que la Société eut une sorte d'histoire politique interne, n'opposant pas seulement des « scientifiques » à des « amateurs », mais des activistes fervents avec différents intérêts et priorités, qui parfois se manifestaient à l'extérieur, mais sur lesquels on a généralement très peu de documents.

Michael Hunter, 1982 [1]

Demeurer au premier rang de la science moderne depuis près de trois cent cinquante ans n'est pas une petite prouesse et pour y être parvenu, il faut que la *Royal Society* soit vraiment une institution spéciale. Je l'avais déjà vue se développer à partir d'un petit groupe d'hommes qui se réunissaient « pour approcher la connaissance de Dieu par l'étude de Ses œuvres » et qui avaient décidé de s'intéresser particulièrement à l'étude « des mystères cachés de la nature et de la science ». Cependant, il m'était impossible d'imaginer que sa prime histoire n'avait été qu'un mélange harmonieux de « têtes rondes » (parlementaristes) et de Cavaliers (royalistes), sous l'éclairage bienveillant du franc-maçon Sir Robert Moray. Ce serait une simplification excessive de la question.

J'avais pu reconstituer une bonne partie des éléments concernant la formation de la *Royal Society* parce que ses archives sont fascinantes. Même des documents secondaires, comme les listes et les notes internes, sont conservés depuis le XVIIe siècle et les journaux consignent toutes les minutes de la Société depuis la toute première réunion du 20 novembre 1660. Pourtant, comme je l'avais noté, il existait un réseau complexe de relations sous

1. *The Royal Society and its Fellows, 1660-1700*, Michael Hunter.

l'image officielle des premiers temps de la Société et « le Collège invisible » qui permit à Sir Robert de réunir les deux camps, dès la Restauration, était alors une société secrète. Mais pourquoi n'y avait-il aucune mention de la franc-maçonnerie et de son influence dans ces documents ? La raison la plus probable se trouve dans le secret que chaque franc-maçon s'engageait à respecter par serment à l'époque. Ce serment interdisait de transmettre les secrets de l'Ordre.

Tout franc-maçon qui rejoignait la *Royal Society* avait dû prononcer ce vœu solennel :

> *Je jure solennellement de ne pas écrire ces secrets, ni de les imprimer ou de les graver, et de ne pas laisser d'autres le faire si je suis en mesure de l'en empêcher, sur quelque support mobile ou immobile que ce soit sous le ciel, à l'aide de lettres, caractères ou chiffres, car le moindre soupçon de lettre, caractère ou chiffre peut les rendre lisibles ou intelligibles par moi-même ou par n'importe qui dans le monde, de telle sorte que nos secrets, nos arts et nos mystères cachés pourraient être anormalement connus à cause de mon indignité. Je jure solennellement d'observer ces différents points sans détours, sans équivoque, ni réserve mentale d'aucune sorte, sous peine d'avoir la gorge tranchée, la langue arrachée et mon corps enterré dans les sables rudes de la mer à marée basse ou à une encablure du rivage, que la marée recouvre régulièrement deux fois par jour.*

Cette injonction est tout à fait claire et, quand de telles peines n'étaient peut-être pas aussi symboliques qu'aujourd'hui, elles devaient décourager les propos irréfléchis ou imprudents. La qualité de franc-maçon de Moray était bien connue de nombre de ses associés. Il discuta ouvertement de l'importance de la maçonnerie avec son frère maçon Alexander Bruce dans de nombreuses lettres, mais à aucun moment il ne commit l'erreur de révéler par écrit le moindre secret de l'Ordre. À cette époque, le fait que l'étude des mystères cachés de la nature et de la science formait l'un des principaux objets du degré de Compagnon était considéré comme une connaissance secrète. Donc il n'est peut-être pas surprenant que l'on ne puisse pas trouver la moindre allusion à la franc-maçonnerie et à ses objectifs secrets.

Les francs-maçons peuvent occasionnellement évoquer implicitement les rituels dans leurs écrits ou leurs échanges publics, mais ils le font alors d'une manière qui ne peut être comprise que d'un frère maçon. De manière générale, fidèle à la lettre de leur serment, les liens maçonniques de certains des fondateurs de la *Royal Society* n'avaient aucune raison d'être mentionnés. Cependant, j'ai déjà attiré l'attention sur les nombreux exemples d'usage de symboles et de mots codés maçonniques au sein du groupe qui fonda la *Royal Society*.

De temps en temps, un degré supplémentaire de relations entre certains membres se manifestait. John Evelyn écrivait à l'évêque John Fell à propos du fonctionnement du conseil : « Il repose sur les votes et pas toujours sur les meilleurs arguments, mieux faits pour être murmurés à votre oreille que véhiculés par une lettre. » Mais il n'allait pas plus loin par écrit. En relisant les mots de William Preston, je réalisai qu'il disait que de nombreux courtisans de Charles II étaient devenus francs-maçons. C'était exactement ce qui s'était passé à la cour écossaise de Jacques VI, comme je l'avais découvert. Preston dit que :

> *Sous le règne de Charles II, des Loges furent constituées avec l'accord de ce noble Grand Maître, et de nombreux gentilshommes et érudits fameux demandèrent alors à être admis au sein de la Fraternité*[1].

John Evelyn faisait-il partie de ces gentilshommes et érudits fameux qui avaient été admis au sein de la Fraternité ? Il était certainement en mesure de rejoindre l'Ordre et je savais qu'il avait rapporté dans son journal une étrange remarque du roi à l'adresse de Sir Robert Moray, concernant Josué et la vallée de Josaphat ! Cet exemple de formulation maçonnique secrète avait-il fait vibrer une corde en lui ? Une lettre que Moray envoya à Evelyn lors de l'année 1665 pendant l'épidémie de peste me fournit un indice.

Un indice au cœur de la mort noire

La peste bubonique, autrefois connue sous le nom de « mort noire », commença à Londres en mai 1665 et, en juillet, elle avait atteint des proportions épidémiques. Le 12 août, Pepys écrivait dans son journal :

> *Tant de gens meurent, qu'on transporte apparemment volontiers les morts à enterrer à la lumière du jour, les nuits ne suffisant plus à le faire*[2].

Le roi et le Parlement avaient quitté la ville, laissant l'herbe envahir les passages et les espaces de Whitehall. Le nombre de morts à Londres fut de l'ordre de cent mille âmes[3]. Le roi déplaça sa cour et ses maîtresses à Oxford (il eut un autre enfant de Barbara Palmer, devenue alors duchesse de Castlemaine, pendant qu'il se trouvait là-bas). Le Parlement fut suspendu

1. *Illustrations of Masonry, op. cit.*
2. *The Shorter Pepys, op. cit.*
3. *King Charles II,* Antonia Fraser.

et l'Échiquier partit s'installer à Ewell, aux environs d'Epsom. Sir Robert Moray et John Evelyn quittèrent tous deux la ville et, pendant cette période hors de Londres, ils échangèrent une correspondance que je trouvai curieuse d'un point de vue maçonnique. Le 14 janvier 1666, Sir Robert écrivait ainsi à John Evelyn :

> *À l'aide de quel télescope parvenez-vous à me lire à cette distance, je l'ignore. Vous semblez conclure que je suis un plus grand maître dans une autre sorte de philosophie que celle qui est l'objet de la Royal Society* [1].

Cette lettre que Sir Robert Moray envoya à John Evelyn, au début de 1666, fait allusion à un secret partagé. Celui-ci pourrait-il être une connaissance conjointe de la franc-maçonnerie ? J'ai déjà spéculé sur l'appartenance possible d'Evelyn à cette dernière. Il a assurément disséminé un certain nombre d'allusions dans son journal. Mais ici, nous avons une lettre de Moray à Evelyn qui semble employer un langage maçonnique.

Quand Moray la rédigea, il se trouvait dans l'entourage de Charles à Hampton Court. Ils avaient quitté Londres pour échapper à la dernière vague de peste. De son côté, Evelyn résidait avec les lords de l'Échiquier au palais de Nonesuch, à Greenwich. Lui aussi avait quitté Londres pour éviter d'attraper la mort noire.

À première lecture, cette lettre donne l'impression d'un échange plutôt badin entre les deux hommes. Moray accusait Evelyn de lire ses secrets à distance à l'aide d'un télescope. Normalement, on se sert d'un télescope pour observer les étoiles. Donc Moray ferait ici référence à la marque de maçon en forme d'étoile qu'il avait adoptée lors de son Initiation dans la franc-maçonnerie, à Newcastle en 1641. Cette allusion incidente à une étoile trahissant sa qualité de Maître d'une autre philosophie a une signification maçonnique. Moray fait une allusion maçonnique et il s'attend à ce qu'Evelyn la comprenne.

L'étoile à cinq branches

Par chance, Sir Robert expliqua comment il interprétait l'étoile à cinq branches, quand il parla de son symbolisme dans une lettre adressée au frère maçon Alexander Bruce. Il disait en 1658 :

> *Les astronomes peuvent considérer qu'une étoile appartient à la catégorie des plus petites magnitudes méritant d'avoir un nom, alors que, selon l'une de leurs*

1. British Library, Add ms. 15858.

maximes, les magnitudes des étoiles ne doivent pas être estimées en fonction de leur apparence, mais en fonction de leur situation et de leur distance ; les étoiles les plus lointaines semblent assurément être les plus insignifiantes, alors qu'il est assez probable qu'elles sont les plus grosses. Et on explique généralement par les différences de distance les différences de magnitude[1].

Après 1641, Moray compléta toujours sa signature par une étoile à cinq branches. Pour lui, le symbolisme de son étoile signifiait que ce qui était important, c'était ce qu'il était vraiment, pas ce qu'il semblait être. Et il précisait en ajoutant : « Je préfère avoir une vraie valeur, même si elle reste ignorée, plutôt que paraître ce que je ne suis pas, même si j'en tire avantage. »

Moray associait également sa marque de maçon à l'idée de secret. Au cours de l'été 1667, il entreprit un voyage d'espionnage en Écosse au nom de Charles II. Stevenson dit de ce voyage :

Bien que, dans ses dernières années, Moray cherchât à éviter de s'impliquer politiquement, en 1667, il accepta de se rendre en Écosse et de rapporter à Charles II et Lauderdale, son secrétaire pour l'Écosse, ce qui s'y passait[2].

Lauderdale était franc-maçon et Moray eu recours à la langue maçonnique pour signifier à Lauderdale qu'une partie de ses rapports serait écrite en encre invisible et que cette section secrète commencerait après sa marque de maçon. Dans un rapport daté du 1er juillet 1667, Moray écrivait :

Là où vous verrez ma marque de maçon, vous vous rappellerez ce qu'elle signifie. Je jouerai au maçon dans le prochain rapport[3].

Le 15 juillet, il rappelait encore à Lauderdale dans une lettre :

[...] *la prochaine fois que vous converserez avec les étoiles, vous obtiendrez les informations que nous avons glanées*[4].

L'étoile à cinq branches était évidemment un symbole très important pour Sir Robert. Il l'associait à l'idée de secret, d'invisibilité et en faisait un symbole représentant la véritable valeur intrinsèque. Dans ces deux exemples de correspondance avec des frères maçons, il pense que ces

1. Kincardine Papers, f. 58r.
2. *The origins of Freemasonry*, David Stevenson.
3. *The Lauderdale Papers*, éd. O. Airey.
4. *Ibid.*

derniers comprendront le symbolisme du pentacle et il a de bonnes raisons de le croire parce que ce symbole est davantage qu'une simple marque d'identification pour Sir Robert. Il est également l'un des symboles les plus importants utilisés dans la franc-maçonnerie.

De nombreuses Loges de francs-maçons modernes en Angleterre ont toujours en leur centre une étoile à cinq branches contenant la lettre G et éclairée de derrière par une lumière vive pendant certains rituels. En particulier, ce symbole est éclairé au cours du rituel de second degré, quand on dit au nouveau Compagnon que le symbole complexe a pour nom « la gloire » et qu'il représente Dieu [*God*, en anglais], le grand Géomètre de l'Univers. L'objet des étoiles est décrit dans la cérémonie de second degré :

> *À côté du soleil et de la lune, le Tout-Puissant fut heureux de parsemer la voûte éthérique avec une multitude d'étoiles, que l'homme, qu'Il créa, peut contempler et, par là, admirer la majesté et la gloire de son créateur.*

Stevenson dit de l'utilisation par Moray de l'étoile à cinq branches :

> *Le caractère idoine de l'étoile/pentacle en tant que marque de maçon est révélé* [dans la correspondance de Moray]. *Les maçons n'étaient pas ce qu'ils semblaient être, dans la mesure où aucun signe distinctif extérieur ne pouvait les identifier comme maçons aux yeux des profanes, mais leurs frères initiés pouvaient déceler des émanations « invisibles » qui les identifiaient en tant que tels. Comme pour les étoiles, les maçons étaient plus qu'ils ne semblaient à première vue*[1].

Mais même cette explication ne restitue pas toute l'histoire. Sir Robert descendait de Freskin MacOleg de Moray et une autre branche de cette famille devint les comtes de Stormount. Sir David Moray fut fait premier vicomte de Stormount et Lord Scoon quand Jacques VI lui donna le palais de Scoon en 1604. La famille Murray, pour employer leur orthographe actuelle, possède toujours le palais de Scone (orthographe également actuelle de Scoon). Or quand j'ai visité l'endroit, alors que j'effectuais mes recherches sur le couronnement de Charles II, j'ai pu noter l'utilisation très fréquente de l'étoile à cinq branches dans tout le palais. Les plafonds de la bibliothèque et de la salle des ambassadeurs pourraient aisément passer pour la voûte d'une Loge maçonnique. Sur chacun de ces plafonds, on voit un pentacle d'or du centre duquel pend le principal luminaire de la pièce. La petite chapelle sur Moot Hill possède elle aussi des dizaines d'étoiles

1. *The Origins of Freemasonry*, *op. cit.*

gravées dans ses murs. Il est évident que, pour Sir Robert, le symbole de l'étoile avait une dimension maçonnique et une dimension familiale.

L'importance de ce symbole pour Moray rend la lettre qu'il envoya à John Evelyn encore plus intéressante. D'abord, il dit, en usant d'une évidente formulation maçonnique cachée, qu'Evelyn observe les « étoiles » en supposant qu'il utilise un « télescope » pour le voir clairement à distance. Et quand il dit plus loin qu'ils vont « jouer au maçon », il fait une allusion au fait que lui et Evelyn (ou Lauderdale dans une autre lettre) sont des Maîtres (peut-être des Vénérables ?) d'une autre philosophie qui sous-tend la *Royal Society.*

Début 1660, Evelyn se mit également à apposer la marque de l'étoile accolée à sa propre signature. Plusieurs francs-maçons sont tout à fait autorisés à prendre la même marque, du moment qu'ils ne sont pas membres de la même Loge au même moment. Quand je suis devenu *Mark-Mason*, j'ai également adopté l'étoile à cinq branches comme marque de maçon. Evelyn choisit-il lui aussi cette étoile à cinq branches comme marque de maçon ? Il semble en tous les cas avoir été informé très tôt de la formation de la *Royal Society*, c'est-à-dire au moment où Moray cherchait à intégrer autant de francs-maçons que possible. Le 6 janvier 1661, cinq semaines après la réunion initiale, il mentionne pour la première fois la Société dans son journal :

> *J'ai maintenant été choisi et nommé par Sa Majesté, membre de la Société philosophique – et de son conseil par le suffrage du reste des membres – se réunissant actuellement au Gresham Coll. : là où se tient une assemblée de différents gent. érudits : Il s'agit de la première réunion depuis le retour de Sa Majesté à Lond. : Mais elle a commencé il y a quelques années à Oxford et ici à Londres : pendant la rébellion.*

Il n'existe aucune trace documentée d'un quelconque intérêt de sa part pour les réunions de Wilkins ou de Ward, et pourtant il semble avoir eu connaissance de leur existence. Si ces réunions étaient des tenues de Loges et qu'Evelyn était effectivement devenu franc-maçon, alors il n'y a plus de mystère. En revanche, s'il n'était pas franc-maçon, il semble étonnamment bien au courant de réunions privées de parlementaristes de premier plan et, au regard de ses attaches royalistes, cela paraît hautement improbable. Et il ne pouvait pas davantage avoir entendu parler d'eux par Sir Robert Moray, puisqu'il ne le rencontra pas avant le 9 mars 1661. Evelyn dit tout à fait clairement qu'il a été recommandé pour la Société par Charles II lui-même. William Preston a peut-être raison quand il affirme que Charles était franc-maçon. Si le roi et Evelyn étaient tous deux francs-maçons et conscients du plan de Moray de former une société scientifique en utilisant ses contacts maçonniques, cela expliquerait pourquoi le souverain proposa l'intégration d'Evelyn dans la Société dès qu'elle fut formée. Et cela expliquerait aussi les allusions maçonniques entre Moray et Evelyn au sujet de la signification cachée de l'étoile et de l'existence, connue de tous les deux, d'une philosophie secrète sous-tendant la nouvelle Société. En outre, cela pourrait expliquer pourquoi Evelyn se mit à utiliser l'étoile à côté de sa propre signature.

Cependant, j'avais encore un autre indice qui suggérait qu'Evelyn avait également pu être un « maître dans une autre sorte de philosophie que celle qui est l'objet de la Royal Society ». Cet indice se dissimulait dans des notes que j'avais prises de nombreuses années auparavant.

Excursion à Wotton House

John Evelyn naquit à Wotton House, près de Dorking dans le Surrey. Il était le plus jeune fils de Richard Evelyn. Et John fut finalement enterré à Wotton House, en 1706, après avoir hérité de son frère la propriété. Dans les années 1980, Wotton House fut louée à la famille Evelyn, par le *Home Office* [ministère britannique de l'Intérieur] et reconvertie en *Fire Service Staff College* [école de pompiers]. À cette époque, j'étais souvent invité à intervenir dans les cours de commandement donnés au Collège pour les officiers des brigades de pompiers. Et à cette occasion, je résidais dans la maison pendant toute la durée des cours. La première fois, j'y fus accueilli par l'officier d'état-major, le *Senior Divisional Officer* Ron Shettle, qui avait pour responsabilité de s'occuper des visiteurs. Ron s'intéressait beaucoup à l'histoire de la maison et à la famille Evelyn. Il était ravi de m'en faire faire le tour. Je lui demandai s'il était possible de voir la chambre où était né John Evelyn. Cette pièce, qui donnait sur les pelouses devant la maison, était alors le secrétariat. Les jardins à l'avant de la maison avaient été aménagés par Evelyn et on remarquait particulièrement une grande fontaine qu'il avait fait installer. Evelyn avait drainé un certain nombre de flux vers un trayon, qui canalisait l'eau sous un temple à colonnades dans un grand tuyau. La pression de l'eau était suffisante pour produire un jet de cinq mètres de haut. En marchant le long de la terrasse, Ron m'indiqua un très vieil arbre couvert de baies rouges.

– C'est un mûrier, dit-il. C'était une bouture que John Evelyn apporta de sa maison de Sayes Court et qu'il planta ici quand il hérita de la maison.

Ron me dit aussi que William Oughtred était venu à Wotton House en 1655, mais, à l'époque, ce nom ne signifiait pas grand-chose pour moi. Maintenant, avec le recul, je réalisais qu'Oughtred avait été le protecteur d'Ashmole quand ce dernier était arrivé à Londres et qu'apparemment, comme je l'ai déjà mentionné, il avait été franc-maçon. Oughtred présenta-t-il la franc-maçonnerie à Evelyn, parmi les « autres discours » que ce dernier mentionne sans les préciser dans son journal le 28 septembre 1655 ?

J'ai demandé à Ron où était enterré John Evelyn et il me répondit que la tombe d'Evelyn se trouvait dans le caveau familial de l'église de Wotton. Cette *Wotton* Church est un édifice fascinant. Elle possède un clocher peu commun et a conservé ses décorations catholiques colorées que les soldats d'Oliver Cromwell détruisaient pourtant en temps normal. Pour une raison inconnue, Cromwell n'autorisa pas ses troupes à endommager la chapelle familiale des Evelyn. De la même manière, Cromwell avait épargné le sanctuaire maçonnique de Rosslyn en Écosse. Un pasteur de Rosslyn m'avait dit jadis que le lord-protecteur avait épargné la chapelle parce qu'il était franc-maçon et qu'il avait reconnu les symboles du bâtiment. Avait-il interdit que l'on altère l'église de Wotton parce que la famille Evelyn était notoirement liée à la franc-maçonnerie ? En re-parcourant mes vieilles notes, je ne pus m'empêcher de me souvenir du traitement inhabituellement bienveillant que Cromwell accorda au royaliste Inigo Jones.

En visitant l'église de Wotton, j'avais noté l'épitaphe inscrite sur le tombeau et en la relisant, une certaine ligne me sauta aux yeux :

> *Et il pérennisa sa renommée grâce à des monuments beaucoup plus durables que ceux de pierre ou d'airain.*

Je ne pouvais que penser à une des versions de l'histoire maçonnique d'Énoch. Réalisant qu'un grand déluge approchait, Énoch s'attendit à mourir. Il grava les secrets de la science sur deux piliers. L'un des deux était en pierre et l'autre en airain. Dans un rituel, il est dit :

> *Puis, craignant que toute connaissance des arts et des sciences soit perdue dans le déluge universel, il* [Énoch] *dressa deux grandes colonnes sur une haute colline – une de bronze, pour résister à l'eau, et une de granit, pour résister au feu. Sur la seconde fut notée en hiéroglyphes une description des appartements souterrains ; sur la première, les rudiments des arts et les sciences*[1].

L'épitaphe d'Evelyn était-elle une référence voilée à cette histoire maçonnique bien connue ? Pour un maçon, cela pouvait signifier qu'Evelyn savait

1. Rituel du Degré d'Arche royale d'Énoch [*Royal Arch of Énoch*]

qu'il avait laissé un plus grand héritage avec la *Royal Society* que celui qu'Énoch avait légué avec ses piliers de la science.

Tout bien pesé, je pense qu'il est tout à fait probable que John Evelyn fût franc-maçon, mais aucune archive de Loge ne mentionne son Initiation. Et dans son journal, il ne fit jamais que des allusions voilées. Il est probable que la question de son appartenance à la franc-maçonnerie ne pourra jamais être totalement résolue, mais s'il fut bien maçon, cela permet de mieux comprendre son rôle au sein de la *Royal Society.*

Une force majeure dans le monde de la science

La mise en œuvre de liens maçonniques fraternels et l'utilisation des idées de la franc-maçonnerie ne suffisent pas à expliquer le succès de la *Royal Society.* Cette dernière a compté dans ses rangs certains des scientifiques les plus importants des derniers siècles, d'Isaac Newton à Stephen Hawking en passant par Lord Rutherford [1]. Alors comment la Société parvint-elle à créer un climat qui permit une telle créativité scientifique ? Ce n'est certainement pas pour une raison avec laquelle la franc-maçonnerie moderne pourrait rivaliser. Aujourd'hui, la franc-maçonnerie est largement ignorée par les milieux professionnels et les jeunes scientifiques. Pourtant, la *Royal Society* demeure une force majeure dans le monde de la science. Sir Henry Lyons dit d'elle :

> *Depuis sa fondation en 1662, la* Royal Society *a grandi en taille et en influence, au point d'être unanimement reconnue comme une institution jouant un rôle important dans la promotion de la recherche dans toutes les branches de la science naturelle.*

Comment a-t-elle pu se transformer en une organisation aussi fantastiquement performante ? Elle emprunta une philosophie à la franc-maçonnerie primitive et la transforma en une force qui changea la nature même du monde. Elle y parvint en subvertissant et en appliquant un concept qui dit que la compréhension vient de l'observation et de l'expérience, et pas simplement de la philosophie. La réussite de cette approche peut se voir partout où la science a conduit au progrès technologique. Sans ce changement fondamental d'approche, nous n'aurions pas l'électronique, la génétique, la biochimie ou le génie atomique. La *Royal Society* nous a

1. N.D.T. Prix Nobel de chimie 1908.

offert la substance même de la technologie des fusées qui nous semble si évidente aujourd'hui.

Mais quand on observe les débuts de la Société, on repère différentes étapes distinctes. Elle commence avec une période de formation, avant l'octroi de la Première Charte, époque où Sir Robert est clairement la force motrice. Ensuite elle entre dans une période active, sous la conduite d'un conseil dynamique. Puis, quand l'intérêt des premiers membres s'émousse ou qu'ils meurent, la Société traverse une période difficile, qui la menace presque de disparition. Alors, un nouvel afflux de membres actifs sous la présidence d'Isaac Newton ouvre une nouvelle phase sérieuse, mais stable et scientifiquement prolifique, qui perdurera jusqu'au début du XIXe siècle.

Au milieu de ce XIXe siècle, après une période que Lyons appelle la « révolte scientifique », la Société devint l'important forum de recherche et de discussion scientifiques qu'elle est encore aujourd'hui. Dès lors, on ne trouva plus de membres « amateurs » et devenir *Fellow of the Royal Society* (FRS) [membre de la Société royale] fut une marque de distinction scientifique. Je sentis que j'avais maintenant besoin d'approfondir la première période pour voir ce qui avait posé les fondations du succès ultérieur.

Le rejet de la Première Charte semblait indiquer une diminution de l'influence et du pouvoir de Moray. Jusqu'à ce moment, il avait été le président le plus régulier, réélu mois après mois. Dès la Première Charte, en 1662, Moray poussa Brouncker en avant. À cette époque, Sir Robert était au milieu de la cinquantaine et il est possible qu'il ait simplement voulu jouer un rôle moins actif dans la Société. Mais son enthousiasme demeurait intact et il ne fit que l'orienter dans une direction différente.

Lyons dit de Moray au cours de cette période :

> *À partir du moment où il revint à Londres en août 1660, il s'est consacré de toutes ses forces à faire de la Société l'institution importante qu'à son sens elle devait être. Pendant l'année 1661 et la première moitié de 1662, il fut quasiment le président de la Société, même si, formellement, ce titre ne pouvait pas être utilisé par qui que ce soit avant que le sceau royal n'ait été apposé sur la Charte*[1].

Alors je décidai de commencer par regarder ce que Sir Robert avait fait ensuite et avec qui.

1. *The Royal Society, 1660-1940*, *op. cit.*

Navires, armes et navigation

Un des problèmes majeurs auxquels avait à faire face la marine de Charles II était la navigation. Ce problème était en réalité triple. Dans l'ordre décroissant de difficulté, on avait :

1. La mesure de la longitude, qui nécessitait de trouver la différence horaire entre le point de référence (à cette époque, le port d'origine, mais il est aujourd'hui définitivement fixé à Greenwich) et l'heure locale de l'endroit où se trouvait le navire.
2. La mesure de la latitude, qui nécessitait de trouver une manière précise de mesurer l'heure locale et la hauteur du soleil au-dessus de l'horizon à midi.
3. La mesure de la direction, qui nécessitait de trouver la direction du champ magnétique de la Terre et de la comparer au repérage astronomique du vrai nord.

Dès les premières réunions, Moray incita la Société à travailler sur chacun de ces trois problèmes. C'est ainsi que Laurence Rooke avait pu suggérer d'utiliser la rotation de la Lune comme un cadran solaire géant, visible de n'importe quel point de la Terre. Et Sir Robert avait alors soumis l'idée à la nouvelle Société de proposer à Christopher Wren de fabriquer un modèle réduit de ce cadran solaire lunaire pour tester sa validité. C'est cette maquette qui finit dans les archives de Charles II, quand Sir Robert réalisa que l'horloge à pendule était une meilleure méthode à développer. Moyennant quoi, les premières expériences de Bruce et Holmes – dont j'ai parlé au chapitre VIII – démontrèrent que les pendules étaient trop sensibles aux mouvements contraires des navires pour rester fiables. Cela laissait deux solutions au problème de longitude. Soit améliorer l'exactitude des horloges mécaniques, soit développer l'idée de Rooke de se baser sur quelque événement céleste observable de partout. Moray poussa la Société à creuser activement ces deux options.

Quand Moray se trouvait à Paris, en 1661, il y avait des discussions entre les astronomes parisiens qui réfléchissaient au moyen d'employer les mouvements des lunes de Jupiter comme repères célestes. Dès son retour à Londres, Moray parla à Laurence Rooke (qui avait assisté à la réunion du 28 novembre) et une nouvelle idée de Rooke l'intéressa : celui-ci proposait de se servir de la relative visibilité des lunes de Jupiter ou de Saturne pour calculer la longitude. La méthode de Rooke – qui ne fut publiée qu'après sa mort dans l'*Histoire de la Royal Society*, de Spratt – partait du postulat selon lequel l'éclipse d'un satellite intervenait au même instant à Londres et à l'endroit où se trouvait le navire. En notant l'heure de ces événements, le temps local de l'éclipse pouvait être comparé à l'heure de l'éclipse enregistrée à Londres et ainsi trouvait-on la différence de longitude. Moray comprit l'importance de l'idée de Rooke et il chercha un moyen de la mettre en application.

Avant de pouvoir transformer la suggestion de Rooke en proposition pratique, des éphémérides des transits des lunes de Jupiter et Saturne devaient être dressées. Cela ne pouvait se faire qu'avec un puissant télescope et une horloge précise. Huygens venait justement d'en concevoir une très précise. Pour expliquer la méthode qu'il comptait employer pour dresser les éphémérides, Moray convainquit le roi d'installer un télescope à Whitehall. Puis, en affichant le souverain comme appât social, il invita des membres influents de la nouvelle Société – encore sans charte à ce moment-là – à une démonstration de la méthode. John Evelyn assista à l'événement et le rapporta dans son journal à la date du 3 mai 1661 :

> *Ce soir, j'étais avec mon L. Brouncker, Sir Rob : Moray, Sir Pa : Neill, Monsieur* [Huygens] *et M. Ball (tous appartenant à notre Société et excellents mathématiciens) pour montrer à Sa Majesté (qui était également présente) l'Ansatus de Saturne comme certains le pensaient, mais comme Monsieur* [Huygens] *l'affirmait avec son Balteus (que ce gent. érudit a publié), très près d'être éclipsé par la lune, près du mont Porphyrite ; et aussi Jupiter et ses satellites, grâce au grand télescope de 35 pieds d'amplitude ; suite à quoi il y eut des discussions.*

Six jours plus tard, Evelyn nota que lui et Moray rencontrèrent « le docteur Wallis, professeur de géométrie à Oxford, pour discuter de plusieurs sujets mathématiques ». Moray préparait bien son terrain. Désormais, il avait rassemblé la bonne volonté et l'équipement nécessaire pour mener à bien ses observations expérimentales des lunes de Jupiter. Il lui restait à trouver quelqu'un pour calculer les éphémérides indispensables. À cette époque, Wallis était le spécialiste mondial en matière de mouvement des planètes. Il était très près de mettre au point le système de calcul qu'il revint ensuite à Newton de perfectionner. Ball s'occupa de collecter les observations basiques, tandis que Rooke se chargeait de Jupiter. Si ce dernier n'était pas mort prématurément, cette initiative de Moray aurait peut-être permis à la Société d'être la première à produire un ensemble complet de tables des transits des lunes de Jupiter. Mais la mort de Rooke retarda le travail et Giuseppe Campani de Rome gagna la course en publiant le premier ses résultats en 1668. Cependant les tables des transits de Saturne de Ball servirent de base au travail de John Wallis sur la cosmologie.

Au moment de la toute première réunion de novembre 1660, Robert Boyle avait un technicien très compétent qui travaillait pour lui à Oxford. Cet homme, Robert Hooke, devint un scientifique important de plein droit et le premier curateur des expériences de la *Royal Society*. Hooke découvrit une loi de la physique expliquant comment prévoir le comportement d'un ressort. Il effectua une série d'expériences pour mesurer soigneusement l'amplitude d'extension de différents ressorts auxquels il attachait des poids variés. Il découvrit que : « La force ramenant un ressort dans sa position d'origine est proportionnelle à l'allongement du ressort. » Cette loi, connue sous le nom de loi de Hooke, eut une application très pratique. Hooke remarqua qu'un ressort spiral mettait un temps égal à s'étendre et à se contracter, quelle que soit l'amplitude de l'extension, tant qu'il ne se tordait pas. C'est là le principe fondamental sous-tendant la montre de poche. Par la suite, Hooke devait réaliser qu'il pouvait remplacer le volumineux pendule par un petit régulateur – ou roue de rencontre – à ressort, potentiellement plus précis. Et de manière primordiale pour une montre marine, le régulateur de ressort gardait sa précision horaire même lorsqu'il était incliné.

En 1665, Moray et Bruce essayèrent d'obtenir du roi un brevet pour une montre marine à pendule qu'ils avaient développée avec Huygens. Hooke, en tant que curateur des expériences de la *Royal Society*, se vit demander par Brouncker d'effectuer d'autres tests de cette montre à pendule en mer à bord de différents navires. Hooke ne fut pas convaincu. Il écrivit dans son journal :

> *Les montres à pendule ne permettent pas d'avoir de mesures certaines pour la détermination des longitudes, parce que...*
>
> 1. *Elles ne sont jamais suspendues d'aplomb et, par conséquent, les observations sont fausses.*
> 2. *Toutes sortes de mouvements vers le haut ou le bas altèrent leurs oscillations.*
> 3. *Tous les mouvements latéraux produiront des altérations encore plus importantes.*

À la demande de Moray, Hooke, en sa qualité de curateur des expériences, avait effectué toute une série de tests sur le fonctionnement des pendules. Donc on peut dire que son opinion était fondée sur l'expérience. Le 25 août 1664, Hooke écrivit à Robert Boyle pour lui décrire des expériences sur les pendules qu'il avait effectuées à Old Saint-Paul [la cathédrale médiévale Saint-Paul, détruite par le Grand Incendie de 1666], à Londres : Hooke monta au sommet du clocher assez délabré, qui avait été frappé par la foudre, et il balança un long pendule depuis le haut. Pour chronométrer son mouvement, il avait avec lui un pendule plus petit qui avait un cycle d'une demi-seconde, comme cet épisode se situe avant son invention de la montre de poche ! Voici ce qu'il écrivit à Boyle au sujet de cette expérience :

> *Un pendule de la longueur de cent quatre-vingts pieds effectuait chaque oscillation en pas moins de six secondes ; si bien que dans le temps d'un aller-retour du grand pendule, le petit d'une demi-seconde effectuait vingt-quatre mouvements ou oscillations. Mais parfois ce long pendule oscillait étrangement. La plus grande partie de la corde – qu'on peut estimer à cent vingt pieds depuis le haut – pendait exactement d'aplomb, et seule la partie inférieure oscillait ; à ce moment, les oscillations devenaient beaucoup plus rapides et ceci, bien qu'un poids de plomb de plus de quatre livres pendît à l'extrémité de la corde*[1].

La tour avait été très endommagée par la foudre, si bien que les planchers intérieurs étaient détruits. Si cela donnait un lieu d'expérimentation utile, de deux cent quatre pieds de haut (environ soixante-dix mètres), cela n'en faisait pas un environnement très sûr pour travailler. Hooke raconta à Boyle que le clocher « n'avait plus aucune forme d'étages, mais ici et là, quelques poutres putréfiées restaient plantées dans la structure ». Hooke connut quelques accidents mineurs en essayant de monter et de descendre des baromètres assez fragiles dans la tour pour mesurer les changements de pressions atmosphériques. Il se plaignit que : « Le verre trop fin se brisa. »

Quand il parvint à monter et descendre ses instruments dans le clocher sans les détruire, il invita Moray et Brouncker à venir voir. Lisa Jardine commente :

> [Hooke] *effectua alors des expériences de pendule à Old Saint-Paul, cette fois devant le président de la* Royal Society *(Lord Brouncker) et Sir Robert Moray (qui se trouvaient vraisemblablement en sécurité au pied du clocher structurellement peu sûr)*[2].

À mesure que Hooke en apprenait davantage sur les défauts des pendules en matière de chronométrie fiable, il réalisait que son travail sur le comportement des ressorts pouvait permettre d'améliorer les horloges à

1. *Ingenious pursuits,* Lisa Jardine.
2. *Ibid.*

pendule de Huygens. À peine six mois plus tard, alors que Moray obtenait le brevet royal pour les montres à pendule au nom de la *Royal Society*, Hooke annonça à Brouncker, Wilkins et Sir Moray qu'il avait inventé une montre marine encore plus performante. Celle-ci utilisait la connaissance de son inventeur sur la compression-extension d'un ressort et elle était l'ancêtre des montres à balancier moderne. Il demanda l'aide de la Société pour effectuer des essais en mer et il reçut pour cela 10 £[1].

En décrivant l'invention de Hooke dans une lettre qu'il adressa à Huygens, Moray dit qu'il considérait qu'en livrant à la Société le secret de son horloge à balancier à ressort l'inventeur avait fait preuve d'une grande générosité. Mais c'était un acte que Hooke devait regretter plus tard car, en 1675, deux ans après la mort de Moray, Huygens essaya de breveter une montre à ressort presque identique. Il en résulta une amère querelle entre Hooke et Huygens. Mais Hooke ne possédait aucun brevet pour prouver son antériorité. Au moment où il avait été sur le point d'en obtenir un du roi, la peste avait frappé Londres et tout le monde avait quitté la capitale. Hooke était allé avec John Wilkins à Epsom et pendant qu'ils s'y trouvaient, ils mirent au point une meilleure méthode pour mesurer la hauteur du soleil (la deuxième partie du problème de navigation). Hooke et Wilkins passèrent le temps de la peste à jouer avec des réflecteurs et à sillonner les parcs de Durdans House dans la nouvelle voiture de Wilkins, pour vérifier l'exactitude des horloges mobiles du premier.

La deuxième composante du problème de la navigation impliquait de trouver la latitude, ce que l'on pouvait faire en mesurant la hauteur du soleil au-dessus de l'horizon à midi (temps local). Pour cela, on procédait traditionnellement en se servant d'un bâton d'observation – fondamentalement, une baguette avec une barre transversale à hauteur de bras. Hooke inventa un instrument pour concentrer précisément les rayons du soleil sur une échelle en employant un quadrant réfléchissant. Le même instrument pouvait également servir à un architecte arpenteur pour mesurer la hauteur des bâtiments. Des instruments de ce type sont encore présents aujourd'hui sous la forme du sextant des navigateurs ou de la théodolite des géomètres.

Hooke écrivit à Robert Boyle, le 15 août 1665, pour lui indiquer qu'il avait emmené l'évêque Wilkins dans le clocher de Old Saint-Paul et testé le quadrant réfléchissant. Hooke avait déjà précédemment mesuré la taille exacte du clocher au cours de ses périlleuses expériences de pendules. Il rapporta qu'en se servant de son nouveau procédé, il avait pu mesurer

1. *The Royal Society, Its Origins and Founders*, *op. cit.*

la taille de la tour avec une distorsion de 12 pieds par rapport aux 204 réels. Autrement dit, il avait atteint un pourcentage d'erreur de moins de six pour cent, « ce qui est mieux que tout ce qui est possible avec les instruments les plus précis ou la méthode de mesure la plus exacte ». Hooke voulait présenter son nouveau quadrant réfléchissant à la *Royal Society*, le 12 septembre 1666. Il voulait simultanément rendre compte de son examen du clocher de Saint-Paul, en vue d'entreprendre des réparations. Cependant, les événements eurent raison de lui, car la vieille cathédrale de Saint-Paul brûla dans le Grand Incendie de Londres, une semaine avant la réunion. Celle-ci étant annulée, Hooke ne put présenter ses découvertes.

Selon Jardine, Hooke « travailla également sur des méthodes et des instruments permettant de trouver l'heure locale en mer » (calcul qui nécessitait de conserver l'heure locale au point de départ grâce à un chronographe de longitude). La *Royal Society* se concentrait sur tous les aspects des problèmes de navigation de la marine.

Moray s'était même assuré que l'on ne négligeât pas l'utilisation précise d'une boussole pour trouver la direction. En développant des méthodes optimisées pour déterminer astronomiquement les latitudes et longitudes, on découvrit que les frontières qui avaient été tracées à l'aide de boussoles magnétiques étaient erronées. Quand les erreurs découvertes concernaient deux colonies du Nouveau Monde appartenant pour l'une à la Grande-Bretagne et pour l'autre à la Hollande, alors que les deux pays étaient en guerre, de sérieux problèmes apparaissaient.

La boussole marine était connue en Angleterre depuis 1180, quand Alexander Neckam, qui avait étudié à Paris, écrivit le premier livre traitant de son utilisation en navigation. Neckam croyait que la boussole pointait vers l'étoile polaire, à cause de quelque pouvoir astrologique mystérieux. Mais, en 1600, William Gilbert, le médecin de la reine Élisabeth, prouva que la Terre elle-même était un aimant géant, mais que son pôle magnétique n'était pas exactement au pôle Nord. Au cours des années d'utilisation, les marins avaient pu noter que l'angle de l'aiguille du compas à l'horizontale, appelé la déclinaison du champ magnétique, variait selon la latitude. Moray entrevit là encore une nouvelle occasion d'améliorer la navigation et il convainquit William Ball d'effectuer des mesures de la direction et de la déclinaison du champ magnétique de la Terre sur un certain nombre d'années. Pour réaliser ces collectes d'informations magnétiques, Ball s'attribua le monopole de l'équipement à tel point que le conseil le soupçonna de s'être accaparé l'« équipement magnétique » de la Société. Sir Robert dut plaider en sa faveur pour finalement obtenir que l'équipement soit laissé entre les mains de Ball afin qu'il puisse mener à bien son travail.

Même les meilleurs scientifiques – comme Boyle – comprenaient-ils vraiment ce qu'était le magnétisme ? Il n'est pas évident de le savoir, notamment quand on voit ce même Boyle écrire à Hooke – qui est en train de risquer sa vie et ses membres sur le clocher décrépit de Saint-Paul – pour lui suggérer de mesurer aussi les éventuelles variations magnétiques entre le sommet et le bas de la tour. Hooke lui répondit que cette expérience était vaine, parce que la tour tenait grâce à quantité de barres de fer rouillées.

En attendant, Ball faisait ses expériences avec des aiguilles de compas plus grandes et plus grosses (la plus importante qu'il construisit faisait plus de vingt pieds de long [sept mètres environ]). Il voulait savoir si la taille importait et si plus les aiguilles étaient longues, plus elles étaient précises. Il constata que le pôle nord magnétique semblait se déplacer très lentement sur plusieurs années et ainsi, il posa les bases de l'énorme travail d'observation de la déclinaison magnétique qu'Edmund Halley devait effectuer pour le compte de la *Royal Society* au XVIIIe siècle.

Ostensiblement, Moray faisait tout pour s'assurer que la totalité des aspects de la navigation figuraient dans les premiers programmes expérimentaux de la Société. Il n'avait peut-être pas formellement le titre de président, mais il semblait tirer toutes les ficelles.

Brouncker fut le premier chef de la *Royal Society* à porter vraiment le titre de président. Or non seulement il s'intéressait aux navires et à la navigation, mais il devait être nommé commissaire à la Marine. Donc, avec Brouncker aux commandes, Moray pouvait être certain que la Société continuerait à se pencher sur les questions navales.

Cependant nous n'avons peut-être pas ici toute l'histoire, parce que le choix de Brouncker s'explique par une autre raison. Pendant la période du Protectorat, Brouncker était resté en Angleterre en adoptant un profil bas. Il avait été élu membre du Parlement de 1660 qui prépara la Restauration. Mais donc, s'il n'avait été que nominalement partisan du Parlement, il ne fit pas partie de l'opposition exilée. En d'autres termes, on remettait la Société entre des mains politiquement saines et susceptibles de la focaliser sur les questions de navigation dès ses débuts. Il est clair qu'il existait, au sein de la *Royal Society*, des sentiments puissants s'opposant à des liens trop étroits avec la monarchie et, pendant la période intermédiaire entre les deux Chartes, il est bien évident que l'on assista à bon nombre de manœuvres souterraines autour de cette question.

Dès que les problèmes du nom de la Société et du rapport avec le roi furent réglés, elle se développa rapidement d'une façon qui dut grandement étonner Sir Robert. Assurément, elle s'occupa d'un grand nombre de problèmes navals importants. Au cours de ses trois premières années, elle semble même avoir assumé les principales responsabilités du conseil de la marine en matière de questions scientifiques. Mais simultanément, la *Royal Society* devint extraordinairement à la mode. La conséquence immédiate fut un afflux massif de membres « amateurs » qui voulaient surtout se distraire en assistant aux réunions, mais qui contribuaient financièrement au développement de l'institution. La Société était très ouverte et donc il était facile d'en devenir membre, mais les cotisations étaient élevées. Comme le dit l'historien Michael Hunter : « On encourageait les membres de l'aristocratie à rejoindre la Société, et les membres du conseil privé du roi ainsi que les nobles au-dessus du rang de baron étaient admis sans examen[1]. » Pendant cette période, si vous vouliez devenir membre de ce groupe à la mode, il est clair que cela facilitait les choses si vous résidiez à Londres. Mais les scientifiques utiles justifiant de peu de moyens étaient souvent dispensés de leur cotisation (on peut notamment citer l'exemple de John Collins, le membre numéro 235, qui fut admis purement pour sa compétence scientifique et fut dispensé de toute cotisation).

La direction de la Société était maintenant sous le contrôle du conseil. Même si elle ne comptait pas en son sein que des scientifiques compétents, elle comptait surtout sur les expériences pour montrer sa valeur. Comme il y avait à cette époque un scientifique pour deux amateurs dans la nouvelle *Royal Society*, le conseil avait besoin de développer ses talents scientifiques si la Société voulait réaliser les objectifs que Charles lui avait fixés dans la Seconde Charte (c'est-à-dire « étendre les limites de l'empire, mais également des arts et des sciences »).

Brouncker connaissait une période faste à cette époque. Il avait été nommé principal du Gresham College. La Seconde Charte l'avait confirmé comme président de la *Royal Society*. Puis, en décembre 1664, le roi le nomma commissaire extraordinaire auprès du lord grand amiral, Jacques, duc d'York [le futur Jacques II]. À son nouveau poste gouvernemental, il pouvait être au courant des futurs problèmes auxquels la marine délabrée allait être confrontée. En 1663, Charles avait accordé un droit de propriété à un groupe de huit de ses courtisans – dont Edward Hyde, le comte de Clarendon – sur une zone de la côte est de l'Amérique du Nord allant de la Virginie jusqu'à la colonie espagnole de Floride (ce territoire devait devenir la Caroline du Nord et du Sud). Mais cet expansionnisme étendait considérablement la ligne de côte qu'il allait falloir défendre contre les Hollandais. Ceux-ci possédaient une flotte puissante qui commerçait avec

---

1. *The Royal Society and its Fellows, 1660-1700*, *op. cit.*

l'Amérique du Nord et une base navale à Nieuwe Amsterdam (aujourd'hui New York). Brouncker devait donc être également conscient des relations de plus en plus dégradées avec les Néerlandais, dont la colère avait été récemment attisée par le nouveau *Navigation Act* de 1661, confirmant la disposition de Cromwell interdisant aux navires marchands étrangers de transporter les marchandises des colonies anglaises, mais ajoutant en outre que les colonies anglaises ne pouvaient exporter certaines de leurs matières premières que vers l'Angleterre et nulle part ailleurs ! Peu après la désignation de Brouncker au poste de président de la *Royal Society*, Charles fit passer une autre loi, cette fois pour encourager le commerce [*Act for Encouragement of Trade*]. Ce texte déclarait que toutes les marchandises européennes destinées aux colonies anglaises devaient d'abord transiter par l'Angleterre et y être déchargées pour être transportées dans les colonies à bord de bateaux de construction anglaise.

Depuis la première guerre hollandaise, une grande rivalité opposait les flottes de pêche et de commerce anglaises et hollandaises et cette tension ne faisait que s'aggraver. Les Néerlandais étaient en train de gagner la guerre commerciale. Les lois sur la navigation et l'encouragement du commerce furent des tentatives anglaises pour remporter sur le terrain législatif une victoire qui leur échappait dans un cadre de libre concurrence et, manifestement, cette initiative ne fonctionna pas. L'opinion poussait le nouveau roi à faire quelque chose pour arrêter les Néerlandais qui non seulement volaient aux Britanniques leurs harengs, mais également leurs routes commerciales outre-mer.

Le Parlement de Charles, galvanisé par ses membres appartenant au monde marchand, était au diapason du peuple dans la haine des Hollandais. En 1663, il vota des crédits suffisants au roi pour faire construire une flotte de cent bateaux et les équiper de nouveaux canons plus lourds [1]. Maintenant on comprenait clairement pourquoi Charles avait voulu mettre à la tête de la *Royal Society* Lord Brouncker vivement intéressé par la navigation, l'armement et la construction navale novatrice. Dans ses premières années, la *Royal Society* fut *de facto* le soutien technique du Bureau des commissaires navals. Sans l'expertise technique, l'argent du Parlement seul n'aurait pas permis d'améliorer la marine. La stratégie de Moray commençait à payer.

L'historien J. F. Scott a remarqué ce lien quand il a dit des premiers temps de la Restauration :

> *Il est étrange de voir les liens étroits qui existaient dans ces années critiques*

1. *A History of the English-Speaking People*, vol. II, Sir Winston Churchill.

entre la Royal Society *et la* Royal Navy (Marine royale), *alors qu'un membre* [Fellow] *royal, deux présidents et plusieurs membres* [Fellows] *étaient impliqués dans son administration* [1].

Le « membre royal » était le lord grand amiral, Jacques, duc d'York, membre (*FRS*) 181, admis en janvier 1665 au début de la seconde guerre hollandaise. Les « deux présidents » étaient Lord Brouncker et Samuel Pepys, le membre 187, admis un mois après Jacques. Les autres membres étaient Peter Pett, membre 112, admis en septembre 1662 et Matthew Wren, secrétaire du lord grand amiral, qui se trouvait déjà sur la liste de janvier 1661 et qui était le membre 21. Les membres avaient même représenté la majorité du conseil des commissaires navals, aussi je voulus savoir s'il existait des preuves attestant qu'ils se connaissaient avant d'être amenés à travailler ensemble. Je constatai bientôt qu'il y en avait !

Juste avant l'octroi de la Première Charte, le nouveau sloop à deux coques de William Petty *The Experience* battit le bateau du courrier du roi dans une course entre Holyhead et Dublin. Le travail de Petty en matière de conception de navires introduisait de nombreuses idées novatrices qui devaient être reprises par les constructeurs anglais, lorsque la seconde guerre hollandaise provoqua une demande exponentielle de nouveaux bâtiments [2]. *The Experiment* fut construit par Peter Pett qui, avec son frère Christopher, était le constructeur de navires le plus productif du temps. Les chantiers navals Pett se trouvaient à Deptford. Christopher construisit des yachts de course pour le duc d'York et les Pett ouvrirent la voie en introduisant ces petits vaisseaux compacts, qui pouvaient voguer très près du vent. Le don pour la conception de navires extrêmement maniables se révéla de première utilité pour le conseil de la marine quand il se mit à reconstituer la flotte après la Restauration.

Charles avait visité son premier yacht en 1659, quand il avait voyagé de Breda à Delft sur *The Mary*, un navire marchand de cent tonnes appartenant à la Compagnie des Indes orientales hollandaises. Brouncker avait emprunté les idées de conception de ce petit bâtiment et, avec Kenelm Digby et William Petty, il avait commandé la construction d'un bateau de plaisance amélioré pour le roi. Pour ce bateau, Peter Pett se fixa l'objectif de « surpasser [la conception du *Mary*] pour l'honneur de son pays [3] ». Le bateau fut appelé *The Greyhound* [Le Lévrier], en raison de sa rapidité et

1. *The Royal Society, Its Origins and Founders*, *op. cit.*
2. *The Life of Sir William Petty 1623-1687*, Edmond Fitzmaurice.
3. *King Charles II*, Antonia Fraser.

de sa maniabilité. Peter Pett l'avait conçu pour une somme de 1 335 £ et Brouncker le présenta au roi en 1662. (Plus tard, le roi se fit plaisir en équipant la cabine principale d'un lit de damas rouge et de tentures de cuir à dorures. Après tout, il devait s'agir du bateau de plaisance du roi et il devait donc être équipé correctement pour les plaisirs favoris du souverain !)

Sur la liste des membres de la Société de janvier 1661, il y avait un autre Peter Pett, Sir Peter Pett. Il s'agissait d'un cousin germain des constructeurs navals Peter et Christopher. Bien que Sir Peter fût juriste de profession, il n'avait pas perdu l'intérêt familial pour la conception de navires. Le 17 septembre 1662, Brouncker admit Sir Peter dans la *Royal Society*, sur la recommandation de Robert Boyle. À cette époque, ce dernier travaillait sur une cloche de plongée qui était construite par les chantiers de la famille Pett. Il fut peut-être impressionné par la connaissance pratique de Sir Peter en matière de construction navale, ce qui l'aurait incité à l'inviter à rejoindre la Société pour renforcer les équipes chargées d'étudier les problèmes navals. Sir Peter avait été commissaire à la Marine sous Cromwell, mais Charles l'avait maintenu à son poste. Donc, en 1664, le Conseil des commissaires navals était pratiquement un sous-comité de la *Royal Society*.

L'appui technique de ces membres de la *Royal Society* est la raison principale qui explique qu'au mois de juin 1665, le duc d'York pût se retrouver aux commandes d'une flotte de 150 bateaux, avec un équipage de 25 000 hommes et 5 000 canons, pour faire face à la flotte hollandaise à la bataille de Lowestoft. Jacques parvint à faire fuir les Néerlandais, mais il ne les défit pas. Au début, la guerre se déroula bien. Nieuwe Amsterdam fut prise et la flotte anglaise s'empara de nombreuses marchandises hollandaises dans les étroits passages de la Manche. Mais la seconde guerre hollandaise était loin d'être terminée.

Pendant ce temps, la Société devint un centre de transfert d'informations. Son indépendance, confirmée dans la Seconde Charte que Sir Robert Moray avait négociée, lui permit de correspondre avec des scientifiques étrangers. Sir Robert avait acquis une grande partie de sa propre connaissance scientifique en correspondant avec des spécialistes de premier plan pendant son exil. Il croyait dans le partage d'informations et d'idées, aussi le champ de la correspondance de la Société se développa rapidement.

Transactions philosophiques

L'idée d'un journal scientifique régulier fut originellement celle de Sir Robert Moray. En septembre 1661, il écrivit à Huygens pour lui dire qu'il avait l'intention, dès que la Société aurait reçu la permission de publier, d'« imprimer tout ce qui circulait entre nous, au moins tout ce qui pouvait être édité. Alors vous ferez partie des premiers qui en recevront des exemplaires, et s'il y a quelque chose à retenir des publications, au moins ce sera plus facile pour moi de vous les communiquer par ce moyen, plutôt que de tout vous rapporter par lettres[1] ». Comme nous le verrons, en moins de quatre ans, cette idée donnera naissance au premier journal scientifique du monde.

La Seconde Charte confirma que la Société aurait deux secrétaires et le roi choisit les premiers titulaires : « Le susmentionné John Wilkins et Henry Oldenbourg pour être et devenir les premiers secrétaires de ladite *Royal Society* : ils occuperont ces mêmes postes jusqu'à la fête de Saint-André l'apôtre. » John Wilkins est un nom familier (et il est alors clair que le roi a totalement oublié son mariage avec une Cromwell), mais qui était Henry Oldenbourg ?

Oldenbourg figurait déjà dans la liste de personnes invitées à rejoindre la Société, dressée juste après la première réunion. Il y est alors présenté comme M. Henry Oldenbourg, homme de lettres[2]. La *Royal Society* possède un portrait de lui, par John van Cleef. Il apparaît comme un homme plutôt potelé avec de longues mèches bouclées, une raie au milieu et une fine moustache. On le voit revêtu d'une robe noire avec un grand col blanc et des manchettes brodées. Dans la main droite, il tient une montre à gousset ouverte et sa main gauche est posée contre sa poitrine avec le pouce formant discrètement un angle droit. La pose est étrange, car, à première vue, il donne l'impression d'avoir adopté la posture d'un franc-maçon faisant le signe de fidélité. Mais en regardant plus attentivement, on s'aperçoit que sa pose est, en réalité, une image miroir de ce signe. Il peut s'agir d'une coïncidence, mais l'effet est saisissant. En regardant le portrait, je fis moi-même le signe de fidélité et l'image sembla refléter ma posture.

Sur ce portrait, Oldenbourg a un peu l'air décoiffé, comme s'il avait été saisi par un appareil photo sans avoir eu le temps de se recoiffer. Comparé aux portraits des autres fondateurs, Oldenbourg a l'air d'un parent pauvre et c'est peut-être bien ce qu'il était. Il naquit à Brême, vers 1615. Il avait donc quarante-cinq ans à la date de la première réunion de la Société. Brême était un petit État indépendant au Nord-Ouest de l'Allemagne moderne. Oldenbourg se rendit pour la première fois en Angleterre à l'âge de vingt-

1. *The Royal Society, 1660-1940*, Sir Henry Lyons FRS.
2. *Ibid.*

quatre ans, alors qu'il venait à peine de décrocher sa maîtrise de théologie. Pour gagner sa vie, il fut précepteur de jeunes nobles. Il quitta l'Angleterre, juste avant la défaite de Charles Ier. Des rumeurs prétendent qu'il était un partisan du roi et qu'il avait peur d'un châtiment de la part du Parlement. Quelles que fussent les raisons de son départ, il passa les quelques années suivantes à parcourir le continent européen. En 1652, il rentra à Brême. Cela faisait à peine un an qu'il était de retour quand le Sénat de Brême le nomma consul avec pour mission de se rendre à la cour du lord-protecteur Cromwell et de s'assurer que Brême restât neutre dans la première guerre hollandaise. L'historien R. K. Bluhm dit de cette affectation :

> *Sa nomination à ce poste fut critiquée sous prétexte que, pendant son premier séjour en Angleterre, il avait choisi le côté du roi dans la querelle avec le Parlement. Mais quelle que fût la réalité de cette affirmation, son expérience du pays et sa connaissance de la langue étaient beaucoup plus importantes aux yeux du Sénat. Et le 30 juin 1653, il reçut ses lettres de nomination*[1].

Il faut croire qu'il accomplit sa mission raisonnablement bien parce qu'à la fin de la première guerre hollandaise, il garda son poste et demeura à Londres. Il accomplit ce travail jusqu'en 1655. Puis Oldenbourg reprit alors son métier de précepteur. Cette fois, il occupa ce poste auprès de Richard Jones, le neveu de Robert Boyle. Oldenbourg se rendit avec le jeune homme à Oxford, où ils s'inscrivirent tous les deux comme « étrangers » [sorte d'étudiants libres] pour étudier à l'université. Pendant son séjour à Oxford, Oldenbourg fit la connaissance de Boyle qui l'invita à certaines des réunions que Wilkins hébergeait à Wadham. (Son choix d'une pose de type maçonnique pour son portrait officiel n'est peut-être pas entièrement accidentel s'il rejoignit ce groupe qui pourrait avoir été l'émanation d'une Loge maçonnique.) Puis, pendant la période conduisant jusqu'à la Restauration, Oldenbourg emmena son jeune élève en voyage en Europe et il ne revint en Angleterre qu'après la confirmation du retour du roi.

Il passa la dernière année avant la Restauration à Paris. Là, il fut un visiteur régulier de la maison de M. de Thou, un historien français. Celui-ci avait fondé une société littéraire qui attirait également quelques hommes de science et des politiciens. Les réunions de ce groupe servaient de « bureau d'échange de nouvelles de l'étranger » et, de temps en temps, ses préoccupations étaient très politiques[2]. C'est peut-être bien là qu'Oldenbourg pensa

1. *The Royal Society, Its Origins and Founders, op. cit.*
2. *The Origins of Modern Science*, Herbert Butterfield.

pour la première fois à l'idée d'utiliser un cercle de correspondance comme moyen de recueillir des informations sensibles ayant une valeur marchande !

La nomination d'Oldenbourg au poste de secrétaire à côté de John Wilkins est un autre choix du roi en apparence arbitraire qui, comme celui de Brouncker, a intrigué les historiens. Bluhm dit de celui-ci :

> *Quelles que fussent les raisons de cette nomination, ce choix se révéla excellent et Oldenbourg se consacra aux affaires de la Société avec une grande application* [1].

Mais la décision du roi n'était peut-être pas aussi arbitraire que cela ! Oldenbourg avait une approche assez souple de ses accointances politiques et il avait tendance à chercher les faveurs là où il pouvait les trouver. Il avait utilisé ses liens politiques avec Charles Ier pour se faire désigner ambassadeur à la cour de Cromwell. Là, il devint l'ami du secrétaire latin de Cromwell, John Milton, et c'est grâce à ce dernier qu'il obtint son poste de précepteur de Richard Jones. Puis il tira profit de ce jeune homme pour lier amitié avec Robert Boyle et grâce à celui-ci, il se fit inviter dans les réunions du groupe d'Oxford. Si ce groupe avait des connexions maçonniques, comme semble le suggérer le témoignage de Wallis, alors il serait dans le caractère d'Oldenbourg d'avoir rejoint une Loge qui aurait pu servir ses ambitions.

Dans la Seconde Charte, le nom d'Oldenbourg est étroitement lié à celui de Wilkins, qui, tous les auteurs contemporains s'accordent pour le dire, fut le chef du groupe d'Oxford. Oldenbourg semble avoir exceller pour obtenir des faveurs et pour repérer les moyens de promotion.

Quand Moray avança l'idée de créer des cercles de correspondants au sein de la Société et de publier les résultats des expériences, Oldenbourg put voir là une opportunité de concevoir une petite activité parallèle traitant d'autres types d'informations. Il mentionne ceci dans une lettre qu'il écrivit à Robert Boyle, peu après être devenu l'un des secrétaires. Voilà ce qu'il dit :

> *Sir, permettez-moi de vous supplier, qu'au cas où vous rencontreriez des personnes curieuses, qui auraient envie de recevoir des informations hebdomadaires tant en matières politiques que littéraires, vous me feriez la faveur de me les adresser pour se les procurer. La dépense ne peut être considérable pour des personnes de qualité : dix livres par an sera le prix le plus élevé demandé, mais six ou huit livres feront l'affaire* [2].

---

1. *The Royal Society, Its Origins and Founders, op. cit.*
2. *The Works of the Honourable Robert Boyle, op. cit.*

Pour rendre justice à Oldenbourg, il faut avouer qu'il avait besoin de petits à-côtés s'il voulait gagner assez d'argent pour survivre. Il n'était pas riche et le poste de secrétaire de la *Royal Society* ne lui rapportait que 100 £ par an – et encore, quand la Société avait de quoi payer cette somme, ce qui ne fut pas toujours le cas. Pouvoir vendre les potins politiques qu'il glanait dans les lettres de la Société venant de l'étranger dut lui sembler un travail avantageux.

Mais il se trouva aussi un autre revenu annexe important : la rédaction et la publication du journal que Sir Robert Moray avait suggéré. Oldenbourg publiait et rapportait les travaux expérimentaux des autres. En faisant cela, il fit naître la tradition des comptes-rendus des résultats d'expérimentations. Il récupérait les rapports des expérimentateurs et transformait leur travail en articles lisibles. Cette tradition a survécu jusqu'à aujourd'hui pour devenir le système des articles se développant dans les publications universitaires.

Il est heureux pour nous qu'Henry Oldenbourg ait dû arrondir ses fins de mois. S'il avait été suffisamment riche pour avoir son indépendance financière, il n'aurait peut-être jamais cherché à développer l'idée de Sir Robert d'un journal périodique imprimé.

Oldenbourg n'aurait jamais pu éditer le moindre journal ou organiser un cercle de correspondance internationale sans l'appui de la *Royal Society*. Dans les années 1660, personne n'avait le droit d'éditer quoi que ce soit, à moins de disposer d'une charte du roi vous y autorisant. Oldenbourg eut l'autorisation d'employer librement le droit à publier de la Société. Cette liberté d'imprimer et de vendre fut sans doute une incitation formidable pour Oldenbourg à suivre la suggestion de Sir Robert et à proposer un journal régulier des expériences.

Le 1er mars 1665, Sir Robert présenta une motion au conseil qui disait :

> Les Transactions philosophiques, *devant être composées par M. Oldenbourg, seront imprimées le premier lundi de chaque mois, s'il a suffisamment de matière pour cela et que la publication soit autorisée... et que le président puisse maintenant autoriser les premiers articles*[1].

Le conseil accepta la motion et moins d'une semaine après, le premier journal scientifique au monde fut publié. Le titre était assez ronflant pour l'époque : *Transactions philosophiques : donnant des comptes-rendus des présentes entreprises, des études et des travaux des hommes les plus ingénieux dans parties notables du monde.* Ce premier numéro se composait de seize pages

1. *The Royal Society, Its Origins and Founders*, *op. cit.*

in-quarto. Il fut rédigé, imprimé et produit aux frais d'Oldenbourg lui-même, même s'il fut publié avec l'imprimatur de la *Royal Society*. Une fois imprimé, Oldenbourg était libre de vendre son journal avec un monopole total sur l'édition scientifique.

L'importance de cette nouvelle initiative pour le développement de la science fut considérable. La science moderne, nous l'avons vu, se développe grâce à un processus d'observation, de prévision et finalement de contrôle. L'idée d'un journal, consignant et diffusant le détail des observations et autorisant le partage des prévisions, était un pas en avant énorme pour le développement de la science. Mais cette idée, bien que Sir Robert en fût l'initiateur, ne venait pas de la franc-maçonnerie. Cette idée, Moray l'avait eue grâce à son expérience du partage des idées au sein d'un cercle de correspondants. Il est possible qu'elle soit née quand il rongeait son frein pendant d'interminables journées, dans sa prison bavaroise, et qu'il écrivait à l'érudit allemand, Kircher, pour discuter de magnétisme et d'hiéroglyphes égyptiens. Moray ne fut jamais vraiment un scientifique, mais il avait remarqué qu'il contrôlait mieux les sujets quand il écrivait ses idées et qu'il invitait des tiers à les commenter. Toute sa vie il utilisa cette méthode pour améliorer ses connaissances et, pour ce faire, il correspondit toujours avec des scientifiques. Ses lettres à Alexander Bruce fournissent un aperçu formidable de sa franc-maçonnerie et ses lettres à Huygens révèlent l'évolution de ses pensées sur la structure de sa Société. Mais en suggérant et en encourageant la création des *Transactions philosophiques*, Moray apporta une autre contribution majeure au développement de la science moderne.

La publication régulière des résultats des expériences accéléra la communication et le collationnement des résultats scientifiques d'une manière que Galilée n'aurait jamais imaginé possible [1].

L'historien R. K. Bluhm dit de cette entreprise :

> *La responsabilité financière lui appartint* [à Oldenbourg] *depuis le commencement, et le fait qu'il commença probablement son journal autant pour faire du profit que pour des motifs altruistes ne doit pas amoindrir la dette que nous avons envers lui* [2].

Oldenbourg publia un nouveau numéro chaque mois et quand il eut édité vingt-deux numéros, il les relia en un volume, auquel il ajouta une page de titre et un index. Puis il dédia ce volume à la *Royal Society*. À partir de là, il relia un nouveau volume de douze numéros chaque année. Il était en

1. *The Origins of Modern Science*, op. cit.
2. *The Royal Society, Its Origins and Founders*, op. cit.

train d'éditer le douzième quand il mourut et il se trouve encore tel qu'il le laissa – sans page de titre ni index – dans la bibliothèque de la *Royal Society.* Une fois de plus, on ne peut qu'admirer le don de Sir Robert pour parvenir à faire exécuter ses plans par des tiers et à leurs propres frais ! En concédant à Oldenbourg cette publication, la Société put s'attacher ses services en tant que secrétaire à temps plein, sans même avoir à payer réellement son travail.

Après la mort d'Oldenbourg, les secrétaires successifs continuèrent d'éditer le journal chaque mois et à titre personnel en guise de source de revenus accessoires. Ce ne fut qu'en 1750 que la Société elle-même prit formellement la responsabilité des *Transactions philosophiques.* Mais l'édition et la vente de cette publication ne se révélèrent pas un moyen formidable de se faire de l'argent. Oldenbourg avait pu nourrir de grands espoirs financiers pour son journal, mais il n'eut pas de chance avec les circonstances. Peu après le début de sa publication régulière, le marché du livre à Londres s'effondra largement. La raison en est simple : bon nombre de lecteurs se mirent à souffrir de maux de tête, de nausées, de vomissements, de douleurs articulaires et à se sentir globalement mal. Puis ils moururent... de la peste ! La plupart des survivants quittaient Londres et s'éloignaient des librairies. Bien évidemment, cette réaction n'avait rien à voir avec la publication des *Transactions,* mais tout avec la salubrité publique de la ville. Quoi qu'il en soit, le plus incroyable n'est sans doute pas qu'Oldenbourg n'ait pas gagné beaucoup d'argent avec ses *Transactions,* mais qu'il n'ait pas cessé de les publier régulièrement pendant cette terrible période. Cependant, il continuait aussi de vendre ses informations politiques et littéraires pour gagner suffisamment d'argent pour se nourrir.

Conclusion

Dans la franc-maçonnerie du XVIIe siècle, le redoutable serment de secret empêchait de divulguer quoi que ce soit sur l'Ordre et l'appartenance à celui-ci. Ce secret explique certainement en partie pourquoi on n'a pas de preuves écrites évidentes d'activités maçonniques des fondateurs initiaux. Cependant, des auteurs ultérieurs ont cité les noms de certains des premiers francs-maçons et plusieurs des membres originels de la *Royal Society* figurent sur cette liste.

Les écrits de John Evelyn et ses relations avec William Oughtred laissent entendre qu'Evelyn aurait été franc-maçon. L'histoire de Sir Robert Moray ressemblait de plus en plus à un puzzle dont il ne manquait plus que quelques pièces. Les liens maçonniques des douze de Gresham étaient devenus clairs et la liste des premiers membres qu'ils entendaient inviter à rejoindre la Société semblait contenir elle aussi un grand nombre de francs-maçons.

Mais la *Royal Society* s'écarta bientôt de ses racines maçonniques. De plus en plus de membres non-maçons la rejoignirent avec leur propre programme. Dans les premières années de l'institution, le plan de Moray fut un succès, car, à cette époque, la *Royal Society* était presque un département technique du conseil de la marine. Après le rejet de la Première Charte, Sir Robert Moray consacra son énergie à chercher des moyens de développer la recherche scientifique et il imagina le premier journal scientifique, *Les Transactions philosophiques* [*The Philosophical Transactions*]. De manière typique, il parvint à convaincre quelqu'un de consacrer son propre temps et son propre argent à mener à bien ce projet et à le faire vivre !

Chapitre XI

CONFIDENCES, ESPIONS ET MAÎTRESSES FRANÇAISES

Notre flotte est divisée ; le prince Rupert est parti vers l'ouest avec environ 30 navires, apparemment pour rencontrer les Français et les empêcher d'aller rejoindre les Hollandais. Mon seigneur, le duc d'Albermarle [c'est-à-dire, le général Monck] *se trouve dans les Downs avec le reste et il a l'intention de faire voile vers la flotte ennemie.*

Samuel Pepys, juin 1666 [1]

En 1666, l'affrontement naval opposant les flottes hollandaises et anglaises ne se passait pas bien. Les Français soutenaient maintenant les Hollandais et, le 1er juin 1666, ils parvinrent à scinder la flotte britannique. L'extrait du journal de Pepys concernant la bataille approchant ouvre le présent chapitre.

Monck perdit six mille hommes et le double de blessés au cours du combat qui suivit. Sur ses soixante navires, huit furent coulés et neuf furent capturés. Les choses se présentaient mal pour l'Angleterre et l'incapacité à vaincre les Hollandais honnis sapait la réputation de Charles en tant que roi et chef.

La flotte anglaise se regroupa et, sous le commandement de l'amiral Thomas Clifford, fit voile pour aller affronter les Hollandais au large des côtes françaises. Fin juillet, avec cent soixante vaisseaux vaisseaux brûlés, les Néerlandais et leurs alliés français furent contraints de se retirer [2]. La

1. *The Shorter Pepys,* éd. Robert Latham.
2. *Ibid.*

campagne militaire était arrivée à une impasse et des négociations de paix commencèrent. Puis, à trois heures du matin, le dimanche 2 septembre, Samuel Pepys fut réveillé par Jane, sa domestique. Elle lui dit qu'elle avait vu un grand feu sur la cité. Pepys se leva et, enfilant une chemise de nuit sur sa nudité, gagna le sommet de sa maison pour regarder les flammes depuis sa fenêtre.

C'était le début du Grand Incendie de Londres et, au cours de cette nuit, « le vent souffla fort » et le feu continua de se répandre. À quatre heures, la nuit suivante, Pepys fut de nouveau réveillé par Jane et, une fois de plus, il remit sa chemise de nuit. Seulement cette fois, il ne se contenta pas d'aller contempler la vue. Le sinistre se rapprochait de sa maison. Alors il chargea son argent, sa vaisselle et ses biens les plus précieux sur une voiture, puis, sans rien de plus que sa chemise de nuit sur le dos, il quitta sa demeure avec ses domestiques pour gagner celle d'un ami située loin du passage de l'incendie.

Le roi s'investit personnellement dans la lutte contre le feu. Il se mit à la tête de ses propres gardes pour aller abattre des maisons afin de créer des barrières pare-feu et empêcher les flammes de se propager d'une maison à pan de bois à l'autre dans les quartiers de Londres extrêmement compacts. Charles avait avec lui une bourse d'or pour dédommager les propriétaires des maisons « qui devaient être détruites pour le bien commun ». Mais le feu, poussé par un vent froid, sautait ces trouées et continuait de faire rage.

Il brûla ainsi pendant presque cinq jours et ruina une zone de près d'un kilomètre de large sur près de trois kilomètres de long. Les trois quarts de la City de Londres étaient détruits, laissant les habitants sans abri.

Naturellement, on rechercha des boucs émissaires. Les Néerlandais et les papistes se partagèrent les ressentiments et l'animosité. Mais il y eut une conséquence inattendue. Henry Oldenbourg n'était ni néerlandais ni papiste, seulement il était étranger et, pire, un étranger ayant accès aux renseignements politiques ! Même pendant la guerre, il continua à vendre à des tiers les informations qu'il glanait grâce à sa correspondance, comme le montrent ses échanges de lettres avec Boyle. Il avait bon nombre de caractéristiques potentielles pour faire un excellent bouc émissaire.

Deux de ses principaux clients pour ses informations étrangères étaient Lord Arlington et Sir Joseph Williamson. L'historien D. R. David Mackie dit de ces relations :

> *Arlington, le secrétaire d'État, et Sir Joseph Williamson, le sous-secrétaire, étaient parfaitement conscients de la nature de la correspondance étrangère*

extensive d'Oldenbourg, qui n'était pas aussi exclusivement scientifique qu'on aurait pu l'imaginer, et ils appréciaient pleinement sa valeur comme source d'informations étrangères[1].

Williamson était devenu membre de la *Royal Society*, le 5 février 1663, et il intégra également son conseil en 1666. La charge de travail accrue imposée par la guerre hollandaise l'obligea à délaisser ce conseil et il n'y revint pas

[illegible] en sa qualité de membre dudit conseil, il

[illegible] pouvant être utile aux deux parties entre le

[illegible] Michael Hunter décrit cet accord ainsi :

[illegible] *der l'acheminement des courriers à destination* [illegible] *en mettant ses canaux diplomatiques à la* [illegible]

[illegible] Toutes les lettres étrangères destinées à la [illegible] Oldenbourg aux bons soins du bureau de [illegible] ent payait l'acheminement. Oldenbourg [illegible] (l'équivalent du *Foreign Office* [ministère [illegible] 'hui) pour aller récupérer les lettres. Il les [illegible] amson toutes les informations civiles et politiques.

Les historiens de la *Royal Society* sont restés perplexes devant l'arrestation d'Oldenbourg au mois de juin 1667. R. K. Bluhm indiqua à ce propos :

Il est évident que ni le secrétaire d'État, ni son sous-secrétaire n'avait la moindre raison de vouloir voir Oldenbourg derrière les barreaux, parce qu'ils avaient clairement intérêt à le laisser en liberté pour qu'il puisse poursuivre sa correspondance sans entrave. Il est éminemment probable que l'ordre d'arrestation vînt du roi lui-même, la raison étant que l'on ne pouvait retrouver la trace de certains courriers[4].

Pour bien comprendre la réaction du roi, il est nécessaire de savoir ce qui se passait en Angleterre au cours de cet été 1667. La peste, la guerre avec les Hollandais et le Grand Incendie avaient tous coûté très cher au roi. Avant le début de la guerre, son déficit annuel tournait autour de 400 000 £, mais

1. *The arrest and imprisonment of Henry Oldenburg*, D. Mackie, Notes and Records, 6, p. 28, 1949.

2. *The Royal Society and its Fellows, 1660-1700,* Michael Hunter.

3. *Ibid.*

4. *The Royal Society, Its Origins and Founders, op. cit.*

à l'été 1667, les dettes du souverain étaient estimées par le Trésor à près de 2 500 000 £, une somme absolument phénoménale à cette époque. Sur cette somme, plus de 1 000 000 £ incombaient à la marine et à ses combats contre les Hollandais et les Français. Pour aggraver encore le problème, des rumeurs croissantes accusaient le roi de mal employer l'argent que le Parlement avait voté pour la guerre hollandaise. Durant la première moitié de 1667, Charles négocia avec Johann de Witt pour essayer de sortir de l'impasse dans laquelle la guerre les avait conduits. Puis, en juin, la marine de Witt lança un raid pour faire pencher la balance du côté des Pays-Bas, embarrasser Charles et le mettre en position délicate lors des négociations.

Face à la peste et aux revers de la guerre hollandaise, la réputation de Charles n'avait cessé de s'effondrer, mais elle était considérablement remontée du fait des actions publiques du souverain pendant le Grand Incendie.

Son immense enthousiasme et le soutien sans failles qu'il apportait à la construction d'un nouveau Londres le firent particulièrement aimer des réfugiés du Grand Incendie. William Preston attribue cette remontée de popularité du roi à ses activités maçonniques et à l'appui que lui apportèrent des membres éminents de l'Ordre :

> *Après une calamité* [Le Grand Incendie] *aussi soudaine que considérable, il devint nécessaire d'adopter des règles pour prévenir toute nouvelle catastrophe semblable dans le futur. Il fut donc déterminé de remplacer le bois par la pierre et la brique dans toutes les nouvelles constructions. Le roi et le Grand Maître* [Thomas Savage, comte Rivers] *demandèrent immédiatement au Député Grand Maître* [l'adjoint du Grand Maître] *Wren de dessiner le plan d'une nouvelle ville avec des rues larges et régulières. Le frère Wren fut nommé inspecteur général et architecte principal pour reconstruire la ville, la cathédrale Saint-Paul, et toutes les églises paroissiales désignées par le Parlement, en lieu et place des édifices détruits. Ce frère, estimant la charge trop importante pour une personne unique, choisit le frère Robert Hooke, professeur de géométrie au Gresham College, pour l'aider. Immédiatement, celui-ci fut employé pour mesurer, ajuster et poser le tracé des artères privées de plusieurs propriétaires... Le 23 octobre 1667, le roi en personne posa en toute régularité la première pierre du nouveau bâtiment du* Royal Exchange... *Au centre de l'espace* [à l'intérieur du nouveau Royal Exchange] *fut érigée une statue grandeur nature du roi, dans des habits césariens de marbre blanc, exécutée de façon magistrale par le frère [Grinling] Gibbons, alors Grand Surveillant de notre Société* [la franc-maçonnerie] [1].

1. *Illustrations of Masonry, op. cit.*

Trois des hommes que Preston cite comme des membres importants, selon lui, du métier sont des membres tout aussi éminents de la *Royal Society* : Charles II (membre 180), Christopher Wren (membre 12) et Robert Hooke (membre 136).

Pour en revenir à cet été fatidique 1667, Charles fut sur le point d'être ridiculisé par les Hollandais. De Witt ordonna à ses marins d'attaquer la « rivière de Londres », la Tamise. Avec l'aide de deux traîtres anglais pour la piloter, sa flotte captura le fort de Sheerness et détruisit le barrage à la hauteur des chantiers navals de Chatham.

John Evelyn raconte l'histoire dans son journal à partir du 11 juin 1667 :

> *À Londres, alarmé par les Néerlandais, qui sont tombés sur notre flotte, à Chatham en s'aventurant de manière audacieuse dans le fleuve même. Notre flotte n'a pas fait que nous déshonorer, mais elle a commis l'incroyable bêtise de brûler plusieurs de nos meilleurs bâtiments qui étaient ancrés et amarrés là et tout cela est arrivé parce que notre flotte n'est pas sortie à temps. Cette alarme (par crainte que l'ennemi puisse remonter la Tamise, même jusqu'à Londres, ce qu'il aurait pu faire facilement, et envoyer aussi tous les vaisseaux par le fond dans le fleuve) m'a fait envoyer tous mes biens les plus précieux, ma vaisselle, etc. de ma maison jusqu'à une autre. Cette alarme fut si importante qu'elle sema panique, peur et consternation, à un point que j'espère ne jamais revoir.*

La flotte hollandaise bloqua l'embouchure de la Tamise pendant deux semaines, avant d'être finalement repoussée à la bataille de Gravesend.

Evelyn, qui restait un fervent partisan du roi, fut affligé par le blocus hollandais et il perçut clairement les dommages qu'il allait encore causer à la réputation du roi. Le 18 juin, il écrivit :

> *Je suis allé à Chatham. Et de là, j'ai pu voir tant les torts que les Hollandais ont infligés, mais également à quel point toute leur flotte se pavanait triomphalement à l'embouchure de la Tamise, depuis le cap de Mergate* [Margate aujourd'hui] *jusqu'à la bouée nord, un spectacle terrifiant que jamais un Anglais n'avait vu et un déshonneur qui ne s'effacera jamais.*

Mais en quoi tout cela concerne-t-il Henry Oldenbourg ? Il avait passé des accords avec Williamson aux termes desquels il devait transmettre à ce dernier tous les renseignements qui pouvaient lui être utiles. Or cette partie de l'arrangement semble ne pas avoir parfaitement fonctionné. Lord Arlington avait un espion très efficace à la cour de de Witt, en la personne de la dramaturge Aphara Behn. Elle avait adressé un avertissement au gouvernement anglais à propos de ce raid et elle l'avait fait passer par le bureau de Williamson, pour alerter le roi quant à la menace pesant sur la Tamise. Dans ses mémoires, elle écrivit que son message « aurait pu épargner à la nation beaucoup d'argent et de disgrâce si on lui avait accordé du crédit [1] ».

Pourquoi cette information fut-elle ignorée ? L'arrestation soudaine et l'emprisonnement inattendu de l'espion et chroniqueur favori de la bonne société, Henry Oldenbourg, pendant ce blocus fournissent un indice possible.

Juste avant l'arrestation, Evelyn s'était entretenu avec Arlington en lui demandant pourquoi le roi avait été aussi mal conseillé : « Je ne sais pas ce que méritent ceux qui ont conseillé à Sa Majesté de ne pas tenir prête sa flotte ce printemps. J'ai eu beaucoup de discussions avec lui. Je lui ai demandé pourquoi le roi n'avait pas fortifié Sheerness. » Evelyn, qui lui aussi était un client des informations d'Oldenbourg, paraît avoir été au courant de la menace et semble surpris qu'aucune précaution n'ait été prise. Comment avait-il pu être informé sans qu'Arlington le soit ?

Le 8 août, Evelyn complète l'histoire dans son journal :

> *À la maison après avoir rendu visite à M. Oldenbourg, maintenant prisonnier à la tour* [de Londres], *parce qu'il est soupçonné d'avoir livré des renseignements, etc. : j'avais un sauf-conduit de Lord Arlington, secrétaire d'État, pour me permettre de voir le prisonnier. Ce gent. fut le secrétaire de notre Société et je suis confiant qu'il parviendra à prouver son innocence.*

La lettre de Mme Behn fut-elle adressée à Oldenbourg pour éviter les soupçons ? Ce dernier ne transmit-il pas le message à Williamson et Arlington ? Ou ces derniers négligèrent-ils son importance et utilisèrent-ils Oldenbourg comme bouc émissaire – dans sa qualité d'intermédiaire – pour couvrir opportunément leur propre incurie ? Le fait qu'Arlington fût lui-même soupçonné d'être un papiste [2] ne l'aurait-il pas incité à emprisonner un honnête étranger pour détourner l'attention de sa personne ?

Oldenbourg admit sa faute. Il écrivit au roi en le priant de l'excuser pour « sa négligence, qui l'a offensé, et pour laquelle il implore à genoux le pardon de Sa Majesté [3] ».

Quels que fussent les motifs de son emprisonnement, il est en tous les cas certain qu'Oldenbourg demeura dix semaines dans la tour et qu'il ne

---

1. *The Passionate Shepherdess : Aphra Behn 1640-1689*, Maureen Duffy.
2. *King Charles II*, Antonia Fraser.
3. *The arrest and imprisonment of Henry Oldenburg*, D. Mackie, Notes and Records, 6, p. 28, 1949.

fut libéré que fin août, juste après que la paix eût été négociée avec les Hollandais.

Ce traité de paix posa les bases du succès de l'Angleterre dans les colonies d'Amérique du Nord. L'historien Lord Elton explique :

> *Par le traité de Breda (1667), nous avons rendu le Surinam en Guyane aux Néerlandais, mais, ce qui fut beaucoup plus important, c'est que les Hollandais se retirèrent totalement du continent nord-américain. Les établissements hollandais qui devaient devenir New York et New Jersey avaient été capturés dans le cours de la guerre et ils ne devaient pas être restitués. La puissance hollandaise devint désormais un empire de comptoirs commerciaux sous les tropiques. Ils renoncèrent à peupler de vastes régions tempérées avec des ressortissants de la mère patrie, à répandre leurs modes de vie sur de nouveaux continents, et bien d'autres choses – si tant est qu'ils s'en soient rendu compte – qu'ils abandonnèrent aux Anglais. Voilà une réalisation historique qu'il faut attribuer au gouvernement de Charles II* [1].

La *Royal Society* avait maintenant rempli la mission que Sir Moray avait imaginée pour elle : la Société avait conçu pour Charles une marine assez solide pour damer le pion aux Néerlandais. Désormais, le groupe commençait à avoir une vie en propre et avait plus à faire que Sir Robert ne l'avait réalisé. Oldenbourg revint à sa correspondance et il continua à publier chaque mois *Les Transactions philosophiques*. Et les membres se mirent à prendre l'habitude de partager leur connaissance par le biais de publications. Ce qui amena d'autres avantages à Charles.

Dans le grand monde

L'Amérique du Nord était loin. Pour garder des contacts réguliers avec le continent, il fallait traverser et re-traverser l'Atlantique, et ceci, à une époque où la détermination de la longitude relevait encore largement de la divination. L'historien des sciences, le professeur Herbert Butterfield, a parlé de cette évolution :

> *Au cours de ses premières années, une bonne partie de l'attention de la* Royal Society *se concentra sur des problèmes ayant une utilité pratique. Et pendant une période remarquablement longue, l'un des sujets constamment soumis aux techniciens et aux scientifiques fut une question d'une vitale urgence : comment*

1. *Imperial Commonwealth,* Lord Elton.

trouver une méthode satisfaisante pour mesurer la longitude... On ignore jusqu'à quel point l'orientation des recherches scientifiques a pu être affectée par des nécessités ou des préoccupations techniques liées à la construction navale ou à d'autres industries : mais ce qui est certain, c'est que la Royal Society, *suivant les traces de Galilée, s'intéressa à l'importante question des moyens de déterminer la longitude en mer* [1].

Trois acteurs principaux jouèrent un rôle dans le développement de la science de la navigation et la compréhension subséquente de l'astrophysique : il s'agit d'Isaac Newton, d'Edmund Halley et de John Flamsteed. Mais l'histoire commence réellement avec une femme, Louise de Keroualle. C'était une jeune femme extrêmement séduisante, de la suite de Henriette-Anne, la sœur de Charles. En contemplant le portrait qu'Henri Gascar a fait d'elle, avec sa longue chevelure, sa poitrine nue, caressant une colombe de ses longs doigts sensuels comme si elle regardait hors du tableau avec le sourire énigmatique d'une jeune lady satisfaite, il est facile de comprendre pourquoi Charles en fit sa maîtresse. Le roi tomba amoureux d'elle à l'instant où il la vit, pendant la visite officielle de sa sœur en 1670. Au cours de ce séjour, Henriette empêcha son frère de courtiser la jeune femme, mais la fille de Charles Ier mourut peu après. C'est alors une Louise encore vierge qui revint à la cour de Charles. Mais s'imaginer que le souverain allait la laisser longtemps dans cet état friserait le ridicule. Charles l'appela gentiment *Fubbs* [Poupine] et il baptisa ainsi son yacht favori en son honneur. Il avait déjà beaucoup moins de respect pour son harem « indigène ». Charles surnomma d'abord Nell Gwyn sa *Squintabella* [sa belle loucheuse], puis, ultérieurement, son « saule pleureur » [*weeping willow*] quand elle essaya de plier le souverain à sa volonté à grand renfort de larmes.

Le roi souffrait parfois des légères indispositions de ses amies, qui les empêchaient de le distraire et ces manques de disponibilité l'agaçaient souvent. Accidentellement, il transmit aussi la vérole à la « pauvre Nelly », ce qui la rendit indisponible pour le « service royal », au moins jusqu'à la fin de l'inflammation [2]. Il dut lui sembler logique de se prémunir contre tout inconvénient ultérieur en augmentant son cheptel de maîtresses. Un satiriste de l'époque désigna la nouvelle paire de maîtresses du roi sous le nom de *Snappy* [Hargneuse] et *Tutty* [3]. *Snappy*, c'était Louise ; il l'avait baptisée ainsi parce qu'elle avait la réputation de sermonner continuelle-

---

1. *The Origins of Modern Science, op. cit.*
2. *Life and Times of the Duchess of Portsmouth,* Jeanine Delpech.
3. *The Court Wits of the Restoration,* J. H. Wilson.

ment le roi. *Tutty*, c'était Nell, surnommée ainsi parce que les courtisans faisaient « tut tut [1] » sur son passage à cause de sa mauvaise éducation. Il ne fait aucun doute que Charles fût sensible aux réprimandes. Quand Nell se plaignit qu'il lui avait communiqué la « chaude-pissc », il lui offrit un collier de perles. Pour ne pas être en reste, *Snappy* poussa son sens dramatique au point de menacer de se suicider si le roi ne faisait pas exactement ce qu'elle voulait. Louise saisit rapidement que l'on pouvait facilement obtenir n'importe quoi du roi si l'on faisait étalage de suffisamment de larmes et d'hystérie devant lui. Elle avait parfaitement compris Charles. Une des dames de sa suite, Lady Cowper, nota dans son journal comment le souverain réagit quand on lui dit que Louise allait mourir s'il ne se rendait pas auprès d'elle. Charles aurait répondu :

> *Je n'en crois pas un mot ; elle est en meilleure forme que vous ou moi, et elle joue ces tours simplement parce qu'elle veut quelque chose. Elle s'est déjà comportée si souvent ainsi, que je suis sûr de ce que je dis, comme si je faisais partie d'elle.*

Cependant, Charles n'était jamais capable de conserver cette attitude sévère quand il se trouvait à portée des bras de la dame. Il se sentait toujours obligé de consoler des larmes de femme avec des paroles gentilles et probablement aussi des gestes assurés ! Louise devint duchesse de Portsmouth après avoir réussi à donner naissance à un royal bâtard (Charles Lennox, duc de Richmond). Le choix de ce titre manifestait un certain manque de tact de la part de Charles, car celui-ci avait épousé la reine Catherine à Portsmouth. Mais quand elle jouait ses tours au roi, *Fubbs* désirait en général quelque chose de précis et ce qu'elle voulait coïncidait avec les intérêts des Français. Antonia Fraser laisse entendre que Louis XIV, le roi de France, avait volontairement cherché à jeter la vierge Louise dans le lit de Charles pour servir ses propres desseins :

> *Les diverses intrigues qui établirent Louise* [comme maîtresse de Charles], *la façon d'agiter cette beauté nubile devant le roi réputé sensible, tout partait du principe que les sympathies politiques de Charles suivaient ses inclinations amoureuses* [2].

L'historien Clive Aslet va encore plus loin dans ses soupçons :

> *Elle fut envoyée par Louis XIV, pour favoriser ce qui, plus tard, devait être appelé l'entente cordiale entre l'Angleterre et la France. Elle avait pour mission*

---

1. N.D.T. Onomatopée marquant la désapprobation.
2. *King Charles II, op. cit.*

de se mêler de politique et c'est ce qu'elle fit – non seulement de politique, mais de n'importe quel sujet qui pouvait concerner les intérêts de ses compatriotes[1].

Le désir de Charles pour Louise eut un effet secondaire intéressant : la détermination du premier méridien traversant Greenwich. Il peut paraître assez singulier que la plus importante ligne verticale sur les cartes du monde soit une sorte de monument à l'amour de Charles pour celle que les Français appelaient la « Belle Bretonne[2] ».

La « Belle Lady Catin » [*Fair Lady Whore*], comme John Evelyn décrivait Louise, convainquit le roi de donner audience à un Français répondant au nom de Le Sieur de Saint-Pierre. Celui-ci dit au roi qu'il avait découvert un moyen par une simple application astronomique. Le roi ne comprit pas l'explication technique qu'il entendit, mais il fut suffisamment impressionné pour demander à la *Royal Society* de creuser la question. Un comité fut formé sous la direction de Sir Jonas Moore. Il invita un jeune astronome à participer aux réunions pour donner ses conseils techniques. Ce jeune homme s'appelait John Flamsteed[3]. Le comité se réunit le 12 février 1675. Flamsteed signala les deux défauts de la méthode de Saint-Pierre. D'abord, elle s'appuyait sur la connaissance des positions précises des étoiles fixes dans les cieux, et ensuite... elle ne fonctionnait pas. La Société fit son rapport au roi, en recommandant, avant tout espoir de solutionner le problème de la longitude, de dresser une carte détaillée du ciel et des mouvements de la Lune. Et le comité suggérait au roi de désigner un astronome royal, dont la première mission serait précisément de créer un tel document.

L'Observatoire royal

Le roi répondit en ordonnant la construction d'un observatoire. Et il consulta la Société pour lui demander où il devait être situé et qui devait le diriger. À la seconde question, Sir Jonas Moore proposa Flamsteed et celui-ci fut accepté. Mais où devait-on bâtir l'Observatoire royal ? Sir Jonas pensait à Hyde Park. Flamsteed suggéra le vieil hôpital de Chelsea – que la *Royal Society* possédait à l'époque. Mais il revint à Christopher Wren, lui-même excellent astronome, d'indiquer que le site rural de Greenwich

1. *Greenwich Millenium,* Clive Aslet.

2. N.D.T. Elle était née, exactement Louise-Renée de Pen-an-Couet de Keroual (francisé en Kerouaille), dans le bas Léon (région du Finistère), en 1649.

3. *The Royal Society 1660-1940,* Sir Henry Lyons FRS.

se trouvait opportunément à l'écart des brumes et brouillards londoniens. Le roi possédait déjà ce site que l'on appelait Greenwich Castle. Il y avait reconstruit un palais pour sa mère. Effectivement, cela semblait un lieu idéal et le roi approuva le choix de Wren en le dotant, mais il précisa que l'ouvrage ne devait pas lui coûter plus de 500 £. Charles voulait que la liste des étoiles soit dressée, mais il commençait à s'habituer à l'idée que les scientifiques paient le privilège d'avoir le droit de pratiquer leur art pour soutenir le roi. Flamsteed était, cependant, loin d'être riche. Wren construisit un édifice octogonal impressionnant qui s'articulait autour de la salle d'observation à hautes fenêtres, que l'on connaît aujourd'hui sous le nom de salle Octogone. Des gravures contemporaines montrent un bâtiment qui ressemble plutôt de l'extérieur à un château. À l'intérieur de la salle Octogone au sommet du bâtiment, Flamsteed et ses assistants faisaient des mesures en regardant par la fenêtre à l'aide de longs et fins télescopes En regardant l'eau-forte figurant dans le cahier photo, on a l'impression d'avoir affaire à un observatoire dernier cri, bien équipé et bien pourvu en personnel. Malheureusement, ce n'était pas le cas. Le roi Charles fournit le bâtiment et rémunéra même Flamsteed 100 £ par année, mais il ne donna aucun argent pour l'équipement. Les horloges, que l'on voit sur la gravure, furent offertes par Sir Jonas Moore, tandis que les télescopes appartenaient à la *Royal Society*. Une fois de plus, la grande organisation de soutien scientifique de Sir Robert Moray résolut un problème de financement. Charles ne pouvait se permettre de procurer l'équipement au nouvel Observatoire royal de Greenwich, donc les membres les plus riches vinrent à la rescousse en finançant l'équipement, tandis que les plus pauvres offraient leur temps, leur travail et leur expertise. Cependant, ce prestigieux observatoire avait un gros inconvénient, comme le montre l'opuscule de Francis Place, paru en 1676, *Prospecus Intra Cameram Stellatam*. Pour des questions d'économie, Wren avait utilisé les fondations de la vieille tour du duc Humphrey, ce qui signifie que les fenêtres n'étaient pas alignées sur le méridien d'observation. Flamsteed résolut le problème en allant effectuer la plupart de ses observations depuis un abri dans le jardin.

Il n'est pas vraiment étonnant que Flamsteed se soit senti traité de manière si injuste qu'il se querella avec la *Royal Society* à propos de la publication de ses résultats. Il se disputa à un tel point avec Sir Isaac Newton et avec Sir Edmund Halley que son inventaire exhaustif des étoiles, plus complet que tout ce qui avait été réalisé jusque-là, ne put être édité qu'après sa mort, le 31 décembre 1719.

Depuis l'origine du projet de Sir Robert Moray, il existait deux catégories de membres : ceux qui avaient une véritable expertise scientifique et qui étaient capables de réaliser des expériences et de théoriser et ceux qui s'intéressaient à la science, mais qui avaient surtout l'argent et le prestige social pour jouer les mécènes des scientifiques opératifs. Cette politique fonctionna du vivant de Sir Robert, mais elle ne devait pas se révéler favorable au succès final de la Société.

Conclusion

L'image des premiers temps de la *Royal Society* devenait maintenant beaucoup plus claire. Je commençais, me semblait-il, à comprendre les événements improbables de la formation de la Société et à saisir comment la science moderne avait pu commencer à s'épanouir aussi rapidement après les affrontements et les bouleversements de la guerre civile.

Pour comprendre ce phénomène, le principal paramètre était la personnalité et les motivations de Sir Robert Moray. En étudiant ce personnage et les imbrications complexes des événements principaux de sa vie, ainsi que le contexte historique dans lequel il évolua, un schéma précis se mit à émerger. J'acquis la certitude que Sir Robert Moray avait été le principal instigateur de la *Royal Society*.

Une interaction entre les objectifs d'une maîtresse française du roi et les intérêts et expertises de la Société en matière de navigation mena directement à la création de l'Observatoire royal de Greenwich. La *Royal Society* supervisa cette réalisation et contribua à l'équiper.

Il ne restait réellement qu'une seule question à se poser. Si la franc-maçonnerie et ses enseignements avaient joué un rôle si important dans la formation de cette société savante, pourquoi ce fait n'était-il pas mieux connu ? Aujourd'hui, il n'y a aucun lien entre la franc-maçonnerie et la *Royal Society* et tandis que cette dernière est devenue une force importante dans le monde moderne, la franc-maçonnerie, en particulier en Angleterre, s'est atrophiée et s'est largement égarée.

Si j'avais raison quant à l'origine maçonnique de la *Royal Society*, il me fallait alors comprendre et expliquer pourquoi cette connaissance avait été perdue. Quand la séparation était-elle intervenue et quelle en était la cause ? C'était le dernier aspect qu'il me fallait explorer. Pour l'aborder, j'avais besoin d'étudier plus précisément ce qui était arrivé à la franc-maçonnerie et à la *Royal Society* pendant les événements qui suivirent la chute des rois Stuarts.

Chapitre XII

LA LÉGENDE DES GENTILS ET GRACIEUX ROIS

Le jour de la Saint-André [1830], *le conseil de la Société fut élu pour la première fois, avec des résultats mitigés... Le scrutin donna 119 voix pour* [le duc de] *Sussex, 111 pour* [le scientifique John] *Herschel... Donc Sussex avait remporté* [le scrutin pour la présidence de la *Royal Society], dans une élection contestée qu'il avait espéré éviter.*

Marie Boas Hall[1]

Les Stuarts étaient venus d'Écosse et ils avaient mis la franc-maçonnerie à la mode en Angleterre au XVIIe siècle. Quand la lignée hanovrienne allemande s'empara du trône anglais, ses membres ne furent pas populaires dans le peuple et les partisans des Stuarts exilés devinrent connus sous le nom de jacobites. Le problème que les Hanovriens avaient avec la franc-maçonnerie, c'était que cette dernière s'était développée à partir d'une organisation jacobite et ils voyaient son héritage et ses traditions jacobites comme des menaces pour la stabilité de leur lignée. Ce fait politique simple sous-tend la suppression des racines écossaises de la maçonnerie. En 1717, il aurait été dangereux de se lever à Londres et de dire : « Je suis franc-maçon. » Une telle affirmation aurait été considérée comme une déclaration manifeste de soutien aux jacobites récemment vaincus et c'était une invitation directe à se faire pendre et écarteler comme traître à la Couronne hanovrienne.

1. *All Scientists Now*, Marie Boas Hall.

Charles II mourut soudainement. Son déclin rapide qui le fit glisser dans l'impotence puis dans la mort fut souvent attribué à une attaque, mais les chercheurs médicaux Myron Wolbarsht et Daniel Sax ont proposé une autre hypothèse.[1] Ils ont attiré l'attention sur le fait que Charles, en vieillissant, montra un intérêt croissant pour le mercure. Dans sa jeunesse, Charles était célèbre pour sa vigueur au lit. De Beer dit de lui :

> *Son amour des femmes était sans limites ; sa dix-septième maîtresse à l'étranger (si tant est qu'elle fût réellement la dernière de la série) fût suivie, après le retour de Charles en Angleterre, par une véritable armée, avec parfois deux ou trois maîtresses simultanément*[2].

Quand il atteignit la cinquantaine, Charles commença à avoir de plus en plus de mal à satisfaire une dame, et *a fortiori* trois simultanément. Wolbarsht et Sax lient le désir obsessionnel du roi d'expérimenter personnellement l'inhalation du mercure à ses effets sur la tension artérielle. À court terme, inhaler des vapeurs de mercure aurait agi comme une sorte de Viagra primitif. Cela aurait augmenté la tension artérielle et par là, la force et la durée de l'érection royale. Mais à moyen terme, l'inhalation de ce métal liquide aurait totalement faussé son jugement avant de le tuer. Les symptômes de sa dernière maladie ressemblent davantage à ceux d'un empoisonnement par le mercure qu'à une attaque, mais, en soi, l'accroissement de la pression artérielle en raison d'une exposition prolongée au mercure aurait pu provoquer une attaque.

Si Wolbarsht et Sax ont raison quant à la cause des symptômes royaux et si Charles a bien inhalé délibérément d'importantes bouffées de mercure pour essayer de ranimer sa vie sexuelle défaillante, alors son ultime conversion au catholicisme romain sur son lit de mort se comprend mieux. Durant toute sa vie, Charles avait veillé à conserver une attitude impartiale vis-à-vis de toutes les religions et il avait clairement considéré qu'il devait sa restauration à sa pratique du protestantisme.

Les symptômes de l'empoisonnement au mercure sont l'hallucination et la démence. En 1685, les effets toxiques du mercure étaient inconnus. En fait, il était même employé couramment par les chapeliers dans le processus de mise en forme du feutre. Pour cette profession, l'empoisonnement au mercure était une maladie professionnelle et elle a donné naissance à

1. « King Charles II », E. S. de Beer, in *The Royal Society, Its Origins and Founders*, *op. cit.*

2. *Ibid.*

l'expression « fou comme un chapelier » ou « travailler du chapeau » (pour désigner quelqu'un qui se comporte comme un fou). Au cours des quelques derniers mois de sa vie, il est bien attesté [1] que Charles développa un intérêt particulier pour les propriétés du mercure. Il possédait un laboratoire bien équipé à l'intérieur même du palais de Whitehall – qui avait été à l'origine installé par Sir Robert Moray – et il passa des périodes de plus en plus longues dans cette pièce vers la fin de sa vie. L'exposition aux vapeurs de mercure l'aurait fait glisser vers la démence et l'aurait rendu très sensible aux suggestions qu'on pouvait lui faire, notamment ses proches, et en particulier son frère Jacques.

La religion n'avait jamais joué un grand rôle dans les plans de Charles, sauf en tant que mal nécessaire quand il s'agissait de traiter avec les fanatiques. Il s'était montré assez souple pour signer le Covenant des presbytériens afin de monter sur le trône d'Écosse. D'un autre côté, il avait été heureux de devenir le chef de l'Église d'Angleterre en échange du trône d'Angleterre, d'Irlande et du pays de Galles. Et malgré tout cela, Charles s'était montré également capable de convaincre Louis XIV qu'il se convertirait au catholicisme en échange de l'or français, mais le roi de France ne put apparemment jamais fournir assez d'or pour que se produisît cette alchimie spirituelle. Qu'il ait pu changer de religion sur son lit de mort, en rompant par là avec l'attitude indifférente calculée dont il avait fait montre toute sa vie, ne lui ressemble absolument pas.

Jacques, cependant, avait un programme très différent de celui de son frère aîné. Il accueillit avec joie la conversion ultime de Charles qui servait son intérêt de restaurer la foi catholique en Grande-Bretagne. Jacques ne dissimulait pas son appartenance au catholicisme romain. Il avait été évincé de sa charge de lord grand amiral parce qu'il ne voulait pas renoncer à sa foi papiste. Il avait eu des visions qui l'enjoignaient de rétablir le catholicisme romain comme religion officielle de la Grande-Bretagne, ce qui n'avait jamais fait partie des intentions de Charles. La conversion au catholicisme de ce dernier au seuil de la mort – conversion apparemment contrôlée pas à pas par Jacques à la demande de son frère devenu dément – semble avoir été une réponse opportuniste à la soudaine fragilité mentale du roi mourant.

1. *The Royal Society, Its Origins and Founders*, *op. cit.*

Jacques II

Sir Winston Churchill dit de Jacques :

> *Jacques s'était converti au catholicisme romain. C'était un fanatique ; il n'y avait aucun sacrifice qu'il n'aurait fait pour sa foi. C'est pour cette raison qu'il perdit son trône et son fils continua après lui une guerre acharnée... Les protestants ne doutaient pas que, s'il était parvenu à établir son pouvoir despotique, il l'aurait utilisé en matière religieuse de la même manière impitoyable que Louis XIV... La nation anglaise protestante aurait été tout à fait stupide de se fier à la tolérance compatissante de Jacques VII (II), une fois qu'il aurait obtenu la puissance absolue qu'il recherchait*[1].

James n'obtint jamais cette puissance absolue, car il fut chassé de Grande-Bretagne dès 1688. Pendant cette « révolution glorieuse », le Parlement invita les souverains protestants d'Orange, Guillaume et Marie, à devenir monarques conjointement. Jacques avait rencontré si peu de soutien en Angleterre, qu'il fut contraint de fuir vers la France avec son épouse et son fils, le prince James Francis Edward (Jacques François Édouard) Stuart.

La lune de miel de Guillaume et Marie avec l'Écosse devait bientôt connaître une fin violente. Si l'Écosse avait accepté le règne des deux époux, tous les Écossais n'avaient pas tourné le dos à leur roi Jacques VII (II). Le vicomte Dundee dirigea un nouveau soulèvement des Highlands pour le restaurer sur le trône d'Écosse. Mais après la mort de « Bonnie Dundee » à la bataille de Killiecrankie, cette tentative de rétablissement de Jacques s'éteignit.

Seulement, au moment même où Guillaume, le nouveau roi protestant, commençait à être accepté, il commit une énorme erreur de jugement. Il promulgua un décret ordonnant à tous les chefs écossais de lui prêter un serment de fidélité. Un chef, MacIan du clan Macdonald, eut un retard de trois jours pour prêter ledit serment. Or, Guillaume avait dit que quiconque ne le prêterait pas à la date fixée serait sévèrement puni. Deux mois plus tard, lors de l'effroyable massacre de Glencoe, MacIan et tout son clan Macdonald furent assassinés par des hommes du clan Campbell, exécutant la lettre des ordres de Guillaume.

Toute l'Écosse fut frappée d'horreur par ce crime terrifiant. Les hommes pouvaient à peine croire que le roi ait pu donner un tel ordre. C'était

1. *A History of the English-Speaking People,* vol. II, *op. cit.*

pourtant vrai, bien qu'il soit difficile de croire que Guillaume eût bien prévu que son ordre serait exécuté d'une manière aussi cruelle et impitoyable. Les Écossais n'ont jamais pardonné au roi son insouciance et le soutien à la lignée Stuart exilée en fut d'autant plus renforcé. Le massacre de Glencoc incita de nombreux Écossais à se dire qu'ils s'en sortiraient mieux avec un roi à eux. Guillaume se les mit encore un peu plus à dos, quand il refusa d'appuyer les tentatives écossaises pour établir de nouvelles colonies en Amérique. À bien réfléchir, l'Écosse n'était plus du tout certaine de vouloir être réunie à l'Angleterre.

Pendant ce temps, dans un ultime effort pour regagner son trône, Jacques encouragea l'Irlande catholique à se soulever pour l'aider et chasser Guillaume. Mais il fut battu à la bataille de la Boyne et la succession protestante du « roi Billy » sur le trône d'Angleterre fut définitivement confirmée. Les partisans de Jacques entrèrent en clandestinité et prirent le nom de jacobites, en l'honneur de Jacques. Ce dernier retourna en France et installa sa cour d'exil à Saint-Germain-en-Laye, où il demeura jusqu'à sa mort en 1701. Son fils, James Francis Edward, fut reconnu comme Jacques VIII (III) par Louis XIV. La franc-maçonnerie joua un rôle majeur dans le soutien à la cause jacobite, mais comme ce sont toujours les vainqueurs qui écrivent l'histoire, c'est la franc-maçonnerie anglaise hanovrienne qui a survécu dans les ouvrages d'histoire maçonnique.

Quand Guillaume mourut en 1702 (son épouse et co-reine Marie étant morte en 1695), la Couronne passa à Anne, sœur de Marie et fille de Jacques VII (II), et à ses héritiers. Le Parlement écossais vota alors une loi selon laquelle le souverain de l'Écosse, après Anne, serait une personne différente de celle qui régnerait sur l'Angleterre. Tout laissait penser qu'une guerre se préparait entre l'Écosse et l'Angleterre et que les deux Couronnes allaient être une fois de plus séparées. En 1706, pour essayer d'empêcher cette division, il y eut une tentative de fusion des parlements écossais et anglais. Mais ceci inquiéta les presbytériens. Ils n'avaient pas oublié l'évêque Sharp et ils avaient peur que les épiscopaliens essaient encore une fois de les persécuter.

Quand Jacques VII (II) mourut, la franc-maçonnerie existante demeura fidèle aux Stuarts. Jacques VI (Ier), Charles I ^er^ et Charles II avaient tous été des protecteurs de la franc-maçonnerie et ils avaient la réputation d'avoir été eux-mêmes francs-maçons. Je n'ai trouvé aucun élément de preuve laissant entendre que Jacques VII (II) aurait pu l'être, mais nombre de ses partisans l'étaient.

Tant que la lignée Stuart de la reine Marie II (l'épouse de Guillaume d'Orange) et de la reine Anne perdura, il n'y eut aucun véritable conflit de loyauté entre la franc-maçonnerie et la monarchie. Les problèmes n'ont commencé qu'à la mort d'Anne en 1714[1]. Malheureusement, elle était morte sans héritier et le suivant dans la ligne de succession était son jeune demi-frère, James Francis Edward, le prince de Galles exilé. Si celui-ci avait été prêt à renoncer à son catholicisme, il aurait été le bienvenu sur le trône d'Angleterre. Mais il n'y était pas disposé. Ce James nourrissait les mêmes rêves qui avaient causé la perte du règne de son père. Il voulait convertir l'Angleterre à la religion de Rome, chose à laquelle les Anglais étaient fermement opposés. Alors le Parlement protestant plaça sur le trône de Grande-Bretagne un roi allemand... qui ne parlait pas un mot d'anglais !

Anne laissait un royaume au bord de la guerre civile. Le traité d'Utrecht avait limité la puissance de la France, les Néerlandais étaient cantonnés dans les frontières qu'ils pouvaient protéger et la succession au trône d'Espagne avait été arrangée à la satisfaction de la plupart des participants. Après vingt-cinq ans de guerre, aucun des pays européens n'avait obtenu ce qu'il avait recherché, mais au moins une paix instable s'était installée. La Grande-Bretagne était partagée entre les jacobites, qui voulaient le retour du prince de Galles, et ceux qui ne voulaient d'un roi catholique à aucun prix.

La « bonne reine Anne » avait brisé la puissance de la France en l'empêchant de dominer l'Europe et elle avait présidé au développement considérable de la puissance britannique. Mais alors qu'elle était étendue sur son lit de mort, il sembla un moment qu'elle allait proclamer le catholique prince de Galles comme son successeur et plonger de nouveau la Grande-Bretagne dans l'agitation et la confusion. Seule une intervention de dernière minute des ducs de Somerset et d'Argyll convainquit la reine malade et au bord du trépas de déclarer son cousin éloigné, l'électeur de Hanovre, fils allemand de Sophie [petite-fille de Jacques VI (Ier)] comme son successeur. Par son ultime acte, elle confirma que la succession demeurerait protestante.

Le premier roi hanovrien

George Ier fut un roi peu attrayant. Winston Churchill l'a décrit comme un officier allemand autoritaire, obstiné et triste, avec un cerveau lent

1. Anne, comme Marie son aînée, était la fille de Jacques VII (II) et de sa première femme, Anne Hyde, une protestante, fille du comte de Clarendon, qui avait été chancelier de Charles II. [N.D.T. Peu de temps avant sa mort, Anne se convertit au catholicisme et c'est elle qui aurait convaincu son époux d'en faire autant.]

et des goûts grossiers[1]. La Grande-Bretagne comme la politique anglaise l'intéressaient très peu. Il n'était venu qu'une seule fois en Angleterre avant de devenir roi. Et s'il accepta d'y remettre les pieds, ce fut simplement parce que c'était le seul moyen de prendre la Couronne que la chance lui avait donnée. En 1714, il n'était en rien déterminé que la lignée allemande hanovrienne allait parvenir à mettre la main définitivement sur le trône britannique. Beaucoup espéraient encore une restauration jacobite. Les monarques allemands n'avaient pas l'éclat et le flamboiement des Stuarts. Personne ne pensait que les électeurs de Hanovre régnaient sur la Grande-Bretagne en vertu d'un droit divin : ils ne tenaient leur charge que du Parlement qui l'avait voulu. Les premières années des Hanovriens virent se développer nombre des techniques modernes du gouvernement parlementaire. Comme le roi ne parlait pas un traître mot d'anglais, il ne siégeait pas aux réunions de son cabinet, contrairement à ce qu'avait fait la reine Anne. La présidence de ce conseil fut récupérée par le chancelier de l'Échiquier [*First Lord of the Treasury*], Robert Walpole[2], qui en vint à jouer un rôle si important dans le gouvernement qu'il finit par être appelé abusivement du nom de « premier ministre ».

Quand Jacques II mourut en 1710, Louis XIV proclama le prince James Francis Edward Stuart roi d'Angleterre sous le nom de Jacques III. Naturellement, le Parlement britannique ne le reconnut pas et donc, en 1708, Jacques le Prétendant, avec l'aide de troupes françaises, tenta de prendre le contrôle de l'Écosse pour donner droit à ses prétentions. Il échoua et fut renvoyé en exil en France. Cependant, en 1715, il régnait une telle aversion pour le souverain allemand arrogant – en particulier en Écosse, où on l'appelait « le petit gars allemand » [*Wee German Laddie*] –, qu'il fut estimé par le maréchal de Berwick[3] que cinq personnes sur six, y compris en Angleterre, étaient jacobites[4].

Le 1er septembre 1715, Louis XIV de France mourut à son tour. Jacques n'avait maintenant plus son vieux défenseur et protecteur. S'il voulait jamais un jour récupérer la couronne qu'il jugeait sienne, il lui fallait agir. Cinq jours plus tard, le comte de Mar leva le drapeau jacobite sur le site de couronnement traditionnel des rois d'Écosse à Perth. En quelques jours, il se retrouva à la tête de dix mille hommes, attendant le retour « du roi d'au-delà de la mer » et marchant sur Londres pour aller l'accueillir.

1. *A History of English-Speaking People,* vol. II, *op. cit.*
2. N.D.T. Chef du parti whig et instigateur du régime parlementaire anglais.
3. N.D.T. Jacques Fitz-James, duc de Berwick, fils naturel de Jacques II.
4. *A History of English-Speaking People,* vol. II, *op. cit.*

Quand Jacques débarqua à Peterhead, le 22 décembre 1715, ses partisans avaient déjà perdu les batailles de Sherriffmuir et de Preston et ils furent repoussés en Écosse. Jacques arrivait sans argent ni munition. Pire, il tomba alors malade et ne put atteindre Scoon que le 9 janvier 1716. Il avait l'intention d'être couronné roi d'Écosse, comme son grand-oncle Charles II l'avait été en 1650. Mais la cérémonie qui devait faire de lui Jacques VIII d'Écosse (à défaut d'être Jacques III d'Angleterre) n'eut jamais lieu, car les chefs de la *Kirk* refusèrent de couronner un catholique. Et pendant ce temps, le duc d'Argyll se rapprochait rapidement de Perth avec ses troupes hanovriennes victorieuses. Alors Jacques et ses fidèles jacobites furent contraints à une retraite précipitée en France.

L'éradication des origines écossaises de la franc-maçonnerie

Tous les francs-maçons anglais ont entendu dire que la franc-maçonnerie était née à Londres en 1717, quand quatre Loges se réunissaient dans des auberges respectivement appelées :

> *The Goose and Griridon* [L'Oie et le Gril], *dans Saint-Paul Churchyard,*
> *The Crown* [La Couronne], *dans Parker Lane, près de Drury Lane,*
> *The Apple Tree Tavern* [Le Pommier], *dans Charles Street, à Covent Garden,*
> *The Rummer and Grapes Tavern [Le Grand Verre et les Raisins], dans Channel Row, à Westminster.*

Il semble que, sur un coup de tête, ces quatre Loges auraient décidé de se réunir pour former une Grande Loge qui administrerait l'Ordre de la maçonnerie. Cette nouvelle Grande Loge se serait développée jusqu'à donner l'organisation fraternelle mondiale qu'est aujourd'hui la franc-maçonnerie. On pourra pardonner à tout lecteur de l'almanach maçonnique annuel de la Grande Loge Unie d'Angleterre [*Masonic Year Book of the United Grand Lodge of England*] de croire que tout ceci est vrai. Après tout, cet ouvrage officiel contient une section de dix pages intitulée « Événements maçonniques marquants » [*Outstanding Masonic Events*]. La première entrée de cette liste d'environ six cents événements est :

> *1717 La Grande Loge est créée ; Grand Maître, Anthony Sayer* [1].

1. UGLE Masonic Year Book, 1994-1995.

On demande à tous les francs-maçons anglais d'accepter que l'organe qui se définit lui-même comme la « première institution maçonnique » fut créé par l'action inspirée de quatre clubs de gentlemen qui avaient adopté les rituels des vieilles guildes de maçons en pierre pour leur propre enrichissement moral. L'image d'un groupe de nobles gentlemen errant autour des chantiers de construction locaux afin de demander aux tailleurs de pierre s'ils voulaient bien les autoriser à rejoindre leur corporation d'artisans pour qu'ils puissent apprendre les rituels des maçons semble directement sortie d'un scénario burlesque des Monty Python. Et à la lumière de ce que j'ai déjà expliqué quant au contexte de l'engagement maçonnique de Sir Robert Moray, cette version semble éminemment improbable. Mais pourquoi une histoire aussi invraisemblable est-elle apparue ?

L'Écosse possédait clairement un Grand Maître maçon noble dès avant 1602, date à laquelle les statuts Schaw reconnaissent Sir William Saint-Clair de Roslin comme leur patron et leur protecteur.

Cependant, les Grands Maîtres héréditaires des maçons d'Écosse avaient une histoire très embarrassante du point de vue des francs-maçons anglais. Les Saint-Clair avaient soutenu le couronnement de Charles II d'Écosse contre la volonté du lord-protecteur. Le château de Roslin avait payé le prix de cette attitude de défi en se faisant raser par le général Monck. L'Écosse avait continué de supporter la lignée Stuart contre l'Anglais et, en 1715, les Écossais avaient soutenu Jacques VIII (III) dans sa tentative pour reprendre sa couronne à la lignée Hanovre.

Les francs-maçons de Londres eurent peur. Après l'écrasement de l'armée écossaise de Jacques, il régnait un climat de chasse aux sorcières. Les Loges d'Angleterre devaient bien venir de quelque part et les seules structures délivrant des patentes pour former des Loges avant 1641 étaient les Loges écossaises, tenant leur autorité des statuts Schaw de 1602. Quiconque montrait des sympathies jacobites était suspect, or les francs-maçons avaient des liens très clairs avec les Écossais qui, à leur tour, témoignaient une forte animosité envers George Ier. Les quatre Loges de Londres qui se réunissaient à *L'Oie et le Gril*, *La Couronne*, *Le Pommier* et *Le Grand Verre et les Raisins* existaient probablement en vertu de patentes délivrées par l'une ou l'autre des Loges écossaises « Schaw », la seule source légitime d'autorité maçonnique à l'époque.

Mais pour des partisans des Hanovriens, cette filiation était bien entendu extraordinairement dérangeante. Ils savaient certainement que, depuis des années avant la campagne de « quinze » [1715], les Loges écossaises réunissaient des fonds, auxquels tous les candidats devaient contribuer, pour permettre l'achat d'armes « réunies et destinées à la défense de la véritable religion, du roi et du pays protestants et pour la défense des anciennes cités et de leurs privilèges » et ils devaient « dédier leurs vies et leurs fortunes à la défense de tous sans exception[1] ».

Si les francs-maçons de Londres voulaient continuer à se réunir, ils devaient s'assurer d'avoir purgé leur mouvement de toutes ses dangereuses associations jacobites. Seulement, ils étaient confrontés à un problème insoluble : leur droit d'agir en tant que franc-maçon provenait des Loges « Schaw » d'Écosse qui étaient bien évidemment jacobites. Leur solution fut originale et très certainement illégitime du point de vue de la maçonnerie, mais ils avaient besoin d'appuyer leurs activités sur une source d'autorité alternative. Ils créèrent cette autorité en réunissant quatre Loges de Londres et en formant une Grande Loge pour administrer toute la franc-maçonnerie, sauf eux-mêmes, et nier par là leur origine écossaise. Ils entreprirent alors de courtiser la famille royale de Hanovre et de les encourager à rejoindre la franc-maçonnerie londonienne pour finalement diriger cette dernière. En moins de quatre ans, ils eurent un duc comme Grand Maître et dans un délai de soixante-cinq ans, un prince hanovrien à leur tête (le prince de Galles, futur Georges IV) suivi de beaucoup d'autres. Le prix à payer pour cette reconnaissance fut l'éradication de toute trace des racines écossaises (ce qui, dans les faits, signifiait que l'on devait nier toute connaissance d'une franc-maçonnerie antérieure à 1717, ligne de conduite toujours en vigueur aujourd'hui).

Tous les maçons n'acceptèrent toutefois pas l'autorité de leurs frères londoniens sur toute la franc-maçonnerie. Presque immédiatement après la formation de la Grande Loge de Londres, des Grandes Loges se formèrent à Munster et Dublin pour protéger les intérêts de leurs frères, qui adoptaient une attitude largement jacobite. En Écosse, les Loges traditionnelles autonomes et délivrant des patentes ne virent pas le besoin d'agir, mais simultanément, le mécontentement écossais contre la monarchie anglaise hanovrienne grandit.

Un grand nombre d'associations se formèrent pour promouvoir les intérêts du « roi au-delà de la mer ». Parmi celles-ci, il y avait la Compagnie royale des archers d'Édimbourg. En 1724, ses activités, ses parades, ses compétitions et démonstrations de force inquiétaient le gouvernement vulnérable de George Ier. La menace représentée par l'exilé Jacques VIII préoccupait beaucoup et donc, quand les noms des membres du groupe interne appelé Garde du corps du souverain d'Écosse [*Sovereign Bodyguard*

1. Minutes of the Grand Lodge of Antient Free and Accepted Masons of Scotland.

of Scotland] furent publiés par un sympathisant anglais, les maçons écossais ne purent éviter de noter que leur Grand Maître maçon héréditaire était général de brigade de la très jacobite Compagnie royale des archers.

Les Loges d'Écosse finirent par s'inquiéter de la réaction des Hanovriens à l'endroit de la franc-maçonnerie en Angleterre et de la formation d'une Grande Loge en Irlande. Pour empêcher le pays de Galles de créer pareillement sa propre Grande Loge nationale indépendante, la Grande Loge de Londres offrit à Hugh Warburton le poste de Premier Grand Maître provincial et lui, en retour, donna ce pays à l'Angleterre au sein de laquelle il devint une simple province (un étrange arrangement qui trouble toujours de nombreux frères dans les Loges galloises). Un système de contrôle et de patronage fut rapidement mis en place pour s'assurer que toutes les Loges se conforment aux édits des francs-maçons de Londres. La nomination du comte de Strathmore, bientôt suivie de celle de Lord Crawford en tant que Grand Maître de la franc-maçonnerie de Londres, laissait supposer qu'on ne tarderait pas à voir un franc-maçon écossais devenir le Premier Grand Maître provincial d'Écosse (devenue alors elle aussi province de l'Angleterre). Pour les Loges de Kilwinning et Scoon et Perth, la menace n'était pas sérieuse, mais les Loges d'Édimbourg la trouvèrent suffisamment grave pour lui trouver une solution. Ils proposèrent d'élire leur propre Grande Loge pour administrer leurs affaires, délivrer des patentes et protéger leurs intérêts. Pour exécuter ce plan, ils avaient besoin d'un Grand Maître, ce en quoi les statuts Schaw leur laissaient peu de choix.

William Saint-Clair de Roslin était leur patron héréditaire. Par conséquent, il fut initié à la franc-maçonnerie, le 8 mai 1736. Le 2 juin, il fut élevé au grade de Maître maçon et, le 30 décembre, il fut installé en tant que Premier Grand Maître maçon d'Écosse. Son tout premier acte fut de renoncer à ses droits héréditaires de patronage sur la maçonnerie d'Écosse, de démissionner de sa charge et d'instaurer le système de l'élection des officiers de la Grande Loge qui protège toujours aujourd'hui les droits et privilèges des francs-maçons écossais[1]. Même Gould, dont l'ouvrage majeur sur l'histoire maçonnique a été soigneusement retravaillé dans sa deuxième édition pour minimiser l'influence écossaise sur la franc-maçonnerie anglaise primitive, explique à contrecœur :

> [...] *la démission opportune de William Saint-Clair fut [...] calculée pour donner à toute l'affaire une sorte de légalité qui faisait défaut à la création de la Grande Loge d'Angleterre*[2].

1. Records of the Grand Lodge of Antient Free and Accepted Masons of Scotland.
2. *Gould's History of Freemasonry*, *op. cit.*

La bataille pour la légitimité était maintenant bien lancée. Les francs-maçons de Londres voulaient devenir de fidèles hanovriens tandis qu'une bonne partie de l'Écosse demeurait discrètement jacobite, portant simplement des toasts au roi en passant leurs mains au-dessus des verres.

Après le soulèvement de 1715, le gouvernement whig[1] stigmatisa les tories et les francs-maçons en les accusant d'être des jacobites troublant l'ordre public. Il n'est donc en rien étonnant que les francs-maçons de Londres aient tout fait pour s'éloigner des Stuarts en formant leur propre Grande Loge en 1717, sous l'autorité du malheureux Anthony Sayer. J'emploie sciemment le terme de « malheureux », parce que dès que les francs-maçons ressuscités sous la forme de francs-maçons « hanovriens » eurent réussi à attirer en bonne place les nobles anglo-allemands, ils évincèrent Sayer. Celui-ci ne survécut ensuite qu'en obtenant une charge de Tuileur rémunéré (le garde qui se tient à la porte d'une Loge, à l'extérieur, avec son épée tirée pendant le déroulement de la tenue) au sein de sa propre Loge. Il est clair que ce n'était pas une bonne chose d'avoir occupé un rang important dans la franc-maçonnerie avant 1717.

Après cette date, de nouvelles Loges apparurent rapidement sur le continent, certaines fondées par les maçons hanovriens et d'autres par les réfugiés jacobites. Mais comme toutes les Loges accueillaient les frères maçons, sans considération de politique ou de religion, elles devinrent très vite des sources de renseignements pour les deux camps. Malheureusement pour Jacques, désormais appelé le « Vieux Prétendant » [*Old Pretender*], Walpole était bien meilleur à ce petit jeu d'espionnage que les jacobites. Aussi Jacques en vint à considérer les Loges de francs-maçons qui suivaient sa cour – d'abord à Saint-Germain-en-Laye, puis à Rome – comme des menaces ruinant ses chances de reconquérir la Couronne de Grande-Bretagne.

Condamnation papale !

L'historien Alec Mellor considère que ces « fuites » de renseignements furent le motif principal de la première bulle papale contre la franc-maçonnerie, en 1737. Il dit :

---

1. N.D.T. Le parti whig rassemblait les adversaires de Jacques II, partisans d'une monarchie constitutionnelle. Ils deviendront le parti libéral, opposé aux tories, les conservateurs. Ces derniers, formés à l'origine par les partisans de Jacques II, partisans d'une monarchie absolue, se résolurent toutefois à accepter la monarchie constitutionnelle en 1689, tout en restant attachés au conservatisme national.

La franc-maçonnerie était divisée en deux tendances : celle soutenant les Stuarts étant majoritairement catholique et l'autre soutenant la maison des Hanovre étant totalement protestante. De cette situation naquit un duel d'espionnage pour lequel les Stuarts n'étaient pas armés car ils n'avaient ni les ressources d'un Walpole, ni l'intelligence d'un Chesterfield. Le jour vint où le prétendant Jacques III, connu sous le nom de Chevalier de Saint-George, constatant qu'il avait perdu la bataille dans ce domaine, fit comprendre au Saint-Siège que la franc-maçonnerie ne devait plus être traitée avec bienveillance et que les intérêts du catholicisme anglais, incarné dans sa personne, réclamaient de l'Église qu'elle brise la chaîne qui retenait le boulet. Et c'est ce qu'elle fit [1].

Elle le fit en promulguant la bulle papale condamnant la franc-maçonnerie. Seulement, une grande partie du soutien écossais des Stuarts venait des Loges maçonniques d'Écosse et, maintenant que la maçonnerie de métier devenait une zone interdite pour les catholiques jacobites, il fallait trouver d'autres manières d'aménager ce soutien maçonnique fragile, en le mettant à l'abri des Hanovriens.

Les Stuarts n'abandonnèrent pas le métier, mais ils créèrent l'Ordre royal d'Écosse [*Royal Order of Scotland*]. Il était ouvert à tous les Maîtres maçons et fut créé, selon leurs propres termes, « pour corriger les erreurs qui étaient récemment apparues dans la maçonnerie de Saint-Jean ».

On peut assurément faire remonter l'Ordre royal maçonnique d'Écosse au moins à 1730, quand un chapitre se réunit à Charing Cross, à Londres [2]. C'est clairement une organisation jacobite qui insiste sur le fait que son Grand Maître fut et sera toujours le roi d'Écosse. Si le monarque régnant n'est pas maçon (comme c'est le cas actuellement), alors on laisse une chaise vide pendant les tenues en attendant qu'un monarque veuille bien l'occuper.

L'histoire traditionnelle, que l'Ordre délivre à ses initiés, indique que son premier grade fut fondé par David Ier d'Écosse (1124-1153) et qu'il fonctionna d'abord à Icomkill, puis à Kilwinning. Après la bataille de Bannockburn, le roi Robert Ier ajouta un nouveau grade à l'Ordre qui conférait la chevalerie civile à ses membres. L'Ordre célèbre le droit divin de la lignée Stuart à régner sur la Grande-Bretagne et ses rituels rappellent aux membres de l'Ordre royal leur fidélité aux rois d'Écosse.

1. *Our Separated Brethren : The Freemasons,* Alec Mellor [Éd. Originale. *Nos frères séparés, les francs-maçons,* 1961]

2. *Gould's History of Freemasonry, op. cit.*

Cette branche de la franc-maçonnerie purement jacobite n'était ouverte qu'à ceux qui reconnaissaient le roi d'Écosse comme leur Grand Maître et ainsi ils tenaient à l'écart les maçons hanovriens. C'était la réponse politique au problème de Jacques le Prétendant : son incapacité à désavouer ouvertement la franc-maçonnerie, dans la mesure où nombre de ses défenseurs étaient maçons. Alec Mellor résume son problème :

> *Jacques III (VIII), cependant, n'aurait pas pu ordonner l'interdiction de la maçonnerie sans remettre en question son royal accueil de tous les Anglais. Il aurait désavoué le principe monarchique. Il se serait aussi fait des ennemis jurés*[1].

Le point clé de l'encyclique papale *In eminenti* de Clément XII, du 4 mai 1738 fournit un indice. Le pape condamnait la franc-maçonnerie pour deux raisons : la première était que la franc-maçonnerie demandait à ses membres de taire ses secrets à l'Église et la seconde était pudiquement présentée comme « d'autres motifs justes et raisonnables connus de Nous ». Cette seconde raison était politique. Walpole utilisait la franc-maçonnerie comme instrument politique et d'espionnage contre le prétendant catholique au trône de Grande-Bretagne. On peut sans difficulté supposer que ces motifs ne furent pas spécifiés pour ne pas miner la position de Jacques VIII, dont le Saint-Siège essayait de soutenir la cause.

Les actions de « Bonnie Prince Charlie » confirment cette hypothèse. En 1747, après avoir été symboliquement couronné avec une couronne de laurier à Holyrood, à Édimbourg, pendant le soulèvement de 1745, il se déclara Souverain Grand Maître de l'Ordre. Le prince Charles-Édouard Stuart prit ainsi ses distances à l'égard de son père Jacques, qui avait désavoué la maçonnerie et qui avait par là suscité une certaine méfiance de ses partisans. Ainsi le prince Charles-Édouard devint le patron du très romantique Ordre de la maçonnerie écossaise et, malheureusement pour les Hanovriens, l'Écosse avait toujours été la terre bénie de la franc-maçonnerie et donc, elle allait continuer de jouer son rôle de foyer du mécontentement envers les Hanovriens.

En 1746, après l'échec de sa tentative d'invasion de l'Angleterre, « Bonnie Prince Charlie » fut mis en déroute par les Hanovriens à la bataille de Culloden. Tandis que ses partisans étaient massacrés ou dispersés, Charles s'enfuyait « par mer vers Skye » avec l'aide de la fameuse Flora Macdonald, avant de poursuivre sa route vers la France. À la mort de son père en 1766, il

1. *Our Separated Brethren : The Freemasons, op. cit.*

devint le « Jeune Prétendant » [*Young Pretender*] et il se dénomma lui-même Charles III, jusqu'à sa mort à Rome le 31 janvier 1788. Il laissait derrière lui un jeune frère, Henry, cardinal de l'Église catholique, et un certain nombre d'héritiers contestés de la lignée jacobite.

Winston Churchill dit de la tradition jacobite pérenne :

> *Les Stuarts demeurèrent dans les mémoires grâce à la légende sentimentale – mais mal fondée – des gentils et gracieux rois*[1].

Mais les Stuarts laissèrent également une puissante tradition maçonnique que les Hanovriens considérèrent comme une menace permanente.

La Grande Loge des *Antiens*

À Londres, cependant, les maçons hanovriens n'avaient pas pu faire exactement tout ce qu'ils voulaient dans leur volonté de s'affranchir de leurs racines jacobites. Un maçon issu de la tradition irlandaise arriva dans la capitale britannique en 1748 et rejoignit une Loge londonienne. Il fut si choqué par les changements que cette Grande Loge auto-créée infligeait à la franc-maçonnerie qu'il avait apprise en Irlande qu'il décida d'agir. Cet Irlandais au franc-parler s'appelait Lawrence Dermott. Celui-ci n'était pas très apprécié par ses opposants, comme le montre cette description que fit de lui un maçon hanovrien :

> *Dans la polémique, il se montrait sarcastique, amer, intransigeant et ni sincère, ni véridique. Mais en matière intellectuelle, il n'était inférieur à aucun de ses adversaires, et dans l'appréciation philosophique du caractère de l'institution maçonnique, il était en avance sur l'esprit de son temps*[2].

Dermott naquit en 1720 et il fut initié dans la Loge de Dublin n° 26, le 14 janvier 1740. Il devint le Très Puissant Maître [*Right Worshipful Master*] de sa Loge le 24 juin 1746, l'année même de la terrible défaite de « Bonnie Prince Charlie » à Culloden. Dermott déménagea donc en Angleterre en 1748 et rejoignit la franc-maçonnerie de Londres. C'était un homme cultivé qui parlait l'hébreu et le latin et un étudiant passionné de l'histoire maçonnique. Il pensait que les efforts des maçons de Londres pour s'adapter à la monarchie hanovrienne éloignaient la maçonnerie de ses (anciennes) racines. Dans sa volonté de s'affranchir de ses origines jacobites, l'Ordre sacrifiait ses rituels et sa philosophie.

---

1. *A History of the English-Speaking People*, vol. II, *op. cit.*
2. Mackey, *Encyclopedia of Freemasonry.*

Le 5 février 1752, il réunit un groupe de maçons partageant ces vues à la taverne du Griffon [*Griffin Tavern*], à Holborn. Ensemble, ils constituèrent une Grande Loge alternative pour s'opposer à l'autorité usurpée de la Grande Loge de Londres. Dermott fut nommé Grand Secrétaire. Ils surnommèrent les partisans hanovriens, contrôlés par les quatre Loges de Londres, les « Modernes ». Il n'y avait pas de qualification plus insultante dans la franc-maçonnerie que celle de moderne ou de novateur. Dermott était déterminé à préserver les plus anciennes traditions écossaises de la franc-maçonnerie. La Grande Loge qu'il forma fut connue sous le nom d'*Antient Grand Lodge* [Grande Loge des Antients] ou encore *Atholl Grand Lodge* [Grande Loge Atholl], d'après le duc d'Atholl, un Passé Grand Maître [*Past Grand Master*] des maçons d'Écosse, qui devint leur Grand Maître pendant la période de leurs plus grands succès.

Pour les Hanovriens, cependant, la franc-maçonnerie jacobite représentait une épine dans le pied permanente. Ils s'étaient assuré la loyauté de la branche hanovrienne de la franc-maçonnerie devant les Grands Maîtres, mais les Loges d'Antients restaient suspectes. Les Loges jacobites s'étaient répandues en Amérique du Nord et après la guerre d'indépendance américaine, de nombreuses rumeurs circulèrent prétendant que le président franc-maçon George Washington aurait demandé au prince Charles-Édouard, Grand Maître de l'Ordre royal maçonnique d'Écosse, de devenir Charles III, roi des Amériques. Que ce fût vrai ou pas, la seule rumeur était déjà très embarrassante pour le gouvernement de George III, qui, à cette époque, commençait à montrer des signes de démence. Selon de semblables rumeurs, une réunion se serait tenue Via San Sebastiano, à Rome, en novembre 1782, entre des émissaires de Washington et le prince Charles-Édouard. La perte désastreuse des riches colonies américaines fut imputée au roi fou, George III et, une fois de plus, le mécontentement grandit en Angleterre contre la lignée hanovrienne.

Cependant, moins de dix ans plus tard, un autre événement devait encore plus effrayer les Hanovre quant à l'influence de la franc-maçonnerie jacobite. La révolution explosa en France et les Loges maçonniques jacobites racontaient toutes l'histoire d'un franc-maçon français qui serait monté sur l'échafaud de la guillotine pour ramasser et brandir la tête de Louis XVI en hurlant à la foule : « Jacques de Molay, tu es enfin vengé ! » (Molay était le dernier Grand Maître des Templiers, dont l'Ordre avait été préservé au sein de la franc-maçonnerie sous la forme des Chevaliers Templiers maçonniques.) Des auteurs populaires de l'époque, comme Le Franc et l'abbé Barruel, écrivirent d'imposants volumes pour exposer le rôle des francs-maçons dans le renversement de la monarchie française.

Une histoire particulièrement célèbre racontait comment le franc-maçon François Westerman, le 10 août 1792, avait mené 600 hommes à travers Paris pour déposer le roi. Et tandis qu'ils marchaient, ils entonnaient l'hymne maçonnique intitulé *Chant de guerre de l'armée du Rhin,* écrit par le franc-maçon Rouget de Lisle (chanson que nous connaissons encore et qui n'est autre que *La Marseillaise*).

En Irlande, les francs-maçons loyalistes protestants reprirent la structure de la Loge maçonnique et créèrent l'Ordre d'Orange quasi maçonnique. Ils disaient que le but de l'Ordre d'Orange était de protéger leur foi protestante, mais leurs rituels et leurs mythes rappelaient les splendeurs des rois Stuarts et les victoires de Guillaume et de Marie Stuart contre le catholique Jacques II. Il est clair que George III pouvait trouver peu de réconfort dans cette manifestation de loyauté à l'endroit de la lignée Stuart.

En 1797, alors que la Grande-Bretagne était en guerre contre la France, le pays était également menacé par la rébellion en Irlande. À l'époque, la France était dirigée par Napoléon Bonaparte, dont une grande partie de la famille proche appartenait à la franc-maçonnerie. Quand des rumeurs provenant d'Égypte prétendirent que Napoléon avait été initié en maçonnerie dans une Loge spéciale réunie pour cela à l'intérieur de la grande pyramide de Gizeh, il n'est pas étonnant que le gouvernement britannique ait décidé d'agir contre les sociétés secrètes qui menaçaient la stabilité de la monarchie hanovrienne.

Sociétés illégales

En 1799, la loi sur les sociétés illégales [*Unlawful Societies Act*] fut présentée par le Premier ministre William Pitt afin d'« éradiquer efficacement les sociétés établies dans des buts de trahison ou de sédition [1]. » Initialement, seule la franc-maçonnerie hanovrienne, les Modernes, fut exclue de la portée de cette loi, dans la mesure où le prince de Galles, était le Grand Maître des maçons anglais. Mais même ces maçons hanovriens furent tenus de donner leurs noms aux autorités quand ils rejoignaient une Loge reconnue. Un ultime amendement exempta finalement toutes les Loges de francs-maçons, les Ancients comme les Modernes, de la portée de ce texte, mais il y eut un prix à payer.

Le 18 mai 1813, le prince Édouard, qui était aussi un membre de premier

1. Hansard, 1799.

plan des Modernes, écrivit au duc d'Atholl, le chef des Ancients, en lui disant :

> *En toute occasion, nous serions heureux de collaborer avec vous pour vous aider à préserver les droits et les principes du métier, et si l'union avec l'autre Fraternité de maçons est désirable, elle ne peut l'être que si elle s'accomplit sur la base de l'ancienne institution et en conservant tous les droits de l'ancien métier*[1].

Les Anciens acceptèrent les termes de la transaction et se soumirent, une fois de plus, à l'autorité des Hanovriens. Le 8 novembre 1813, le duc d'Atholl démissionna en faveur du duc de Kent. Tout était maintenant prêt pour qu'une Grande Loge Unie d'Angleterre ait désormais le contrôle total de la franc-maçonnerie anglaise. Le duc de Sussex fut choisi pour renforcer cette sujétion du métier par le patronage de la GLUA, qui est depuis devenue la marque de la maçonnerie anglaise. Politiquement, le duc était un bon choix, car il était un prince du sang hanovrien et, par son mariage, il s'était lié à l'une des plus vieilles lignées de maçons connues en Angleterre, la famille Moray. (Il avait épousé en 1793 Lady Augusta Moray, comtesse d'Inverness. Bien qu'une loi ultérieure sur le mariage royal [*Royal Marriage Act*] ait déclaré nulle cette union[2], il semble que les deux époux aient continué de vivre ensemble.)

À l'époque, dans le magazine *Freemason's Quarterly*, des auteurs maçonniques majeurs d'autres traditions soulignèrent les dangers de le nommer Grand Maître :

> *Le patronage, a-t-on dit, implique la sujétion, qui ne peut faire aucun bien à la fraternité. Les frères appartenant à la famille royale ne peuvent que faire ressentir leur éminente position en Loge et affecter par là la qualité fraternelle existant entre les membres.*
>
> *Ni l'auteur anglais, ni le lecteur anglais ne peut s'affranchir de la tendance insulaire égotiste à considérer l'Angleterre comme le point central de tous les événements intervenant dans le monde.*

L'*Histoire de la franc-maçonnerie* de Gould dit de ces « événements » :

> *On a dit que le duc de Sussex voulait accomplir le vœu des maçons,*

---

1. *Gould's History of Freemasonry, op. cit.*

2. N.D.T. Sussex avait épousé Augusta Moray à Rome selon le rite catholique, et même s'il fit de nouveau célébrer son mariage d'après le rite anglican à son retour en Angleterre, cette union fut déclarée nulle en vertu d'un décret de George III qui interdisait à tout prince du sang un mariage contracté en pays étranger sans l'assentiment du roi. Deux enfants étaient pourtant déjà nés de cette union. Après la mort d'Augusta, en 1730, Sussex se remaria sans que ce nouveau mariage reçoive davantage l'assentiment du roi.

l'union des deux Fraternités qui avaient été mal nommées Anciens et Modernes ; son statut élevé dans la société s'accompagnait assurément d'une influence qu'un individu plus humble n'aurait pas eu... Jusqu'à quel point ses plans se conformèrent-ils au projet originel de l'institution maçonnique ? Je laisse à d'autres juges le soin de le déterminer [1].

Pour éviter des problèmes à la Couronne quand les Anciens avaient été menacés de dissolution par la loi sur les sociétés illégales, le prince du pays de Galles avait nommé le comte de Moira Grand Maître Actif [*Acting Grand Master*] [2]. Gould commente encore :

> *Les francs-maçons d'Angleterre ont une grande dette vis-à-vis de la famille royale de leur pays. Ils doivent l'immunité qui les protégea de la loi sur les sociétés secrètes* [illégales] *de 1799 au fait, dans une grande mesure, que l'héritier du trône se trouvait à la tête de la Grande Loge de Londres (les Modernes). Plus tard, quand ils se retrouvèrent sous l'influence conjointe de deux princes du sang, des opinions différentes furent émises qui se fondirent dans un compromis harmonieux* [3].

Le prince de Galles et son plus jeune frère, le duc de Kent, étaient parvenus à ramener les Anciens sous le contrôle des Modernes, mais ils laissèrent au duc de Sussex la tâche de réécrire l'histoire des origines maçonniques. Pour s'assurer que ses ordres seraient respectés, il fit prêter un serment à tous les Maîtres des Loges d'obéir à tous les édits de la nouvelle Grande Loge Unie de l'Angleterre [UGLE, *United Grand Lodge of England*] avant de laisser ce Maître occuper le fauteuil de Vénérable de sa Loge. Ce règlement est toujours en vigueur aujourd'hui et s'impose strictement à chaque installation d'un nouveau Vénérable d'une Loge anglaise.

Sussex comprit aussi autre chose : une tradition orale – et c'est sa faiblesse – peut être modifiée si l'on s'y prend progressivement. La connaissance de l'histoire et du rituel originels s'évanouirait avec le temps. Mais son arme principale, c'était le patronage ; jusqu'à aujourd'hui, tous les officiers de l'UGLE sont nommés par le Grand Maître et non élus par les membres.

Le duc de Sussex décida que tout ce qui avait trait à l'Écosse devait être discrédité et le commentaire de l'historien maçonnique, dans son *Histoire de la franc-maçonnerie*, de 1859, est typique :

---

1. *Gould's History of Freemasonry, op. cit.*
2. N.D.T. Quand le Grand Maître de droit est un prince de sang royal, il peut nommer un *Acting Grand Master* pour assumer l'essentiel des fonctions de la Grande Maîtrise.
3. *Gould's History of Freemasonry,* op. cit.

> *Il est certain que l'Écosse a toujours été la terre bénie de la franc-maçonnerie étrangère. « Écossais » était un bon terme à appliquer à tout nouveau degré* [1].

Et en avril 1909, la structure maçonnique appelée suprême conseil d'Angleterre [*Supreme Council of England*] débaptisa un ensemble de grades dénommé jusque-là « Rite écossais » pour le transformer en « Rite ancien et accepté ». Les minutes du conseil disent :

> *Il fut décidé de supprimer le terme « écossais » de tous les diplômes, certificats, etc.*

À l'époque, un journaliste de *The Masonic Newsletter* écrivit qu'il s'agissait d'une décision stupide car ce rite s'était toujours appelé Rite écossais et qu'il était connu en tant que tel dans tous les coins du monde. Avoir instauré un système qui pouvait se permettre d'opérer de tels changements montre que le duc de Sussex ne se souciait absolument pas de l'histoire maçonnique. Tout ce qui l'intéressait, c'était d'éradiquer toute sympathie jacobite potentielle et, en supprimant le passé Stuart de l'Ordre, de transformer ce dernier en une machine politique de soutien de la monarchie hanovrienne.

Le duc de Sussex était le plus jeune frère du roi George IV et un fils du roi fou George III. En 1813, il devint le Grand Maître de la nouvelle Grande Loge Unie d'Angleterre, contre la volonté d'au moins la moitié des maçons anglais. Il devait conserver cette charge jusqu'en 1843. En 1830, il fut de peu élu président de la *Royal Society* grâce à une campagne menée en sa faveur par les « patrons gentilshommes » [*Gentlemen Patrons,* en somme les amateurs nobles et mécènes] de la Société et, encore une fois, contre le vœu d'une grande partie des scientifiques du groupe, représentés par John Herschel. Ces deux faits m'offraient une clé pour comprendre pourquoi les racines maçonniques de la *Royal Society* avaient été oubliées. Entre 1830 et 1838, le duc de Sussex exerça un contrôle autocratique des deux seuls organismes qui auraient pu conserver des traces des racines « maçonnico-jacobites » de la *Royal Society.* Je savais que le duc de Sussex avait abusé de sa position au sommet de la franc-maçonnerie pour éradiquer toute référence écossaise, et par conséquent jacobite, dans les rituels et les documents. En avait-il fait autant avec la *Royal Society* ?

---

1. *History of Freemasonry,* W. A. Lawrie.

Les histoires manquantes de la franc-maçonnerie

Deux documents mentionnés dans la tradition orale maçonnique et évoqués par Preston auraient pu être extrêmement embarrassants pour l'hanovrien duc de Sussex, si on les avait trouvés dans les archives de la *Royal Society*. Dans les deux cas, il s'agissait d'ébauches d'histoire complète de la franc-maçonnerie, écrites par deux membres originels de la Société, nos vieux amis, Sir Robert Moray et Elias Ashmole.

L'historien D. C. Martin dit de l'*Histoire de la maçonnerie,* de Moray :

> *Quand on demanda à certains membres d'écrire chacun l'histoire d'un métier, Moray s'engagea à préparer celui sur la maçonnerie. Il semble que ce travail ait été exécuté, mais il se trouve maintenant dans les archives de la Société* [1].

Moray était un spécialiste en matière de symbolisme et de philosophie de la franc-maçonnerie, comme le montrent ses longues lettres au frère maçon, Alexander Bruce. Il était en outre parfaitement conscient des origines écossaises de l'Ordre et, je le crois, de l'appartenance de Charles II à celui-ci. Toute histoire de la maçonnerie écrite par cet homme aurait vraiment mérité d'être lue, mais il est fort possible qu'elle ait contenu des références et des révélations qui auraient été inacceptables pour un Grand Maître hanovrien, déterminé à nier toutes les racines jacobites de ce qui était devenu un loyal ordre hanovrien. Nous ne pouvons qu'imaginer ce que Moray avait pu écrire dans ce travail perdu et Stevenson nous aide à apprécier l'étendue de cette perte :

> *Sir Robert Moray ne peut pas être considéré comme un franc-maçon type du milieu du* XVII*e siècle : le fait qu'il en dise tant à propos de ce que signifiait pour lui la maçonnerie le rend en soi unique* [2].

Ashmole décida d'écrire son *Histoire de la franc-maçonnerie* après la mort de Sir Robert. Il avait déjà écrit une histoire complète de l'ordre de la Jarretière et on sait qu'il avait déjà achevé un premier manuscrit de son *Histoire de la franc-maçonnerie* avant 1687. En 1682, selon les archives de la *Royal Society* qui en font mention, Ashmole aurait donné à la Société « un certain nombre de traités ». Une copie de son texte sur la franc-maçonnerie

---

1. « Sir Robert Moray », D. C. Martin, in *The Royal Society, Its Origins and Founders, op. cit.*
2. *The Origins of Freemasonry, op. cit.*

figurait-il parmi ces papiers ? Si c'est le cas, il ne se trouve apparemment plus et depuis longtemps dans la bibliothèque de la *Royal Society*. En 1966, Josten raconte qu'en 1747, le docteur John Campbell mentionna dans un article biographique sur Ashmole l'existence de son manuscrit sur la franc-maçonnerie. Mais Josten ajoutait que l'on ne parvenait malheureusement déjà plus à en retrouver la trace [1].

Donc, deux histoires de la maçonnerie potentiellement embarrassantes et évoquant probablement toutes deux les racines « jacobites et écossaises » de la franc-maçonnerie et son influence sur la formation de la *Royal Society* ont disparu. Comme je le savais, le duc de Sussex s'était montré parfaitement capable de détruire du matériel maçonnique qui contenait des éléments jacobites. Les histoires maçonniques manquantes de Moray et d'Ashmole lui étaient-elles passées entre les mains ? Pour répondre à cette question, j'avais besoin d'étudier plus précisément les circonstances de l'élection du duc de Sussex à la présidence de la *Royal Society*.

Un royal président pour une *Royal Society*

Quand Sir Robert Moray élabora le concept de la *Royal Society*, il envisagea deux catégories de membres. Les « gentilshommes mécènes, ou patrons » qui avaient de l'argent et s'intéressaient à la science, et les vrais scientifiques de talent, qui n'avaient pas nécessairement de richesse, ni même, dans certains cas, de travail. Il réunit mécènes amateurs et scientifiques au sein d'une équipe qui fonctionna très bien à cette époque, qui se situe bien avant le financement public des scientifiques.

En 1663, trente-deux pour cent des camarades étaient des scientifiques, le reste étant les mécènes amateurs. Cette proportion varia peu jusqu'en 1830. En moyenne, pendant ses deux cents premières années, la *Royal Society* sembla avoir besoin de deux amateurs riches et demi pour soutenir un scientifique actif.

Cependant, au début du XIXe siècle, on assista à un changement spectaculaire d'état d'esprit : on passa d'une philosophie qui voyait la recherche scientifique comme une affaire privée, financée par des mécènes, à une approche plus professionnelle du travail scientifique. Si la proportion de scientifiques demeura la même, le nombre des membres augmenta (en 1830, il y avait environ 200 scientifiques et plus de 600 amateurs). Cette nouvelle

1. *Elias Ashmole, 1617-1692, op. cit.*

classe de scientifiques professionnels s'estima gênée par les amateurs et par les charlatans de la médecine, qui, selon eux, les submergeaient. Ils considéraient en particulier que le règlement des réunions où l'on lisait les contributions scientifiques ne permettait ensuite aucune discussion autour des travaux et des résultats. Il s'agissait davantage d'occasions de rencontres sociales suivies d'un bon banquet tous ensemble. Pour s'éloigner de cette atmosphère de club huppé, de nombreuses sociétés purement scientifiques se constituèrent comme l'Association britannique pour l'avancement de la science [*British Association for the Advancement of Science*], la Société géologique [*Geological Society*] et la société astronomique [*Astronomical Society*]. Des scientifiques majeurs de la *Royal Society* commencèrent à s'inquiéter de ce qu'ils voyaient comme un déclin des normes. L'astronome William Herschel disait de la science britannique de l'époque :

> *Nous prenons beaucoup de retard, et comme nous sommes fiers, pauvres et négligents nous nous laissons distancer*[1].

Thomas Young ne pensait pas, quant à lui, que tout était perdu et il lui écrivit en réponse :

> *Je suis entièrement d'accord avec vous que nous sommes pauvres et fiers en tant que pays et que nous négligeons trop les autres nations ; mais j'espère que vous vous trompez quand vous dites que nous prenons beaucoup de retard. Je ne crois pas que notre réputation scientifique ait jamais dépendu des caprices d'un ministre ou de ses collaborateurs. Qu'est-ce que les principes de Newton ont à voir avec le roi Jacques*[2] *?*

De son côté, l'historienne Marie Boas Hall dit de cette période :

> *Les Cassandre annonçant le déclin de la science en Angleterre se voyaient comme les avocats de la professionnalisation de la science et, dans une certaine mesure, ils firent progresser cette cause, seulement ils y parvinrent principalement à l'aide de moyens très différents de ceux qu'ils voulaient prôner*[3].

Un membre de la *Royal Society* en particulier soutint les ambitions du duc de Sussex à devenir président. C'était précisément le président du moment, Davies Gilbert. Il était opposé à l'idée de laisser le contrôle des affaires de la Société aux scientifiques. Il indiqua notamment à ses collègues membres qu'il espérait que « quelque personnage honorable et noble »

1. *All Scientists Now,* Marie Boas Hall.
2. *Ibid.*
3. *Ibid.*

proposerait sa candidature pour être président. En utilisant l'ancienne règle de Moray qui disposait que toute personne au-dessus du rang de baron pouvait être admis le jour de sa demande sans examen préalable, Gilbert fit rentrer furtivement le duc de Sussex au sein de la *Royal Society*, avec l'objectif de faire de lui le prochain président « évident ». Immédiatement après cette « admission », le conseil amenda les statuts pour mettre un terme à cet abus de privilèges et requérir une période d'au moins un mois entre la proposition d'adhésion et le vote. Mais c'était trop tard : Gilbert était parvenu à faire rentrer son « successeur favori » au sein de la Société.

Le duc espérait que son rang élevé lui assurerait une élection aisée à la présidence. Fin 1828, il adressa une lettre à propos de celle-ci à la Société :

> *Si on me la propose, je l'accepterai assurément* [la présidence] *et je ferai de mon mieux... J'imagine que l'on me demandera d'abord de rejoindre le conseil et je ne m'y opposerai pas*[1].

Cependant, son agent à l'intérieur, Davies Gilbert, consulta d'autres membres du conseil et, quand il découvrit que ceux-là ne voulaient pas d'un président « royal », il prit peur et renonça à proposer Sussex comme successeur. John Herschel commençait à gagner de plus en plus de soutien parmi les scientifiques. Vers la fin de 1828, il écrivit :

> *Que dira le monde civilisé de la manière désinvolte qu'a l'Angleterre de traiter la science et les hommes de science*[2] ?

En avril 1830, Charles Babbage (l'inventeur de la machine à calculer, qui est l'ancêtre de l'ordinateur moderne) publia des *Réflexions sur le déclin de la Science en Angleterre* [*Reflections on the Decline of Science in England*]. Dans ce livre, il attaquait les amateurs qui dominaient les hommes de science dans la *Royal Society*. Au milieu d'un torrent d'excès, il proposait que l'appartenance à la Société soit réservée aux seuls scientifiques. Dans un premier temps, la *Royal Society* ignora officiellement son livre mais, sous la pression d'articles de journaux, Gilbert se vit contraint de produire une déclaration mesurée, regrettant la publication de M. Babbage et désapprouvant l'esprit « déloyal » avec lequel il était écrit. Une correspondance acrimonieuse se développa dans le *Times* et, vers la fin de 1830, il fut clair que Gilbert allait devoir démissionner de son poste de président.

1. *Ibid.*
2. *All Scientists Now,* Marie Boas Hall.

Les porte-parole du duc de Sussex commencèrent à lancer les rumeurs d'un nouveau patronage royal pour la Société, mais ce ne fut pas suffisant pour sauver Gilbert. En septembre, il fut contraint de démissionner. Le secrétaire Pettigrew donna à Sussex une copie de la lettre de démission de Gilbert et lui demanda s'il accepterait d'être président. Sussex répondit qu'il serait « fier d'occuper ce poste ». Gilbert pensa alors que la désignation de son candidat était un fait accompli, mais il fut surpris quand le conseil s'opposa à l'idée que le président puisse choisir son successeur.

Maria Boas Hall dit de l'attitude de Sussex à ce moment-là :

> *Sussex lui-même se trouvait dans une position ambiguë ; il était intéressé, et même impatient de devenir président... mais il était inévitablement trop « royal » pour accepter une opposition et il était dépendant de Gilbert* [1].

Lors de la session du conseil du 11 novembre 1830, les négociations secrètes entre Gilbert et Sussex furent rendues publiques et le conseil vota une résolution disant que tous les dirigeants devaient être choisis parmi les membres de la Société qui, par leur connaissance des conditions et des intérêts de la science, étaient les mieux qualifiés. Sussex ne l'était assurément pas ! On vit alors paraître une avalanche de brochures calomnieuses, accusant toutes les personnes impliquées des crimes les plus ignominieux contre la pureté de la science. Il semblait que personne n'oserait se dresser contre le duc, mais au dernier moment, juste avant la Saint-André, le jour de l'élection, John Herschel se déclara. Au début, il ne voulait pas s'opposer au duc, mais quand soixante-trois de ses partisans firent passer un placard dans le *Times* lui demandant de le faire, il estima que c'était là son devoir.

Le vote fut serré. Sussex l'emporta, mais seulement par cent dix-neuf voix contre cent onze, avec deux tiers d'abstentions. On était loin d'un vote de confiance écrasant en faveur du duc de Sussex, mais il avait atteint son but. Cependant, ce devait être le dernier succès de la majorité « amateur » sur les scientifiques, parce que ces derniers avaient maintenant la majorité au conseil.

Sussex était content du résultat. Désormais, il contrôlait les deux institutions qui conservaient des archives jacobites potentiellement embarrassantes. Il agit rapidement. Lors de sa première session du conseil, le 9 décembre 1830, une semaine après son élection, le nouveau président prit immédiatement en main les affaires de la Société. Comme l'indique Lyons :

1. *All Scientists Now,* Marie Boas Hall.

> *Lors de cette première réunion du nouveau conseil, le président présenta une résolution, qui fut adoptée : elle prévoyait que les derniers rapports financiers et moraux pour les douze derniers mois, s'achevant le 30 novembre 1830, seraient publiés et distribués immédiatement aux membres... Il semble que cette résolution n'ait pas figuré à l'ordre du jour, mais que le nouveau président l'ait proposé de sa propre initiative... Proposée, comme elle le fut, depuis le fauteuil du président fraîchement élu, personne ne s'aventura à s'opposer à cette motion* [1].

Les comptes et rapports que Sussex voulut absolument distribuer aux membres ne permettent immédiatement pas de comprendre clairement la raison de cette action préméditée. Les comptes montraient que la Société n'était pas à court d'argent. Cependant, à cette époque, il y avait une forte pression des membres scientifiques pour augmenter le nombre des ouvrages de science de la bibliothèque de la Société et pour l'installer dans une nouvelle salle de lecture mieux équipée. Pour des raisons qui lui étaient propres, le duc de Sussex allait le faire.

L'année suivante, les comptes présentèrent un bénéfice de 775 livres, 7 shillings et 9 pences, malgré une dépense de près de 1 500 livres pour la nouvelle bibliothèque et de plus de 500 livres pour l'acquisition de nouveaux livres. Cet excédent fut notamment le résultat de la vente de nombreux documents de la Société de moindre importance, dont les Manuscrits Arundel, qui furent cédés au British Museum. Sussex avait gagné le soutien des membres scientifiques réticents en leur permettant, pour la première fois, de voir les comptes de la Société et en leur expliquant que la vente des plus vieux manuscrits, « moins utiles », au British Museum allait permettre de financer la construction d'une bibliothèque scientifique moderne. Il joua sur leur vanité en disant :

> *Je considère que la dimension scientifique de ce pays doit être très étroitement associée au caractère et à la valeur scientifique de la* Royal Society [2].

Dans ce sens, on se rappelle Sussex comme du président qui dirigea l'établissement de la première liste des collections d'ouvrages et de documents de la *Royal Society* (même s'il semble s'être querellé avec Anthony Panizzi, un assistant bibliothécaire du British Museum). Le président s'intéressa particulièrement à l'identification des livres non scientifiques qui, se trouvant dans un si mauvais état, ne pourraient même pas être restaurés. Il

1. *The Royal Society 1660-1940*, Sir Henry Lyons, FRS.
2. *All Scientists Now, op. cit.*

estima que cette catégorie d'ouvrages représentait un tiers de la collection de la Société. Sussex fit aménager « des salles supplémentaires pour abriter la bibliothèque » et il donna son accord pour qu'on se débarrasse de la documentation « inutile[1] ». On ne vendit pas plus qu'on ne se débarrassa d'aucun matériel scientifique. Si des histoires de la franc-maçonnerie avaient été conservées par la *Royal Society*, parmi les livres « non scientifiques », ces ouvrages auraient été bons pour la liste des livres dont on devait se débarrasser.

Tandis qu'il entreprenait cette « modernisation » de la bibliothèque de la Société, Sussex sembla encourager l'introduction de plus en plus de scientifiques dans les hautes instances de l'organisation savante. Maria Boas Hall indique :

> *À la fin de la présidence de Sussex, les dirigeants étaient strictement tous des scientifiques de quelque réputation*[2].

Tout était donc prêt pour la transformation finale de la *Royal Society*, qui allait voir celle-ci devenir la première institution scientifique qu'elle est aujourd'hui. Mais pourquoi Sussex avait-il voulu à ce point obtenir la présidence ? Voulait-il préserver le statut des membres amateurs ? Ses actions montrent qu'il n'était pas hostile au fait d'améliorer l'expertise scientifique de la Société. Alors, s'il ne voulait pas conserver les statuts des aristocrates dilettantes – dont il faisait partie –, pourquoi œuvra-t-il tant pour devenir président ? Je ne pouvais pas m'empêcher de penser que son projet de « modernisation » de la bibliothèque – une tâche à laquelle il consacra beaucoup de temps et d'effort – occupait une bonne – voire la première – place dans ses desseins. Dès qu'il avait été élu, sa première initiative avait été d'attirer l'attention des membres sur l'utilité de vendre les manuscrits non scientifiques, en faisant circuler pour la première fois les informations financières du groupe. Le résultat de ses actions fut la transformation de la Société en une organisation totalement scientifique. On doit mettre cela à son crédit. Moyennant quoi, je ne pouvais encore une fois que me dire qu'il s'agissait là d'un nouvel exemple d'action purement politique qui aurait produit un résultat inattendu sur un tout autre plan.

1. *All Scientists Now,* Marie Boas Hall.
2. *Ibid.*

Conclusion

La disparition de la lignée des rois Stuarts avait laissé derrière elle une organisation romantique jacobite étroitement liée à la franc-maçonnerie. Le rappel continu de l'ancienne maison royale fut considéré comme une menace pour la stabilité de la monarchie hanovrienne. Ainsi, la dimension jacobite de la franc-maçonnerie fut d'abord disqualifiée, puis activement éradiquée. Mais alors, la diffusion mondiale des Loges jacobites fut perçue comme une nouvelle menace sérieuse pour la sécurité des Hanovre, particulièrement après les révolutions américaine et française.

L'éradication finale de toutes les origines jacobites de la franc-maçonnerie intervint avec la création d'une Grande Loge Unie d'Angleterre, sous la direction du duc de Sussex. Celui-ci purgea la franc-maçonnerie de toutes ses sympathies jacobites et il supprima totalement ou tourna en dérision tous les rituels qui évoquaient une implication Stuart dans la maçonnerie.

Une fois qu'il eut réorganisé la franc-maçonnerie, le duc de Sussex voulut devenir le président de la *Royal Society*. Une fois en place, il réorganisa la bibliothèque de la Société et, dans ce cadre, il eut probablement l'occasion de s'assurer de la destruction de tous les travaux liant l'histoire de la Société aux jacobites. On sait que des fondateurs de la *Royal Society*, comme Sir Robert Moray et Elias Ashmole, avaient écrit des histoires de la franc-maçonnerie. Il est fort possible qu'elles aient disparu à cette époque. Dès qu'il eut mis de l'ordre dans la *Royal Society*, le duc de Sussex se retira. Mais dans l'intervalle, les scientifiques avaient pris le contrôle de la Société, grâce notamment, à une réaction politique face aux manipulations qui avaient permis l'élection de Sussex. À partir de ce moment-là, la *Royal Society* devint une société purement scientifique.

Pour avoir étudié ses actions au sein de la franc-maçonnerie, je savais que le duc de Sussex avait révisé et changé tous les rituels qui liaient l'Ordre à la cause jacobite et qu'il avait supprimé toutes les références aux Stuarts en tant que patrons de la franc-maçonnerie. On ne sait pas quand disparurent les *Histoires de la franc-maçonnerie* que Moray et Ashmole avaient écrites à la demande de la *Royal Society*. Ce qui est clair, c'est qu'elles ne figurent pas dans le premier catalogue de la collection de la Société. La suppression de ces traces potentiellement embarrassantes des liens de la franc-maçonnerie jacobite avec tant la *Royal Society* primitive que la lignée des rois Stuarts déposés ne fut-elle pas la raison de l'empressement de Sussex à purger la Société de tous ses manuscrits non scientifiques ?

En sa qualité de Grand maître de l'UGLE, Sussex effaça de l'histoire de la franc-maçonnerie toutes les traces d'influence jacobite. Il voulut peut-être aussi s'assurer qu'aucun indice de cet héritage jacobite ne fût resté accidentellement dans le surgeon scientifique de la franc-maçonnerie, à savoir la *Royal Society*. Si ce fut son intention, on peut dire qu'il a quasiment réussi. Mais assez étrangement, la confirmation du rôle de la franc-maçonnerie jacobite dans la fondation de la *Royal Society* n'est pas venue de la franc-maçonnerie, mais d'une condamnation catholique de sa branche hanovrienne. Je vais l'expliquer dans le dernier chapitre de ce livre.

Chapitre XIII

L'HÉRITAGE DE SIR ROBERT

> *La franc-maçonnerie fut fondée pour devenir une contre-Église... La franc-maçonnerie ne détruit pas des églises, mais elle se prépare à les remplacer, grâce au progrès des idées... Apparemment, le véritable inspirateur – qui dissimulait toutefois ses idées sous un voile – des hommes de 1717 fut Thomas Spratt, évêque de Rochester et historiographe de la* Royal Society, *pour laquelle il élabora un programme qui devait être repris plus tard par Anderson et transposé dans le cadre plus large de la Grande Loge... Qui irait imaginer un plan secret, dans lequel la franc-maçonnerie apparaîtrait comme la fille de la* Royal Society *?*

Alec Mellor, avocat à la cour de Paris, écrivant sous l'*Imprimatur + Patritius Carey, Vic. Gen., Westonasterii,* 15 septembre 1964 [1]

Dans cette citation, Alec Mellor affirme que Thomas Spratt fonda la franc-maçonnerie. Il est faux de prétendre que Spratt inventa la franc-maçonnerie, en revanche il est exact qu'il y a des idées maçonniques dans l'*Histoire* de Spratt. Comme nous l'avons vu, nous pouvons faire remonter ces idées jusqu'à la franc-maçonnerie de William Schaw et de Jacques VI, en passant par Sir Robert Moray.

La franc-maçonnerie écossaise primitive montrait une grande tolérance à l'endroit des différentes conceptions religieuses et un attachement avisé à l'étude des mystères cachés de la nature et de la science. On peut retrouver ces idées dans ce passage de Spratt que Mellor cite :

> *En ce qui concerne les membres eux-mêmes, qui constituent la Société, il faut noter qu'ils ont librement admis des hommes de différents pays, religions ou*

1. *Our Separated Brethren : The Freemasons*, Alec Mellor.

> *professions. Ils étaient obligés de le faire, sous peine de manquer à la grandeur de leurs propres déclarations. Car ils affirmaient ouvertement ne pas vouloir poser les fondations d'une philosophie anglaise, écossaise, irlandaise, papiste ou protestante, mais celles d'une philosophie pour l'humanité* [1].

Mellor fait remarquer à quel point cette affirmation de Spratt, publiée en 1667, est proche de la nature inhérente de la franc-maçonnerie que l'on trouve dans le *Livre des Constitutions d'Anderson*, de 1723. Mais, ailleurs dans ce premier livre officiel publié par la franc-maçonnerie à propos d'elle-même, Anderson parle de notre « Grand Maître maçon Inigo Jones ». En outre, il désigne Jacques VI (Ier) et Charles Ier comme « maçons » et fournit encore davantage de détails sur la période de la Restauration. Il dit :

> *Quand les guerres furent terminées et que la famille royale fut rétablie sur le trône, la véritable maçonnerie fut pareillement restaurée... Le roi Charles II était un franc-maçon accepté... Mais sous le règne de son frère, le roi Jacques II, les Loges de francs-maçons de Londres s'enfoncèrent dans l'ignorance, en n'étant pas dûment fréquentées et entretenues* [2].

Il est clair qu'Anderson pensait que la franc-maçonnerie existait déjà sous le règne de Jacques VI (Ier). Donc Mellor ne peut avoir raison quand il prétend avoir trouvé dans les écrits de Spratt les débuts de la philosophie maçonnique. Je crois que ce qu'il a trouvé en réalité c'est la franc-maçonnerie embrassée tant par Sir Robert Moray que Charles II.

Après avoir cherché à comprendre les détails les plus étranges des premiers temps de la *Royal Society*, ma quête était presque achevée. J'avais réuni la plupart des pièces du puzzle qui expliquait comment douze hommes, provenant à nombre égal des deux camps d'une longue et sanglante guerre civile, s'étaient réunis pour former une institution scientifique révolutionnaire. Je savais maintenant qu'il ne s'agissait pas simplement d'un heureux hasard, mais que la Société était le résultat d'un plan soigneusement conçu par un Écossais avisé, Sir Robert Moray.

Maintenant je pouvais essayer de synthétiser les motivations qui avaient animé les fondateurs de la *Royal Society* et d'apprécier enfin l'ampleur et la richesse du rôle joué par Sir Robert.

J'avais une réponse à la question que je m'étais posée au début de ma recherche : « Qu'est-ce qui put bien inciter un improbable groupe de rescapés des deux camps de la guerre civile à se rencontrer, à former la plus

1. *A History of the Royal Society,* Thomas Spratt.
2. *Book of Constitutions,* James Anderson.

ancienne et la plus respectée des sociétés scientifiques du monde, puis à développer les outils de la science moderne ? » Comme je viens de le dire, ce ne fut pas un simple hasard, mais un plan soigneusement orchestré, organisé par un diplomate habile doublé d'un espion qualifié. Je sentais maintenant que je pouvais rassembler toutes les pièces de l'histoire, en me contentant de quelques spéculations pour combler les rares lacunes.

L'histoire complète de Sir Robert Moray

Étant enfant, Sir Robert Moray était fasciné par le génie civil. Puis il devint un soldat extrêmement compétent, avant d'entrer en politique. Moray témoignait d'un intérêt inné pour la science et l'ingénierie. Il poussa cet intérêt en embrassant une carrière de quartier-maître général dans les armées françaises et écossaises. Pendant son service dans l'armée, il devint franc-maçon. Alors, il constata que les idées et la philosophie de la franc-maçonnerie complétaient son amour de la science et satisfaisaient son besoin d'accomplissement spirituel qu'il n'avait pas assouvi dans la religion conventionnelle. La maçonnerie combla également sa passion pour le symbolisme. Ses études de la franc-maçonnerie l'aidèrent à bien considérer les choses qui le concernaient et à développer des idées auxquelles il resta fidèle toute sa vie. Cette indépendance agaça souvent ses ennemis, mais la franc-maçonnerie lui avait appris à se montrer prudent dans ses réactions. Un jour, il écrivit de lui-même :

> *Pour autant que je le sache, la moitié du royaume aurait dit que j'exprimais des opinions hostiles aux Écritures, que j'étais un athée, un magicien, voire un nécromancien, et un malveillant*[1].

Il ne semblait pas franchement tracassé par cela ! Et cela ne sembla pas davantage inquiéter Charles II. Stevenson indique de leur relation :

> [Moray] *eut la chance de trouver dans le cynique Charles II un roi indifférent aux affaires de religion qui le laissa agir selon sa guise et remarquait sur un ton taquin qu'il pensait que Moray était le chef de sa propre Église*[2].

Cependant, ce rapport privilégié avec les rois Stuarts ne se développa que vers la fin de sa vie. En tant que jeune soldat, Moray fit preuve d'un talent inné pour la manipulation et l'espionnage et d'une faiblesse pour le faste de la cour française qui s'exprima contre Charles Ier.

1. Scottish Records Office, GD. 406.1.C.6132.
2. *The Origins of Freemasonry*, David Stevenson.

En sa qualité d'agent français, il contribua activement aux événements qui menèrent à la destitution de ce roi. Moray utilisa son appartenance à la Loge d'Édimbourg – qui comptait de nombreux courtisans écossais de Charles Ier parmi ses membres – pour développer son réseau de contacts. Les Stuarts étaient impliqués dans la franc-maçonnerie depuis 1601, quand Jacques VI (Ier) était devenu franc-maçon. Il est fort probable que Charles Ier ait également été initié dans le métier, bien qu'il n'y ait aucune trace de son Initiation.

En tant que membre de la Garde écossaise du roi de France, Moray fut récupéré par le cardinal Richelieu qui lui demanda d'espionner les Anglais. Il semble avoir joué ce rôle avec suffisamment de plaisir pour se montrer digne de sa devise personnelle : « Mieux vaut être que paraître. » [*To be, rather than to seem.*]

Avant 1650, il est clair que Moray œuvra dans le sens de ses seuls intérêts. À la mort de son patron, le cardinal de Richelieu, Moray apporta la nouvelle de ce décès à Charles Ier, à Oxford. Il est possible que les liens de Moray avec les francs-maçons de la cour écossaise de Charles aient pu convaincre celui-ci qu'il pouvait lui faire confiance. En 1642, Charles le fit chevalier afin de lui conférer un statut suffisant pour lui permettre de se présenter en émissaire du roi de Grande-Bretagne devant le roi de France.

Quand Moray, qui était toujours un soldat d'active dans la Garde d'élite écossaise de Louis XIII, revint en France et délivra le message de Charles Ier qui demandait de l'aide, il fut promu pour ses efforts. Il partit alors servir dans les rangs français en Bavière où il eut la malchance d'être capturé et emprisonné. Louis XIII s'éteignit alors à son tour et le cardinal Mazarin s'empara du pouvoir en France. Le nouveau roi, Louis XIV, était trop jeune pour régner. Moray n'intéressait pas Mazarin et comme il ne paya pas sa rançon, il laissa l'Écossais se languir dans sa prison. Mais le cardinal changea d'avis quand il vit une opportunité d'employer Moray comme intermédiaire entre Charles Ier et le Parlement anglais et il se résolut alors à payer la rançon. C'était ostensiblement les rapports maçonniques de Moray avec les covenantaires qui lui donnaient de l'importance. Apparemment, Mazarin ne l'avait sorti de sa prison que pour se servir de lui comme agent provocateur contre Charles.

Sir Robert fut sur le point de persuader ce dernier de fuir vers la France... où il serait devenu un pion très utile entre les mains du cardinal. Si Charles n'avait pas refusé au dernier moment, Moray aurait peut-être alors tellement compromis la lignée Stuart que Cromwell aurait pu instaurer une république anglaise durable. Cependant, Charles fit marche arrière et il fut ultérieurement jugé pour trahison et condamné à mort.

Après son exécution, Moray quitta l'armée française et rentra à Édimbourg pour rétablir ses contacts avec la Loge locale. Il se maria et, ensuite, il se montra apparemment moins mercenaire. Jusqu'à cette époque, il n'avait fait que monnayer ses talents et la France l'avait bien rémunéré pour cela. Après son mariage aussi bref que tragique avec Sophia Lindsey, il semble avoir fait preuve de davantage de loyauté. Il fit la connaissance de Charles II à un moment où le jeune homme subissait une pression religieuse et politique considérable de la part des presbytériens. Le prince plut à Moray. Et à partir de ce moment-là, il paraît avoir employé tous ses incontestables talents militaires et politiques au service du nouveau roi Stuart.

Dès sa rencontre avec Charles II, pendant les négociations relatives à son couronnement à Scoon, Moray devint un fervent défenseur de la cause Stuart. Il assista probablement au couronnement de Charles II au palais de Scoon. Et c'est peut-être également lui qui organisa l'Initiation du souverain dans le métier, quand le roi s'éclipsa brièvement pour aller rencontrer les « Engagés » du comte de Lauderdale, majoritairement dominés par les maçons.

Après la mort de sa jeune épouse, Moray devint très proche de Charles II et il s'impliqua activement en organisant un soulèvement dans les Highlands. Quand Lord Glencairn l'accusa faussement d'avoir comploté contre le jeune roi, Moray adressa à Charles un appel maçonnique particulier pour protester de son innocence. Quand le souverain reçut cette lettre, il se prononça en faveur de l'inculpé. Le choix des mots qu'il employa dans son appel attire l'attention sur son implication de longue date dans la franc-maçonnerie.

Le professeur Stevenson dit de la requête de Moray, « Votre Majesté pourra, comme le Maître architecte fait avec ses matériaux, m'utiliser comme bon lui semblera » :

> *En cherchant une nouvelle manière efficace de prouver l'étendue de sa bonne volonté, Moray pense-t-il simplement à une métaphore maçonnique sincère tirée de son expérience du métier ? Ou veut-il par là que Charles reconnaisse l'allusion maçonnique et, fort de sa connaissance des valeurs attachées au métier, qu'il prenne celle-ci pour une indication de son honnêteté et de sa loyauté ? Cette dernière interprétation peut paraître peu probable, mais elle reste néanmoins possible*[1].

Moray travailla pour Charles dans les Highlands, contre les « têtes rondes » de Cromwell, et il demeura fidèle au roi même après avoir été

1. *The Origins of Freemasonry*, David Stevenson.

emprisonné et faussement accusé d'avoir trempé dans un complot pour tuer le roi. Dès que son nom eut été lavé de tout soupçon, Moray mit à profit son influence en France pour aider le roi. Charles s'était enfui en France pour rejoindre sa mère, après l'invasion de l'Écosse par les « têtes rondes » et l'échec du soulèvement de Glencairn. À Paris, Moray fit partie de la cour de Charles et déménagea à Bruges avec celui-ci.

Après la mort de Cromwell, il devint clair que l'héritier Stuart allait être restauré sur le trône. Charles était proche de sa sœur, mariée au duc d'Orange et, par elle, il apprit que la guerre navale avec les Hollandais, entamée par Cromwell, était sur le point de reprendre. On demanda alors à Moray – à moins qu'il n'ait été volontaire – de se servir de ses contacts maçonniques pour obtenir toutes les informations militaires possibles sur les intentions des États hollandais. Avec cette mission à l'esprit, il partit s'installer à Maastricht, où il recueillit des informations politiques et militaires sur les desseins des Néerlandais. Il usa effectivement de ses liens maçonniques pour entrer en contact avec les maçons locaux et, grâce à cela, il devint même citoyen de Maastricht. L'objectif de ses missions d'espionnage était l'évaluation de la menace batave. Puis il revint à Paris pour, pareillement, évaluer ce que pourrait être la réaction française, avant de rejoindre finalement le roi à Londres.

Une fois que Charles fut réinstallé à Whitehall, Moray vint le retrouver. Quand il arriva à Londres, il fut salué comme un vieil ami, « Sa Majesté l'étreignant avec force et lui serrant longuement la main » comme un frère. Et le souverain lui offrit des appartements privés dans le palais même de Whitehall. Hélas, Moray revenait en Angleterre porteur de mauvaises nouvelles : la marine hollandaise surclassait la flotte de Charles et la reprise de la guerre navale était probable. Le nouveau roi de Grande-Bretagne n'avait pas d'argent et très peu de compétences disponibles pour améliorer sa *Navy*. Si les sujets liés à la navigation le passionnaient, il n'avait aucune ressource à leur consacrer. Quand Sir Robert lui fit le compte-rendu de ses missions d'espionnage aux Pays-Bas, ils parlèrent certainement longuement ensemble de ce problème. Que pouvait-on faire, sans spécialistes des questions navales et sans argent pour les payer ?

Ce fut Moray qui eut l'idée d'une solution inspirée. Il rétablit ses contacts maçonniques dans et autour de Londres, avec probablement en tête l'identification de tous ceux qui s'impliquaient dans l'étude de la science. En quelques semaines, Moray entra en relation avec les groupes maçonniques qui soutenaient les frères « pauvres et en détresse » qui venaient d'être évincés de leurs postes universitaires du fait du retour d'un gouvernement royaliste.

Il découvrit rapidement que le principal foyer de franc-maçonnerie, dans le Londres de la Restauration, était le Gresham College. Au sein de cette université publique, que Sir Thomas Gresham avait voulu pour soutenir ses idéaux maçonniques d'étude et de recherche, Moray trouva la réponse au dilemme de Charles. Quand le roi était revenu en Angleterre, de nombreux scientifiques parlementaristes avaient été chassés de leurs postes universitaires et luttaient alors pour survivre. Un groupe important de ces érudits évincés avait trouvé refuge au Gresham College. Ils vivaient comme ils pouvaient grâce aux petites rémunérations que le Collège pouvait leur verser, à eux ou à leurs amis. Il y avait donc là un vivier de spécialistes ès technologies navales dans lequel on allait pouvoir puiser. Mais ces « scientifiques » étaient tous politiquement en disgrâce et très indigents. Et Charles ne pouvait pas se permettre de les payer.

Mais c'était sans compter sur l'inventivité de Moray. Il entretenait de vieux contacts avec les nobles maçons écossais et connaissait beaucoup de riches gentlemen maçons. Ces derniers n'abordaient l'étude de la science qu'en amateurs, mais ils avaient de l'argent et de l'influence. Moray vit l'opportunité de rapprocher ces deux groupes et de les convaincre de travailler ensemble pour le bien de leur roi et de leur pays. Il connaissait les idées qui avaient sous-tendu la création de l'Académie française de Richelieu et devinait qu'il pouvait utiliser ses relations maçonniques pour établir quelque chose de semblable à Londres afin de résoudre les problèmes de la marine de Charles.

Moray réunit donc les royalistes ayant l'argent et les parlementaristes ayant la compétence scientifique, pour constituer un groupe autofinancé susceptible de régler les problèmes pressants de la flotte anglaise. Il est clair que Moray avait peur d'une autre guerre avec les Néerlandais. Il savait que leur construction navale était très en avance sur celle de l'Angleterre. Sa solution frappa l'imagination du royaume à peine restauré. Il fonda une nouvelle société sur l'intérêt pour la science, partagé par tous les francs-maçons, en concentrant la mise en application de cette dernière sur les questions de défense.

Un beau jour, Sir Robert incita ses amis et ses contacts à assister à la conférence hebdomadaire, que donnait l'une des stars du petit milieu des scientifiques parlementaristes, Christopher Wren. Apparemment, deux des participants à cette première rencontre, Christopher Wren lui-même et Robert Boyle, n'étaient certainement pas maçons. Les minutes de la Société montrent qu'ils étaient présents à cette réunion, mais ils figurent aussi sur la liste – dressée à cette occasion – des personnes qu'il était opportun d'inviter à rejoindre ce nouveau groupe. Cette bizarrerie peut s'expliquer si les deux hommes avaient quitté la réunion avant que Moray et ses frères maçons n'abordent le sujet principal, la création d'une nouvelle société destinée à étudier les mystères cachés de la nature et de la science, conformément aux objectifs maçonniques. S'il semble que Christopher Wren soit ultérieurement devenu maçon, Robert Boyle ne rejoignit jamais l'Ordre, car il se refusait résolument à prêter le moindre serment, quelles que soient les circonstances.

Pour que son idée puisse fonctionner, Moray emprunta un autre principe à la franc-maçonnerie : ne jamais parler de politique ou de religion pendant les réunions. Et il assura le financement en faisant appel à la charité de ceux qui en étaient capables, ce qui permit aux hommes compétents mais pauvres de réaliser des expérimentations.

Moray gagna la confiance des maçons parlementaristes quand il offrit à leur chef destitué, John Wilkins, la présidence de cette première réunion. Wilkins avait été extrêmement proche de Cromwell et de sa famille. En le réhabilitant aux yeux du roi, Moray montrait aux autres scientifiques parlementaristes qu'ils étaient tous égaux au sein de la nouvelle institution scientifique – inspirée par les principes maçonniques – qu'ils créaient. Il assit son projet sur des bases solides et, malgré l'emploi du temps surchargé du roi, Sir Robert put revenir une semaine plus tard devant le groupe pour leur dire que le souverain avait promis de leur octroyer une Charte royale.

Au cours des deux premières années, il impulsa le groupe et le poussa vers sa vision d'une nouvelle marine scientifique. On se moqua gentiment de lui comme le montre ce petit poème :

Le Premier virtuose a entrepris
De refaire toutes les expériences
De ce savant homme, Sir Francis Bacon
Montrant laquelle peut ou ne peut pas être faite[1].

Moray veilla à ce que la plupart des scientifiques, parmi ces tout premiers membres, s'intéressent à des sujets en rapport avec la marine. Il chercha à impliquer dans les premiers travaux des concepteurs de bateaux, des experts en matière de navigation et des spécialistes en armement. Dans un premier temps, il s'assura de présider lui-même la majorité des rencontres, afin d'établir une forme structurée de réunion. Moray suivait un ordre du jour précis et conservait les minutes de chaque réunion, méthodes qu'il avait reprises des Loges maçonniques écossaises de Schaw. Il instaura deux règles fondamentales : tous les hommes étaient les bienvenus au sein de la

1. *Scientists and Amateurs : A History of the Royal Society*, D. Stimson.

Société, sans considération de religion, de race ou d'inclination politique ; et pendant les réunions, on ne devait parler que de sujets scientifiques (les discussions politiques et religieuses étant interdites). Il n'est donc pas étonnant qu'Alec Mellor (cité au début de ce chapitre) ait trouvé un parfum de franc-maçonnerie dans les écrits de Thomas Spratt. Celui-ci composa son *Histoire* sous la direction éditoriale de Moray, mais il n'inventa pas les principes de la franc-maçonnerie : les pratiques maçonniques de la *Royal Society* originelle les lui avaient enseignés.

Finalement, Moray créa quelque chose de beaucoup plus important que tout ce dont il avait rêvé. À mesure que la Société se développa, elle finit par acquérir une vie propre. Et elle commença bientôt à prendre ses distances d'avec ses racines maçonniques. Moray laissa à d'autres le soin de gérer les tâches quotidiennes et de présider les réunions, et il se consacra à l'élaboration d'une charte pour son « bébé ». En grandissant, la Société intégra de plus en plus de non-maçons.

Quand la Première Charte fut octroyée, Moray se mit en retrait et poussa en avant un passionné de navigation, Lord Brouncker, qui devint le premier président officiel. Sir Robert pensait que, maintenant, la Société allait continuer sur sa lancée. Mais il espérait peut-être aussi consacrer son temps à la rédaction de son histoire de la franc-maçonnerie qu'il avait commencée et pour encourager le libre-échange d'informations grâce, notamment, aux *Transactions*, dont il avait été l'instigateur. La Société se mit à suivre sa propre voie et à réclamer un rôle plus indépendant.

La Société qui avait été créée comme une sorte de sous-groupe maçonnique spécialisé pour soutenir le roi évoluait vers quelque chose d'autre. Le premier signe de cette transformation se manifesta au moment de la présentation de la Première Charte. Déjà, les membres n'aimaient pas le titre de leur organisation, « *Royal* » *Society*, qui trahissait peut-être trop les intentions réelles de Moray. Ils voulaient un nom qui les lie davantage à la science, et pas simplement à la monarchie, un nom qui fasse comprendre qu'ils ne formaient pas simplement une « Société pour soutenir le roi » : et c'est ainsi qu'ils devinrent une Société pour la promotion de la connaissance, patronnée par le roi. Cependant, le principe mis en place par Moray – mélanger des amateurs riches apportant les fonds et des scientifiques moins riches mais réalisant les expérimentations – se révéla efficace pendant près de deux cents ans.

La philosophie maçonnique dont hérita la nouvelle Société permit l'émergence des développements scientifiques les plus importants de tous les temps. Les problèmes auxquels faisait face la marine de Charles étaient en réalité des questions fondamentales concernant la compréhension de l'Univers. En mettant au point des techniques pour faciliter la navigation, les fondateurs de la *Royal Society* créèrent la méthodologie et la technologie qui ont permis à ses membres d'étudier les étoiles. Afin de récolter des fonds, ils avaient mis en place une politique de démonstration spectaculaire pour distraire les riches gentilshommes, et cette pratique permit de répandre les idées de la science dans les couches les plus influentes de la société anglaise. En utilisant le microscope pour étudier et dessiner de petites créatures afin d'amuser la noblesse, on découvrit la science de la biologie. Finalement, la publication des études et des expériences augmenta le taux d'innovation. En moins de vingt ans, l'étude des étoiles passa de l'astrologie à l'application pratique des lois de Newton pour prévoir le retour de la comète de Halley. Il est assez singulier de se dire que la première version du *Old Moore's Almanack* [Vieil Almanach de Moore] fut éditée à peine sept ans avant que l'étude astronomique de Newton ne relèguât la science astrologique de Francis Moore au rang de simple superstition. La jeune *Royal Society* fournissait un cadre efficace à un groupe fertile de penseurs auquel elle apportait financement, encouragement et un moyen de partager la connaissance. Sans le changement d'approche de l'étude du ciel que réalisa la *Royal Society*, Newton n'aurait peut-être jamais été publié. Moins d'une génération plus tôt, tandis que Bacon parlait de la Maison de Salomon dans sa *Nouvelle Atlantide*, Galilée était persécuté par l'Église pour avoir eu l'audace de suggérer que la Terre tournait autour du Soleil !

Tous les francs-maçons récitent aujourd'hui l'énoncé formel de l'hérésie galiléenne qui fait partie des instructions et de l'interrogatoire du degré de Compagnon. S'agit-il d'un hommage permanent à l'œuvre du frère Robert Moray qui mit en pratique son serment maçonnique : la promesse d' « étudier les secrets cachés de la nature et de la science afin de mieux connaître son Créateur » ?

Malgré tous les éléments de preuve que j'avais pu rassembler sur ses actions, j'avais encore du mal à croire que Sir Robert avait réellement voulu créer la première société scientifique du monde le 28 novembre 1660. Il espérait probablement simplement que le groupe résolve les problèmes militaires que Charles ne pouvait pas se permettre d'aborder. Et pourtant, en faisant appel aux principes sous-tendant la franc-maçonnerie – l'égalité et l'étude de la science –, il avait donné naissance à une puissance considérable. Son groupe était libre de tout carcan dogmatique religieux et bénéficiait d'une structure unique pour son époque. Que ce soit sciemment ou par accident, il avait utilisé trois des idées les plus puissantes de la franc-maçonnerie écossaise, mais il les avait appliquées au développement de la technologie. Voici les idées qu'il emprunta à la franc-maçonnerie :

1. L'étude des œuvres de la nature peut conduire à une meilleure compréhension du plan fondamental de Dieu, ce qui veut dire qu'il y a un ordre sous-tendant les lois de la nature qui peut être déterminé par l'observation et l'expérience. Cette idée mena directement aux découvertes de Newton.
2. Tous les hommes sont égaux. S'ils se réunissent pour parler de science et interdisent toute discussion politique ou religieuse, ils seront en mesure de collaborer. Selon ce principe, il incita les scientifiques, qui avaient été d'ardents partisans du Parlement, à se réunir avec de riches royalistes qui, à leur tour, allaient apporter leur concours aux travaux des premiers et contribuer à leur réhabilitation dans la société anglaise de la Restauration. Cette focalisation sur la science expérimentale à l'exclusion de tout autre sujet de distraction permit à la *Royal Society* de devenir une force majeure ayant contribué à la naissance de notre époque scientifique moderne.
3. Pour que les dirigeants et les présidents aient vraiment le pouvoir, ils doivent être élus et avoir le soutien des membres qu'ils dirigent. À l'instar de William Schaw soixante ans plus tôt, Moray inséra dans les Chartes que les membres devaient élire leurs chefs pour qu'ils leur soient loyaux.

Ces principes se révélèrent une base solide pour la construction d'une institution scientifique. Le quatrième principe de Moray – faire rentrer de riches amateurs dans la Société pour financer les scientifiques moins fortunés – ne resta en vigueur que jusqu'à la présidence du duc de Sussex. Depuis l'époque de ce dernier, l'appartenance à la *Royal Society* est limitée aux seuls scientifiques de renommée mondiale.

De nombreux auteurs ont spéculé sur les racines maçonniques de la *Royal Society*. Certains, comme Alec Mellor, sont allés jusqu'à dire qu'elle avait donné naissance à la franc-maçonnerie, mais je crois avoir montré que ce n'est pas le cas. La *Royal Society* est la fille de la franc-maçonnerie.

Ainsi, j'ai maintenant reconstitué ma version de l'histoire sous-tendant l'incroyable succès de la *Royal Society*. Elle fut fondée par un astucieux franc-maçon aux motivations politiques. Son but était de résoudre à court terme un problème de technologie militaire handicapant une marine affaiblie. Sir Robert Moray emprunta la structure et la philosophie de la franc-maçonnerie écossaise et l'utilisa pour créer un nouveau type d'organisation. Bientôt, elle sortit des limites de Moray et se dota d'un programme beaucoup plus large. En se développant, elle conserva le meilleur des idées de Sir Robert pour les appliquer à ses propres choix scientifiques.

Sa nouvelle attitude vis-à-vis de la connaissance et de l'étude des mystères cachés de la nature et de la science conduisit au développement de la physique et aux théories de Newton. La philosophie naturelle est devenue une science prédictive et la superstition a laissé la place à la technologie. Nous devons notre société moderne et ses nombreuses innovations scientifiques merveilleuses à la réussite imprévue de Sir Robert Moray. Il avait repéré la sagesse des enseignements maçonniques, qui l'avaient inspiré, et il utilisa le système des Loges de Schaw et les principes de l'harmonie maçonnique pour réunir les deux camps de la guerre civile. Ainsi il créa une structure qui permit à la science de s'affranchir du carcan superstitieux de la religion.

Il existe une règle non écrite de la politique connue sous le nom de Loi des conséquences inattendues. Elle dit que, quelle que soit la précision de l'analyse d'une situation complexe, on ne pourra jamais prévoir toutes les issues possibles d'une action. Dans le cas des fondateurs de la *Royal Society*, c'est assurément vrai. Ce petit groupe de francs-maçons voulait probablement juste résoudre des problèmes de technologie navale et, peut-être, récupérer une partie du statut qu'ils avaient perdu dans la société. Mais ce qu'ils réalisèrent alla beaucoup, beaucoup plus loin. Ils créèrent un système sans précédent qui augmenta les possibilités d'accroître considérablement le bien-être humain.

La méthode scientifique commença avec les recherches de la *Royal Society,* qui, de son côté, avait été inspirée par les enseignements de la franc-maçonnerie écossaise. N'oublions pas tout ce que nous devons à nos anciens frères, William Schaw, Sir Robert Moray, le révérend John Wilkins et même Son Altesse royale Charles II. Du fait d'événements politiques ultérieurs, la monarchie hanovrienne a peut-être trouvé plus confortable d'oublier la dette que notre société a vis-à-vis de la franc-maçonnerie jacobite écossaise. Parallèlement, la Grande Loge Unie d'Angleterre peut avoir peur de reconnaître ses racines écossaises. Mais une restauration des Stuarts n'est plus à craindre. Alors ne peut-on considérer que suffisamment de temps a passé pour que certaines vérités puissent être clairement rappelées ?

Nous pouvons donc assurément célébrer librement aujourd'hui l'origine maçonnique de la science moderne et honorer la mémoire du frère Robert Moray, l'homme qui conçut la *Royal Society*, qui la matura pendant ses neuf mois de présidence et qui la porta sur les fonts baptismaux avec ses Chartes fondatrices !

Postface

LA VIE, L'UNIVERS ET UNE THÉORIE DU TOUT

Ce livre a représenté une quête personnelle pour comprendre les circonstances incroyables de la naissance de la *Royal Society*. Cette quête a été alimentée par mon intérêt pour la science et poussée par mon incrédulité quant aux explications simplistes à l'extrême que l'on donnait de ses débuts. Un « big bang » a secoué la science il y a environ trois cents ans et la société moderne en ressent encore les effets. La cause de cette explosion fut la première société scientifique moderne du monde. Cette institution libéra les scientifiques de la superstition et leur permit de construire la technologie moderne. Cette révolution sous-tendait tous les sujets que je voulais étudier quand, enfant, je décidai de devenir scientifique.

Pour le devenir, il me fallut étudier les maths. Et en préparant un A-level [l'équivalent anglais du baccalauréat] en mathématiques appliquées, je me familiarisai avec les hommes qui avaient dominé la pensée mathématique scientifique depuis des siècles. Le plus important de ceux-là était Isaac Newton, membre puis président de la *Royal Society*.

Au cours de mon apprentissage des mathématiques appliquées, j'eus l'occasion d'étudier les trois lois sur le mouvement de Newton en une multitude de circonstances. Les lois elles-mêmes sont très simples. Les voici telles que je les ai apprises :

1. Tout corps au repos ou dans un état de mouvement uniforme continue en ligne droite, tant que son état ne se modifie pas par l'application d'une force externe.

2. Un changement d'impulsion par unité de temps est proportionnel

à la force appliquée et intervient dans la direction de la ligne droite dans laquelle la force agit.

3. À toute action il y a toujours une réaction égale et inverse ; ou, les actions combinées de deux corps quelconques sont toujours égales et dirigées en sens contraire.

Mon manuel ajoutait alors : « Pour les deux premières de ces lois, nous sommes très redevables à Galilée[1]. » Ce dernier était l'autre géant de la méthode scientifique, dont je fus instamment prié par mes maîtres de suivre l'exemple.

Ces lois fondamentales furent d'abord observées dans les expériences de Galilée. Mais c'est Newton qui leur donna la forme mathématique qui me fut enseignée. J'appris à calculer le résultat de toutes sortes de chocs de particules, l'impact des corps élastiques et non élastiques, les mouvements des pendules et des ressorts, où trouver le centre de gravité, prévoir le mouvement dans un cercle, les effets de la friction, l'amplification mécanique... La puissance analytique des lois simples de Newton a permis de lever tous ces mystères. Et quand j'ai levé les yeux vers la lune, tout excité par l'annonce du président Kennedy qui déclarait que la NASA enverrait un homme là-haut avant la fin de la décennie, c'est encore Newton qui m'aida à comprendre la science des fusées qui contrôlait l'orbite des astronautes.

La loi de la gravitation universelle de Newton était tout aussi simple à mettre noir sur blanc, mais son application était plus difficile à comprendre :

> *Deux particules de matière s'attirent réciproquement avec une force dont l'intensité est proportionnelle aux masses et inversement proportionnelle au carré de la distance les séparant.*

Cette loi pouvait expliquer presque tous les mouvements visibles des étoiles au-dessus de nos têtes. Pendant trois cents ans, elle resta le moyen sans égal de décrire l'Univers. Newton écrivit un livre sur son travail qui connut un grand succès, il l'intitula *Principes mathématiques de philosophie naturelle* [*Principia Mathematica*]. On l'imprime encore aujourd'hui (mais les éditions courantes ont depuis été traduites du latin – qu'avait utilisé Newton).

Newton considérait son travail comme un moyen d'étudier la volonté de Dieu. Selon ses propres termes :

1. *A Shorter Intermediate Mechanics*, D. Humphrey & J. Topping.

> *Ce merveilleux système du Soleil, des planètes et des comètes ne pouvait procéder que du plan et de l'autorité d'un être intelligent et puissant... Cet être gouverne toute chose, non pas en tant qu'âme du monde, mais en tant que Seigneur régnant sur tout et au titre de Sa domination, on a coutume de l'appeler Seigneur Dieu*[1].

Newton était un physicien expérimental, qui voyait l'étude de la nature comme un moyen de comprendre l'Esprit de Dieu. Il était convaincu qu'une compréhension totale de tout était possible. Il clôtura son livre par ces mots :

> *Et maintenant, nous pourrions ajouter quelque chose concernant un certain esprit extrêmement subtil qui envahit et hante tout. Par la force et l'action de cet esprit, les particules des corps s'attirent à proches distances et s'articulent si elles sont contiguës. Et depuis de plus grandes distances, les corps électriques agissent, repoussant ou attirant les corpuscules voisins. Quant à la lumière, elle est émise, réfléchie, réfractée, infléchie et elle chauffe les corps. Et toutes les sensations sont décuplées et les membres des corps des animaux bougent sur ordre de la volonté, c'est-à-dire, par la vibration de cet esprit, propagée par les filaments des nerfs depuis les organes sensoriels externes jusqu'au cerveau, et du cerveau jusqu'aux muscles. Mais il s'agit là de choses qui ne peuvent être expliquées en quelques mots et nous ne disposons pas du nombre suffisant d'expérimentations requis pour bénéficier d'une détermination et d'une démonstration précises de ces lois par laquelle cet esprit électrique et élastique agit*[2].

Newton confiant pensait que ses calculs pouvaient résoudre toutes les énigmes de la vie et de l'Univers. Mais en poursuivant mes études et en préparant un diplôme en électronique, puis un doctorat en physique des solides, je découvris qu'il se trompait. Son admirable modèle prévisible de l'Univers n'expliquait pas la physique des très petites particules que j'étudiais.

Les collisions prévisibles entre les boules de billard – que les lois de Newton m'avaient permis d'analyser – avaient conduit aux résultats imprévisibles de la théorie des quanta. Je me retrouvais face au concept difficile selon lequel il y avait une limite physique à ma capacité de comprendre ce qui se passait. Selon le principe d'incertitude de Heisenberg, il y avait une imprécision fondamentale dans la structure de l'Univers qui m'empêcherait toujours de voir les détails les plus fins. Si je savais où se trouvait

1. *Principes mathématiques de philosophie naturelle*, Sir Isaac Newton.
2. *Ibid.*

une particule, le voile de la constante de Planck m'interdisait de savoir quelle quantité d'énergie elle renfermait. J'avais besoin de trouver un nouvel ensemble d'outils pour de petits événements reposant entièrement sur l'analyse statistique. Il me fallait accepter de ne pouvoir prédire que le comportement d'ensembles de particules et de ne jamais connaître le mouvement détaillé d'une seule.

Newton avait établi une vision sûre de la science où tout événement dans l'Univers était prévisible. Il croyait en un Univers mécanique. S'il parvenait à rassembler suffisamment d'informations sur les mouvements passés de n'importe quel objet, il pouvait précisément prédire ce qui allait lui arriver dans l'avenir. Les calculs pouvaient être compliqués et difficiles, mais ils étaient toujours possibles. Il laissait même entendre que son mode de raisonnement pouvait s'étendre aux humains. Le monde de la physique quantique n'offrait pas de telles certitudes. Il scindait l'espace prévisible et continu de Newton en une pléthore de paquets d'énergie discrets et séparés défiant avec arrogance toute tentative de mesure.

Quand j'étais étudiant, la suprématie de Newton était toujours sapée par le travail d'Albert Einstein. Il avait montré que les affirmations de Newton selon lesquelles le temps était partout le même dans l'Univers ne pouvaient être exactes. Cette pensée amena Einstein à comprendre le lien entre l'énergie et la masse qui explique comment la gravité fonctionne. Newton n'avait justement jamais compris comment elle fonctionnait. Il admettait qu'il pouvait décrire et prédire ses effets, mais il n'avait aucune explication du fait que les particules s'attiraient les unes les autres. Newton indiquait :

> *Pour nous, il est déjà suffisant que la gravité existe et agisse en fonction des lois que nous avons expliquées, et qu'elle serve largement à expliquer tout mouvement des corps célestes et de notre mer... Nous avons expliqué le phénomène des cieux et celui de notre mer par le pouvoir de la gravité, mais nous n'avons pas encore identifié la cause de ce pouvoir... Je n'ai pas été capable de découvrir la cause de ces propriétés de la gravité à partir des phénomènes et je ne cerne aucune hypothèse*[1].

Einstein quant à lui dégagea une hypothèse en disant que la gravité était une courbure de l'espace. Quand celle-ci fut confirmée par l'observation de la lumière stellaire qui s'incurvait en passant à proximité du Soleil, alors un nouveau champ entier de la physique s'ouvrit. Ce travail conduisit

1. *Principes mathématiques de philosophie naturelle*, Sir Isaac Newton.

à l'élaboration de l'énergie nucléaire. Mais maintenant la physique s'est scindée en deux approches principales : une vision à grande échelle de l'Univers, qui dit que l'espace et le temps sont continus et peuvent être mesurés dans le moindre détail ; et le monde microscopique de la physique atomique, qui établit que tout arrive en petits paquets qui, ne restant jamais immobiles, ne peuvent donc être mesurés, mais doivent simplement être compris statistiquement. En tant que jeune chercheur post-doctorant en circuits semi-conducteurs intégrés, j'ai vécu cette approche scindée de la physique. Ainsi j'ai utilisé les statistiques Fermi-Dirac pour étudier les orbites des électrons dans les cristaux. Et pour pratiquer l'astronomie, mon passe-temps favori, j'ai eu recours aux lois de Newton pour calculer les orbites et les mouvements de particules dans l'espace. Puis, je suis tombé sur le travail d'un autre membre de la *Royal Society* qui, pour la première fois, me montra une manière de réunir les morceaux disparates de mon monde schizophrénique en un tout cohérent.

Au milieu des années soixante-dix, le département d'astronomie de l'université de Manchester dispensait une série de cours extra-muros sur les derniers développements en astrophysique. À cette époque, je travaillais aux laboratoires des semi-conducteurs de Ferranti, à Manchester, et un collègue, qui partageait mon intérêt pour l'astronomie, me signala les cours. Ensemble nous nous y inscrivîmes. C'est là que j'entendis parler pour la première fois d'un autre scientifique qui essayait de réconcilier les idées classiques de l'espace continu avec la discontinuité inhérente à la théorie des quanta que j'utilisais quotidiennement dans mon travail.

Dans ces cours, j'entendis parler des trous noirs, des objets si massifs que même la lumière ne pouvait s'en échapper et j'appris également comment la théorie des quanta pouvait permettre de les voir par l'intermédiaire du rayonnement Hawking qu'ils émettaient. À ce moment-là, je me précipitai pour acheter le dernier livre d'Hawking, *The Large Scale Structure of Space Time*[1]. J'avais à peine parcouru trois pages que je décidai que je n'étais pas suffisamment compétent en mathématiques pour devenir astrophysicien et je retournai vers des choses simples comme les électrons qui sautent instantanément au travers des barrières d'énergie quand je les force à adopter un niveau d'énergie déterminé. Après tout, raisonnai-je, les scientifiques avec lesquels je travaillais se servaient encore tous des lois de Newton pour calculer les orbites des satellites de communication, qui empruntaient les circuits intégrés que je réalisais.

1. *The Large Scale Structure of Space Time,* S. Hawking & G. Ellis.

Cependant, les idées d'Hawking continuaient de me fasciner et quand il écrivit un ouvrage vulgarisant son travail, je le trouvai excellent. Un exemplaire bien écorné de sa *Brève Histoire du temps* se trouve toujours à côté de mon édition encore impeccable de sa *Large Scale Structure of Space Time* [Structure à grande échelle de l'espace-temps] sur les rayonnages de mon bureau.

Hawking est devenu un scientifique internationalement renommé. Il est toutefois intéressant de remarquer que sa première reconnaissance en tant que contributeur de premier plan à la pensée scientifique est venue de la *Royal Society.* En mars 1974, à l'âge de trente-deux ans et avant la publication officielle de sa découverte du rayonnement Hawking, il devint membre de la RS. Pour une fois, la Société rompit avec sa tradition. D'ordinaire, le nouveau membre montait sur l'estrade pour aller signer le registre d'honneur. Mais cette fois, le président, Sir Alan Hodgkin, apporta le livre au candidat pour qu'il le signe. Comme Hawking souffrait d'une grave maladie musculaire le paralysant, il fut le membre qui prit le plus de temps à signer le registre de toute l'histoire de la *Royal Society*. Les scientifiques assemblés se tenaient debout dans un silence absolu, alors qu'il s'acharnait à convaincre ses muscles malades de bien vouloir former sa signature avec le stylo. Quand enfin, il eut accompli sa longue tâche, une tempête d'applaudissements sincères et enthousiastes salua la détermination de cet homme qui jamais n'avait plié devant son handicap.

Depuis son investiture en tant que *Fellow* de la *Royal Society* (FRS), Hawking a souvent dit que c'était là le moment dont il était le plus fier de toute sa carrière. Et c'est pourtant un homme qui a décroché presque tous les grands prix scientifiques possibles. L'appartenance à la *Royal Society* est devenue l'honneur suprême que peut espérer obtenir un scientifique britannique. Hawking a encore emboîté les pas de Newton en héritant de la chaire lucasienne de mathématiques de Cambridge, bien qu'il ait rappelé dans l'un de ses premiers cours professoraux que « quand Newton occupait cette chaire, il n'avait pas besoin d'y amener des roues ! » Il est impossible et inutile de plaindre Stephen Hawking simplement parce qu'il a eu la malchance de contracter sa maladie. Mais il est très facile d'être impressionné par l'étendue de sa vision scientifique et inspiré par les implications de ses idées.

Galilée, Newton, Hawking ! Ces trois grands scientifiques sont étrangement liés. L'année de la mort de Galilée, Isaac Newton naquit. Puis, le jour du tricentenaire de la mort de Galilée, le 8 janvier 1942, ce fut au tour d'Hawking de naître, soit trois cents ans également après la naissance de Newton.

Quand Hawking naquit, la place de Newton dans la cosmologie n'avait pas été usurpée depuis deux cent cinquante ans. La théorie de la relativité d'Einstein ne remettait pas en cause le principe de Newton de la continuité de l'espace et du temps qui pouvaient être mesurés aussi précisément que vous le souhaitiez. Einstein n'a jamais trop apprécié les conséquences religieuses de la théorie des quanta. On raconte qu'il aurait dit au physicien quantique Neils Bohr : « Dieu ne joue pas aux dés avec l'Univers. » Et Bohr lui aurait fait une réponse fameuse : « Albert, ce n'est pas votre rôle de dire ce que Dieu peut et ne peut pas faire ! » Hawking a relevé le défi de tout cela et a fait les premiers pas sur la voie d'une intégration de la théorie des quanta avec la relativité et la thermodynamique. Cette réflexion l'a amené à poser les questions qui étaient jadis le domaine réservé de l'Église. Quand et comment l'Univers fut-il créé ? Un Créateur était-il nécessaire pour le faire fonctionner ? Pour Newton, ces questions étaient des affaires de foi qui ne se discutaient pas.

Galilée fut contraint de conformer ses idées à celles de l'Église et d'admettre que la Terre, en tant que création de Dieu, se trouvait au centre de l'Univers. Newton élabora un Univers déterministe infiniment grand qui était un hommage aux capacités organisationnelles du Dieu Créateur qui le gouvernait. Hawking s'est senti capable de demander : « A-t-on besoin d'un Dieu dans une théorie de la création de l'Univers ? » Et la réponse est « non ! »

Hawking a parcouru un long chemin depuis Galilée. Ce dernier était un scientifique révolutionnaire, qui publia également en 1632 un livre célèbre sur son travail, avec le titre percutant *Dialogue concernant les deux plus grands systèmes du monde.* Ce livre entraîna finalement la rétractation publique de Galilée, renonçant à l'œuvre de sa vie, devant l'Inquisition.

Si les inquisiteurs généraux de la Sainte Église catholique et apostolique qui avaient « corrigé » Galilée avaient eu connaissance des conceptions de Stephen Hawking sur le rôle de Dieu dans l'Univers, ils l'auraient probablement brûlé sur le bûcher ! (« L'Univers a-t-il besoin d'un créateur ? Et si oui, a-t-il un autre effet sur l'Univers ? Et qui l'a créé[1] ? ») Il semble éminemment improbable qu'un homme témoignant de la splendide obstination d'Hawking ait pu s'exposer volontairement à l'humiliation qu'accepta de s'infliger Galilée !

Mais quand Newton publia son propre ouvrage majeur, en 1686, il se sentit tout à fait à l'aise pour discuter de manière approfondie du rôle de

1. *A Brief History of Time*, S. Hawking [*Une Brève histoire du Temps*].

Dieu en tant qu'administrateur général d'un système solaire héliocentrique. Newton put dire en toute sécurité :

> *Le vrai Dieu est un être vivant, intelligent et puissant ; et, de par ses autres perfections, il est suprême ou très parfait. Il est éternel et infini, omnipotent et omniscient, il est de toute éternité et de toute infinité. Il n'a ni durée ni espace, mais il est là et devient*[1].

Tout le climat de censure scientifique de l'Église a changé dans les cinquante années qui séparent la publication des travaux de Galilée de ceux de Newton. Ce dernier a posé les fondations de la physique moderne. Sans son travail, nous n'aurions aucune science de l'espace, aucune industrie électronique, aucun instrument mécanique et aucune compréhension de l'Univers dans lequel nous vivons.

Le changement d'atmosphère qui permit à Newton de formuler ses grandes idées fut rendu possible par la *Royal Society* et ses règles de conduite soigneusement élaborées. Pourtant sa création, au lendemain de la guerre civile et de la Restauration, était incroyablement improbable. Nous lui devons tant, mais nous connaissons si peu de choses sur les raisons qui amenèrent ses fondateurs à surmonter les obstacles de sa naissance.

Peu importe que Sir Robert Moray n'ait eu qu'un but politique limité et quelque peu sordide quand il créa la Société. Selon lui, Charles II allait avoir un sérieux problème s'il ne réglait pas les difficultés techniques auxquelles la marine britannique était confrontée. Et la solution qu'il proposa fut la *Royal Society.* Celle-ci accomplit un excellent travail dans le domaine de la recherche navale, mais elle continua sur sa lancée pour aller beaucoup plus loin que tout ce dont avait rêvé Sir Robert !

Les problèmes de navigation étaient aussi les problèmes de la vie, de l'Univers et du tout ! Une fois que les scientifiques se furent affranchis du carcan de la politique, du dogme religieux et de la superstition, ils s'attaquèrent à ces questions. Le travail d'Hawking représente l'héritier direct de celui de Sir Isaac Newton. La *Royal Society* reconnut ce lien en faisant du premier un de ses membres, quelques années avant que Cambridge ne le récupère et lui offre la vieille chaire de Newton à l'université. Toute la population du monde a bénéficié de l'amélioration de la vie que la science a réalisé au cours des trois cent quarante années qui se sont écoulées depuis que la *Royal Society* a rompu les chaînes de la conception du monde étriquée de l'Église (conception qui entrava Galilée jusqu'à sa mort). Mais

1. *Principes mathématiques de philosophie naturelle,* Sir Isaac Newton.

le véritable monument à la gloire de la solution inspirée que Sir Robert trouva pour résoudre les problèmes techniques de Charles II, c'est l'œuvre de Stephen Hawking.

On reste songeur en pensant que Stephen Hawking n'aurait pas vécu assez longtemps pour mener à bien ses travaux précurseurs sans la technologie moderne. Il put continuer de travailler en dépit de son handicap grâce aux résultats de *Fellows* antérieurs de la *Royal Society* qui ont développé la science qui l'a maintenu en vie et lui a permis de rester opérationnel. Son fauteuil roulant électrique, ses aides mécaniques, ses ordinateurs, l'expertise médicale de ses médecins et des infirmières n'auraient jamais vu le jour si les fondateurs de la *Royal Society* n'avaient pas défié et vaincu les décrets des inquisiteurs généraux de la sainte Église catholique et apostolique. Le travail d'Hawking n'aurait pas été possible s'il avait dû se contenter d'utiliser la technologie et la science admises par l'Église en 1632. S'il avait été contraint d'écrire sa *Brève Histoire du temps* à la main, il y serait encore et ce serait encore le monde qui y aurait le plus perdu.

Newton disait de lui-même : « Je ne sais pas quelle est l'image que le monde peut avoir de moi, mais j'ai l'impression de n'être qu'un enfant jouant sur le rivage, se réjouissant de trouver de temps en temps un galet plus lisse ou un plus joli coquillage que d'ordinaire, tandis que le grand océan de la vérité s'étend encore inviolé devant moi. »

Hawking a poussé son fauteuil électrique vers ce même rivage et il a regardé lui aussi l'horizon au-delà de ce grand océan. Puis de sa voix assistée par ordinateur, il a fait part à l'humanité de toutes les vérités qu'il avait vues.

Ses réalisations sont étroitement liées à celles de la *Royal Society*, et les progrès technologiques qui lui ont permis de continuer à travailler sont l'aboutissement direct des percées du XVIIe siècle.

D'une certaine manière, il semble approprié qu'Hawking soit le membre vivant le plus distingué de la *Royal Society*, le successeur de Newton et un bénéficiaire direct de l'héritage scientifique de Sir Robert Moray.

Annexe

LES SECRETS SCIENTIFIQUES DE LA FRANC-MAÇONNERIE

Les profanes voient souvent la franc-maçonnerie comme une institution étrange, fermée et inquiétante. C'est assez triste parce que, fondamentalement, la franc-maçonnerie est une organisation morale, qui accomplit un énorme travail caritatif, mais reste toujours mal connue. La désinformation et les attaques émanant de la presse, de fanatiques religieux et de politiciens entendent la diaboliser et ont marginalisé cette société hors norme, au moins en Angleterre. Toutefois, jusqu'à une date récente, la franc-maçonnerie elle-même a en réalité fait très peu pour modifier cette impression. Cette annexe complète les principaux points « technico-contextuels » relatifs à la franc-maçonnerie, pour les lecteurs qui ne connaissent peut-être pas bien l'Ordre maçonnique et explique la dimension scientifique sous-tendant certains rituels.

La franc-maçonnerie a commencé en Écosse, donc je vais commencer par une citation montrant comment les Écossais la définissent. La Grande Loge des francs-maçons anciens et acceptés d'Écosse [*Grand Lodge of Antient Free and Accepted Masons of Scotland*] dit que :

> *La franc-maçonnerie dispense progressivement un enseignement moral et la connaissance de soi par la participation à des jeux de rôles allégoriques à base de questions-réponses, qui sont apprises par cœur et exécutées dans chaque Loge. La franc-maçonnerie offre à ses membres une approche de la vie qui cherche à renforcer la prévenance pour les autres, la bonté au sein de la communauté, l'honnêteté dans les affaires, la courtoisie dans la société et l'équité en toute chose. Les membres sont invités à considérer les intérêts de la famille comme primordiaux, mais de manière tout aussi fondamentale, la franc-maçonnerie*

également enseigne et pratique l'intérêt pour son prochain, l'attention pour les plus malchanceux et l'aide des nécessiteux. L'appartenance est ouverte aux hommes de toute religion, respectueux des lois, honorables, et croyant en Dieu. La franc-maçonnerie est une organisation multiraciale et multiculturelle. Elle attire des hommes de bonne volonté de tous les secteurs de la communauté. Il existe des organisations semblables pour les femmes[1].

La franc-maçonnerie est une société qui se réunit régulièrement en groupes d'au moins sept individus. On appelle ces groupes des Loges. Chaque Loge porte un nom – ou titre distinctif – et, depuis la formation des Grandes Loges en 1717, un numéro d'ordre. La franc-maçonnerie est une organisation qui professe la pratique de la moralité et de la charité dans un contexte non religieux. Elle est ouverte à quiconque exprime une croyance en un Être suprême. On ne vous demandera jamais en maçonnerie quelles sont vos convictions religieuses, dans la mesure où les discussions religieuses et politiques sont interdites à l'intérieur de la Loge. Lors des réunions – appelées tenues – régulières, généralement mensuelles, la Loge exécute l'une des trois cérémonies de base, par lesquelles passera tout maçon, et s'il n'y a aucune cérémonie à exécuter, alors on donnera un exposé visant à améliorer la connaissance des frères.

La procédure du travail (travail est le terme que les francs-maçons utilisent pour décrire leur façon d'exécuter les rituels) est fondée sur une tradition orale. Chaque cérémonie doit être exécutée mot à mot et par cœur. Quand vous devenez franc-maçon, vous ne tardez pas à être abondamment instruit sur l'« art de la mémoire » (nom que les seconds statuts Schaw donnaient à la méthode).

La franc-maçonnerie anglo-saxonne régulière moderne a trois degrés ou grades : Apprenti (ou plus exactement dans la terminologie anglo-saxonne, Apprenti entré [*Entered Apprentice*]), Compagnon [*Fellow-Craft*] et Maître (ou plus précisément, Maître maçon [*Master-mason*]). La structure de ces trois degrés fut en grande partie fixée en 1816, peu après la fusion des deux Grandes Loges en Angleterre. L'un des groupes fut connu sous le nom d'Anciens [en anglais, *Antients*], l'autre de Modernes [*Moderns*]. Ces deux groupes furent réunis par le prince de Galles, alors Grand Maître des Modernes, et du duc de Kent, Grand Maître des Anciens, regroupant les deux organismes sous la direction de leur plus jeune frère, le duc de Sussex. Depuis lors, il n'y a plus eu de modification de la structure des trois degrés

1. Tiré de la brochure publiée par la Grande Loge provinciale de la ville d'Aberdeen et distribuée gratuitement à tous les visiteurs du temple maçonnique d'Aberdeen.

de la maçonnerie de métier [*Craft-Masonry*, également appelée maçonnerie bleue dans la franc-maçonnerie française], bien qu'un grand nombre de modifications aient été opérées dans le texte précis des rituels.

L'historien Victor Langton a étudié dans quelle mesure les modifications des rituels ont transformé la franc-maçonnerie. Il est arrivé à la conclusion suivante :

> *En 1816, la Grande Loge Unie d'Angleterre – qui venait d'être formée à peine trois ans plus tôt – effectua de nombreuses modifications dans les rituels existant alors. Mais dans la mesure où la franc-maçonnerie spéculative datait d'environ 1620, les différentes modifications pratiquées dans les rituels déjà établis, de cette date jusqu'à 1816, sont très intéressantes. Or le point le plus surprenant est peut-être la quantité de ses très anciens rituels qui seraient encore clairement reconnaissables par ces francs-maçons d'aujourd'hui*[1].

Les premiers statuts Schaw ordonnaient à tous les maçons d'« observer et de conserver toutes les bonnes ordonnances arrêtées dans le passé par leurs prédécesseurs de bonne mémoire, concernant les privilèges du métier ».

Cette instruction fut renforcée par les seconds statuts Schaw de 1599 qui confirmaient les fonctions des Surveillants de Kilwinning : ils avaient la responsabilité de s'assurer que tous les Compagnons du métier de la maçonnerie « eussent passé les épreuves de qualification auxquelles tous les maçons étaient soumis... quant à leur art, leur métier, leur science et leur ancienne mémoire ».

À la lecture de ces statuts, il est clair que des rituels particuliers devaient être exécutés et que ceux-ci devaient être mémorisés très précisément. De la même manière, la franc-maçonnerie moderne insiste sur le fait de réciter très exactement les mots des rituels. Mais quels rituels utilisaient ces francs-maçons écossais originels ? Comme le professeur Stevenson l'a indiqué, les archives maçonniques ne parlent pas des rituels. La raison en serait l'obligation faite à tout maçon de ne jamais rien écrire sur les secrets. Les premiers frères avaient une définition beaucoup plus large que leurs homologues d'aujourd'hui de la notion de secrets du métier. Ils considéraient que les rituels étaient secrets. Ce n'est pas la conception de la franc-maçonnerie moderne, qui encourage l'ouverture du métier. Voici les anciens mots de l'obligation – le serment solennel – du premier degré qui sont explicites quant à la notion de secrets :

---

1. *The Origins of the Three Degrees of Craft Freemasonry*, VRM Langton, Year Book of the Grand Lodge of Antient Free and Accepted Masons of Scotland, Édimbourg, 1995.

Je jure solennellement de ne pas transcrire, rédiger, sculpter, marquer, graver ou tracer en aucune façon ces secrets, ni de laisser d'autres le faire, s'il est en mon pouvoir de l'en empêcher, sur quelque support mobile ou immobile que ce soit sous le ciel, à l'aide de lettres, caractères ou chiffres, car le moindre soupçon de lettre, caractère ou chiffre peut les rendre lisibles ou intelligibles par moi-même ou par n'importe qui dans le monde, de telle sorte que nos secrets, nos arts et nos mystères cachés pourraient être anormalement connus à cause de mon indignité.

Aujourd'hui, on limite les secrets aux moyens d'identification qui, par conséquent, ne doivent ni être imprimés, ni être indiqués dans un livre de rituels. Cependant, tout ce qui a déjà été mentionné ou publié dans des livres de rituels par les Grande Loges n'est plus couvert par cette obligation. Donc, même si je suis un franc-maçon « obligé » (ayant prononcé l'obligation), je peux parler librement de tous les enseignements importants concernant la formation de la *Royal Society*.

Les premiers francs-maçons écossais ne conféraient que deux degrés. Le premier degré – celui d'Apprenti entré. Le second, délivré après le temps d'apprentissage, était appelé Compagnon du métier [*Fellow of the Craft*, ou simplement *Fellowcraft*]. Parfois, ces deux degrés étaient transmis au cours de la même cérémonie. C'est ce qui arriva à Sir Robert Moray. Langton fournit des éléments de preuve montrant que des francs-maçons de la Loge d'Édimbourg auraient fait la démonstration de ces deux degrés à des frères anglais de York en 1615 et c'est ainsi qu'ils auraient fondé le Rite d'York de la franc-maçonnerie[1].

La Grande Loge Unie de Londres prétend fréquemment être la première Grande Loge de toute la maçonnerie. À l'appui de cette prétention, elle dit descendre en droite ligne de la Grande Loge de Londres formée en 1717 sous l'autorité d'Anthony Sayer. Il est assez intéressant – et aussi très ironique – de remarquer que, dans les archives de la Grande Loge, la seule preuve écrite de son existence antérieurement à la formation des Grandes Loges d'Irlande et d'Écosse est due à la plume d'un Écossais, six ans après l'événement. Cet homme, James Anderson, était un pasteur de l'église presbytérienne écossaise de Swallow Street, à Londres (dans Picadilly), et un membre de la Loge d'Aberdeen ! Anderson rapporte également que le Grand Maître de la Grande Loge de Londres, à l'époque où il écrivait, le docteur Jean-Théophile Désaguliers, s'était rendu à Édimbourg en août 1721 pour rendre visite à la Loge de la ville.

1. *The Origins of the Three Degrees of Craft Freemasonry*, VRM Langton, Year Book of the Grand Lodge of Antient Free and Accepted Masons of Scotland, Édimbourg, 1995.

Désaguliers était entré en maçonnerie, alors qu'il était employé par le président d'alors de la *Royal Society*, Isaac Newton, en qualité de démonstrateur des expériences lors des réunions de la Société. Désaguliers commença donc comme employé de la *Royal Society*. Sous le patronage de Newton, il devint membre de celle-ci, tout en s'élevant jusqu'au sommet de la hiérarchie de la maçonnerie anglaise.

Désaguliers semble avoir reçu de l'Écosse toutes ses premières instructions maçonniques, car il entretint des liens étroits avec Dunfermline, la ville où William Schaw fut inhumé. Le 20 août 1720, il fut fait citoyen d'honneur de Dunfermline par son ami Peter Halkett. À cette époque, Désaguliers travaillait dans le secteur d'Édimbourg comme consultant, au nom de la *Royal Society*, pour le service des eaux de la capitale écossaise et de son district [1]. Il était également un visiteur régulier de la Loge d'Édimbourg n°1 (Saint-Mary's chapel).

Un an après, dans cette même Loge d'Édimbourg, il fut instruit dans « les cérémonies d'entrées et de passage, pour autant que les circonstances de la Loge le permettaient ». L'historien maçonnique Dudley Wright s'est senti obligé de justifier ce fait embarrassant :

> [...] *le docteur* [Désaguliers] *se limita aux deux degrés inférieurs...* [parce que] *le règlement anglais réservant strictement à la Grande Loge la délivrance du troisième degré ne fut pas abrogé avant 1722-1723* [2].

Je ne peux que qualifier de contrôle abusif et délirant de la part de la Grande Loge de Londres ce règlement que Wright évoque. Après sa formation arbitraire en 1717, elle s'arrogea le droit de contrôler toutes les autres Loges en délivrant des patentes donnant la permission de fonctionner sous l'autorité des règlements de cette nouvelle Grande Loge auto-constituée. Selon ces règlements, pour devenir Maître d'une Loge subordonnée, le franc-maçon devait avoir travaillé le rituel appelé le « rôle du Maître » [*Master's Part*]. L'historien maçonnique Victor Langton dit la chose suivante :

> *Le degré le plus élevé, ou rôle du Maître, ne pouvait être conféré que par la Grande Loge. Ce changement eut pour effet de permettre à la Grande Loge d'empêcher quiconque d'accéder à la direction d'une loge simplement en ne lui transmettant pas le degré requis, car il est clairement dit dans le Livre des Constitutions que le Maître d'une Loge doit être un Compagnon (c'est-à-dire*

1. *Ars Quatuor Coronatorum*, A. M. Mackay, vol. XXV, p. 278, 1912.
2. *Gould's History of Freemasonry*, *op. cit.*

qu'il doit avoir atteint ce degré suprême, désormais conféré par la seule Grande Loge)[1].

Au vu de tous les témoignages que j'ai pu passer en revue, ce « rôle du Maître » semble être la partie finale du rituel que les Loges écossaises utilisaient pour faire d'un maçon un Compagnon du métier. En contrôlant la délivrance de ce degré et en étant la seule à pouvoir le conférer, la Grande Loge de Londres était en mesure de décider qui pourrait ou ne pourrait pas devenir Maître de ses Loges subordonnées [2]. Cette pratique semblait conçue pour centraliser la direction de la franc-maçonnerie entre les mains des officiers de la Grande Loge de Londres. Comme elle était en contradiction avec la lettre et l'esprit des statuts Schaw – qui prévoyaient qu'un Maître « serait élu chaque année pour diriger la Loge » –, cette règle ne fut pas acceptée par tous les francs-maçons. Au lieu de cela, ils créèrent un nouveau degré en utilisant une partie du rituel d'Apprenti entré et la première partie de celui de Compagnon. Ce nouveau grade fut désormais appelé le second degré. Aujourd'hui le titre qui accompagne la réception de ce degré est celui de Compagnon. Pourtant, le Livre des Constitutions disait qu'un Compagnon pouvait devenir Maître d'une Loge sans avoir à se conformer à un choix dicté par la présomptueuse Grande loge de Londres. En 1723, cette tentative de contrôle de la délivrance du rôle de Maître se révélait un échec. Mais, le refus des autres Loges d'accepter cette prise de contrôle de la maçonnerie par Londres eut une conséquence directe : les deux degrés que Désaguliers avaient étudiés à Édimbourg furent effectivement scindés pour donner le système à trois degrés que nous connaissons aujourd'hui.

En examinant plus attentivement les motivations des fondateurs de la *Royal Society*, je pus étudier les formes de rituels qui avaient été utilisées par les francs-maçons au début du XVIIe siècle. Ce n'est pas aussi simple que de prendre un livre de rituels moderne. En coécrivant d'autres ouvrages sur les débuts de la franc-maçonnerie, j'ai pu constater que les rituels suivis par la franc-maçonnerie anglaise avaient été largement publiés et modifiés. C'est arrivé à la fois au début du XIXe siècle et au milieu du XXe. Il y eut également des changements majeurs, immédiatement après la formation de la Grande Loge Unie d'Angleterre, en 1813. Alors j'avais besoin de répondre à une question : Où avais-je le plus de chances de trouver des versions du rituel maçonnique qui auraient préservé les plus anciens éléments écossais ?

1. *The Origins of the Three Degrees of Craft Freemasonry*, VRM Langton, Year Book of the Grand Lodge of Antient Free and Accepted Masons of Scotland, Édimbourg, 1995.
2. *Gould's History of Freemasonry*, *op. cit.*

Les plus anciens rituels de la franc-maçonnerie

Pendant de nombreuses années, j'ai réuni autant de versions des rituels primitifs que je pouvais en découvrir à partir de quantités de sources différentes. Quand j'allais dans une Loge, j'avais l'habitude désormais qu'on me glisse discrètement des enveloppes kraft contenant de vieux livres de rituels en piteux état. En comparant ces rituels, je m'étais fait une représentation acceptable des éléments communs à la majorité de ces textes. Statistiquement, on peut considérer que ces éléments sont ceux qui ont eu le plus de chances d'être des survivances de sources très anciennes.

En tous les cas, ce qui est très clair, c'est que les Loges écossaises ont toujours été les moins enclines à changer leur rituel. Par conséquent, elles ont souvent préservé une formulation qui se rapproche probablement beaucoup des rituels connus de Jacques VI, Robert Moray et Alexander Seton. Cependant, même ces loges écossaises ont fini par adopter le système anglais avec ses trois degrés.

À la fin du XIXe siècle, l'historien maçonnique A. E. Waite signala lui aussi que les rituels originels des francs-maçons avaient été considérablement transformés après la nomination du duc de Sussex comme premier Grand Maître de la Grande Loge Unie d'Angleterre en 1813 [1]. Pour étudier ce que les rituels du début du XVIIe siècle enseignaient au sujet des mystères cachés de la nature et de la science, je savais qu'il me fallait examiner les plus anciens rituels des Loges écossaises.

Le professeur David Stevenson a cherché le plus grand nombre de preuves relatives aux plus anciens rituels d'identification et d'Initiation de la franc-maçonnerie écossaise. Toutes ces références parlent d'un Mot de maçon. Comme le dit Stevenson :

Les diverses références au Mot [de maçon] apparaissent à partir des années 1630. À travers eux, on peut se faire une idée de la perception qu'avaient les profanes des maçons et des secrets que leur prêtait la rumeur. En examinant ces références, on se fait progressivement une idée de ce qui était alors connu du côté ésotérique du métier. Étonnamment, on s'aperçoit que cette poignée de mentions dans des sources non maçonniques ne s'accompagne pas de références semblables aux Loges maçonniques. Cela laisse entendre que les conventions en vigueur chez les maçons leur interdisaient d'évoquer les Loges devant les profanes, mais qu'il était permis (ou qu'il fut progressivement permis) d'intriguer un profane

1. *The Secret Traditions of Freemasonry*, A.E. Waite.

en faisant référence à l'existence d'un Mot – sans naturellement en révéler les secrets[1].

Les liens des Stuarts avec la franc-maçonnerie écossaise étaient également importants. On m'avait raconté qu'Alexander Seton (le premier comte de Dunfermline) avait été membre de la Loge d'Aberdeen et je savais également qu'en 1679, son fils Charles (le second comte de Dunfermline) avait été enregistré comme l'un des officiers de la Loge dans un livre de Marques spécial, conservé au *Masonic Hall* [le siège de la maçonnerie locale] d'Aberdeen. Ce même Charles Seton avait été l'un des Écossais royalistes qui s'étaient enfuis en France avec Charles II et il était rentré avec lui quand ce dernier avait été couronné roi d'Écosse à Scoon, le Jour de l'an 1651.

Les lois et les statuts de la Loge d'Aberdeen, enregistrés en 1670, disent :

> *Nous, soussignés Maîtres maçons et Apprentis entrés, affirmons et jurons, comme nous l'avons fait à notre entrée, quand nous avons reçu le bénéfice du Mot de maçon, que nous serons présents dans cette honorable Loge en toute occasion, sauf en cas d'excuses légitimes, de maladie ou d'absence de la ville.*

Ainsi la Loge d'Aberdeen fournit une preuve écrite qu'elle utilisait le rituel maçonnique sous le règne de Charles II[2]. C'est aussi à cette Loge qu'appartenait l'un des courtisans de ce roi pendant son exil et elle a la réputation d'avoir pris soin de son rituel. Donc, tout bien pesé, Aberdeen semblait un bon endroit où aller, si je voulais étudier une forme de rituel susceptible d'avoir préservé les éléments du métier ayant motivé certains des fondateurs de la *Royal Society.*

Le temple maçonnique d'Aberdeen est un magnifique édifice de granit, construit à cette fin, et qui n'héberge pas seulement la Loge d'Aberdeen n° 1[(3)] sur le registre de la Grande Loge d'Écosse, mais également neuf autres Loges. Il abrite aussi les préceptories et prieurés de Saint-George Aboyne et Aberdeen Military.

En visitant le bâtiment et ses trésors maçonniques, on me laissa m'asseoir dans un fauteuil de Maître maçonnique qui appartenait à la Loge depuis le XVIIe siècle. La date 1640 est gravée au dos, à côté de différents symboles maçonniques. Je me demandai si Charles Seton s'était assis dans ce même trône de chêne.

Plus tard, je pus comparer le rituel d'Aberdeen avec ceux que j'avais déjà

1. *The Origins of Freemasonry*, David Stevenson.
2. *Ibid.*

rassemblés pour essayer de trouver les éléments les plus communs du second degré. Je fus en mesure de dégager un ensemble de principes de ce grade, qui sont délivrés à un nouveau maçon par un membre plus ancien de la Loge. Je me représentai le comte de Dunfermline, lors de son Initiation, en essayant d'imaginer ce qu'il avait pu ressentir en les entendant pour la première fois :

Frère Seton, maintenant que vous avez subi votre cérémonie d'Initiation, permettez-moi de vous féliciter pour être devenu membre de notre ancienne et honorable Société. Ancienne, sans aucun doute elle l'est, car elle existe depuis des temps immémoriaux ; et honorable, elle doit aussi être reconnue comme telle, car, par une tendance naturelle, elle rend honorables tous ceux qui sont fidèles à ses préceptes. En vérité, aucune institution ne peut se vanter d'avoir une fondation plus solide que celle sur laquelle repose la franc-maçonnerie : à savoir, la pratique de toutes vertus morales et sociales. Ses vertus ont été portées à un tel niveau, que de tout temps, les monarques eux-mêmes ont été les promoteurs de notre art et ils n'ont jamais jugé indigne de leur condition de patronner nos mystères, échangeant pour un temps le sceptre contre la truelle, et de participer à nos assemblées.

En tant que franc-maçon, je recommande à votre très sérieuse attention le volume de la Loi sacrée [cette formulation est celle que les francs-maçons utilisent pour désigner les Écritures sacrées qu'un individu reconnaît pour siennes : elle peut donc désigner aussi bien la Bible, la Torah, le Coran, les textes sacrés hindous, le Livre des Mormons, etc.] *en vous invitant à le considérer toujours comme une source infaillible de vérité et de justice et à régler vos actions en fonction des préceptes divins qu'il contient. Il vous y sera enseigné les importants devoirs que vous avez envers Dieu, votre prochain et vous-même. Envers Dieu, en ne mentionnant jamais Son nom, mais en implorant Son aide dans toutes vos entreprises légitimes – avec cette crainte et cette révérence qu'une créature doit témoigner devant son créateur – et en vous tournant vers Lui en cas de nécessité pour obtenir soutien et réconfort. Envers votre prochain, en vous comportant avec lui avec rectitude, en lui rendant tous les bons services que la justice ou la pitié peuvent requérir, en soulageant ses besoins, en apaisant ses afflictions et en faisant pour lui tout ce que vous auriez aimé qu'il vous fasse en pareille circonstance. Et envers vous-même, par une discipline prudente et mesurée qui vous permette de préserver vos facultés physiques et mentales dans toute leur plénitude afin de mettre en œuvre ces talents dont Dieu vous a béni, pour le bénéfice de toutes les créatures et de Sa gloire.*

En tant que citoyen du monde, je suis enclin à vous recommander de vous montrer exemplaire dans l'exercice de vos devoirs civils, en ne participant jamais à des actes qui puissent troubler la paix et le bon ordre de la société ; en obéissant aux lois de tout État qui vous accueille, même momentanément, ou vous offre sa protection, sans jamais perdre de vue l'allégeance due au souverain de votre terre natale. Rappelez-vous toujours que la nature a ancré dans votre sein un attachement sacré et indéfectible envers le pays qui vous a vu naître et qui a nourri votre enfance.

Ce long développement rituélique, après avoir exposé et expliqué les principes maçonniques fondamentaux du fonctionnement de la Loge, s'achève par une dernière exhortation :

Et en guise d'ultime recommandation, je vous invite à vous dédier à toutes les entreprises qui vous permettront de devenir respectable dans la vie, utile à l'humanité, et d'être un honneur pour la Société dont vous venez de devenir membre. Et plus spécialement, je vous invite à consacrer du temps à l'étude des sciences et des arts libéraux qui se trouvent dans les limites de vos réalisations et à chercher, sans négliger vos devoirs ordinaires, à progresser quotidiennement sur la voie de la connaissance.

Ainsi, le rituel encourage un nouveau franc-maçon à étudier et à apprendre. De fait, l'évêque Spratt aurait facilement pu rapporter ces principes relatifs à l'apprentissage permanent de la connaissance, dans son *Histoire de la Royal Society*, quand il dit de ses fondateurs :

Ils ont étudié pour en faire non pas l'aventure d'une seule saison ou le résultat de quelque heureuse circonstance, mais une entreprise pérenne, une œuvre stable, durable, ininterrompue. Ils se sont efforcés de l'affranchir de l'artifice, des humeurs et des passions des sectes, pour en faire un instrument qui permette à l'humanité de maîtriser et comprendre toute chose et pas seulement les jugements des tiers. Et enfin, ils ont commencé à introduire des réformes de la philosophie, pas tant, en recourant à la solennité des lois ou à des cérémonies ostentatoires, mais en s'appuyant sur une pratique solide[1].

Dans le rituel du second degré, un accent encore plus prononcé est mis sur la science. Pendant la cérémonie d'ouverture d'une Loge de Compagnon, le Maître indique aux frères assemblés :

Frères, avant d'ouvrir la Loge au second degré, implorons le Grand Géomètre – ou Architecte – de l'Univers, pour que les rayons des cieux puissent répandre leur bienveillante influence sur nous et qu'ils éclairent pour nous les voies de la nature et de la science.

---

1. *A History of the Royal Society*, Thomas Spratt.

Il ouvre alors la Loge en déclarant que son objet est :

Le perfectionnement et l'instruction des Compagnons du métier de la franc-maçonnerie.

Après avoir reçu les modes secrets d'identification et avoir été examiné en conséquence, le nouveau Compagnon reçoit un nouvel élément d'encouragement rituel. J'en cite ici une partie :

Au précédent degré, vous avez eu l'occasion de vous familiariser avec les principes de vérité et de vertu morales. Il vous est maintenant permis de poursuivre vos recherches dans les voies plus cachées de la nature et de la science.

Avant la fin de la cérémonie, le nouveau Compagnon reçoit de nouvelles instructions :

Nous vous recommandons vivement l'étude des arts libéraux, qui tend à perfectionner et à sublimer l'esprit, en particulier la science de la Géométrie, qui se trouve à la base de notre Art... En tant que Compagnon du métier, vous allez pouvoir désormais, lors de nos assemblées privées, donner votre opinion sur les sujets qui sont régulièrement présentés à l'occasion d'exposés... Par ce privilège, il vous sera possible d'améliorer vos aptitudes intellectuelles, de devenir un membre utile et qualifié de la société et de pousser activement vos recherches sur les voies plus cachées de la nature et de la science qui vous permettront de mieux connaître votre Créateur.

Cependant, il y avait encore un point qui m'avait frappé lors de mon Initiation. Pour passer du premier au second degré, j'avais dû apprendre toute une série de questions-réponses, qui allaient m'être soumises dans la Loge ouverte au premier degré avant d'être autorisé à être initié au second. Une série de réponses, notamment, avait immédiatement fait résonner une corde en moi. Voici la séquence :

Q : Quand avez-vous été prêt à devenir maçon ?
R : Quand le soleil était au méridien.
Q : Comme dans ce pays, les Loges de francs-maçons se tiennent et les candidats sont initiés le soir, comment concilier ce qui apparaît à première vue comme un paradoxe ?
R : Le Soleil se trouvant au centre, la Terre tournant autour de celui-ci et sur son propre axe, et la franc-maçonnerie étant répandue sur la totalité du globe, il s'ensuit que le soleil est toujours au méridien en ce qui concerne la franc-maçonnerie.

Ce qui m'avait frappé à ce point, c'est que la Loge n'allait me permettre de devenir Compagnon qu'après avoir professé publiquement l'hérésie galiléenne. Je devais contredire les éminentissimes et révérendissimes cardinaux et inquisiteurs généraux de l'Église catholique et leur croyance en l'immuabilité du trône de Pierre au centre d'un Univers tournoyant avant d'être autorisé à poursuivre mes études de la nature et de la science. S'agissait-il réellement d'une coïncidence ?

Je pense que non, parce qu'avant d'atteindre le degré de Maître, j'allais devoir apprendre une nouvelle série de questions-réponses relatives au degré de Compagnon et dans celle-ci, je trouvai ma confirmation :

Q : Quels sont les objets particuliers de la recherche dans ce degré ?
R : Les mystères cachés de la nature et de la science.

Au moment de fermer le rituel du second degré, on délivre une nouvelle brève exhortation au nouveau Compagnon qui commence par ces mots :

L'enseignement de ce degré est divisé en cinq sections, qui sont consacrées à l'étude de la science humaine et à la recherche de la bonté et de la majesté du Créateur par une analyse minutieuse de Ses Œuvres.

Nous avions là encore une confirmation que le principal objet du second degré [le degré de Compagnon, ou *Fellow ; Fellow*, étant aussi le nom des membres de la *Royal Society*] était la promotion de l'étude des sciences comme moyen de comprendre l'esprit de Dieu.

Mais il y a encore une dernière référence importante à l'étude de la science. Elle se trouve à l'orée du grade de Maître. Avant que ma cérémonie d'Initiation à ce degré ne commençât réellement, le Maître me délivra une synthèse des précédents degrés. Pour résumer le second, il utilisa les mots suivants :

Dans le second degré, vous avez été invité à contempler les facultés intellectuelles et à les retrouver sur les voies de la nature et de la science, et jusqu'au trône de Dieu lui-même. Les secrets de la nature et les principes de la vérité intellectuelle vous furent alors dévoilés.

Cet ancien rituel fait comprendre où Sir Robert Moray puisa l'inspiration qui l'amena à créer la *Royal Society*. La franc-maçonnerie moderne peut être un peu étrange, démodée et quelque peu hors des réalités, mais ses principes sont encore valides. J'en suis arrivé à croire que ce sont ces principes qui inspirèrent à Robert Moray la fondation de la *Royal Society*. Le monde entier a bénéficié des développements scientifiques qui ont résulté de cette initiative.

Après avoir un peu expliqué ce qu'est la franc-maçonnerie, les lecteurs profanes – les non-maçons – peuvent se demander ce que les francs-maçons font de si secret pour avoir besoin de se réfugier derrière des portes fermées et gardées par un homme armé d'une épée au clair ?

Il y a quelques années, si vous aviez posé la question à un franc-maçon, vous auriez obtenu la réponse suivante : « Je ne peux pas vous répondre. C'est un secret. » Mais peu de choses qui se déroulent derrière les portes d'une Loge fermées et tuilées (gardées par un homme armé d'une épée tirée) sont secrètes. Les seuls secrets sont les moyens de reconnaissance, les mots de passe et les signes qui permettent à un franc-maçon de s'identifier dans n'importe quelle Loge du monde entier. Ces secrets sont équivalents au code de votre carte bancaire qui permet de vous identifier. En lisant ce livre, personne n'apprendra ces secrets ou les moyens de les utiliser.

Si vous voulez les apprendre, il vous est toujours possible de rejoindre une Loge (et c'est également valable pour les femmes, dans la mesure où la franc-maçonnerie féminine se développe considérablement).

Ce que j'ai essayé de faire dans cette annexe – et que j'espère avoir réussi –, c'est expliquer certains des objectifs et des méthodes d'enseignement que la franc-maçonnerie utilise pour tenter de rendre ses membres meilleurs. Il ne s'agit pas là de secrets, mais tout cela a été d'une grande importance dans ma quête et ma révélation des motifs sous-tendant la formation de la *Royal Society.*

e-Illustrations of Masonry, la version électronique sur Internet de l'*Illustrations of Masonry*, de William Preston

Pour trouver le code utilisateur :

– Prenez le 13e mot de la postface, en ignorant les mots du titre.

– Ajoutez-le au 31e mot de l'annexe, en ignorant également le titre.

Les mots avec un trait d'union comptent ici pour un mot unique. Pour obtenir votre mot de passe, réunissez les deux mots que vous avez trouvés sans laisser d'espace. Par exemple, si le premier mot était « chips » et le second « fish », vous obtenez le code utilisateur « chipsfish ». Si vous avez suivi les instructions soigneusement, vous devez avoir un mot de 12 lettres comme code utilisateur... [Mais, direz-vous, pour entrer dans ces pages web, tous les utilisateurs du monde doivent avoir un même mot unique, donc anglais, et obtenu à partir de mots pareillement anglais, issus de la version originale. Exact ! En réalité, on n'a nul besoin du code utilisateur pour accéder à l'*e-Illustrations of Masonry.* Quand la question suivante vous sera posée sur le site de Robert Lomas : « Avez-vous le mot de passe et le code utilisateur ? », il vous suffira de répondre : « oui », sans rien d'autre. Et le – bon – tour sera joué !]

Donc, pour accéder au web-livre, allez à l'adresse http ://www. robertlomas.com et cliquez sur la section intitulée « *The Invisible College* ». Depuis cette page web, un lien vous dirige vers le web-livre de Preston. On vous demandera alors si vous avez le code utilisateur. [Et vous répondrez : « oui. »]

Ensuite, accédez à l'*e-Illustrations of Masonry.* Et amusez-vous !

REPÈRES CHRONOLOGIQUES

Année	*Événement*
1558	Élisabeth Ire devient reine d'Angleterre.
1561	Naissance de Francis Bacon (22 janvier).
1566	Naissance de Jacques VI.
1573	Francis Bacon entre au Trinity College, de Cambridge.
1576	La reine Marie abdique et Jacques VI devient roi d'Écosse.
1579	Francis Bacon entre à la Grays Inn pour y étudier le droit.
1581	Jacques VI commence à régner sur l'Écosse ; il signe le Covenant.
1582	Francis Bacon devient avocat [*barrister*] ; Jacques VI est enlevé par le comte de Gowrie.
1584	Francis Bacon se présente au Parlement en qualité de représentant de Melcombe Regis.
1586	Jacques VI signe le traité de Berwick avec Élisabeth Ire.
1588	La défaite de l'*Armada* espagnole laisse l'Angleterre maîtresse des mers.
1589	Jacques VI épouse Anne de Danemark.
1590	Jacques VI confirme Patrick Copland, comme Surveillant régional de la maçonnerie à Aberdeen.
1596	Le Gresham College est fondé par Sir Thomas Gresham.
1597	Francis Bacon publie ses premiers essais.
1598	Publication des premiers statuts Schaw. Francis Bacon est arrêté pour dette. Premiers cours au Gresham College.
1599	Publication des seconds statuts Schaw.
1600	Le comte d'Essex est jugé pour outrage. Francis Bacon obtient sa libération. Charles Ier naît à Dunfermline. William Gilbert publie *De magnete maqneticisque corporibus et de magno magnete tellure, etc. [Le Grand Magnétisme de la Terre].*
1601	Le comte d'Essex est décapité pour trahison. Jacques VI est fait maçon à la Loge de Perth et Scoon. Première Charte Sinclair.
1602	Mort de William Schaw.
1603	Mort d'Élisabeth Ire. Jacques VI devient roi d'Angleterre sous le nom de Jacques Ier.
1605	Conspiration des Poudres. Francis Bacon publie *De l'avancement de la science.*
1606	Francis Bacon épouse Alice Barnham.
1609	Naissance de Robert Moray.
1610	Francis Bacon écrit *La Nouvelle Atlantide.*

Année	*Événement*
1611	Francis Bacon intervient comme médiateur entre Jacques VI (Ier) et le Parlement.
1613	Francis Bacon est nommé attorney général.
1618	Francis Bacon devient lord chancelier et il est fait baron de Verulam.
1620	Francis Bacon publie le *Novum Organum ou méthode pour l'interprétation de la nature.*
1621	Francis Bacon est fait vicomte de Saint-Albans. Il est jugé pour corruption et condamné, avant d'obtenir le pardon du roi.
1622	Francis Bacon publie l'*Historia Ventorum.*
1623	Francis Bacon publie *Historia Vitae et Mortis.*
1625	Mort de Jacques VI (Ier). Charles Ier devient roi d'Angleterre.
1626	Mort de Francis Bacon à l'âge de soixante-cinq ans.
1627	Robert Moray mentionne pour la première fois son intérêt pour la science.
1628	Publication de la Seconde Charte Sinclair. Le Parlement promulgue la Pétition des droits [*Petition of Rights*].
1629	Charles Ier congédie le Parlement.
1630	Naissance de Charles II.
1633	Robert Moray rejoint la Garde écossaise française.
1637	Charles Ier essaye d'imposer la liturgie anglicane aux Écossais.
1638	Renouvellement du Covenant de 1581 en Écosse.
1641	Robert Moray est fait maçon à Newcastle. Charles II siège à la Chambre des Lords en qualité de prince de Galles. Robert Moray recrute des soldats écossais pour servir en France.
1642	La guerre civile commence avec la bataille d'Edgehill.
1643	Robert Moray est fait chevalier par Charles Ier à Oxford. Sir Moray est capturé par le duc de Bavière alors qu'il dirigeait les Gardes écossais. Il commence sa correspondance avec Kircher sur le magnétisme, tandis qu'il se trouve en prison en Bavière.
1644	Les royalistes sont battus par Cromwell à Marston Moor.
1645	Robert Moray est libéré contre une rançon de 16 500 £. Charles Ier est vaincu par le Parlement à la bataille de Naseby. Robert Moray se rend à Londres pour faire office de négociateur entre Charles Ier, les Écossais et les Français. Cromwell est nommé commandant de la Cavalerie de l'armée du nouveau modèle [*New Model Army*].

Année	*Événement*
1646	Charles II (le prince de Galles) s'enfuit à Jersey. Charles Ier s'enfuit à Newcastle pour rejoindre l'armée écossaise. Charles Ier se rend à l'armée covenantaire écossaise. Chute d'Oxford. Le prince Rupert se rend. Ashmole se rend lui aussi peu après à Worcester. Le Parlement envoie les dix-neuf propositions à Charles Ier. Robert Moray essaie d'organiser l'évasion de Charles Ier de Newcastle vers la France.
1647	Charles Ier va à Northampton. Il est remis au Parlement anglais. Sir Robert Moray assiste à une tenue de la loge d'Édimbourg.
1648	La seconde guerre civile commence à Pembroke. Robert Moray va en France rencontrer Charles II (alors prince de Galles) pour l'inviter à se rendre en Écosse. Cromwell vainc les Écossais à Preston.
1649	Charles Ier est jugé par le Parlement anglais, condamné à mort et exécuté.
1650	Charles II accepte de signer le Covenant à Breda. Charles II arrive à l'embouchure de la Spey, en Écosse, en route pour Aberdeen. Le Parlement déclare la guerre à l'Écosse. L'armée de Cromwell traverse la Tweed et pénètre en Écosse. Cromwell se retire de Musselburg à Dunbar, puis retourne à Musselburg. Charles II est à Leith. Cromwell retombe sur Dunbar. Les Écossais sont battus à Dunbar. Charles II se repent publiquement des péchés de son père et des siens, à Perth.
1651	Charles II est couronné à Scoon et souscrit au Covenant. Robert Moray est fait conseiller privé en Écosse. Cromwell accepte de devenir chancelier de l'université d'Oxford. Charles II quitte Stirling pour marcher sur l'Angleterre. Il s'approche des Borders, puis est vaincu à Worcester. Il s'enfuit en France.
1652	Cromwell vainc les Écossais et proclame l'Union à Édimbourg.
1653	L'épouse de Robert Moray meurt en couches et est inhumée à Balcarres, Fife. Sir Moray se rend dans les Highlands pour organiser un soulèvement destiné à soutenir Charles II. Il s'oppose à ce que Lord Glencairn soit le chef du soulèvement des Highlands en faveur de Charles II.

Année	*Événement*
	Charles II est emprisonné par Lord Glencairn et accusé d'avoir fomenté un complot pour assassiner Charles II. Robert Moray écrit au souverain pour clamer son innocence et sa loyauté en s'adressant à Charles en tant que Maître architecte.
1654	Cromwell dissout le Parlement croupion [*Rump Parliament*]. Le soulèvement des Highlands emmené par Glencairn est écrasé par Cromwell à la bataille de loch Garry.
1655	Cromwell autorise les juifs à rentrer en Angleterre. Robert Moray est lavé de l'accusation de complot – la lettre qui l'accusait était un faux – et il retourne en France.
1656	Robert Moray à Bruges.
1657	Robert Moray se rend à Maastricht.
1658	Mort d'Oliver Cromwell. La flotte anglaise prend Dunkerque.
1659	Robert Moray est présenté aux maçons de Maastricht par Everard, Maître du métier des maçons.
1660	Le général Monck contraint le Parlement croupion à se dissoudre. Charles II est invité à revenir comme roi d'Angleterre et revient à Londres. William Moray, le plus jeune frère de Robert, est nommé Maître des travaux et Surveillant général [*General Warden*] des maçons d'Écosse. La *Royal Society* est formellement constituée au Gresham College.
1661	Robert Moray est renommé conseiller privé de Charles II. Moray remercie le roi en personne pour la Charte royale accordée à la *Society*.
1662	Charles II épouse Catherine de Bragance. Première Charte accordée à la *Royal Society*. La *Royal Society* remercie Robert Moray pour son aide dans l'obtention de la Charte royale, mais elle lui en réclame une seconde. Charles II accorde des fonds à la *Royal Society*.
1663	Robert Moray organise des démonstrations d'expériences à l'occasion de la visite de Charles II à la *Royal Society*. Il prévoit notamment une observation des étoiles du zodiaque par des membres de la *Royal Society*. Une Seconde Charte est accordée à la *Royal Society*. Robert Moray effectue des expériences pour Charles II.
1665	Robert Moray commence à écrire une histoire de la franc-maçonnerie. Dans une lettre, il note qu'il a achevé vingt-quatre pages de son *Histoire de la franc-maçonnerie*.

Année	*Événement*
1666	Robert Moray écrit à John Evelyn : « *Vous semblez conclure que je suis un plus grand maître dans une autre sorte de philosophie que celle qui est l'objet de la* Royal Society. »
1667	Robert Moray se rend en Écosse en qualité de représentant de Charles II.
1669	Sir William Moray démissionne de sa charge de Surveillant général [*General Warden*] d'Écosse.
1670	À Windsor, Charles II utilise une identification maçonnique devant Moray ; Robert Moray se querelle avec Lauderdale.
1672	L'Angleterre en guerre contre les Pays-Bas.
1673	Mort de Robert Moray, inhumé à Westminster Abbey.
1685	Mort de Charles II.
1688	La Révolution glorieuse [*Glorious revolution*], la seconde révolution d'Angleterre.

BIBLIOGRAPHIE

Airey, Osmund (éd.), *The Lauderdale Papers*, Camden Society, Londres, 1884.

Airey, Osmund, *Charles II*, Cassell & Co, Londres, 1901.

Aitken, M. J., *Science-based Dating in Archaeology*, Longman, Londres, 1990.

Anderson, James, *Book of Constitutions*, Grand Lodge of Londres, Londres, 1723.

Anon, *Manual of Freemasonry*, Londres, 1732.

–, *The Scottish Ritual of Craft Freemasonry*, J. Bethune, Édimbourg, 1906.

Appleyard, Bryan, *Understanding the Present*, Pan, Londres, 1992.

Armstrong, John, *History of the Lodge of Lights No 148 Warrington with a Preliminary Chapter on Early Masonry and the Initiation of Elias Ashmole in Warrington*, Lodge of Lights, Warrington, 1898.

Ashley, Maurice, *England in the Seventeenth Century*, Penguin, Londres, 1952.

Aslet, Clive, *Greenwich Millennium*, Fourth Estate, Londres, 2000.

Atkinson, Dwight, *Scientific Discourse in Sociohistorical Context : the Philosophical Transactions of the Royal Society of Londres*, Lawrence Erlbaum, New Jersey, 1999.

Aubrey, John, A Powell (éd.), *Brief Lives*, Cape, Londres, 1949.

Bacon, Francis (baron Verulam), *The New Atlantis*, Londres, 1627 [Une traduction de *La Nouvelle Atlantide* figure dans Gonzague de Marliave, *Les Secrets de Sir Francis Bacon : de Shakespeare à la Nouvelle Atlantide*, Dervy, Croissy-Beaubourg, 1991.].

Bennett, W. J., *Symbols of our Celtic-Saxon Heritage*, Covenant Books, Édimbourg, 1976.

Berners-Lee, Tim, *Weaving the Web*, Orion Business Books, Londres, 1999.

Birch, Thomas, *History of the Royal Society*, The Royal Society, Londres, 1744.

–, *Robert Boyle, Works*, The Royal Society, Londres, 1744.

Bixby, William, *The Universe of Galileo and Newton*, Cassell, Londres, 1964.

Boas Hall, Marie, *All Scientists Now*, Cambridge University Press, Cambridge, 1984.

Boyle, Robert, *An Examen of Mr T. Hobbes his Dialogue Physicus De Nature Aeris*, Londres, 1662.

–, *The Works of the Honourable Robert Boyle*, Londres, 1744.

Bray, William (éd.), *Diary and Correspondence of John Evelyn, FRS*, Londres, 1850.

Brown, Hume, *Travels in Scotland*, Édimbourg, 1618.

Bryant, Arthur, *Charles II*, Collins, Londres, 1960.

Buchan, John, *Oliver Cromwell*, The Reprint Society, Londres, 1941.

Burnet, Gilbert, *History of my own Times*, Londres, 1723.

Butterfield, Herbert, *The Origins of Modern Science*, Bell & Hyman, Londres, 1957.

Chapman, Hester W, *The Tragedy of Charles II*, Jonathan Cape, Londres, 1964.

Cheruel, A. (éd.), *Mémoires, Mme de Montpensier*, Paris, 1892.

Churchill, Sir Winston, *A History of the English-Speaking Peoples*, Vol II, Cassell,Londres, 1954.

da Costa Andrade, Edward Neville, *A Brief History of the Royal Society*, The Royal Society, Londres, 1960.

Davies, Godfrey, *The Early Stuarts*, Oxford University Press, Oxford, 1968.

Davies, Ralph, *The Rise of the English Shipping Industry in the 17th and 18th Century*, Clarendon Press, Londres, 1962.

Dawkins, Richard, *The Selfish Gene*, Oxford University Press, Oxford, 1976.

de Beer, E. S. (éd.), *The Diary of John Evelyn*, Oxford University Press, Oxford, 1959.

Debus, Allen G., *Science and Education in the Seventeenth Century*, Macdonald, Londres, 1970.

Delpech, Jeanine, *Life and Times of the Duchess of Portsmouth*, Collins, Londres, 1953.

Duffy, Maureen, *The Passionate Shepherdess : Aphra Behn 1640-1689*, Cambridge University Press, Londres, 1977.

Dunn Macray, W (éd.), *The History of the Rebellion and Civil Wars in England, by Edward, Earl of Clarendon*, Oxford University Press, Oxford, 1827.

Edwards, G. P., *William Elphinstone, his college chapel and the second of April*, Aberdeen University Review, ii (1985) p. 1-17.

Elton, Lord, *Imperial Commonwealth*, Collins, Londres, 1945.

Everret, Mary A. (éd.), *Letters, 1623-1673, Henrietta Maria,* Oxford University Press, Oxford, 1958.

Fitzmaurice, Edmond, *The Life of Sir William Petty 1623-1687*, Londres, 1897.

Fraser, Antonia, *King Charles II*, Weidenfeld and Nicolson, Londres, 1979.

Gardiner, S. R. (éd.), *Hamilton Papers*, Camden Society, Londres, 1880.
Geyl, Pieter, *Orange and Stuart 1641-1672*, Weidenfield and Nicolson, Londres, 1969.
Gleason, Mary Louise, *The Royal Society of Londres : Years of Reform 1827-1847*, Garland, Londres, 1991.
Gordon, Patrick, *A Short Abridgement of Britanes Distemper*, Spalding Club, Londres, 1844.
Hartley, Sir Harold (éd.), *The Royal Society, Its Origins and Founders*, The Royal Society, Londres, 1960.
Hartman, C. H., *The King my Brother*, Macdonald, Londres, 1954.
Hawking, S. & Ellis, G., *The Large Scale Structure of Space Time*, Cambridge University Press, Cambridge, 1973.
Hawking, S., *A Brief History of Time*, Bantam, Londres, 1988 [*Une Brève histoire du temps,* Paris, 1989].
Heilbron, John, *The Sun in the Church*, Harvard University Press, New York, 2000.
Hey, R. A., *Genealogie of the Saintclaires of Rosslyn, including the Chartulary of Rosslyn*, J Maidment, Édimbourg, 1835.
Hibbert, Christopher, *Charles I*, Weidenfield and Nicolson, Londres, 1968.
Hooke, Robert, *The Diary of Robert Hooke,* MS Guildhall Library.
Humphrey, D. & Topping, J., *A Shorter Intermediate Mechanics*, Longmans, Londres, 1962.
Hunter, Michael, *Establishing the New Science : the experience of the early Royal Society*, Boydell Press, Woodridge, 1989.
–, *The Royal Society and its Fellows, 1660-1700 : The Morphology of an early scientific institution*, The British Society for the History of Science, Londres, 1982.
Hutchinson, Lucy, *Memoirs of the Life of Colonel Hutchinson*, Londres, 1806.
Hutchison, H. H., *Sir Christopher Wren : A biography*, Victor Gollancz, Londres, 1976.
Huygens, C., *Brevis Assertio Systematis Saturni*, La Haye, 1662.
Huygens, Christiaan, *Œuvres Complètes,* La Haye, 1889.
Hyde, Edward, Dunn Macray, W (éd.), *The True Historical Narrative of the Rebellion and Civil Wars in England*, Oxford University Press, Oxford, 1888.
Jardine, Lisa, *Ingenious Pursuits*, Abacus, Londres, 1999.
Jeffery, R. W., *The Brazen Nose*, Oxford University Press, Oxford, 1927.
Johnson, F. R., *Gresham College : Precursor of the Royal Society*, Journal of the History of Ideas, vol. I pp 423-38, New York, 1940.
Josten, C. H., *Elias Ashmole (1617-1692) His Autobiographical and Historical Notes*, Oxford University Press, Oxford, 1966.
Kenyon, J. P., *The Stuarts*, B. T. Batsford, Londres, 1958.

Kirk, J. (éd.), *The Records of the Synod of Lothian and Tweeddale 1589-96*, Stair Society, Édimbourg, 1977.

Lancaster-Brown, Peter, *Halley and His Comet*, Blandford Press, Poole, 1985.

Langton, V. R. M., *The Origins of the Three Degrees of Craft Freemasonry*, Year Book of the Grand Lodge of Antient Free and Accepted Masons of Scotland, Édimbourg, 1995.

Larson, T. A., *The history of the survey of Ireland, commonly called the Down Survey by Dr W. Petty*, Irish Archaeological Society, Dublin, 1851.

Latham, Robert (éd.), *The Shorter Pepys*, Bell & Hyman, Londres, 1985.

Lee, Sidney (éd.), *Dictionary of National Biography*, Smith, Elder & Co, Londres, 1903.

Linklater, Eric, *The Royal House of Scotland*, Sphere Books, Londres, 1970.

Lyon, Charles J., *Personal History of King Charles II, 1650-1651*, Édimbourg,1851.

Lyons FRS, Sir Henry, *The Royal Society 1660-1940*, Cambridge University Press, Cambridge, 1944.

–, *The Royal Society, 1660-1940 : A History of its Administration under its Charters*, Greenwood Press, New York, 1968.

Lyons FRS, Sir Henry (éd.), *The Royal Society : The record of the Royal Society of Londres for the promotion of Natural Knowledge*, The Royal Society, Londres, 1940.

Mackay, A. M., *Ars Quatuor Coronatorum*, Vol. XXV, p278, 1912.

Mackie, D., *The arrest and imprisonment of Henry Oldenburg*, Notes and Records, 6, p28, 1949.

Matheson, P. E. & E. F. (eds), *Francis Bacon - Selections*, Clarendon Press, Oxford, 1922

Mellor, Alex, *Our Separated Brethren The Freemasons*, George G. Harrop, Londres, 1964.

de Monconys, B., Henry, M. C. (éd.), *Voyages d'Angleterre*, Paris, 1887.

Moray (Murray), A, *Autobiography*, Cassell & Co, Londres, 1875.

Newton, Sir Isaac, *Mathematical Principles of Natural Philosophy*, Great Books of the World, Encylopaedia Britannica, Inc. Londres, 1952.

Nuttal, G. F., (éd.), *From Uniformity to Unity*, Oxford University Press, Oxford, 1962.

Paton, H. M. (éd.), *Accounts of the Masters of Works*, i, xvii ; 1581-4, no 1676, Édimbourg, 1957.

Petrie, Sir Charles, *The Letters, Speeches and Proclamations of King Charles I*, Cassell, Londres, 1935.

Popper, Karl R., *The Logic of Scientific Discovery*, Hutchinson, Londres, 1959.

Preston, William, *Illustrations of Masonry*, T. Wilkie, Londres, 1772.

Purver, Margery, *The Royal Society : Concept and Creation*, Routledge and Kegan Paul, Londres, 1967.

Quinton, Anthony, *Francis Bacon*, Oxford University Press, Oxford, 1980.

Rawley, William, *The Life and Works of Francis Bacon*, Cambridge University, Cambridge, 1621.

Robinson, A., *The Life of Sir Robert Moray, Soldier, Statesman and Man of Science*, Caxton & Co, Londres, 1922.

Robinson, Cyril E., *A History of England 1485-1688,* Methuen, Londres, 1925.

Russell, Bertrand, *History of Western Philosophy*, Unwin University Books, Londres, 1946.

–, *The Impact of Science on Society*, Unwin, Londres, 1952.

Rylands, W. H., *Early History and Antiquities of Freemasonry*, Caxton, Londres, 1885.

Sobel, Dava, *Longitude*, Fourth Estate, Londres, 1995.

Somerville, Lord John, Scott, Sir Walter (éd.), *Memorie of the Somervilles ; being a history of the baronial house of Somerville*, Édimbourg, 1815.

Sprat, Thomas, *A History of the Royal Society*, The Royal Society, Londres, 1667 [Reprint Routledge & Kegan, 1959].

Stevenson, David, *Masonry, symbolism and ethics in the Life of Sir Robert Moray, FRS*, PSAS, 114 (1984) p.401-431.

–, *The Origins of Freemasonry*, Cambridge University Press, Cambridge, 1988 [*Les Origines de la franc-maçonnerie,* Télétès, 1993].

Stewart, R. J., *Celtic Gods, Celtic Goddesses*, Blandford, Londres, 1990.

Stimson, D., *Scientists and Amateurs : A history of the Royal Society*, Royal Society, Londres, 1949.

Thompson, William P. L., *History of Orkney*, The Mercat Press, Édimbourg 1987.

Thomson, Thomas, *History of the Royal Society*, Londres, 1812.

Trevelyan, G. M., *England Under the Stuarts*, Pelican, Londres, 1960.

–, *Illustrated English Social History : The Age of Shakespeare and the Stuart Period*, Longmans, Londres, 1942.

–, *Illustrated English Social History, Vol. II*, Longmans, Londres, 1944.

Valle, Ellen, *A Collective Intelligence : the life sciences in the Royal Society as a scientific discourse community, 1665-1965*, University of Turku, Turku, 1999.

von Ranke, Leopold, *History of England*, Sands & Co, Londres, 1875.

Waite, A. E., *The Secret Traditions of Freemasonry*, Caxton & Co, Londres, 1910.

Wallis, John, *A Defense of the Royal Society*, Londres, 1678.

Ward, J., *Lives of the Gresham Professors*, Londres, 1740.

Wedgwood, C. V., *The Trial of Charles I*, Collins, Londres, 1964.

Weld, G. R., *History of the Royal Society*, The Royal Society, Londres, 1848.

Willcock, John, *The Great Marquess*, Cassell & Co, Londres, 1903.

Wilmut, Ian, Campbell, Keith and Tudge, Colin, *The Second Creation*, Headline, 2000.

Wilson, Charles, *Profit and Power, A study of England and the Dutch Wars*, Oxford University Press, Oxford, 1957.

Wilson, J. H., *The Court Wits of the Restoration*, Princeton University Press, Princeton, 1948.

Wood, Anthony (éd.), *Athena Oxonienses*, Oxford, 1670.

Woodcroft, B (éd.), *Titles of Patents of Invention*, Public Record Office, Londres, 1854.

Wren, Stephen, *Parentalia or Memoirs of the Family of the Wrens*, Londres, 1750.

Wright, Dudley (éd.), *Gould's History of Freemasonry*, Vol. III, Caxton, Londres, 1900 [Cette somme a été éditée en version abrégée *Consise History of the Freemasonry*, Londres, 1903, rééditée en français en 1989, R.F. Gould, *Histoire abrégée de la franc-maçonnerie,* Trédaniel, Paris, 1989]

Autres publications

The Calendar of Domestic State Papers, 28 August, 1650, Scottish National Records Office, Édimbourg.

Calendar of the State Papers Domestic, 1660, Official Records Office, Kew .

Calendar of State Papers relating to Scotland, 1581-3, 13 Vols, HMSO, Londres, 1910-59.

Charta Secunda, 22 April 1663, Royal Society.

The Earl of Manchester's Speech to His Majesty in the name of the Peers. At his arrival at Whiteball 29th May 1660, With his Majesties Gracious Answer. Printed by John Macock and Francis Tyton, 1660.

Historical Sketch of the Grand Lodge of Antient Free and Accepted Masons of Scotland, Grand Lodge of Antient Free and Accepted Masons of Scotland, 1986.

Journal Book of the Royal Society, 5 December 1660.

The Mathematical and Philosophical works of the Right Rev. John Wilkins, Londres, 1708

Minutes of the Lodge of Édimbourg (St Mary's) (Metropolitian) N°. 1 23 March, 1684.

Moreton Muniments, Scottish Records Office, GD 150/2949 Royal Society, Council Minutes Copy, Vol. I, 1673-82

Index

Achevé d'imprimer sur les presses de **l'Imprimerie Graphique de l'Ouest**
Le Poiré-sur-Vie (Vendée) - Dépôt Légal : Février 2005 - N° d'impression : 4014